高等职业教育装备制造类专业系列教材

数控编程与加工

SHUKONG BIANCHENG YU JIAGONG

主　编　孙　莹

副主编　郭旭峰

参　编　郭　健　迟亚海　刘晓海　童　严

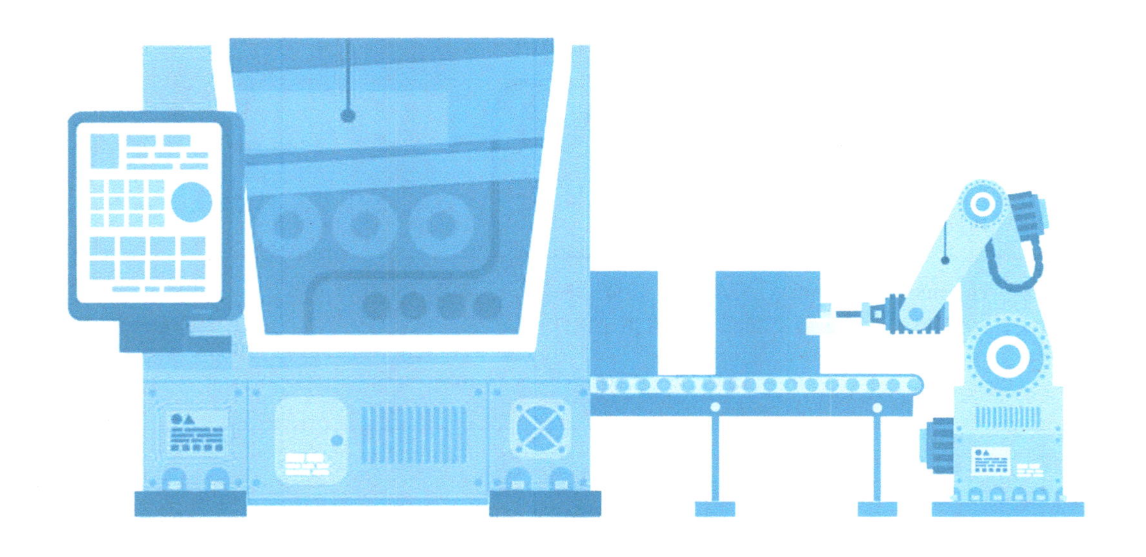

图书在版编目(CIP)数据

数控编程与加工 / 孙莹主编. 一西安 ：西安交通大学出版社，2025.3
高等职业教育装备制造类专业系列教材
ISBN 978-7-5693-3486-9

Ⅰ. ①数… Ⅱ. ①孙… Ⅲ. ①数控机床一程序设计一高等职业教育一教材 ②数控机床一加工一高等职业教育一教材 Ⅳ. ①TG659

中国国家版本馆 CIP 数据核字(2023)第 202313 号

SHUKONG BIANCHENG YU JIAGONG

书　　名　数控编程与加工
主　　编　孙　莹
副 主 编　郭旭峰
策划编辑　杨　璠　王玉叶
责任编辑　杨　璠　王玉叶
责任校对　魏　萍　李　文
封面设计　任加盟

出版发行　西安交通大学出版社
（西安市兴庆南路 1 号　邮政编码 710048）
网　　址　http://www.xjtupress.com
电　　话　(029)82668357　82667874(市场营销中心)
(029)82668315(总编办)
传　　真　(029)82668280
印　　刷　西安五星印刷有限公司

开　　本　787 mm×1092 mm　1/16　**印张** 25.25　**字数** 556 千字
版次印次　2025 年 3 月第 1 版　2025 年 3 月第 1 次印刷
书　　号　ISBN 978-7-5693-3486-9
定　　价　58.00 元

如发现印装质量问题，请与本社市场营销中心联系。
订购热线：(029)82665248　(029)82667874
投稿热线：(029)82668804
读者信箱：phoe@qq.com

前言

PREFACE

数控编程与加工是指在机械加工生产中编写数控加工工艺文件和程序单、调试加工程序、完成首件生产、执行工艺、实现合格零件生产的全部过程。因此，其核心知识有数控加工设备及应用、数控加工工艺方法、数控加工程序内容与结构、自动编程软件及应用等，核心技能是数控工艺编制、数控程序编写和调试、数控机床操作等。教材以工程实际广泛应用的 FANUC－0i 数控系统和 UC NX12 软件为数控编程与调试平台，系统地阐述了数控编程与加工的关键知识和核心技术。

为贯彻职业教育产教融合思想、“1＋X”证书制度，对接岗位需求，教材内容分认知数控编程与加工、数控车削编程与加工和数控铣削编程与加工三大模块，内容包含数控机床基本操作、轴类零件数控车削、套类零件数控车削、零件数控铣削（手工编程）和零件数控铣削（自动编程）六个典型工作场景，以及源于生产一线的曲轴类、钻套类、块类和板类零件数控加工等 16 个典型工作任务。

为进一步深化“三教改革”，配套“做中学”理实一体教学，结合活页式和工作手册式新型教材的特征，教材以主教材加配套学习工作页的形式呈现。主教材以任务为驱动，案例为引导，突出能力培养，知识适度够用，每个单元内容包括任务描述、学习目标、任务分析、知识准备和拓展练习五个部分，体现活页教材的特征。其中任务分析部分以基于工作过程的思路，从任务描述、工艺编制、程序编写和调试，到数控加工，全真岗位工作要求的结构，可有效地帮助学习者养成岗位工作意识、工作习惯，在工作过程中不仅强调过程的完整性，同时还体现了过程知识和工作要素的有效应用。配套的学习任务手册同样以工作任务为驱动，以学生自主完成任务、记录学习成果为主线，知识巩固和知识应用贯穿其中，包括任务内容与要求、课前导学、任务实施和任务评价四个部分，其中课前导学部分以问题导向方式，引导学生自主学习和知识巩固，任务实施部分以基于工作过程的思路，从工作准备、工艺文件编制、程序单编写和调试、零件加工到零件检测、“6S”执行记录，突出对问题的思考、分析和解决，以提高对工作岗位的适应能力，养成良好的职业道德与素质。教材以主教材和配套学习工作页的形式呈现，使教材具备“既能学又可做”的双重功能。

教材提供了丰富的视频、动画和拓展阅读等数字化资源，有利于教学开展与自主学习。可作为高职院校机械加工大类的专业教材，也可作为制造企业员工培训教材，以及其他相关行业人员的参考书。

教材在典型工作任务的设计和内容编写中得到了四川优拓优联科技有限公司代中华工程师的大力支持和帮助。参与教材编写的教师有四川省交通职业技术学院的孙莹、郭旭峰、郭健、迟亚海、刘晓海和童严，在此表示诚挚的谢意！由于时间仓促，编者水平与经验有限，书中难免有欠妥之处，恳请读者批评指正。

编　者

2024 年 8 月

扫描下方二维码下载本书配套工作页：

目录

CONTENTS

模块 1　认知数控编程与加工技术

模块 2　数控车削与编程

模块 3　数控铣削与手工编程

模块 1

认知数控编程与加工技术

项目1 认知数控程序与编程

任务1 认知数控程序

任务描述

(1)结合图1.1所示零件的精车走刀轨迹,编写精车数控程序,并写出各程序段的注释。

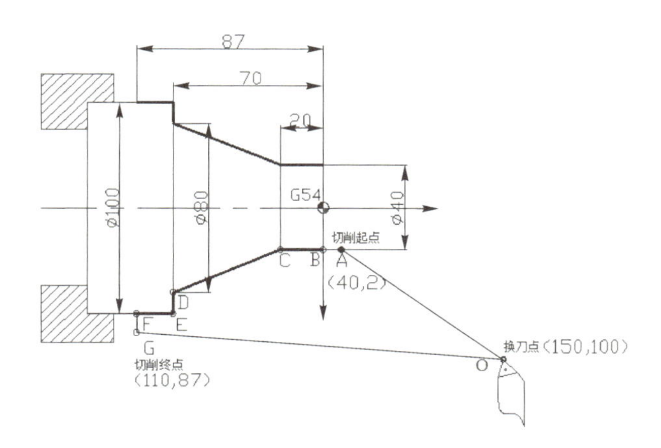

图1.1 零件精车走刀轨迹

(2)结合图1.2所示零件的外轮廓精铣走刀轨迹,编写精铣数控程序,并写出各程序段的注释。

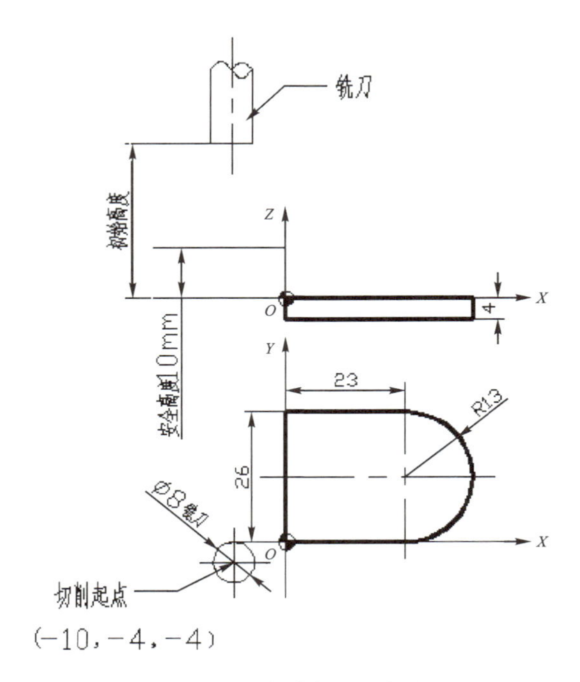

图 1.2 零件精铣走刀轨迹

职业能力目标

(1)能描述数控程序的基本结构和编写格式。

(2)熟记 7 大类常用指令的功能。

(3)能解读零件精加工轮廓程序的控制内容。

(4)能自主学习、善于思考、细致工作、精益求精。

任务分析

1. 精车数控程序

控制图 1.1 所示零件精车走刀轨迹的数控程序及程序注释如表 1－1 所示。

表 1－1 精车数控加工程序单(O1111)

程序段号	程序内容	注释
—	O111;	程序号
N10	G18 G21 G54 G00 X150 Z100;	指定切削平面为 *XOZ* 平面,公制尺寸,指定 G54 工件坐标系,刀具快速移动至换刀点(150,100),进给速度单位 mm/r
N20	T0101;	换 1 号刀

续表

程序段号	程序内容	注释
N30	M03 S800;	主轴启动,转速 800 r/min
N40	M08;	开切削液
N50	G00 X40 Z2;	刀具快速移动至切削起点 A(40,2)
N60	G01 Z0 F0.1;	刀具工进至坐标点(40,0),进给速度 0.1 mm/r
N70	Z-20;	刀具工进至坐标点(40,-20),保持进给速度 0.1 mm/r
N80	X80 Z-70;	刀具工进至坐标点(80,-70),保持进给速度 0.1 mm/r
N90	X100;	刀具工进至坐标点(100,-70),保持进给速度 0.1 mm/r
N100	Z-87;	刀具工进至坐标点(100,-87),保持进给速度 0.1 mm/r
N110	G00 X110;	刀具快退至坐标点(110,-87)
N120	X150 Z100;	刀具快退回换刀点(150,100)
N130	M05 M09;	主轴停,关切削液
N140	M30;	程序结束

2. 精铣数控程序

控制图 1.2 所示零件精铣轮廓走刀轨迹的数控程序及程序注释如表 1-2 所示。

表 1-2　精铣数控加工程序单(O1112)

程序段号	程序内容	注释
—	O1112;	程序号
N10	G17 G21 G54 G00 Z100;	指定切削平面为 *XOY* 平面,公制尺寸,指定 G54 工件坐标系,刀具沿+*Z* 方向快速退至 *Z*=100 mm
N20	G00 X-10 Y-4;	刀具在 *XOY* 平面内快速移动至(-10,-4,100)点
N30	M03 S1000;	主轴启动,转速 1000 r/min
N40	M08;	开切削液
N50	G00 Z10;	刀具快速移动至安全高度,坐标点(-10,-4,10)
N60	G01 Z-4 F200;	刀具工进至切削深度,坐标点(-10,-4,-4),进给速度 200 mm/min

续表

程序段号	程序内容	注释
N70	X23;	刀具工进至坐标点(23,－4,－4),进给速度保持200 mm/min
N80	G03 Y30 R17;	刀具工进走逆圆弧,圆弧终点(23,30,－4),半径17 mm,进给速度保持200 mm/min
N90	G01 X-4;	刀具工进至坐标点(－4,30,－4),进给速度保持200 mm/min
N100	Y-10;	刀具工进至坐标点(－4,－10,－4),进给速度保持200 mm/min
N110	G00 Z10;	刀具工进至安全高度点(－4,－10,10),进给速度保持200 mm/min
N120	G00 Z150;	刀具快速回到切削初始位置(－4,－10,150)
N130	M05 M09;	主轴停,关切削液
N140	M30;	程序结束

相关知识

1. 数控程序及其基本格式

数控程序是用于描述零件加工工艺过程、工艺参数和机床位移数据等信息的特定语言。数控程序需要存储在数控装置的指定存储单元中。理想的数控程序不仅应该保证加工出符合零件图样要求的合格零件,还应该使数控机床的功能得到合理的应用与充分的发挥,使数控加工更安全、可靠和高效。

1) 程序结构和内容

一个数控程序有规定的结构、格式和语法。“字”是组成程序最基本的单位,每个字由地址字符(英文字母)和带符号的数字组成。一行特定的“指令字”的组合称为“程序段(程序行)”,多个程序段组成程序主体,程序主体加上程序号组成一个完整的程序。

数控程序的组成是:指令字[字母(＋符号)＋数字]→程序段(程序段号＋指令字＋指令字＋……;)→程序主体(程序段＋程序段＋……)→程序(开始符＋程序名＋程序主体＋结束符),如图 1.3 所示。

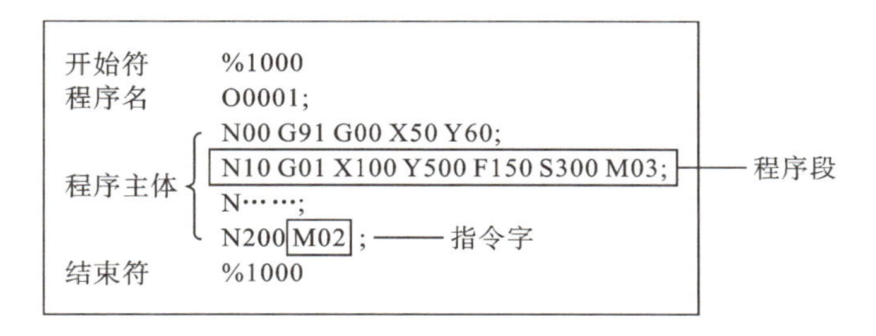

图 1.3 程序结构

2)指令字

指令字是组成一个程序段的基本元素，是程序的最小有效单位，用于表示控制指令，由地址符和数值组成，见表 1－3。地址符一般是英文字母；数值是一个数字串，可以带正负号和小数点，正号可以省略不写。

表 1－3 指令字的结构

指令字	地址符	数值	功能
M03	M	03	控制主轴正转
G01	G	01	控制直线插补运动

3) 程序段

程序段用于表达一个或多个控制功能，由程序段号、若干个“指令字”和段结束符“;”组成，包含了执行某个控制功能所需的全部信息。在数控系统上录入程序时，进行换行或按输入键，系统会自动产生段结束符。程序段号的作用之一是便于对指令进行校对、检索和修改，并没有指定程序执行顺序的含义。数控系统执行程序的顺序取决于使用的指令类型和程序的结构类型，如复合循环指令、主程序与子程序结构、宏程序结构等就不按程序段号的先后顺序执行程序。程序段的结构见表 1－4。

表 1－4 程序段的结构

<table>
<tr><td rowspan="3">程序段</td><td rowspan="2">程序段号</td><td>指令字 1</td><td>指令字 2</td><td>指令字 3</td><td>指令字 4</td><td>指令字 5</td><td>……</td><td>指令字 N</td><td>结束符</td></tr>
<tr><td>准备功能字</td><td colspan="2">尺寸功能字</td><td>辅助功能字</td><td>主轴功能字</td><td>……</td><td>—</td><td>“;”</td></tr>
<tr><td>N10</td><td>G01</td><td>X100</td><td>Z100</td><td>M03</td><td>S100</td><td>……</td><td>—</td><td>;</td></tr>
</table>

加工程序的每个程序段中不必包含所有类型的指令，实际编写时根据具体功能编入相应的指令即可。

4）程序名

程序名是每个程序所使用的名称，由程序名地址符和程序名的编号组成，如 OFNC01。程序名地址符一般为字母“O”；程序名编号可以是字母或数字。

5）程序号

程序号用于存储和区分每个程序。程序号由“%”和编号组成，编号是 4 位数字，如%0001。

2. 常用地址符及其含义

FANUC 系统常用的地址符及对应含义见表 1－5。

表 1－5　FANUC 系统常用的地址符及对应含义

功能	地址	含义
程序号	O、%	程序编号：1～4 294 967 295
程序段号	N	程序段编号：0～4 294 967 295
准备功能	G	指定数控功能：G00～G99
尺寸定义	X、Y、Z、U、V、W、A、B、C	坐标位置值：±99 999.999
	R	圆弧半径，圆角半径
	I、J、K	圆心坐标位置值
进给速率	F	进给速率：F0～F24000
主轴转速	S	主轴转速值：S0～S9999
刀具功能	T	刀具号：T0～T99
辅助功能	M	辅助功能 M 代码号：M0～M99
暂停	P、X	暂停时间（X 为秒，P 为毫秒）
程序号指定	P	子程序号 P1～P4294967295
重复次数	P	子程序重复次数
参数	P、Q、R、U、W、I、K、C、A	车削复合固定循环参数
倒角控制	C、R	自动倒角和自动倒圆角

1）程序段号（N 指令）

程序段号用于表示每一个程序段的名称，位于程序段的最前面，又称为顺序号，由地址 N 和数字组成，如 N00、N1790。

程序段号后面的数字大小不代表程序执行顺序的先后。在编写程序段时，程序段号的数字一般隔段取值，如 N00、N10、N20，目的是便于后续在已编写好的程序中，适量地增加程序段，如 N01、N11、N21。

若在程序段的开头添加一个斜杠符号“/”，当机床操作面板上的“跳段键”按下时，有“/”的程序段中所包含的信息被忽略，当“跳段键”断开时，有“/”的程序段中所包含的信息仍然有效。

2)准备功能字(G 指令)

准备功能字是用于建立机床或控制系统工作方式的一种指令，又称为 G 指令，由地址符 G 和 2 位数字组成，如 G00、G54。G 指令有两种属性，即模态属性和非模态属性。

FUNUC 系统的准备功能指令有三类 G 指令系统——A、B 和 C，可以通过设置数控系统的参数控制其使用哪一类 G 指令。本书主要介绍最常用的 A 类 G 指令。

3)辅助功能字(M 指令)

辅助功能字是用于建立机床或控制系统辅助功能的一种指令，又称为 M 指令，由地址符 M 和 2 位数字组成，如 M03、M04、M05。FUNUC 系统中有特殊意义的 M 指令及指令功能见表 1-6。

表 1-6 FANUC 系统有特殊意义的 M 指令表

M 指令	功能	附注
M00	程序停止。在包含 M00 的程序段执行后，程序自动停止运行。程序停止时，所有的模态信息保持不变。用循环启动按钮可恢复自动运行	非模态
M01	程序选择停止。与 M00 相似，在包含 M01 的程序段执行以后，程序自动停止运行。与 M00 不同的是，只有当机床操作面板上的选择停止开关压下时，M01 代码的功能才能有效	非模态
M02	程序结束。执行 M02 后，主轴、进给和冷却液全部停止	非模态
M30	程序结束并返回。执行 M30 后，程序结束，主轴、进给和冷却液全部停止，存储器中的加工程序返回到初始状态	非模态
M98	子程序调用。此代码用于调用子程序	模态
M99	子程序返回。此代码表示子程序结束，返回到主程序	模态

此外，由机床制造商开发的常用 M 指令及指令功能见表 1-7。

表 1-7 机床制造商开发的常用 M 指令表

M 指令	功能	附注
M03	主轴顺转	模态
M04	主轴逆转	模态
M05	主轴停止	模态
M06	换刀	非模态
M07	冷却液开	模态
M08	冷却液开	模态
M09	冷却液关	模态

主轴顺逆转动方向的判别方法如图 1.4 所示。

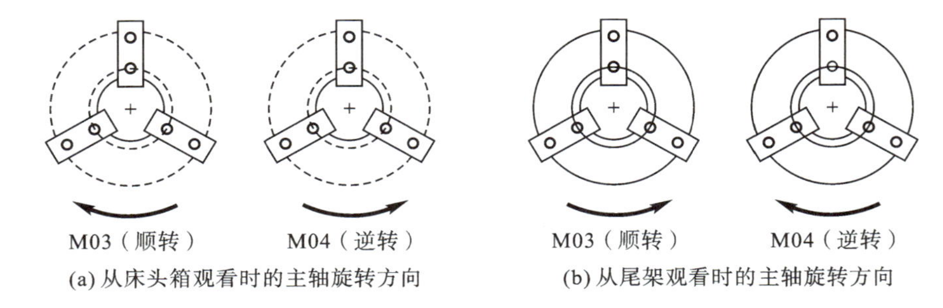

图 1.4 主轴旋转方向的判别方法

4)进给速度功能字(F 指令)

进给速度功能字用于指定切削的进给速度，又称为 F 指令，由地址符 F 和数字组成。进给速度有每分进给(mm/min 或 in/min)和每转进给(mm/r 或 in/r)两种方式。进给速度功能字的格式与说明见表 1-8。

表 1-8 进给速度功能字的格式与说明

指令格式	每分进给指令	G98 F×；
	每转进给指令	G99 F×；
指令说明	①F 指令是模态指令； ②G98 为系统默认值； 机床操作面板上的倍率开关可以修改 F 指令中数值的大小	

5)主轴速度功能字(S 指令)

主轴速度功能字用于指定主轴转速,又称为 S 指令,由地址符 S 和数字组成。主轴速度有转速(r/min)和恒表面切削速度(m/min)两种方式。主轴速度功能字的格式与说明见表 1-9。

表 1-9 主轴速度功能字的格式与说明

指令格式	转速指令	S×;
	恒表面切削速度指令	G96 S×;
	取消恒表面切削速度指令	G97;
	最大主轴速度指令	G50 S×;
指令说明	①S 指令是模态指令; ②G97 为系统默认值; ③机床操作面板上的主轴倍率开关可以修改 S 指令中数值的大小	

加工零件直径尺寸 D(mm),主轴转速 n(r/min)与切削点的线速度 v(m/min)的关系为

$$v=\frac{\pi \times n \times D}{1000}$$

当进行恒表面切削速度控制的坐标轴接近工件坐标系原点时,主轴的速度可能变得非常高,因此,必须指定最大主轴速度,主轴速度达到最大主轴速度时,就无法再加速。

6)刀具功能字(T 指令)

刀具功能字用于指定加工时所用的刀具,又称为 T 指令,由地址符 T 和 4 位数字组成。刀具功能字的格式与说明见表 1-10。

表 1-10 刀具功能字的格式与说明

指令格式	T ××××;
指令说明	①4 位数字中前两位数为刀具号,后两位数为刀具补偿号。 ②当程序段中同时有 T 指令和 G 指令时,系统先执行 T 指令,再执行 G 指令。 ③例:T0101:调用 01 号刀,且引入 01 刀具补偿号中的刀具补偿值,刀具补偿值在实际加工中获得

3. G 指令

1)加工平面选择指令(G17、G18、G19)

加工平面选择指令 G17、G18、G19 用于指定程序段中刀具的插补平面和刀具半径补偿平面,各指令定义的平面如图 1.5 所示,G17:选择 *XY* 平面;G18:选择 *ZX* 平面;G19:选择 *YZ* 平面。数控车床上默认指令为 G18,数控铣床(加工中心)上默认指令为 G17。

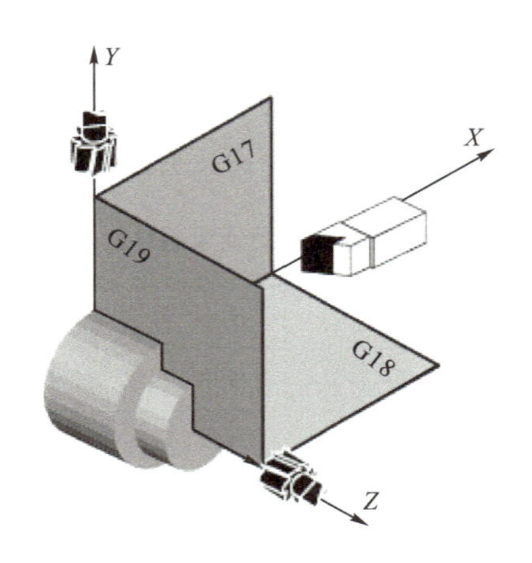

图 1.5　G17、G18、G19 指令平面的定义

2)长度单位设定指令(G20、G21)

G20 指定线性尺寸为英制尺寸,G21 指定线性尺寸为公制尺寸。长度单位设定指令 G20、G21 的格式与说明见表 1-11。

表 1-11　长度单位设定指令的格式与说明

指令格式	公制尺寸指令	G20;
	英制尺寸指令	G21;
指令说明	①公制与英制单位的换算关系为:1 mm≈0.0394 in,1 in≈25.4 mm; ②G21 为系统默认值	

3) 快速定位指令(G00)

快速定位指令是控制刀具以点位控制方式快速运行的指令。快速定位指令对刀具的运动轨迹没有严格的要求,在空行程或退刀行程时使用快速定位指令(G00),可以提高数控机床的生产效率。快速定位指令(G00)的格式与说明见表 1-12。

表 1-12　快速定位指令的格式与说明

指令格式	G00 X(U)× Z(W)×;	
参数说明	X、Z	移动目标终点的绝对坐标
	U、W	移动目标终点的增量坐标
指令功能	快速定位指令是控制刀具以点位控制方式,从刀具当前所在位置(起点),以数控系统预先设定的速度快速移动到指定位置(目标点),如图例所示	

续表

图例	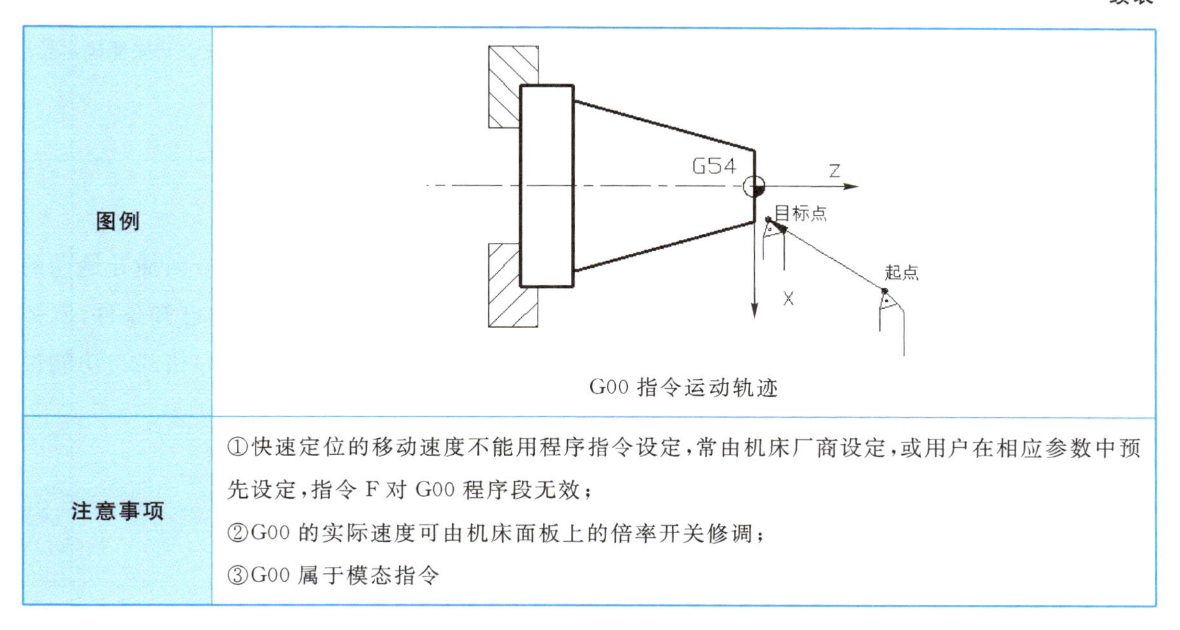 G00 指令运动轨迹
注意事项	①快速定位的移动速度不能用程序指令设定，常由机床厂商设定，或用户在相应参数中预先设定，指令 F 对 G00 程序段无效； ②G00 的实际速度可由机床面板上的倍率开关修调； ③G00 属于模态指令

4）直线插补指令（G01）

直线插补指令是控制刀具以直线插补运算方式实现精确运行的指令，通常用于零件轮廓加工过程的刀具运动控制。直线插补功能指令（G01）的格式与功能见表 1－13。

表 1－13　直线插补指令的格式与说明

指令格式	G01 X(U)× Z(W)× F×；	
参数说明	X、Z	移动目标终点的绝对坐标
	U、W	移动目标终点的增量坐标
	F	直线插补进给速度
指令功能	直线插补指令是控制刀具以直线插补方式，按程序段中规定的进给速度 F，由刀具当前所在位置（起点）移动到指定位置（目标点），插补加工出任意给定斜率的直线，如图例所示	
图例	G54　Z　起点　目标点　X G01 指令运动轨迹	

续表

注意事项	① 机床在执行 G01 指令时，在该程序段中或在该程序段前已经有进给指令 F 来明确进给速度，如无 F 指令则认为进给速度为 0； ②G01 的实际速度可由机床面板上的倍率开关修调

5）圆弧插补功能指令（G02、G03）

圆弧插补功能指令（G02、G03）控制刀具沿圆弧轨迹移动。沿圆弧顺时针方向插补运动的指令为 G02，沿圆弧逆时针方向插补运动的指令为 G03。根据圆弧几何参数的已知条件，圆弧插补功能指令有半径编程和圆心编程两种格式。圆弧插补功能指令（G02、G03）格式与功能说明见表 1 - 14。

表 1 - 14　圆弧插补指令的格式与说明

<table>
<tr><td>指令格式</td><td colspan="2">半径编程指令格式：
G17(G18、G19) G02(G03) X(U)× Y(V)× Z(W)× R× F×；
圆心编程指令格式：
G17(G18、G19) G02(G03) X(U)× Y(V)× Z(W)× I× J × K× F×；</td></tr>
<tr><td rowspan="8">参数说明</td><td>G17、G18、G19</td><td>指定加工平面，分别对应 XOY、XOZ、YOZ 平面</td></tr>
<tr><td>G02</td><td>顺时针方向圆弧插补指令</td></tr>
<tr><td>G03</td><td>逆时针方向圆弧插补指令</td></tr>
<tr><td>X、Y、Z</td><td>圆弧终点的绝对值坐标</td></tr>
<tr><td>U、V、W</td><td>圆弧终点相对于圆弧起点的增量值</td></tr>
<tr><td>R</td><td>圆弧半径。圆心角小于等于 180°的圆弧，半径值为正；圆心角大于 180°的圆弧，半径值为负</td></tr>
<tr><td>I、J、K</td><td>圆心相对于圆弧起点的增量坐标（I、J、K 分别对应 X、Y、Z），方向为从圆弧起点向圆心，I、J、K 值有正负</td></tr>
<tr><td>F</td><td>进给速度</td></tr>
<tr><td>指令功能</td><td colspan="2">使刀具沿指定的圆弧轨迹运动</td></tr>
<tr><td>圆弧方向</td><td colspan="2">圆弧方向总是以垂直于所选平面的轴为基准，从该轴正方向向负方向看去，判断其为顺 1 逆时针方向，如下图所示：
G18选择平面　X　G03　G02　O　Z　Y
XOZ 平面的圆弧方向
G17选择平面　Y　G03　G02　O　X　Z
XOY 平面的圆弧方向</td></tr>
</table>

续表

整圆轨迹的编程	整圆的起点和终点为同一个点。指定相同的起点和终点，当半径相同时，可以对应无穷个整圆，如下图所示。因此，整圆轨迹只能使用圆心编程法。 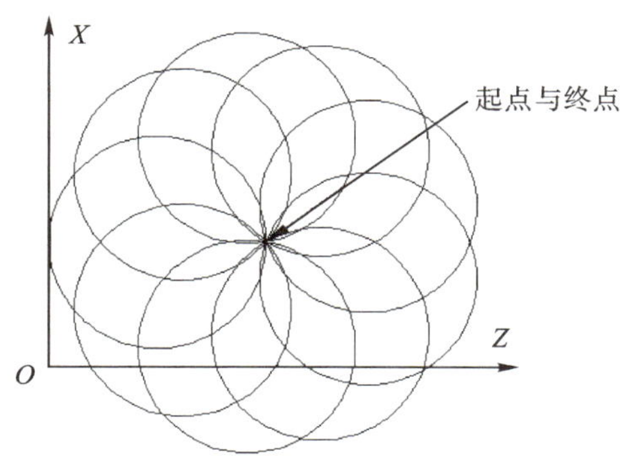
注意事项	指定圆心时，若程序段中同时输入 R ×、I ×和 K ×的值则 R ×的值有效

图 1.6 所示铣刀圆弧轨迹的半径编程和圆心编程程序如下。

半径编程：G18 G03 X10 Y20 R20;

G18 G03 X10 R20;（起点与终点的 Y 坐标相同，因此省略不写）。

圆心编程：G18 G03 X10 Y20 I20 J0;

G18 G03 X10 Y20 I20;（起点与圆心的 Y 坐标相同，因此省略不写）。

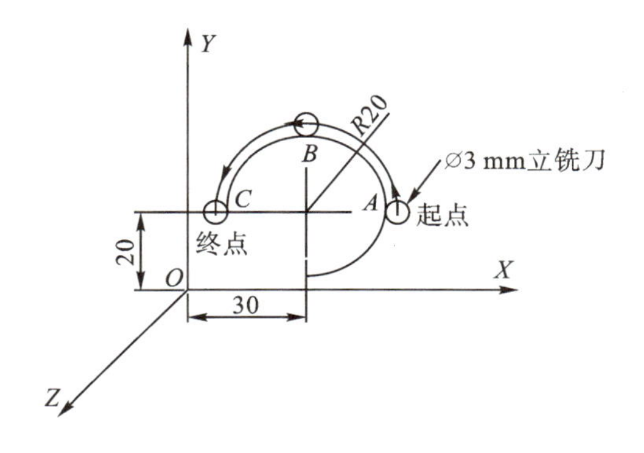

图 1.6　G02、G03 指令应用

4. 绝对坐标编程与增量坐标编程

程序中指定刀具的位置（即坐标值）有绝对坐标法和增量坐标法两种方式。

1）绝对坐标编程

刀具运动轨迹的坐标值均以机床原点、编程原点或工件原点为基准计量，称为绝对坐标值，用 X、Y、Z 字符表示，所用的编程指令称为绝对坐标指令。如图 1.7 所示，刀具从 O 点快速运动到 A 点，再运动到 B 点，采用绝对坐标指令编程如下：

```
N10 G00 X20 Z30;
N20 G00 X60 Z50;
```

2)增量坐标编程

刀具从当前位置到下一个位置之间的增量值，称为增量坐标值或相对坐标值，所用的编程指令称为增量坐标指令，用 U(沿 X 轴的增量)、V(沿 Y 轴的增量)、W(沿 Z 轴的增量)字符表示。增量坐标由终点坐标值减起点坐标值计算得出，因此有正负。如图 1.8 所示，刀具从 O 点快速运动到 B 点，再运动到 A 点，采用绝对和增量坐标混合编程如下：

```
N10 G00 X60 Z50;
N20 G00 U-40 W-20;
```

绝对坐标编程和增量坐标编程的选用一般根据零件图纸中的尺寸标注确定，尽量保证编程坐标值就是现有尺寸值，不用计算或尽量少计算，以避免人为计算产生的错误。

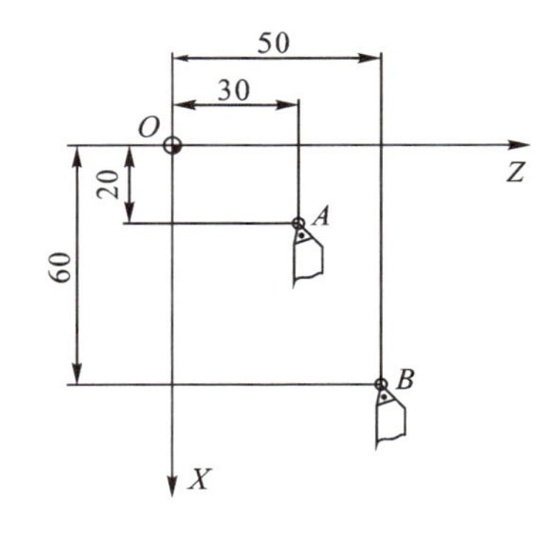

图 1.7 绝对坐标编程

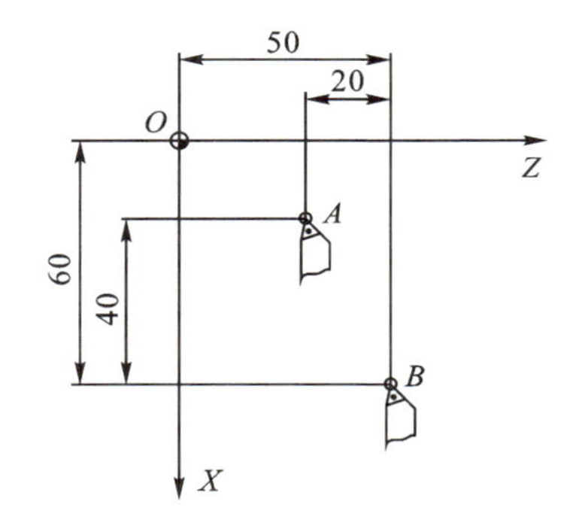

图 1.8 增量坐标编程

5. 直径编程与半径编程

数控车削零件通常是回转体，零件的径向尺寸编程有直径编程和半径编程两种，如图 1.9 所示。数控车床系统的默认方式是直径编程。

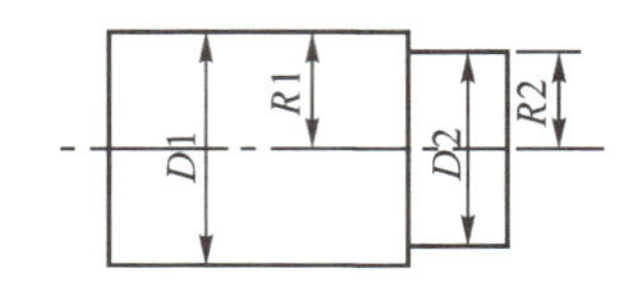

D1、D2—直径编程；R1、R2—半径编程

图 1.9 直径编程或半径编程

拓展练习

(1)解读表 1-15 中的精车程序并写出各程序的注释，其中 T01 号刀为精车外圆刀。在

图 1.10 所示坐标系中画出 T01 号外圆刀的走刀轨迹和车削的外轮廓。

表 1-15 数控加工程序单(O113)

程序段号	程序内容	注释
—	O113;	程序号
N10	G18 G54 G00 X100 Z100;	
N20	T0101;	
N30	M03 S1200;	
N40	M08;	
N50	G00 X0 Z10;	
N60	G01 Z7.5 F0.1;	
N70	G03 X11.2 Z-4.989 R7.5;	
N80	G01 Z-14;	
N90	X26 Z-20;	
N100	Z-37;	
N110	X30;	
N120	G00 X100 Z100;	
N130	M05 M09;	
N140	M30;	

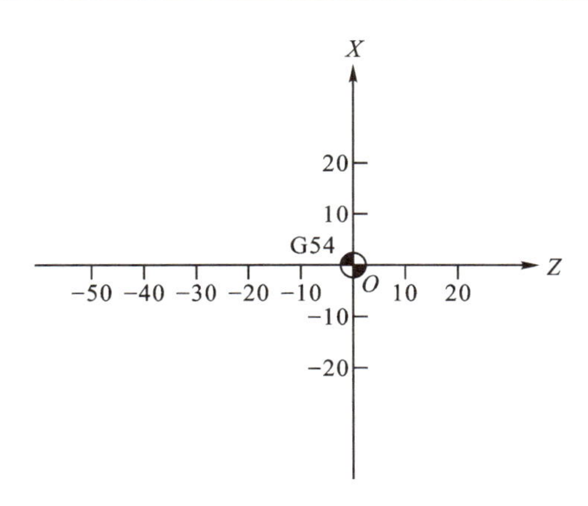

图 1.10 刀具的走刀轨迹和车削的外轮廓

(2)解读表 1-16 中的精铣程序，并写出各程序的注释，其中 T01 号刀具为∅6 mm 立铣刀。分析 T01 号刀具的走刀轨迹，在图 1.11 所示坐标系中画出 T01 号刀具的走刀轨迹和铣削的外轮廓。

表 1-16 数控加工程序单(O114)

程序段号	程序内容	注释
—	O114;	程序号
N10	G17 G55 G00 X-40 Y-0 Z150;	
N20	M03 S1000;	
N30	M08;	
N40	G00 Z10;	
N50	G01 Z-4 F200;	
N60	X20;	
N70	Y15;	
N80	G02 X25 Y20 R5;	
N90	G01 X30;	
N100	X20 Y50;	
N110	X-20;	
N120	X-30 Y20;	
N130	X-25;	
N140	G02 X20 Y15 R5;	
N150	G01 Y-10;	
N160	G01 Z10;	
N170	G00 Z150;	
N180	M05 M09;	
N190	M30;	

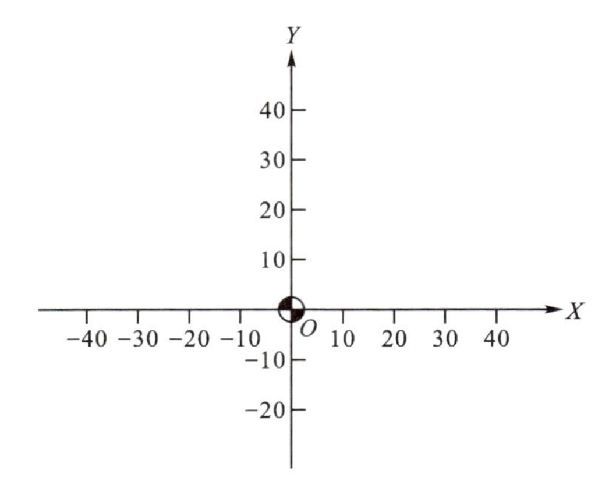

图 1.11 刀具的走刀轨迹和铣削的外轮廓

知识巩固

【单选】(1)通常辅助功能 M08 代码表示______。(　　)

A. 程序停止　　B. 冷却液开　　C. 主轴停止　　D. 冷却液关

【单选】(2)指令“G99 F0.2”中“F0.2”的含义是______。(　　)

A. 0.2 m/min　　B. 0.2 mm/r　　C. 0.2 r/min　　D. 0.2 mm/min

【单选】(3)数控车床(FANUC 系统)增量方式编程的格式是______。(　　)

A. G01 X× Z×　　B. G01 U× Y× W×

C. G01 X× V× W×　　D. G01 U× V× W×

【单选】(4)当用半径指定圆心位置时,在半径、圆弧的起点到终点都相同的情况下,有____种圆弧。(　　)

A. 无数　　B. 3　　C. 2　　D. 1

【单选】(5)执行程序“G02 X20 Y20 R-10 F300;”所控制的刀路是______。(　　)

A. 整圆　　B. 夹角小于 180°的圆弧

C. 夹角大于 180°的圆弧　　D. 180°的圆弧

【单选】(6)执行程序“N20 G01 X30 Z6; N30 G91 G01 Z15;”后,刀架正方向实际移动量为______。(　　)

A. 9 mm　　B. 21 mm　　C. 15 mm　　D. 6 mm

【单选】(7)程序段号的作用之一是______。(　　)

A. 便于对指令进行校对、检索、修改　　B. 解释指令的含义

C. 确定坐标值　　D. 确定刀具的补偿值

【单选】(8)控制系统计算刀具运动轨迹的过程称为______。(　　)

A. 拟合　　B. 逼近　　C. 插值　　D. 插补

【单选】(9)不同组的 G 代码______ 在同一程序段中指定。如果同程序段中指定多个同组 G 代码,则______ 指定的 G 代码有效。(　　)

A. 能够 最后　　B. 不能够 最后　　C. 能够 最前　　D. 不能够 最前

【单选】(10)“数控系统是按程序的先后顺序执行程序的”,此说法______。(　　)

A. 正确　　B. 错误　　C. 不确定

任务2 认知数控编程

任务描述

(1)建立图1.12所示零件外轮廓的精车加工编程的编程坐标系，确定换刀点和切削起点，设计精车走刀路线，编写零件轮廓精车加工程序。设置精车刀具为1号刀，不考虑刀尖圆弧大小，主轴转速1000 r/min，进给速度0.1 mm/r。

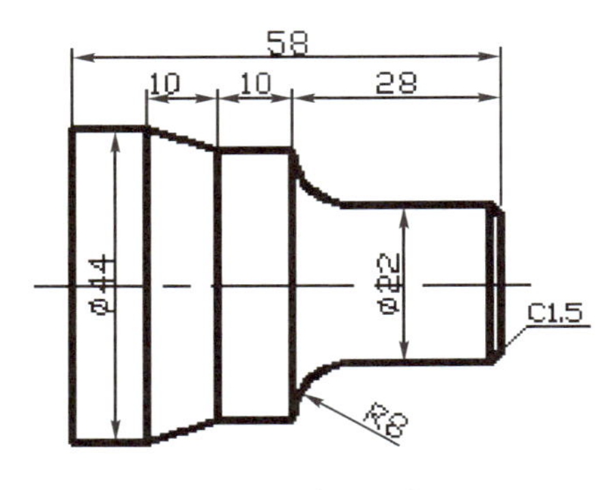

图1.12 精车零件图

(2)建立图1.13所示零件外轮廓的精铣加工编程的编程坐标系，确定切削起点和安全高度，设计精铣走刀路线，编写零件轮廓精铣加工程序。设精铣刀具为∅8 mm立铣刀，不考虑刀具半径补偿，主轴转速3000 r/min，进给速度250 mm/min。

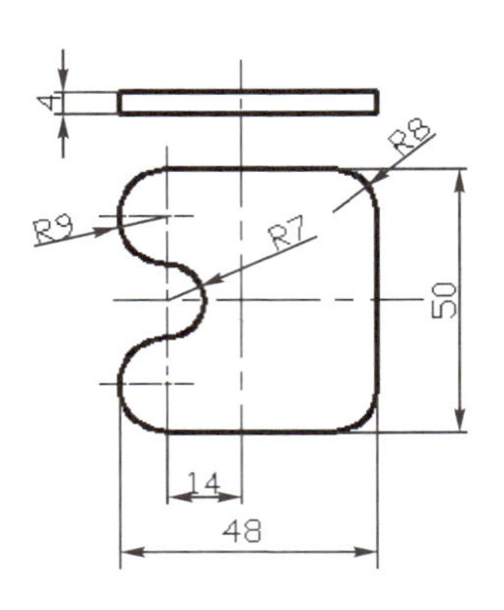

图1.13 精铣零件图

职业能力目标

(1)能描述数控编程的基本方法。

(2)掌握机床坐标系和编程坐标系位置的设定。

(3)能正确设置编程坐标系,设计走刀路线,确定换刀点、切削起点和切削终点。

(4)能使用 G00、G01、G02、G03 编写单一循环路线(零件精车、精铣)的加工程序。

(5)能自主学习、善于思考、细致工作、精益求精。

任务分析

1. 编写图 1.12 所示零件外轮廓的精车加工程序

1)编程前准备

(1) 确定编程坐标系。

根据编程坐标系选择的三重合原则(即尽量与零件图样的设计基准重合,尽量与尺寸精度高、粗糙度低的工件表面重合,尽量与对称工件的对称中心重合),如图 1.14 所示,选择零件的右端面中心点为编程坐标系原点,X 轴和 Z 轴分别与机床的坐标轴重合,确定编程坐标系(用 G54 表示)。

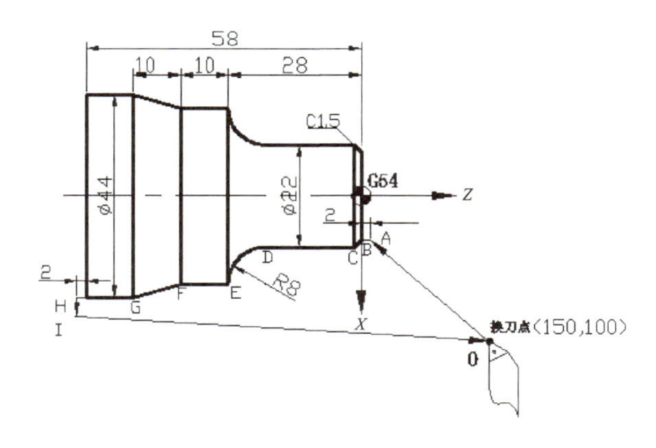

图 1.14 零件的精车走刀路线

(2)确定换刀点和切削起点。

换刀点:换刀点一般选在换刀时刀具不与工件、夹具或机床发生碰撞,且空行程尽量少的位置,根据该原则确定 O 点(150,100)为换刀点。

切削起点:为了避免刀具刀尖碰撞工件而被损坏,在刀具进入切削前设置一个点,此点之前为快速走刀,此点之后为工进走刀,称此为点为切削起点。切削起点应尽量靠近零件的加工表面,但又要防止撞刀。因此,确定 A 点(19,2)为切削起点,如图 1.14 所示。

(3)确定零件外圆轮廓精车走刀路线。

根据精加工走刀路线通常是零件外轮廓线本身的原则，确定精车走刀路线为 O(换刀点)→A→B→C→D→E→F→G→H→I→O(换刀点)，如图 1.14 所示。

(4) 确定编程指令。

在零件的精车走刀路线中，O(换刀点)→A、I→O(换刀点)两段为空行程，选用快速移动指令 G00 编程；A→B→C→D→E→F→G→H→I 均为工进走刀路线，路线中有直线和圆弧，分别选用直线插补指令 G01、圆弧插补指令 G03 编程，且采用直径编程。

2) 编写程序

图 1.12 所示零件的精车加工程序见表 1-17。

表 1-17　数控加工程序单(O1121)

程序段号	程序内容	注释
—	O1121;	程序号
N10	G54 G00 X150 Z100;	选择 G54 工件坐标系，快速回到换刀点
N20	M03 S1000;	主轴正转，转速 1000 r/min
N30	T01 M08;	换 1 号刀(注意此 01 号刀具补偿号的所有数据框中值均为 0)，开冷却液
N40	G00 X19 Z2;	刀具快速至切削起点(19,2)
N50	G01 Z0 F0.1;	刀具工进至(19,0)，切削速度 0.1 mm/r
N60	X22 Z-1.5;	倒 $C1.5$ 角
N70	Z-20;	切削∅22 外圆面
N80	G03 X38 Z-28 R8;	切削 $R8$ 外圆弧
N90	G01 Z-38;	切削∅38 外圆面
N100	X44 Z-48;	切削圆锥面
N110	Z-60;	切削∅44 外圆面
N120	X50;	X 方向退刀至(50,−60)
N130	G00 X150 Z100;	快速回到换刀点
N140	M05 M09;	主轴停，关冷却液
N150	M30;	程序结束

2. 编写图 1.13 所示零件外轮廓的精铣加工程序

1)编程前准备

(1) 确定编程坐标系。

为了方便加工时的测量，选择零件上表面的对称中心点为编程坐标系的原点，编程坐标轴与机床坐标轴重合，确定编程坐标系(用 G55 表示)，如图 1.15 所示。

(2) 确定刀具的初始高度和安全高度。

为了便于操作人员取工件，刀具的初始位置选择在距离零件上表面 100 mm，安全高度(安全高度之上为快速下刀，安全高度之下为工进下刀)选择在距离零件上表面 10 mm 处。刀具 Z 向的走刀路线如图 1.15 所示。

(3) 确定零件精铣走刀路线。

轮廓的精铣走刀路线通常就是外轮廓线本身，且∅8 mm 立铣刀的刀位点在刀具底表面中心，因此，精铣走刀路线为与零件轮廓线相距 4 mm 的等距线。

另外，在设计铣削加工的走刀路线时，为了避免产生切痕，轮廓铣削时进刀和出刀应尽量不与轮廓垂直，而应与轮廓相切。因此，在铣削走刀路线中应增加一段进刀路线和出刀路线，进刀路线和出刀路线的形状可以是直线或半圆弧，其直线长度和圆弧半径均要大于刀具直径。综上所述，设计轮廓精铣走刀路线为：$A \to B \to C \to D \to E \to F \to G \to H \to I \to J$，如图 1.15 所示。

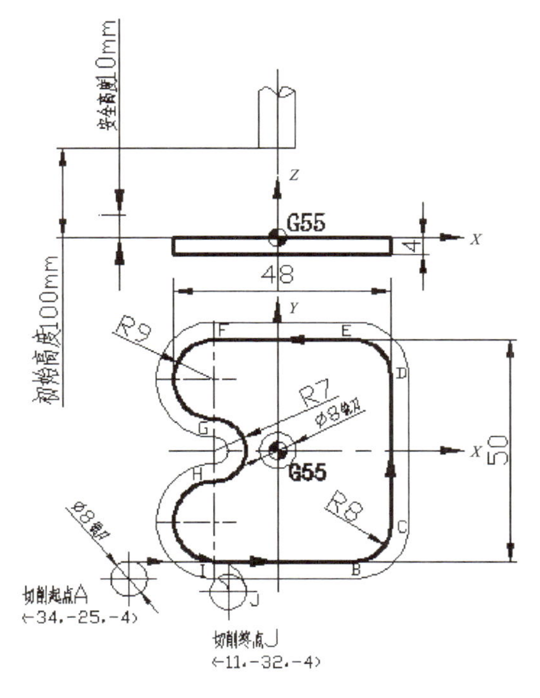

图 1.15　零件的精铣走刀路线

(4) 确定编程指令。

在零件的精铣走刀路线中,$A\to I$ 和 $I\to J$ 两段为空行程,选用 G00 指令编程。$I\to B\to C\to D\to E\to F\to G\to H\to I$ 均为工进走刀路线。路线中有直线和圆弧,因此选用 G01、G02 和 G03 指令编程,且采用绝对坐标编程。

2) 编写程序

图 1.13 所示零件的精铣加工程序见表 1-18。

表 1-18 数控加工程序单(O1122)

程序段号	程序内容	注释
—	O1122;	程序号
N10	G92 X0 Y0 Z100;	以刀具当前坐标点(0,0,100),设定工件坐标系
N20	X-34 Y-25;	刀具快速至切削起点 A 上方
N30	M03 S3000;	主轴正转,转速 3000 r/min
N40	M08;	开冷却液
N50	G00 Z10;	快速下刀至零件上方 10 mm 安全高度
N50	G01 Z-4 F250;	刀具工进下至切削深度,切削速度 250 mm/min
N60	X17;	刀具工进 $A\to B$
N70	G03 X29 Y-17 R12;	刀具工进 $B\to C$
N80	G01 Y17;	刀具工进 $C\to D$
N90	G03 X17 Y29 R12;	刀具工进 $D\to E$
N100	G01 X-14;	刀具工进 $E\to F$
N110	G03 Y3 R13;	刀具工进 $F\to G$
N120	G02 Y-3 R3;	刀具工进 $G\to H$
N130	G03 Y3-29 R13;	刀具工进 $H\to I$
N140	G02 Y-32 R3;	刀具工进 $I\to J$
N150	G01 Z10;	抬刀至安全高度
N160	G00 Z100;	抬刀到初始高度
N170	M05 M09;	主轴停,关冷却液
N180	M30;	程序结束

相关知识

1. 数控编程方法与步骤

1)数控编程方法

数控编程的方法可分为手工编程和自动编程。

(1)手工编程。手工编程是指数控编程的各个步骤,如零件的图样分析、二艺制定、数值计算以及编写加工程序、程序录入、程序调试等均由人工完成。手工编程主要用于外形不复杂的零件编程。

(2)自动编程。自动编程又称为计算机辅助编程,除零件工艺制定外,其余工作均由计算机辅助完成。计算机辅助编程的效率高、准确度高,广泛用于手工编程无法解决的复杂零件编程中,如具有三维空间曲线和曲面等几何特征的零件编程。目前应用广泛的是图形数控自动编程,常用的编程软件有 CAXA、Mastercam、Pro/ENGINEER、UG NX 等。本书将在模块三介绍如何应用 UG NX12 进行自动编程。

2)数控编程的基本步骤

数控编程的基本步骤如图 1.16 所示,主要步骤的内容如下。

(1) 编制工艺规程。根据零件图样分析和加工工艺分析结果,制定各个工序的数控加工内容,确认与生产组织有关的问题,并编制数控加工工艺卡。

(2) 编写加工程序。根据零件图样和加工的进给路线,计算刀具的坐标值。根据工艺内容,选择合理的指令代码,编写加工程序。

(3) 程序输入。在数控机床的编辑模式下,将程序信息输入数控系统存储起来。

(4) 程序调试。将编写好的程序在自动编程软件上和数控机床上进行仿真或真实试加工,对程序进行反复检查与修改,直到试加工零件质量检查合格后,此程序才可用于正式生产。

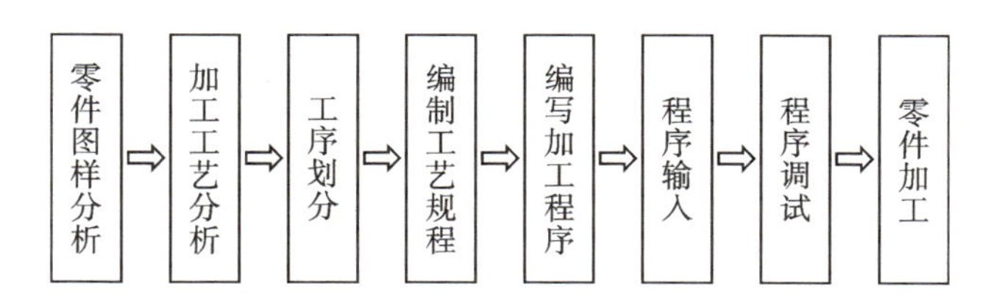

图 1.16 数控编程与加工的步骤

2. 机床坐标系

1)笛卡儿直角坐标系

国际标准 ISO 8041 和我国标准 JB/T 3051—1999(后简称“标准”)规定数控机床的坐标系设定如下:机床的运动坐标系采用右手笛卡儿直角坐标系,如图 1.17 所示。坐标轴分别命名为

X、Y、Z，使用右手定律判定方向。右手大拇指指向为 X 轴正向，食指指向为 Y 轴正向，中指指向为 Z 轴正向。围绕 X、Y、Z 各轴的回转轴分别为 A、B、C 旋转轴，旋转轴的正方向用右手螺旋法则判定。

为了便于编程，标准规定编程时都假定刀具相对于静止的工件在运动。

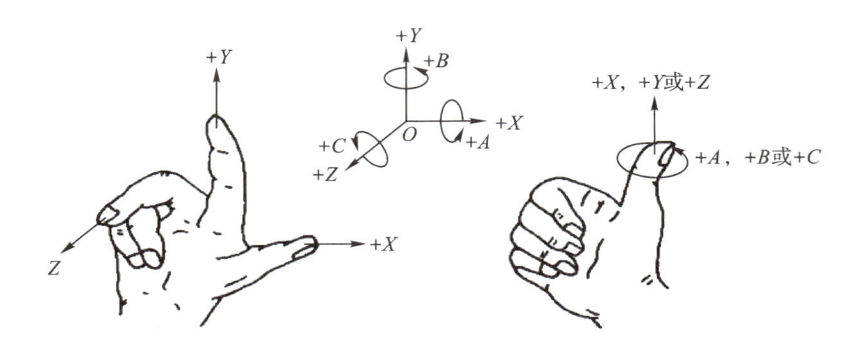

图 1.17　右手笛卡儿坐标系

2）数控机床的机床坐标系

数控加工与编程过程会涉及三个坐标系，分别是机床坐标系、编程坐标系和工件坐标系。

机床坐标系是机床上固有的坐标系，是用于确定工件和刀架位置的基准坐标系。标准规定：机床坐标系 Z 轴为平行于机床主轴（传递切削力的轴）的刀具运动轴，且刀具远离工件的方向为 Z 轴的正方向（$+Z$），数控车床的 Z 轴及正方向如图 1.18(a)所示，数控铣床的 Z 轴及正方向如图 1.18(b)所示。当机床上有多个主轴时，则其中垂直于工件装夹表面的主轴为 Z 轴。当机床没有主轴时（如数控龙门刨床），则垂直于工件装夹表面的方向为 Z 轴。

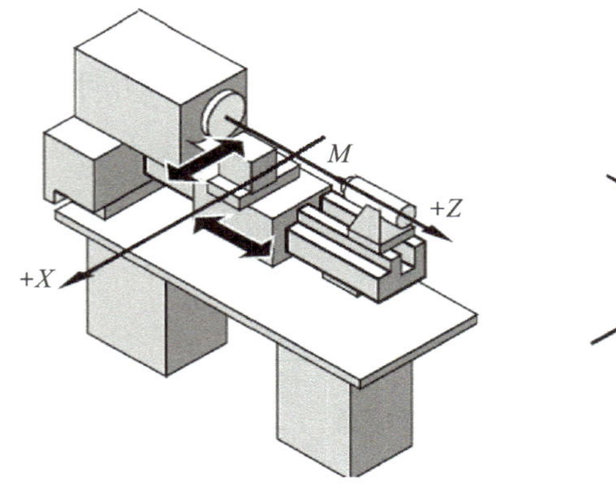

(a) 数控车床机床坐标系

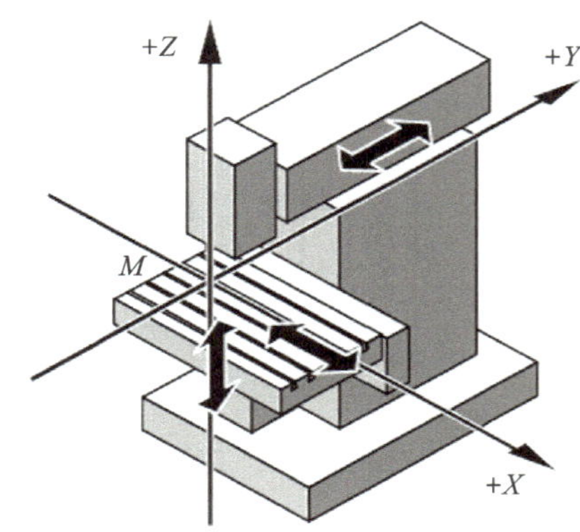

(b) 数控铣床（立式）机床坐标系

图 1.18　机床坐标系

X 轴为水平方向且平行于工件的装夹表面。对于工件旋转的机床(如车床、磨床),X 轴是在工件的径向上且平行于机床横滑座,离开工件旋转中心的方向为 X 轴正方向($+X$)。对于刀具旋转的机床(如铣、钻、镗床),如 Z 轴是水平的,则沿刀具主轴后端向工件看去,X 轴正方向($+X$)指向右方;如 Z 轴是垂直的,面对机床主轴向立柱方向看去,X 轴正方向($+X$)指向右方。对于没有旋转刀具或旋转工件的机床,X 轴平行于主要切削方向,且以该方向为正方向。

Y 轴及 Y 轴的方向在 X 轴和 Z 轴确定后,按照右手直角笛卡儿坐标系原则来确定。

对于多轴数控机床,除 X、Y、Z 三个直线轴以外,还有分别绕 X、Y、Z 轴旋转的三个轴:A、B、C 轴,以及平行于 X、Y、Z 轴的第二组附加直线轴 U、V、W 轴和第三组运动附加直线轴 P、Q、R 轴。

3. 编程坐标系

编程坐标系是编程人员在编程时,用来定义零件形状、刀具相对零件的运动轨迹和位置点而建立的坐标系。编程坐标系各坐标轴方向与机床坐标系各坐标轴方向一致,编程坐标系原点要根据加工零件图样及加工工艺要求选定,一般要遵守三重合原则,即:

①尽量与零件图样的设计基准重合,便于计算、测量和检验,且利于编程;

②尽量与尺寸精度高、粗糙度低的工件表面重合,以提高工件的加工精度;

③尽量与对称工件的对称中心重合,便于计算,利于编程。

在确定编程坐标系时不必考虑数控机床的实际情况、毛坯在车床上的装夹位置,以及加工刀具。数控车削和数控铣削编程坐标系的实例如图 1.19 所示。

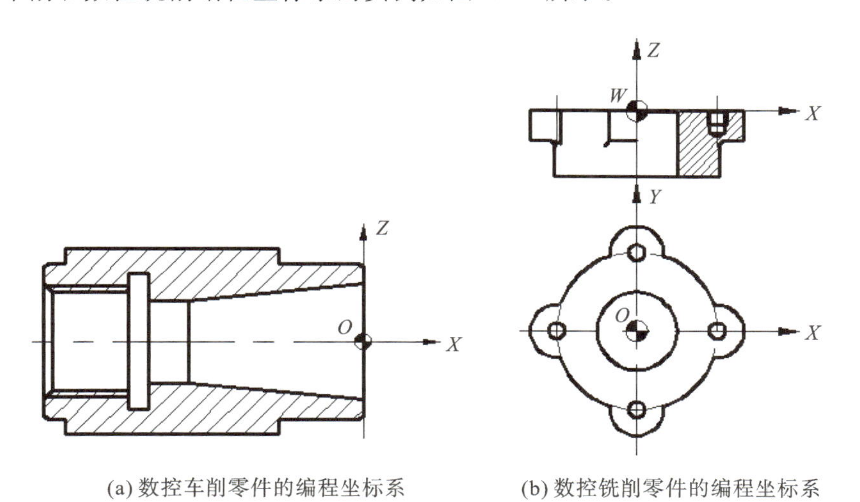

(a) 数控车削零件的编程坐标系　(b) 数控铣削零件的编程坐标系

图 1.19　编程坐标系实例

4. 工件坐标系

1)工件坐标系的定义

工件坐标系是工件加工时所使用的坐标系,就是把编程坐标系搬到具体的数控机床上时所呈现的坐标系。工件坐标系在机床上的位置与毛坯在机床上具体装夹的实际位置有关。机床坐标系的位置是固定的，但毛坯的安装位置不同时，实际形成的工件坐标系在机床上的位置就不相同。用 W 表示工件坐标系的原点，数控车削和数控铣削工件坐标系的实例如图 1.20 所示。

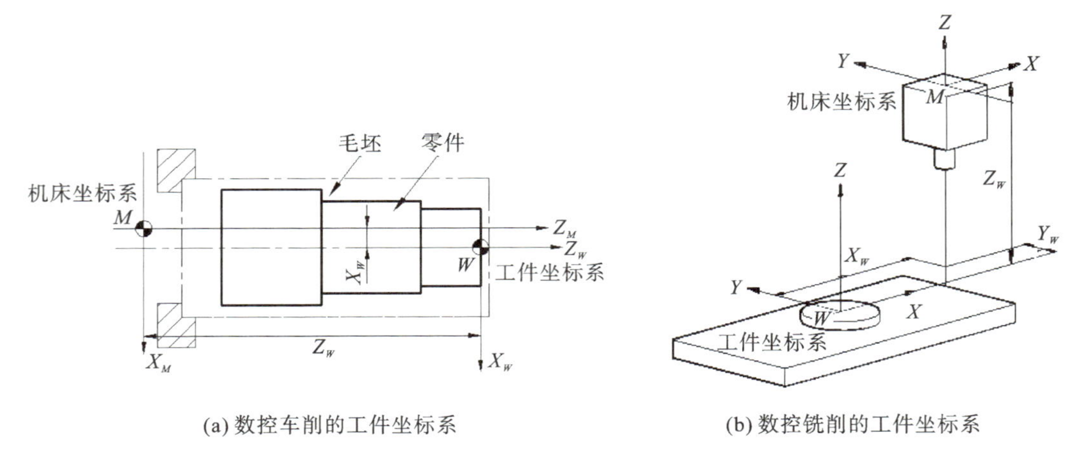

(a) 数控车削的工件坐标系　　(b) 数控铣削的工件坐标系

图 1.20　工件坐标系实例

程序中的刀具位置是以编程坐标系为基准的，而加工时，数控系统是以机床坐标系为基准来理解程序中的坐标值的。由于编程坐标系和机床坐标系是两个不同的坐标系，因此，必然会导致刀具的实际运行轨迹与程序中的编程轨迹不重合的问题。为此，在具体加工时，需要告诉系统工件坐标系在机床坐标上的具体位置，即要设置工件坐标系原点在机床坐标系上的坐标值 X_W、Y_W、Z_W，数控系统在执行程序时，将程序中的坐标值 X、Y、Z 均分别补上 X_W、Y_W、Z_W，以实现数控机床的刀具轨迹与程序中的编程轨迹的统一。

2)设定工件坐标系

设定工件坐标系有两种方法，一是指令设定，二是手动设定。

指令设定是使用指令 G50 和 G92 来设定工件坐标系，即在指令 G50 和 G92 之后指定一个值来设定工件坐标系。

手动设定是通过 MDI 面板操作，人工设定一个工件坐标系(此操作又称为对刀操作)，然后，在程序中增加相应的工件坐标系选定指令(G54～G59)。

3)设定工件坐标系指令(G50、G92)

(1)G50 指令。

在 G50 指令后指定一个坐标值，执行该指令后，系统通过指定的坐标值和当前刀具在机床坐标系的坐标值，推算出要设定的工件坐标系的原点坐标值，从而在系统中建立一个工件坐标系。

G50 指令是一个模态指令。

指令格式：G50 IP；

其中 IP 为增量指定值。

在数控车床上，使用 G50 指令设定工件坐标系的实例如图 1.21 所示，刀具当前位置在将要建立的工件坐标系的坐标值为(12,10)(直径编程)，设定工件坐标系的程序为：

G50 X12 Z10;

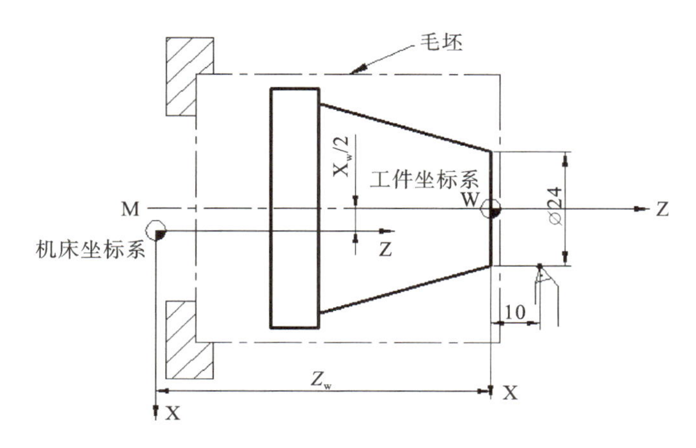

图 1.21 G50 指令应用

(2)设定工件坐标系指令 G92。

设定工件坐标系指令 G92 的功能与 G50 类似，常用于在数控铣床上建立工件坐标系。执行指令 G92 后，系统通过 G92 后面的指定值和当前刀具在机床坐标系的坐标值，推算出要设定的工件坐标系的原点坐标值，从而在系统中建立一个工件坐标系。设定工件坐标系指令 G92 属于模态指令。

指令格式：G92 X_ Y_ Z_;

在数控铣床上，指令设定工件坐标系的实例如图 1.22 所示，刀具当前位置在将要建立的工件坐标系的坐标值为(3,-6,15)，设定工件坐标系的程序语句为：

G92 X3 Y-6 Z15;

数控机床在执行 G50、G92 指令时并不动作，只是显示器上的坐标值会变化。而且，若刀具的起始位置发生了变化，执行同样的指令，其工件坐标系位置将改变。

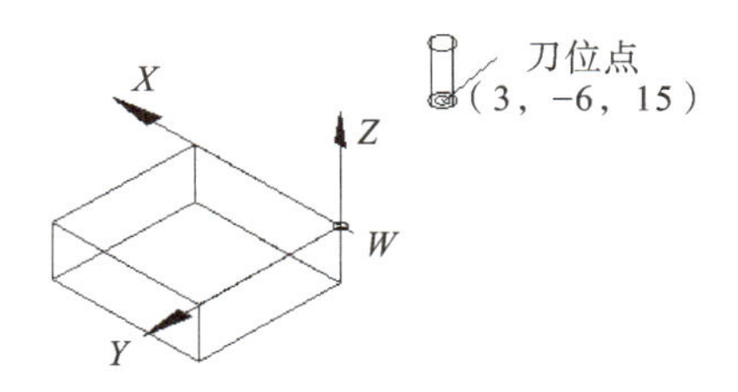

图 1.22 G92 指令的应用

4)选择工件坐标系指令(G54～G59)

选择工件坐标系指令(G54～G59)是配合手动设定工件坐标系法使用的指令，用于在程序中选择本次加工中预先设定在系统中的工件坐标系。系统允许手动设定六个工件坐标系，分别用指令 G54、G55、G56、G57、G58 或 G59 来代表。系统执行指令 G54～G59 后，程序中所有绝对值坐标值，均变成了相对于此工件坐标系的坐标值。指令 G54～G59 均为模态指令，其中，G54 为缺省值。

指令格式：G54(～G59)；

同一零件上可设定一个或多个工件坐标系，不同零件的工件坐标系应不相同，如图 1.23 所示。

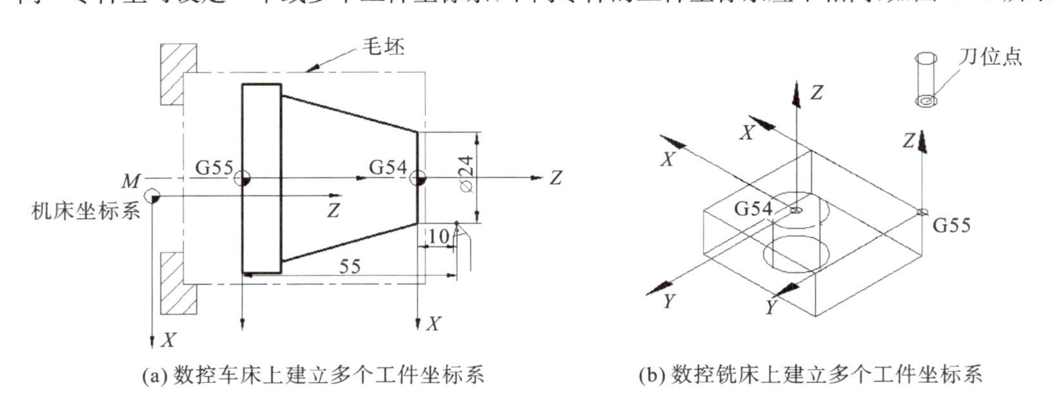

(a) 数控车床上建立多个工件坐标系　(b) 数控铣床上建立多个工件坐标系

图 1.23　设定多个工件坐标系

5. 刀位点和换刀点

1）刀位点

为了简化编程工作，在编写程序时，编程人员把实际刀具假想为一个点，用该点的运动来等效实际刀具的运动，此时点运动所形成的轨迹称为编程轨迹（即走刀路线），这个假想点称为刀具的刀位点。

(1)常用车刀的刀位点。

忽略刀具刀尖半径的大小，常用车刀的刀位点如图 1.24 所示。尖头车刀的刀位点设在刀尖，如外圆车刀、端面车刀和螺纹车刀。圆弧车刀的刀位点设在圆弧的中心。切断刀和槽刀的刀位点设在刀刃的左顶点。

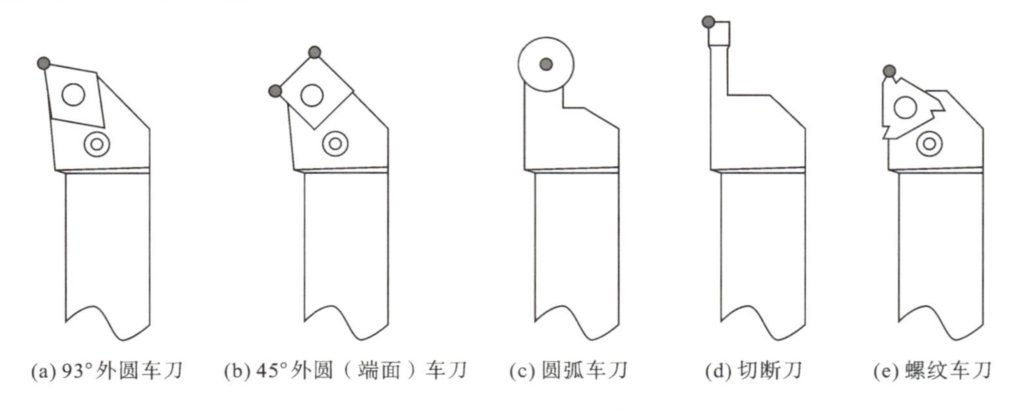

(a) 93°外圆车刀　(b) 45°外圆（端面）车刀　(c) 圆弧车刀　(d) 切断刀　(e) 螺纹车刀

图 1.24　常用车刀的刀位点

(2)常用铣刀的刀位点。

常用铣刀的刀位点如图 1.25 所示。盘铣刀、立铣刀和钻头的刀位点设在刀具底面的中心，球头铣刀的刀位点设在球头球心或球头最高点。

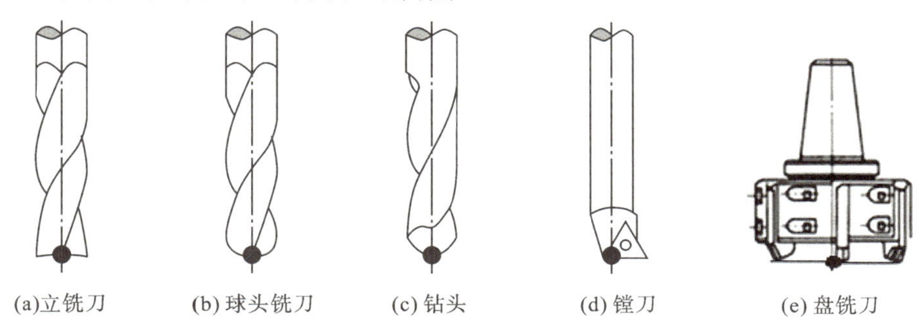

图 1.25　常用铣刀的刀位点

编程时没有考虑刀具的实际形状，这同样会导致编程轨迹与刀具实际运行轨迹不重合的问题，数控系统中的刀具补偿功能可用于解决这一问题，此功能将在后面的内容中介绍。

2)换刀点

换刀点是加工过程中更换刀具时的位置点。换刀点一般选在换刀时刀具不与工件、夹具或机床发生碰撞，且空行程尽量少的位置。

数控车床和数控铣床的换刀点由编程人员自行设定。加工中心具有自动换刀装置，其换刀位置是固定的，只要执行换刀指令 M06，主轴会自动来到指定的换刀位置换刀。

拓展练习

(1)建立图 1.26 所示零件外轮廓的精车加工的编程坐标系，确定换刀点和切削起点，设计走刀路线，编写零件外轮廓的精车程序。设置精车刀具为 1 号刀，不考虑刀尖圆弧大小，主轴转速 800 r/min，进给速度 0.1 mm/r。

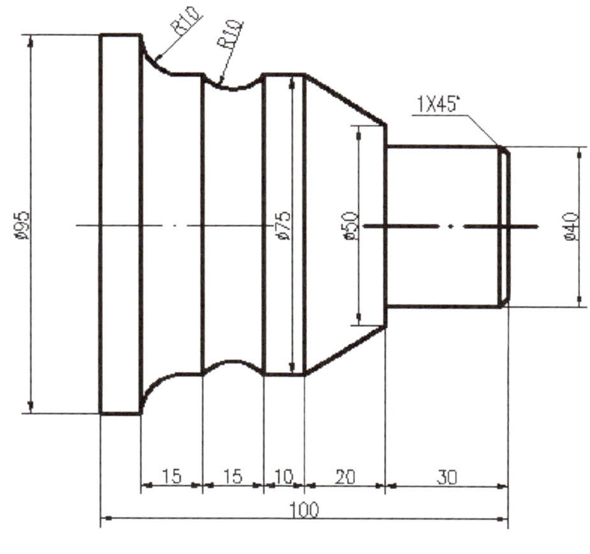

图 1.26　精车零件图

(2)建立图 1.27 所示零件外轮廓的精铣加工的编程坐标系,确定切削起点和安全高度,设计走刀路线,编写零件外轮廓的精铣程序。设置精铣刀具为∅8 mm 立铣刀,不考虑刀具半径补偿,主轴转速 3500 r/min,进给速度 250 mm/min。

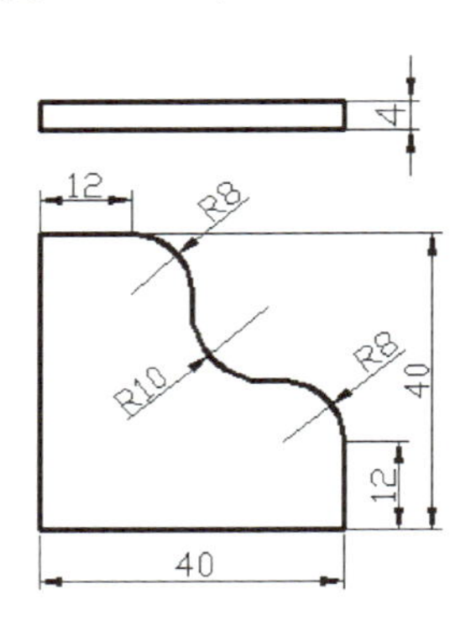

图 1.27　精铣零件图

知识巩固

【单选】(1)利用计算机辅助设计与制造技术,进行产品的设计和制造,可以提高产品质量,缩短产品研制周期,它又称为______。(　　)

A. CAD　　B. CAM　　C. CNC　　D. FMC

【单选】(2)FANUC 系统车削一段起点坐标为(X40,Z－20),终点坐标为(X50,Z－25),半径为 5 mm,圆心角小于 180°的外圆弧面,正确程序段是______。(　　)

A. G17 G20 X40 Z－20 R5 F80　　B. G17 G02 X50 Z－25 R5 F80

C. G17 G03 X40 Z－20 R5 F80　　D. G17 G03 X50 Z－25 R5 F80

【单选】(3)工件原点设定的依据是:既要符合图样尺寸的标注习惯,又要便于______。(　　)

A. 操作　　B. 计算　　C. 观察　　D. 编程

【单选】(4)为了防止换刀时刀具与工件发生干涉,所有换刀点的位置应设在______。(　　)

A. 机床原点　　B. 工件原点　　C. 工件外部　　D. 对刀点

【单选】(5)数控编程人员在数控编程和加工时使用的坐标系是______。(　　)

A. 右手直角笛卡儿坐标系　　B. 机床坐标系

C. 工件坐标系　　D. 直角坐标系

【单选】(6)数控机床的参考点,由制造厂调试时存入机床计算机中,该数据一般______。(　　)

A. 临时调整　　B. 能够改变　　C. 永久存储　　D. 暂时存储

【单选】(7)数控程序是针对刀具上的某一点按工件轮廓尺寸编制的,此点即为______点。(　　)

A. 换刀点　　B. 刀位点　　C. 切削起点　　D. 工件原点

【单选】(8)数控机床每次接通电源后,都要回参考点,其操作的目的是______。(　　)

A. 建立机床坐标系　　B. 检查刀具安装是否正确

C. 建立工件坐标系　　D. 机床预热

【单选】(9)在质量检验中,应坚持“三检”制度,即______。(　　)

A. 自检、互检、专职检　　B. 首检、中间检、尾检

C. 自检、巡回检、专职检　　D. 首检、巡回检、尾检

【单选】(10)数控机床上有一个机械原点,该点到机床坐标原点的距离在机床出厂时就已设定好,该点称______。(　　)

A. 工件零点　　B. 机床零点　　C. 机床参考点　　D. 限位点

【单选】(11)下列______不属于数控编程所涉及的内容。(　　)

A. 数值计算　　B. 键入程序、制作介质

C. 确定进给速度和走刀路线　　D. 对刀、设定刀具参数

项目2 数控机床的基本操作

任务1 数控车床的基本操作与对刀

任务描述

在数控车床的回转刀架上，分别安装 T01 外圆车刀和 T02 端面车刀，主轴上装夹∅35 mm×70 mm 棒料，伸出卡盘约 50 mm。完成数控车床的正确开机，用 T01 外圆车刀通过试切对刀法，建立如图 1.28 所示的 G54 工件坐标系，并建立 T02 端面车刀的几何偏置补偿值。

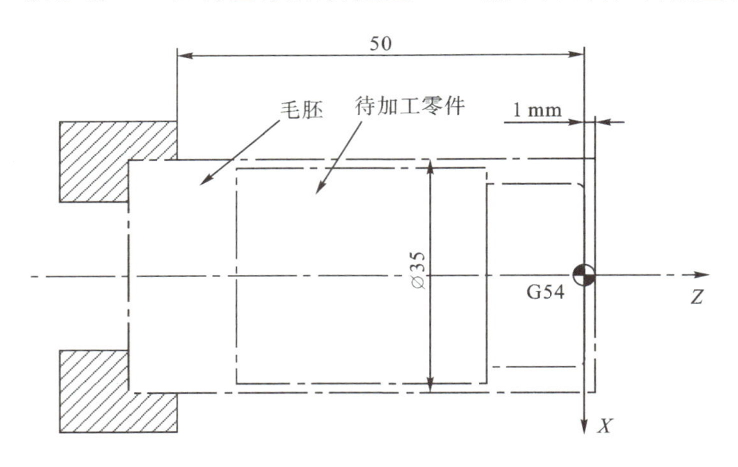

图 1.28　建立 G54 工件坐标系

职业能力目标

(1)能熟练操作数控车床的操作界面，完成基本操作。

(2)能使用至少一种对刀方式，完成数控车床的对刀操作，建立工件坐标系和几何偏置值。

(3)遵守数控车床的操作规范，具备安全意识。

(4)能自主学习、善于思考、细致工作、精益求精。

任务分析

1. FANUC 0i 系统数控车床正确开机

1）机床正确上电

①合上外部开关。

②合上机床空气开关。

③按下控制器面板的电源开关(即数控系统的电源开关)。

④等系统初始化完成后，旋起急停开关。

2)回参考点

①按下手动键，切换机床操作方式为手动方式，使用 X/Z 手动按键，将刀架移至机床参考点的行程范围外。

②按下回参考点键，切换机床在回参考点工作方式。

③按下位置显示页面选择键，选择显示屏下方“综合坐标”软键，显示屏上出现机械坐标值。

④选择进给速度倍率 50％键，按下 X 回参考点键，使工作台移动至 X 方向的零点位置，且指示灯亮。

⑤按下 Z 回参考点键，使工作台移动至 Z 方向的零点位置，且指示灯亮。

注意：为了避免刀具碰撞到尾座，一般先选 X 方向回参考点，再选 Z 方向回参考点。回参考点的速度不能太快，否则可能会导致系统接收不到回参考点信号，从而使回参考点操作失败。

3)主轴预热

机床正常开机后，需以低速(200 r/min)开启主轴，对主轴进行预热。

①按下 MDI 模式键，切换机床为手动数据输入模式。

②按下位置显示页面键，再单击显示屏下方“MDI”功能软键，进入 MDI 编辑界面。

③通过 MDI 键盘手动输入程序指令“M03 S200;”，如图 1.29 所示。

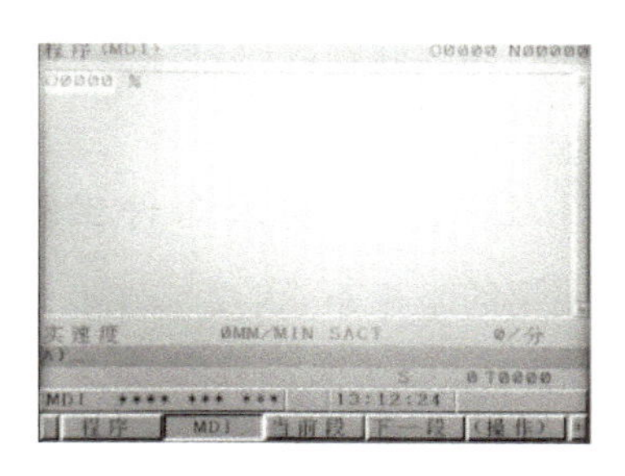

图 1.29　MDI 编辑界面

④按下循环启动键,执行 MDI 程序,主轴开始以 200 r/min 转速运行。

注意:在此模式下,程序执行运行操作后,便不再保存。

4)手轮移动刀架

①选择 X 方向手轮方式键(或 Z 方向手轮方式键),机床进入手轮模式。

②旋转脉冲发生器,选择进给速度倍率 25%键,脉冲发生器以每格 0.01 mm 的增量控制刀架沿 X 或 Z 方向微量移动,用于对刀操作中控制刀架运动。顺时针旋转脉冲发生器,刀架沿 X 或 Z 的正方向移动,反之,刀架沿 X 或 Z 的负方向移动。

2. 安装刀具和工件

1)安装刀具

①调整 1 号刀位。

方式一:连续按下手动换刀键,直至 1 号刀位转动至加工位置。

方式二:按下 MDI 模式键,切换机床模式为手动数据输入模式,输入程序指令"T0100",按下循环启动键,运行语句。

②安装刀具。擦拭刀体的安装表面,去除垫圈及安装孔口的毛刺。将装好刀片的外圆车刀安装在 1 号刀位上。

注意:刀具在刀架上的伸出部分的长度应尽量短,取 1~2 倍刀宽为宜;垫片的数量要尽量少,且至少用两个螺钉平整压紧刀具。要保证刀具的刀尖高度与工件回转中心在同一水平面内,刀杆与刀架边缘对齐,保证刀具的几何角度正确,如主偏角、前角等。

③调整 2 号刀位,安装 T02 端面车刀。方法同上。

2)安装工件

①松开三爪卡盘,放入∅30×70 mm 棒料,保证棒料伸出卡盘的长度大于加工零件总长度(超出 5~10 mm)。

②按顺序逐渐拧紧卡盘周边的螺钉,使三个爪逐渐向工件中心移动,直至接触工件表面且夹紧工件。

③低速开启主轴,根据经验目测(或打表找正)观察工件运转的平稳度,若工件运转不平稳,可使用铜棒轻轻敲打工件,以改善工件安装质量。

3. 外圆车刀(标准刀)试切法对刀,建立工件坐标系

工件坐标系是工件加工时所使用的坐标系,建立工件坐标系的方法有指令设定法和手动设定法。手动建立工件坐标系的操作又称对刀操作。数控车床的对刀操作有手动对刀和自动对刀两种方式。在此主要介绍数控车床手动对刀中的试切法对刀操作。

T01 号外圆车刀(标准刀)试切法对刀,建立工件坐标系的方法见表 1-19。

表 1-19 外圆车刀试切法对刀操作方法

内容	操作方法	图例
调整刀位、切换至工件坐标系设定界面	①按下手动换刀键，换 1 号外圆车刀至加工刀位。 ②按下控制面板上 OFS/SET 键，接着按下显示区下方"坐标系"软键，打开工件坐标系设定界面，如右图所示	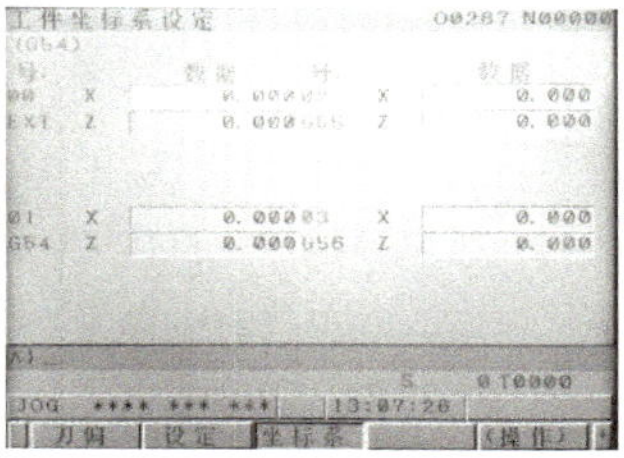 工件坐标系设定界面
Z 轴对刀（建立 G54 工件坐标系的 X 轴）	①启动主轴，手动或手轮移动刀架，使刀具在工件的 Z 方向少量吃刀，然后径向进刀，切削工件的右端面至端面中心，在保持刀具 Z 轴位置不动的情况下，使刀具沿径向方向退出工件端面，并停止主轴，如右图所示。 ②在工件坐标系设定窗口，将光标移到"G54 Z0.000"处，输入"Z1"，再按下显示区下方"测量"软键。系统自动计算 G54 原点在机床坐标系的 Z 轴坐标值 Z_W，G54 的 X 轴设置完成。此时，Z 轴绝对坐标值显示为"1"，即刀具在 G54 工件坐标系的 Z 坐标值为 1	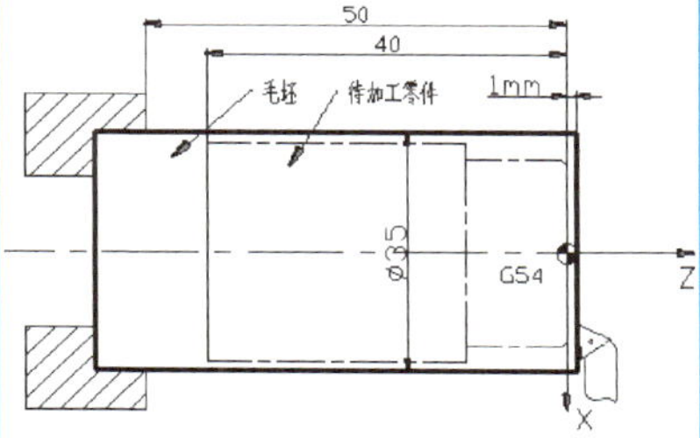 (a) 切端面 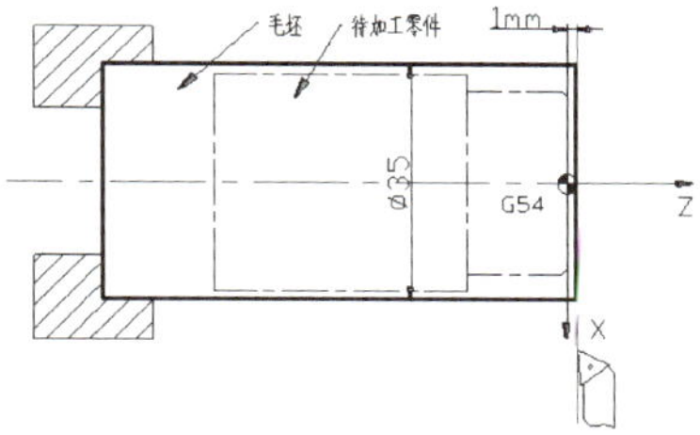 (b) 径向退刀
X 轴对刀（建立 G54 工件坐标系的 Z 轴）	①启动主轴，手动或手轮移动刀架，使刀具在工件的 X 方向少量吃刀，然后沿 Z 轴负向切削工件一定长度（约 10 mm）后，在保持刀具 X 轴位置不动的情况下，使刀具沿 Z 轴的正方向退出，并停止主轴，如右图所示。 ②用外径千分尺或游标卡尺测量工件被加工部分的直径为 33.54 mm，记录此直径值。 ③在工件坐标系设定窗口，将光标移至"G54X 0.000"处，输入"X33.54"，再按下显示区下方"测量"软键，系统自动计算 G54 原点在机床坐标系中的坐标值 X_W，G54 的 Z 轴设置完成。此时，X 轴绝对坐标值显示为"X33.54"，即刀具在 G54 工件坐标系的 X 轴坐标值为 33.54，说明 G54 的 Z 轴与工件的轴线重合	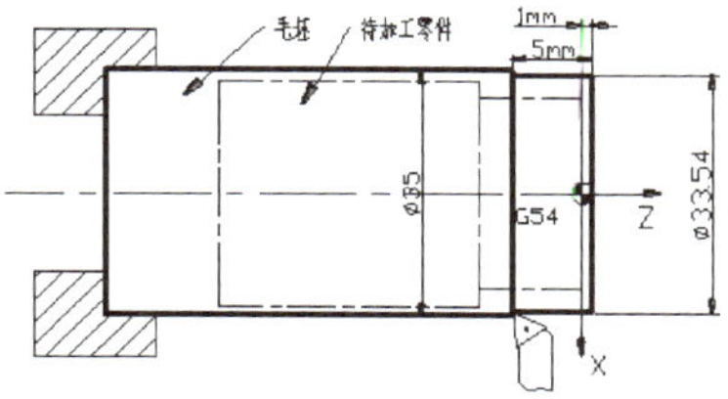 (a) 切外圆面 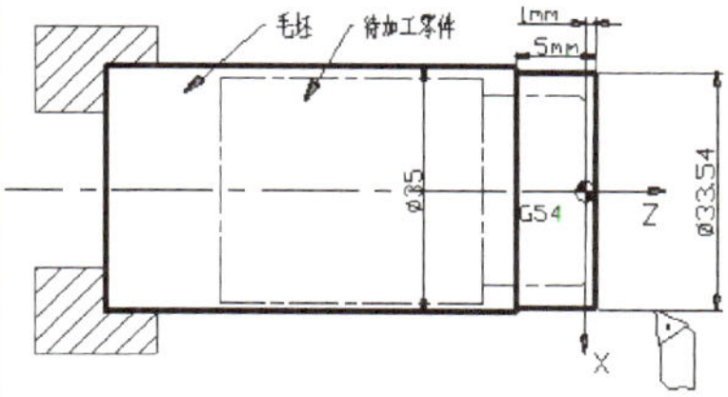 (b) 轴向退刀

续表

内容	操作方法	图例
对刀检验	①将刀架移至远离工件处，在 MDI 模式下，输入程序： N10 T0101; N20 G54 G00 G90 X38 Z1; 执行程序，观察外圆车刀的刀位点是否与毛坯端面对齐，如右图(a)所示，以及显示坐标值是否为(38,1)。若是，则 *Z* 轴对刀正确；若不符合以上结果，需重新对刀。 ②在 MDI 模式下，输入程序： N10 T0101; N20 G54 G00 G90 X33.54 Z5; 执行程序，观察外圆车刀的刀位点是否与毛坯试切外圆面对齐，如右图(b)所示，以及显示坐标值是否为(33.54,5)。若是，则 *X* 轴对刀正确；若不符合以上结果，需重新对刀	毛坯 待加工零件 1mm ⌀35 G54 Z X (38,1) (a) *Z* 轴对刀检验 毛坯 待加工零件 1mm 5mm ⌀35 G54 Z ⌀33.54 X (33.54,5) (b) *X* 轴对刀检验

4. 端面车刀（非标准刀）试切法对刀，建立刀具几何偏置补偿值

编程时，无论什么刀具、无论几把刀具，都把刀具假想成一个点(称为刀位点)。但在加工时，如果不考虑所使用刀具的外形、大小和安装位置，直接在系统上运行程序，刀具的实际运行轨迹势必会与编程轨迹有偏差。解决这个问题的第一步是在加工时，先选择一把标准刀，在机床的工件上建立一个工件坐标系。第二步是获得其他刀具(非标准刀)与标准刀在机床上的实际位置偏差值，并作为刀具几何偏置补偿值存入特定的刀具补偿存储器中(此刀具补偿存储器的补偿号由换刀指令 T××××的后两位数指定)，系统执行换刀指令 T××××后，在调用非标准刀的同时，将其位置偏差值叠加到程序中的坐标值上，实现刀具的实际运行轨迹与编程轨迹的重合，同时也实现了不同刀具可共用一个工件坐标系完成加工的目的，此功能称为刀具几何位置补偿功能。获得刀具几何偏置补偿值的方法同样是对刀操作。

T02 号端面车刀(非标准刀)试切法对刀，获得刀具几何偏置补偿值的方法见表 1-20。

表 1-20 端面车刀对刀操作方法

内容	操作方法	图例
调整刀位、切换到刀具偏置/形状界面	①按下手动换刀键，换 2 号端面车刀至加工刀位。 ②按下控制面板上 OFS/SET 键，接着按显示区下方“补正”软键，进入刀具补正/磨耗界面。在刀具补正/磨耗界面按下显示区下方“形状”功能软键，进入偏置/形状界面，如右图所示	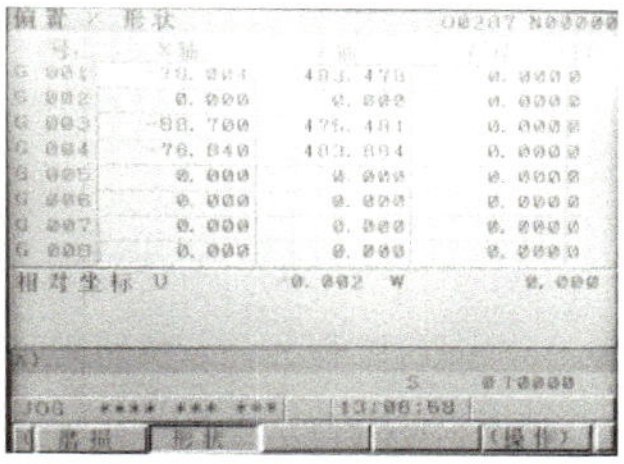 偏置/形状界面
Z 轴对刀（获得 T02 号端面车刀的 Z 向几何偏置补偿值）	①启动主轴，手动或手轮移动刀架，使端面车刀的左前刀尖（刀位点 1）刚好接触 T01 号外圆车刀，试切零件的右端面，且产生少量飞屑，如右图所示。在保持刀具 Z 轴位置不动的情况下，使刀具沿径向方向退出工件端面，并停止主轴。 ②在偏置/形状界面，将光标移到 02 刀具补偿号的 Z 轴补偿数值框，输入“Z1”（此处端面切削余量为 1 mm），再按下显示区下方“测量”软键，在数值框中显示 T02 号端面车刀与 T01 号标准刀在 Z 方向的几何偏置补偿值	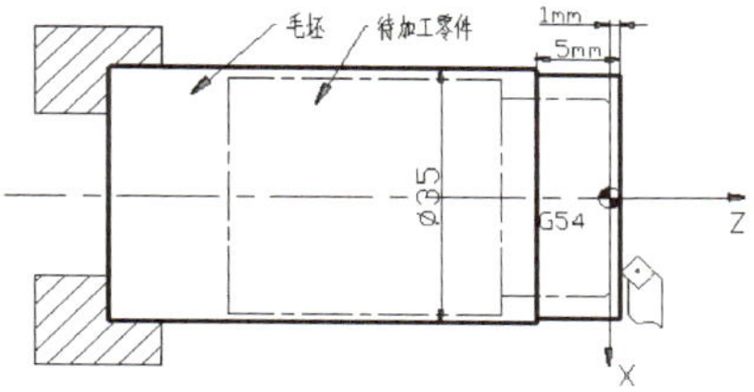 毛坯 待加工零件 1mm 5mm ⌀35 G54 Z X 试切端面
X 轴对刀（获得 T02 号端面车刀的 X 向几何偏置补偿值）	①启动主轴，手动或手轮移动刀架，端面车刀的上刀尖（刀位点 2）刚好接触 T01 号外圆车刀试切产生的外圆柱面，且产生少量飞屑，如右图所示。在保持刀具 X 轴位置不动的情况下，使刀具沿 Z 轴的正方向退出，并停止主轴。 ②在“刀具补正/形状”界面，将光标移到 02 刀具补偿号的 X 轴补偿数值框，输入“X33.54”（T02 号端面刀刀位点 2 的 X 坐标值），再按下显示区下方“测量”软键，在数值框中显示 T02 端面车刀与 T01 号标准刀在 X 方向的几何偏置补偿值	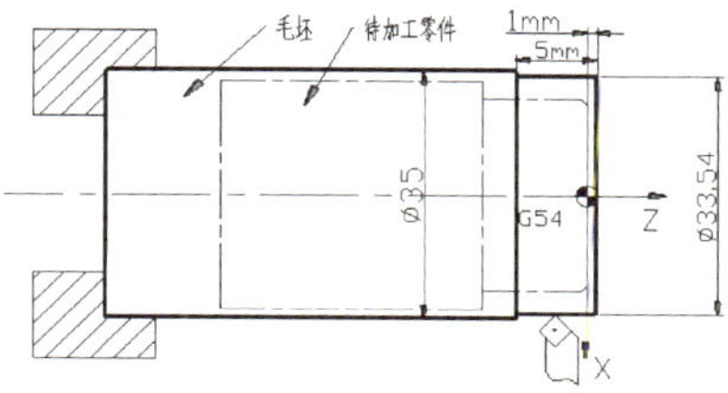 毛坯 待加工零件 1mm 5mm ⌀35 G54 Z ⌀33.54 X 试切外圆面

续表

内容	操作方法	图例
对刀检验	①将刀架移至远离工件处。在 MDI 模式下，输入程序： N10 T0202； N20 G54 G00 G90 X38 Z1； 执行程序，观察端面车刀的刀位点 1 是否与毛坯端面对齐，以及绝对坐标值是否为(38，1)，如右图(a)所示。若是，T02 号端面车刀的 Z 向几何偏置补偿值正确；若不符合以上结果，需重新对刀。 ②在 MDI 模式下，输入程序： N10 T0202； N20 G54 G00 G90 X33.54 Z5； 执行程序，观察端面车刀的刀位点是否与毛坯试切外圆面对齐，且绝对坐标值是否为(33.54，5)，如右图 (b)所示。若是，T02 号端面车刀的 X 向几何偏置补偿值正确；不符合以上结果，需重新对刀	毛坯 待加工零件 1mm 5mm ø35 G54 Z X (38,1) (a) Z 轴对刀检验 毛坯 待加工零件 1mm 5mm ø35 G54 Z ø33.54 X (33.54,5) (b) X 轴对刀检验

相关知识

1. 数控车削

数控车削主要完成回转体零件的内外圆面、曲面、螺纹等的加工，以及切槽、钻孔、扩孔、铰孔及镗孔等。数控车削的零件如图 1.30 所示。与普通车削相比，数控车床的自动化程序高、工作效率高、劳动强度低，广泛用于复杂轴类零件的批量生产。

图 1.30　数控车削的零件

2. 数控车床的类型

数控车床的类型较多，可按主轴位置、床身结构、坐标轴数和机床功能等几种方式分类，见表1-21。

表1-21 数控车床的类型

分类方法	种类	说明	图例
按车床主轴位置分类	立式数控车床	主轴轴线处于垂直位置，此结构用于大型轴类零件的数控车削加工	
	卧式数控车床	主轴轴线处于水平位置，此结构用于中小型轴类零件的数控车削加工	
按床身导轨结构分类	水平床身数控车床	床身导轨为水平状态，这是应用较广泛的车床	
	倾斜床身数控车床	床身导轨为倾斜状态，此结构利于导轨与丝杠的防护、铁屑的排出与清理，降低由于热变形引起的精度损失	
按坐标轴数分类	两坐标数控车床	数控系统可以控制两个坐标轴同时运动，即两轴联动，如控制 X 轴和 Z 轴联动	
	多坐标数控车床	数控系统可以控制三轴或三轴以上轴同时运动，称为多坐标数控车床。这类数控车床多用于空间曲面的加工	

续表

分类方法	种类	说明	图例
按机床的功能分类	经济型数控车床	由普通车床改造而来,加工精度不高	
	全功能型数控车床	配置有转塔式刀架、倾斜床身,系统功能强大,具有高刚度、高精度、高效率等特点	
	车削中心	增加了动力刀架,可使用多种旋转刀具,如铣刀、钻头等,可实现车、铣复合加工	

3. 数控车床的结构

数控车床由计算机数控系统和机床本体两大部分组成。计算机数控系统由数控装置(简称CNC)和电气驱动系统组成。机床本体由主轴及传动系统、进给轴及传动系统、刀架、尾座、床身、底座和防护罩等部分组成。以卧式数控车床结构为例,如图1.31所示。各部分的功能如下:

①主轴及传动系统用于实现主轴动力的传递。

②进给轴及传动系统用于实现进给动力的传递。

③刀架用于安装刀具,并实现自动换刀。刀架的类型有四方刀架和回转刀架两种。

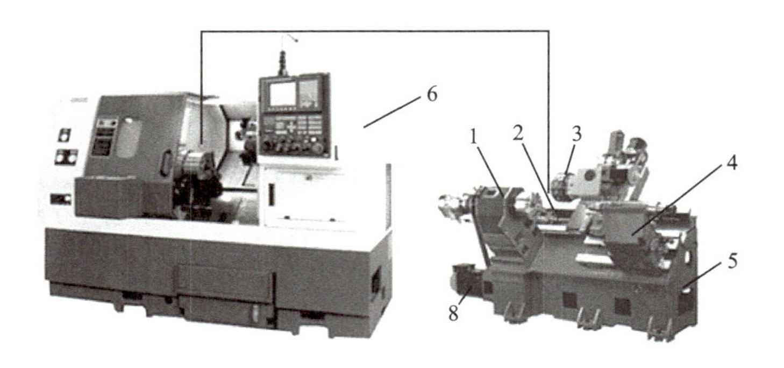

1—主轴箱,2—进给传动系统,3—回转刀架,4—尾座,5—床身,6—防护罩。

图1.31　卧式数控车床的机械本体结构

④尾座用于安装顶尖,可沿机床导轨直线移动。

⑤床身用于支撑机床的主轴箱、进给传动系统、刀架和尾座等部件。

⑥防护罩用于防止铁屑和切削液的飞溅。

4. 数控车床工艺装备及装夹方式

1)数控车床工艺装备

数控车床常用的工艺装备有卡盘、顶尖、拨盘、中心架和跟刀架等。其外形结构和功能见表1-22。

表1-22 数控车床常用工艺装备的类型与功能

名称	功能	图例
三爪卡盘	三爪卡盘用于装夹零件,其三爪同时动作,能自动定心,装夹工件方便。由于三爪容易磨损,其定心精度不高,同时,传递的扭矩不大,因此适用于较短($L/D<4$)的圆形、六方形截面的中小型零件的装夹	
四爪卡盘	四爪卡盘用于装夹零件,其四爪分别通过转动蝶杆实现单一动作。其安装精度较三爪卡盘高,且夹紧力更大,因此适用于较短($L/D<4$)的、截面为方形(或长方形、椭圆形)的不规则形状零件的装夹,以及直径较大又较重的盘套类零件的装夹	
活顶尖	顶尖用于零件除主轴夹持端外的另一端的支撑。活顶尖内部有轴承,运动灵活,寿命长,但结构较复杂	
死顶尖	死顶尖为整体结构,内部无轴承,零件端面中心孔的磨损大	
跟刀架	跟刀架安装在刀架上,随着刀架的移动而移动。跟刀架与零件的两个接触点产生的支持力正好与刀具切削力平衡,以提高零件的刚性,使其不会因切削力作用而产生弯曲变形	
中心架	中心架支撑在细长轴工件的中间,并安装在机床导轨上,可提高零件在切削力和自身重力作用下产生的抗弯刚度	

2)数控车床上的装夹方式

数控车床上的装夹方式有以下几种。

(1)卡盘装夹。短圆柱体、短六面体和短方形的零件一般采用卡盘装夹,安装方式简单、方便。

(2)双顶尖装夹。长度较长、加工工序较多的轴类零件或精加工工件一般采用双顶尖装夹,如图 1.32 所示,工件由安装在主轴上的拨盘带动。双顶尖装夹必须先在工件的两端面钻出中心孔,安装时不用找正。

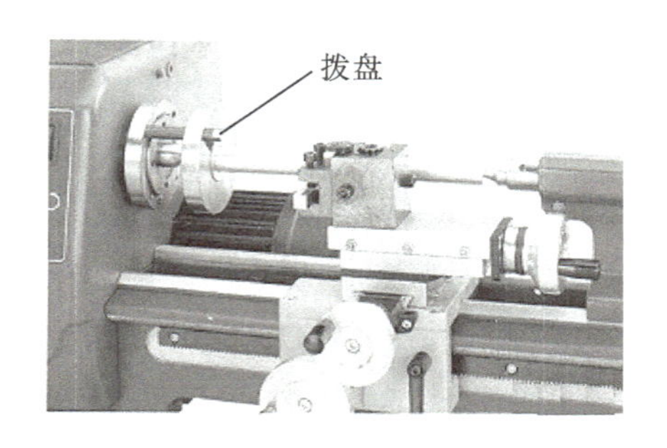

图 1.32 双顶尖装夹

(3)一夹一顶装夹。对于质量较大的轴类零件,可采用一端卡盘装夹,另一端顶尖支撑的方式。这种方式不仅安全,而且刚性好,轴向定位准确,能承受较大的轴向切削力。

(4)双卡盘装夹。对于长度较长且质量较大的轴类零件,可选择有双主轴的数控车床,采用双卡盘装夹。零件两端同时由三爪卡盘装夹并带动旋转,这样可以减小切削加工时切削力矩引起的工件扭转变形。

5.数控车削刀具

数控车削对刀具的要求是精度高、刚度好、寿命长、尺寸稳定,且安装调整快捷方便。

1)数控车刀的类型

(1)按加工内容分。见表 1-23。

表 1-23 数控车刀的类型

内孔刀	内孔槽刀	内螺纹刀	外圆刀

续表

外螺纹刀	外槽刀	端面槽刀	R 成型刀

(2)按刀具结构分。数控车刀按刀具结构可分为整体式和机夹式。目前整体式刀具已逐渐被机夹式刀具取代。机夹式车刀由刀杆、刀片、刀垫和夹紧元件组成,有压板压紧和螺钉压紧两种夹紧方式,其结构如图 1.33 所示。机夹式车刀已经标准化和系列化,刀片每边都有切削刃,当某切削刃磨损钝化后,只需松开夹紧元件,将刀片转动一个位置便可继续使用。

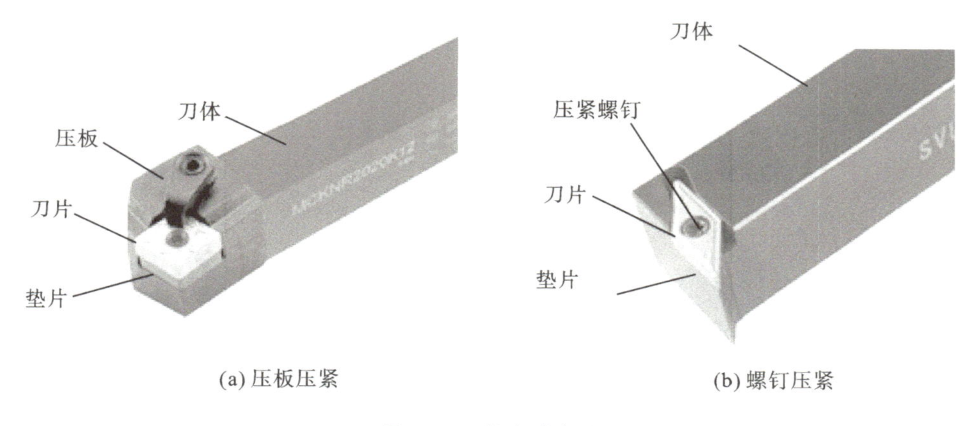

(a) 压板压紧　　(b) 螺钉压紧

图 1.33　机夹式车刀

(3)按刀具材料分。数控车刀按材料可分为硬质合金刀具、高速钢刀具、金刚石刀具、立方氮化硼刀具、陶瓷刀具和涂层刀具等。其中,硬质合金刀具又分为钨钴类(YG)、钨钛钴类(YT)和钨钛钽钴类(YW)。钨钴类(YG)刀具适合加工有色金属、不锈钢、铸铁等材料;钨钛钴类(YT)刀具适合加工钢材等韧性材料;钨钛钽钴类(YW)适合加工耐热钢、高锰钢等难加工的材料。

2)机夹式车刀的刀片及代号

机夹车刀的代号由字母或数字按照一定顺序排列构成,共 10 个部分,国家标准规定任何一个型号的刀片都必须有前 7 个号码,如图 1.34 所示。

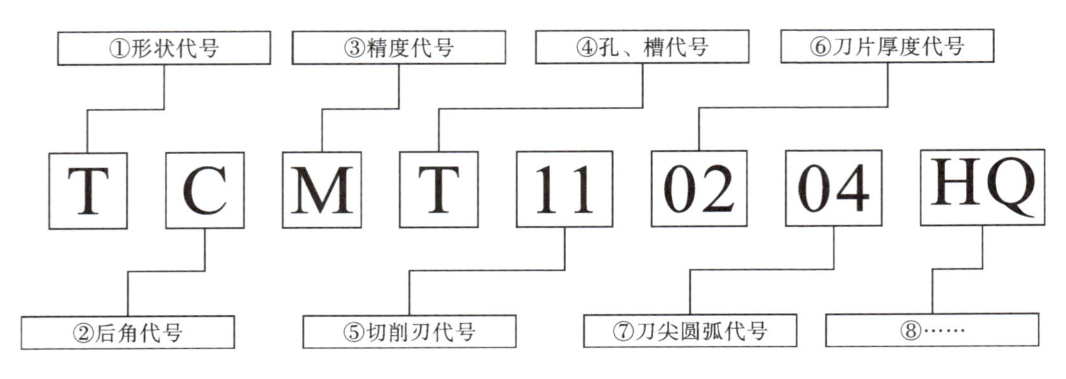

图 1.34 机夹车刀的刀片代号

(1)刀片代号第 1 位为形状代号,表示刀片的几何形状及其刀尖角,见表 1-24。

表 1-24 刀片几何形状及其刀尖角代号

代号	刀片名称	刀片形状示意图	刀尖角	代号	刀片名称	刀片形状示意图	刀尖角
T	正三角形		60°	P	正五边形		108°
C	菱形		80°	S	正方形		90°
D			55°	W	等边不等角六边形		80°
V			35°	K	平行四边形		55°
R	圆形		—	O	等边六边形		120°

(2)刀片代号第 2 位为后角代号,表示刀片主切削刃后角的大小,用一个字母表示,见表 1-25。

表 1-25　刀片主切削刃后角代号

代号	刀片后角	代号	刀片后角
A	3°	E	20°
B	5°	F	25°
C	7°	N	0°
D	15°	P	11°

(3)刀片代号第3位为精度代号,表示刀片尺寸精度,用一个字母表示,见表1-26。

表 1-26　刀片尺寸精度

等级代号	允许偏差		
	刀尖位置尺寸/mm	刀片厚度/mm	刀片内切圆直径/mm
E	±0.025	±0.025	±0.025
G	±0.025	±0.13	±0.025
M	±0.08～±0.2	±0.13	±0.05～±0.15
U	±0.13～±0.38	±0.13	±0.08～±0.25

(4)刀片代号第4位为孔、槽代号,表示刀片类型、紧固方式和有无断屑槽,用一个字母表示,见表1-27。

表 1-27　刀片类型

代号	示意图	说明	代号	示意图	说明
A		有圆形固定孔,无断屑槽	U		双面有圆形固定孔和断屑槽
Q		有圆形固定沉孔,无断屑槽	W		单面有圆形固定孔,无断屑槽

续表

代号	示意图	说明	代号	示意图	说明
R		无圆形固定孔，有断屑槽	N		单面无圆形固定孔，无断屑槽
T		有圆形固定孔，有断屑槽	X	—	自定义

(5)刀片代号第5位为切削刃代号，表示刀片切削刃的长度，用两位数字表示。

(6)刀片代号第6位为刀片厚度代号，表示刀片厚度，用两位数字表示，见表1-28。

表1-28　刀片厚度

代号	01	02	T2	03	T3	04	06	07	09
刀片厚度/mm	1.59	2.38	2.78	3.18	3.97	4.76	6.35	7.94	9.52

(7)刀片代号第7位为刀尖圆弧代号，表示刀尖圆弧半径或刀尖转角形状，用二位数或一个字母表示，见表1-29。

表1-29　刀尖圆弧半径

刀尖形状示意图	代码	刀尖圆弧半径/mm
R	00	<0.2
	02	0.2
	04	0.4
	08	0.8
	12	1.2

3）车刀的选用

(1)刀片类型的选用。

刀片形状的选择主要根据被加工工件的表面形状、切削方法以及刀具性能和寿命等进行选择。

①正三角形刀片(T)主要用于主偏角为60°或90°的外圆车刀、端面车刀和镗孔刀。特点：刀尖角小、强度差、耐用度较低，适用于较小的切削用量。

②正方形刀片(S)主要用于主偏角为45°、60°、75°等的外圆车刀、端面车刀和镗孔刀。特点：强度和散热性能高，通用性较好。

③正五边形刀片(W)的刀尖角为108°。特点:强度、耐用度高,散热面积大,不过切削时径向力较大,适合在加工系统刚性较好的情况下使用。

④菱形刀片(C、D)主要用于成形表面和圆弧表面的加工。特点:刀尖角小、强度较差、耐用度低,适用于较小的切削用量。

⑤圆形刀片(R)主要用于成形表面和圆弧表面的加工。选择圆形刀片半径时,应考虑切削表面的圆弧半径。

(2)刀片主偏角的选用。

①外圆面粗加工时一般选择主偏角小(如45°、75°、90°)、刀尖角大(如S、C、W刀片)、刃倾角为负($\lambda_s<0$),以及刀尖圆弧半径较大的(一般半径$r>0.4$ mm)的切片,此时刀具强度好,吃刀量大。

②外圆面精加工时尽量选择主偏角较大(如91°、93°)、刃倾角为正($\lambda_s>0$),且刀尖圆弧半径较小的(一般半径$r<0.3$ mm)刀片。刀片刃倾角为正一方面可控制切屑流向待加工表面,另一方面也可减小径向力,避免振动。较小的刀尖圆弧半径不仅径向力小,不易引起振动,且刀痕浅,表面粗糙度小。

6.数控车床机床坐标系的建立

1)参考点

参考点(R)是用于检测机床运动和控制机床坐标系的物理点。数控车床的参考点由机床制造时,安装在每个进给轴上,用于确定限位的两个行程开关的位置。如图1.35所示,这两个行程开关确定一个平面固定点,称此点为参考点(或零点)。这个固定点在机床坐标系中有一个确定的坐标值(X_R、Z_R),此坐标值保存在数控系统的参数表中。

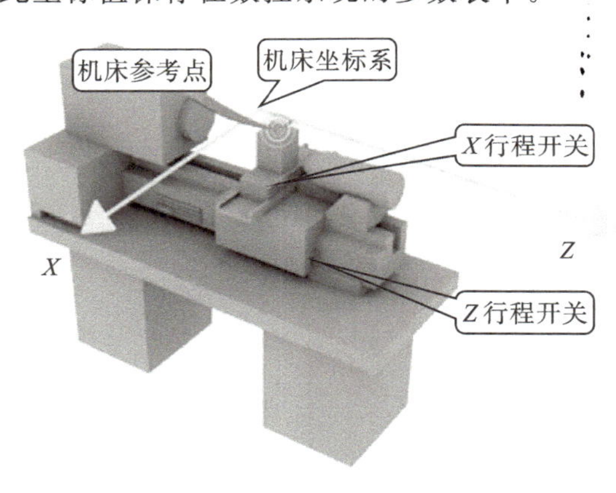

图1.35　数控车床的参考点与机床原点

2)机床坐标系的建立

机床坐标系的建立是由回参考点操作来完成的。数控机床在正常开机后,选择回参考点方式,此后运动轴将以参数设置的快速进给速度向参考点移动。

当安装在机床拖板上的参考点撞块压下安装在导轨上的参考点行程开关时，伺服电机减速至由参数设置的参考点接近速度继续向前移动，当撞块释放行程开关后，数控系统检测到编码器发出的第一个栅点或零标志信号时，回参考点轴停止运动，回参考点操作完成。

回参考点操作完成后，系统根据事先存储在参数表中的参考点坐标值（X_R、Z_R），可间接推算并确定机床坐标系原点的位置。如某数控车床出厂时，设定参考点在机床坐标系中的坐标值为(210,1000)。当 X 轴和 Z 轴回参考点完成，数控系统推算：机床坐标系原点是沿坐标系 X、Z 轴负方向，分别远离参考点 210 mm、1000 mm 的坐标点，如图 1.36 所示。对于使用增量式编码器的数控车床，每次开机时，均要完成各轴的回参考点操作。

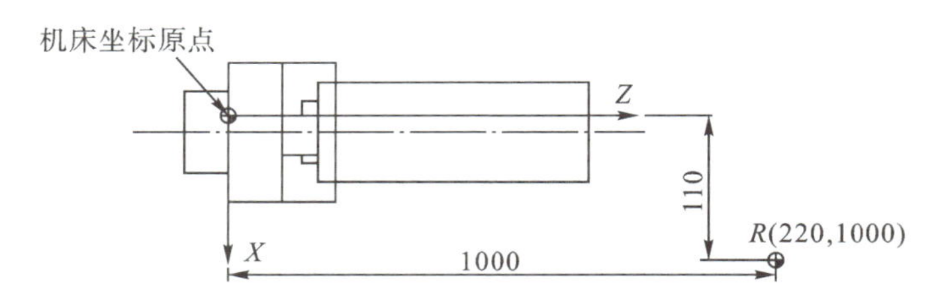

图 1.36 建立机床坐标系的示意图

7. FANUC 0i 系统数控车床操作面板

FANUC 0i 系统数控车床操作面板如图 1.37 所示，由机床控制面板(MCP)、MDI 键盘、显示屏和功能软键组成。

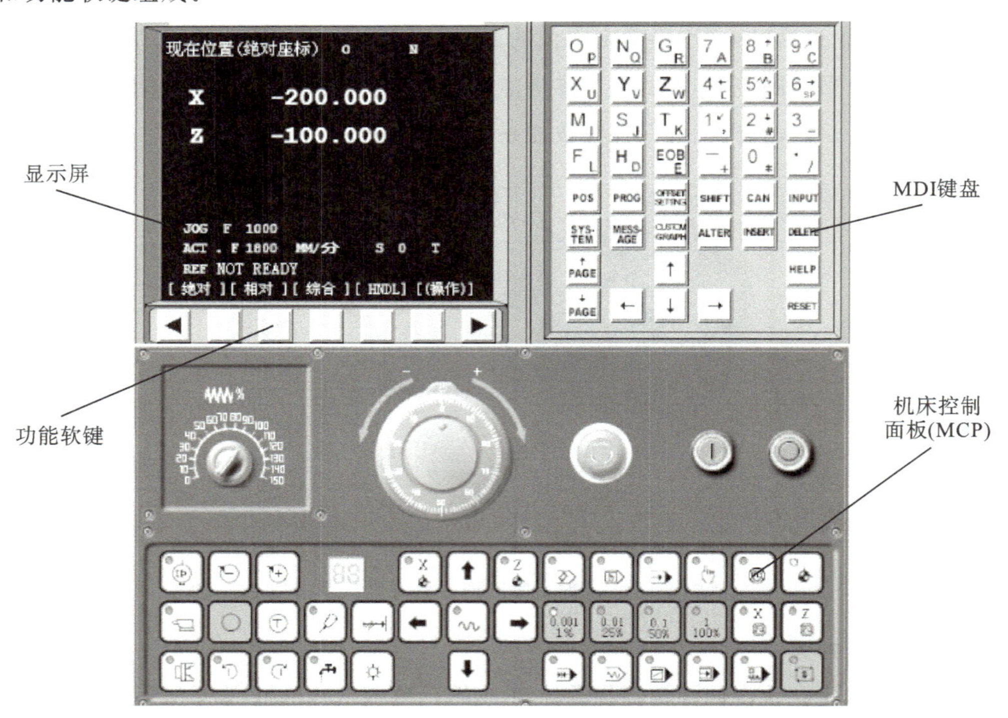

图 1.37 FANUC 0i 系统数控车床操作面板

1)MDI 键盘

MDI 键盘包括编辑键、数字键、地址键、光标控制键和换页键等,各按键的功能见表 1－30。

表 1－30 MDI 键盘区按键功能及用法

名称	示意图	功能及用法
编辑键	SHIFT	有些键有两个功能,按下此键可以在两个功能之间进行切换
	CAN	按下此键可删除最后一个输入缓存区的字符或符号。例如,若键输入内容到缓存区后显示为:＞N0001X100Z,按下此键,Z 被取消,显示如下:＞N0001X100 _
	INPUT	输入键,用于程序编程中的输入
	ALTER	替换键,用于程序修改中的替换
	INSERT	插入键,用于程序编程中的插入
	DELETE	删除键,用于程序编程中的删除
功能键	POS	按下此键,配合屏幕下方各软键可以选择当前位置的坐标显示方式。有绝对坐标值(ABSOLUTE),相对坐标值(RELATIVE),机械坐标值(MACHINE)这三种坐标值可以选择
	PROG	按下此键,可调出程序。切换机床在"编辑"方式下,此方式下可进行程序的编辑
	OFS/SET	按下此键,并配合功能软键,选择合适的界面,可以设定刀具补偿和建立工件坐标系等
	SYSTEM	按下此键,可显示系统参数、故障诊断、螺距误差补偿、伺服参数与主轴参数等信息
	MESSAGE	按下此键,屏幕将出现报警信息、帮助信息等
	CSTM/GR	按下此键,可进入模拟加工的图形显示界面等
光标移动键	← ↑ ↓ →	用于控制光标的上、下、左、右移动
翻页键	↑ PAGE PAGE ↓	用于打开前后页面的操作

续表

名称	示意图	功能及用法
复位键	RESET	按下此键,可以使 CNC 复位或取消报警等
帮助键	HELP	用于查找报警详细信息、机床操作信息等

2)机床控制面板

机床控制面板(MCP)上排布着工作方式键、手动控制键和一些其他与加工有关的按键。

(1)工作方式键。

数控车床的工作方式有编程方式、手动输入方式、自动加工方式、回参考点,以及手轮工作方式。各工作方式键的功能及用法见表 1-31。

表 1-31 数控车床工作方式按键功能及用法

名称	示意图	功能及用法
编程方式(EIT)键		按下此键,系统处于程序编辑工作方式,可以对程序进行键盘输入、编辑、修改、存储等
手动数据输入方式(MDI)键		按下此键,系统处手动数据输入模式,可以修改 NC Parameter、PC Parameter 及执行单一指令。MDI 编制的程序是在暂存器中,程序一经运行便消失,所以加工程序不可以在此方式下编辑
自动加工方式(AUTO)键		调出加工程序,按下 AUTO 键,再按下循环启动键,数控系统便可运行程序,完成自动加工
回参考点键		按下此键,再同时按下 X 键和手动运动控制键(或 Z 键和手动运动控制键),数控系统完成回参考点操作,并建立机床坐标系
手动工作方式(JOG)键		按下此键,再按下手动移动方向控制键,可操控工作台在 X、Z 方向的移动
手轮工作方式		选择 X 手轮方式键或 Z 手轮方式键,再旋转脉冲发生器,可控制刀架在 X、Z 方向的运动,通常用于刀架的微调操作
程序运行控制键		按下循环启动键,可执行自动运行方式和 MDI 方式下的程序。按下循环暂停键,可停止运行程序

(2)手动控制键。

数控车床的手动控制包括急停、主轴转动、冷起动和手动换刀等,各按键的功能见表1-32。

表1-32 机床手动控制开关功能及用法

名称	示意图	功能及用法
急停开关		在操作失误或加工过程中出现异常时,按下急停开关,可停止机床的任何移动和主轴的转动。若需重新工作,必须重新旋起此开关。由于此时CPU内存中可能保留了非常态命令或原有的缺省状态,所以在旋起急停开关后,机床必须重新回参考点,建立机床坐标系
主轴手动控制键		主轴手动控制开关共有三个,分别表示:正转、停止、反转,这些开关的使用,必须在机床的内存中已有主轴转动的指令后才能有效,因此,在机床开机后应先通过MDI方式,输入指令M03 S×××,并运行此命令,之后,按下三个开关即相当于执行M03、M05、M04指令
冷却开关		有的系统按下此开关可直接打开冷却液,有的系统则要在执行M07或M08指令后,再按此开关才能打开冷却液
手动换刀		刀具的更换可能通过按下手动换刀键和执行程序来实现。每按动一次手动换刀键,刀架顺时针转动90°,更换一次刀位
进给速度修调		进给速度修调开关用于调整程序中F指令的实际运行值,实际进给速度F=F(程序值)×(修调率)。当修调率为0时,实际进给速度为0,刀架不运动
进给速度倍率键	0.001 1%　0.01 25%　0.1 50%　1 100%	进给速度倍率键用于手轮工作方式下,对每格进给增量的控制。有每格0.001、0.01、0.1和1四个档位
X/Z手动按键		在手动方式下,同时按下"方向键"和"快进",可实现刀架的快速移动,移动速度由"快速修调"按键控制。如同时按下+X键和快进键,刀架沿+X方向快速移动

(3)与加工有关的按键。

数控车床与加工方式有关的按键有模式选择键、机床锁、空运行等,各按键的功能及用法见表1-33。

表 1－33　与加工有关的按键功能及用法

名称	示意图	功能及用法
单段		按下此键，启动单程序段方式。每按下循环启动按钮一次，系统只运行一个程序段，此方式常用于程序检查
跳段		按下此键，启动跳段方式。当程序执行到程序段前有"/"的代码时，此程序段被跳过不执行，执行下一个程序
选择停		按下此键，程序执行到 M01 指令时，程序暂停
机床锁		按下此键，机床执行加工程序时，机床工作台不动，主轴和刀架要转动，坐标系会显示刀具位置的变化。机床锁常用于模拟加工
空运行		按下此键，机床按参数设定的速度移动而不以程序中指定的进给速度移动，该功能用于工件从工作台上卸下后，检查机床的运动
超程解除		当移动轴运动超程时，机床会报警，此键用于消除机床的超程

8. 数控车床的基本操作

数控车床的开机、回参考点、手动操作、程序录入及编程等基本操作方法见表 1－34。

表 1－34　数控车床的基本操作

序号	操作内容	操作方法
1	机床上电	①合上外部开关。 ②合上机床空气开关。 ③按下控制器面板的电源开关(即 CNC 的电源开关)。 ④等系统初始化完成后，旋起急停开关
2	手动连续移动	手动连续移动用于较长距离的工作台移动。 ①按下 JOG 键，切换机床至手动方式。 ②按下其中一个方向控制键(X 或 Z)，机床轴开始移动，松开后停止移动。 ③同时按方向控制键和中间快速移动键，则机床轴快速移动，松开后停止移动

续表

序号	操作内容	操作方法
3	手轮移动	手轮移动用于微量调整机床位置。 ①按下手轮方式键，选择其中一个方向控制键(X 或 Z)，再旋转手轮脉冲发生器的旋钮，可以控制工作台在 *X* 或 *Z* 方向的移动。 ②按下进给速度倍率键，可调整脉冲发生器每格的运动量
4	回参考点	①按下 JOG 键，切换机床为手动方式，将刀架移至偏离机床参考点的位置。 ②按下回参考点键，切换机床为回参考点方式。 ③选择手动进给速度倍率为 50%，按下 *X* 方向选择键，工作台移动直至 *X* 方向的参考点，且指示灯亮。 ④按下 *Z* 方向选择键，工作台移动直至 *X* 方向的回参考点成功，且指示灯亮
5	MDI 手动数据输入	①按下 MDI 键，切换机床为手动数据输入模式。 ②按下程序键，再单击“MID”功能软键，进入 MDI 界面。 ③通过 MDI 键盘手动输入程序段内容。 ④按下循环启动键，执行 MDI 程序。在此模式下，程序执行运行操作后，便不再保存
6	新建程序和编辑程序	①按下 EIT 键，切换机床为编辑工作方式。 ②按下程序键，进入程序界面。 ③在数据输入区输入程序名“O0001”(程序名：O0001～ O9999)。 ④按下插入键，即新建程序“O0001”。此时，程序列表中便存储名为“O0001”的程序文件，如下图所示。 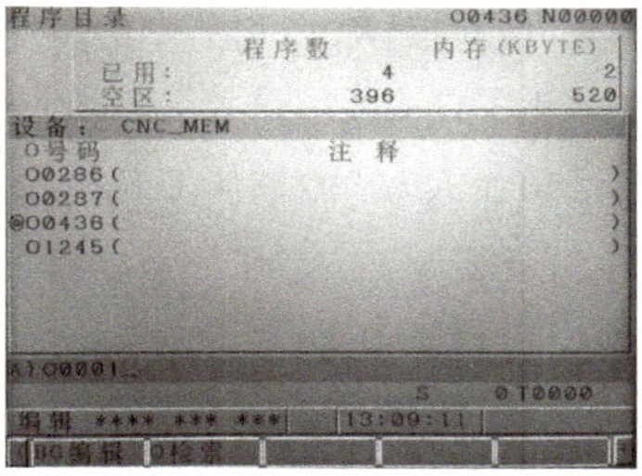 程序目录界面 ⑤按下程序键，进入 O0001 程序编辑界面，在数据输入区输入程序段内容，每编辑完一段程序段，按插入键，将程序段输入编辑界面
7	保存程序	①程序编辑完成，在系统功能键的主菜单下，按下保存编程(F4)键。 ②按回车键确认，程序保存成功

续表

序号	操作内容	操作方法
8	选择程序	①按下 EIT 键，切换机床为编辑工作方式。 ②按下程序键，再按下显示区下方的“LIB”功能软键，进入程序列表界面。 ③输入要选择的程序名，如“O0001”，单击显示区“检索”软键，系统即选择到该程序。 ④按下程序键，可进入 O0001 程序编辑界面，对程序内容进行修改
9	删除程序	①按下 EIT 键，切换机床为编辑工作方式。 ②按下程序键，再按下显示区下方的“LIB”软键，进入程序列表界面。 ③输入要删除的程序名，按下删除键，选中的程序被删除
10	程序自动运行	①按下 AUTO 键，切换机床为自动加工方式。 ②选择要执行的程序。 ③打开要执行的程序，光标移至程序首段或中间程序段，按下循环启动键，程序开始循环启动
11	程序单段运行	①按下 AUTO 键，切换机床为自动加工方式。 ②按下单段键，机床进入单段运行方式。 ③打开程序，光标移至程序首段或中间程序段。 ④每按一次循环启动键，系统自动运行一个程序段
12	空运行调试程序	空运行调试程序是使刀具在远离工件的空间位置进行不产生切削的空走刀，用于校验程序的正确性。 ①进入刀具补正/磨耗界面，在每把刀具磨耗的“X”值中输入一个相同值，此值应大于零件毛坯的最大直径值。 ②切换机床为自动加工方式，进给倍率调至 0%，选择单段工作方式，按下循环启动键。 ③先单段执行程序前几个程序段，当刀具移动到切削起始点时，观察刀具位置是否与实际距离相符。 ④确认正确后，进给倍率调至 100%，取消单段工作方式，按下循环启动键，程序自动连续运行。 ⑤此时机床进入空运行状态。仔细观察刀具关键位置的坐标值和刀具的走刀轨迹是否正确

续表

序号	操作内容	操作方法
13	轨迹仿真调试程序	轨迹仿真功能用于校验程序轨迹的正确性。在轨迹仿真模式执行程序,图形显示界面将显示刀具运行的轨迹,机床的主轴转动和换刀功能被保留,而坐标轴的移动功能被禁止。 ①选择并打开要仿真的程序。 ②切换机床为自动加工方式,按下机床锁键,再按下 OFS/SET 键。显示区出现刀具路径图界面,如下图所示。 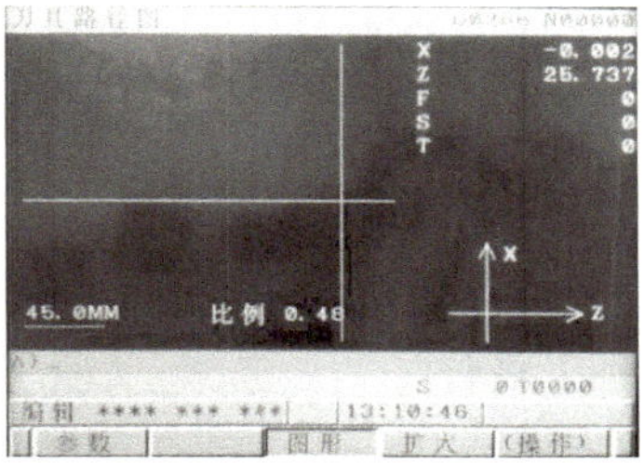 ③返回仿真程序界面,光标移至要执行的程序首段,按循环启动键,程序开始运行。显示区将显示刀具的加工轨迹,以及刀具的坐标值。在程序运行过程中,仔细观察刀具关键位置的坐标值和刀具的走刀轨迹是否正确
14	输入刀具补偿参数	①按下 OFS/SET 键,按下显示区下方"补正"软键,进入刀具补正/磨耗界面。 ②在刀具补正/磨耗界面,按下显示区下方"形状"软键,进入刀具补正/形状界面。 ③光标移至补偿参数编号对应的数值框,可以直接输入一个数,也可以通过"测量"软键获得几何补偿值。通过"测量"软键获得几何补偿值时,需要输入试切直径 X 值或长度 Z 值,然后单击显示区下方"测量"软键,完成刀具补偿值的设定
15	超程解除	当机床超出安全行程时,系统产生报警,超程解除按键上的指示灯亮,系统显示"急停"状态。超程解除的具体操作方法如下: ①松开急停按键。 ②一直按下超程解除键,待系统显示"复位"状态后,再按下 JOG 键,切换机床为手动工作方式。 ③按下移动方向键,使工作台向相反的方向移动。 ④松开超程解除键,若系统显示"运行正常",则表示机床恢复正常

续表

序号	操作内容	操作方法
16	数控机床操作中意外事故的处理	在加工过程中，如果出现异常现象，为避免意外的发生，应使机床停机以保证安全。如果你正在操作面板前，此时使机床停止工作的具体方法有： ①按下急停开关。 ②按下复位(RESET)开关。 ③按下循环停止键。 ④将进给速度的倍率开关旋为零。 其中急停开关最有效，也最彻底，它可以切断伺服系统的强电电源。危险排除后，如果要重新加工工件，机床必须重新回参考点。 此时如果听到机床的其他部位有异常声音，应迅速关闭电柜开关或外部开关，使机床停止工作

9. 数控车床的对刀操作

对刀操作是手动设定工件坐标系的方法中，预先获得所建工件坐标系在机床坐标系的坐标值的操作。数控车床的对刀操作有人工对刀(试切法对刀)和自动对刀，本任务介绍试切法人工对刀的原理。

试切法对刀的原理是利用数控系统能实时跟踪刀具在机床坐标系上坐标值，通过刀具去试切安装好的工件，由此获得刀具在机床坐标系上的坐标值($X_{M刀具}$和$Z_{M刀具}$)，同时，又已知刀具在工件坐标系上的坐标值($X_{W刀具}$和$Z_{W刀具}$)，从而间接计算工件坐标系在机床坐标系上的坐标值(X_W和Z_W)，如图 1.38 所示，计算公式如下：

$$X_M = X_{M刀具} - X_{W刀具}$$

$$Z_M = Z_{M刀具} - Z_{W刀具}$$

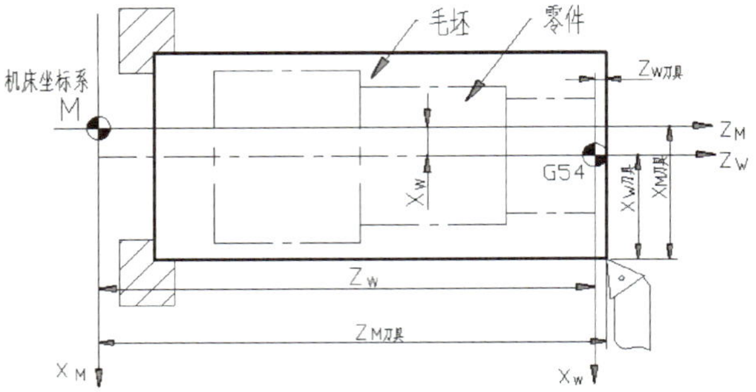

图 1.38 数控车床试切法对刀原理

10. 数控车床的刀具补偿功能

刀具补偿功能是数控机床解决刀具实际轨迹与编程轨迹不重合问题的特殊功能。数控车床的刀具补偿功能有刀具几何偏置补偿、刀具磨损偏置补偿和刀尖半径补偿。刀具几何偏置补偿用于补偿实际刀具与编程中刀位点的几何尺寸偏差，这个偏差有可能是刀具安装位置偏差，也有可能是刀具形状尺寸偏差。刀具磨损偏置补偿用于补偿刀具磨损后产生的偏差。刀尖半径补偿用于补偿刀具有刀尖半径而产生的偏差。

1)刀具几何偏置补偿和刀具磨损偏置补偿

刀具几何偏置补偿通常用于以下两种情况下。

(1)基准刀具与实际刀具的位置不重合。

将编程时假想的刀具称为基准刀具，当实际加工刀具与基准刀具在 X 和 Z 方向存在几何位置偏差时，如图 1.39 所示，如果系统能把此几何偏置值叠加在程序的坐标值中，则可消除两把刀位置不重合产生的加工误差，此功能就是刀具几何偏置补偿功能。

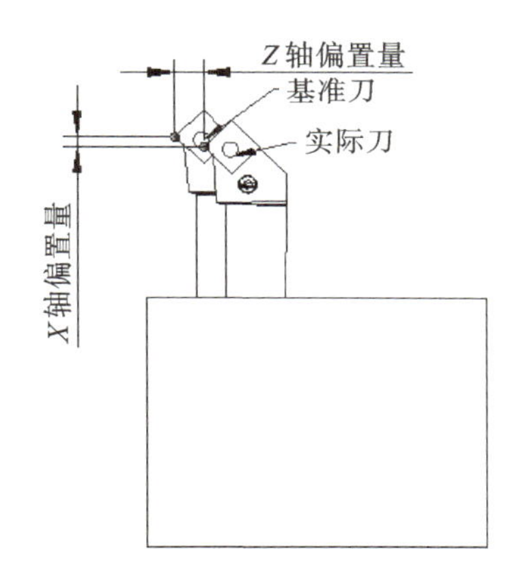

图 1.39 基准刀具与实际刀具的几何位置偏差

几何位置偏差补偿功能同样可以用于解决因刀具产生磨损而引起的零件尺寸偏差问题。如果能获得由于刀具磨损而引起的零件尺寸偏差值，并将此偏差值存储在刀具补偿号的磨损值中，使用刀具几何偏差补偿功能，系统将此偏差量叠加到程序中对应的坐标值上，便可消除由于刀具磨损产生的零件尺寸误差，此功能又称为刀具磨损偏置补偿。

(2)多把刀具共用一个工件坐标系时的刀具补偿。

当零件加工需要多把刀具，且多把刀具共用一个工件坐标系加工时，同样需要引入刀具几何偏置补偿功能。如图 1.40 所示，首先选择一把刀为标准刀(♯1 刀为标准刀)，以标准刀对刀，建立一个工件坐标系，再获得标准刀与非标准刀(♯2 刀为非标准刀)的刀位点在 X 和 Z 方向的几何偏置补偿值，在调用非标准刀时，用指令 T××××引入几何偏置补偿功能，这样便可实现多把刀具共用一个工件坐标系完成加工。

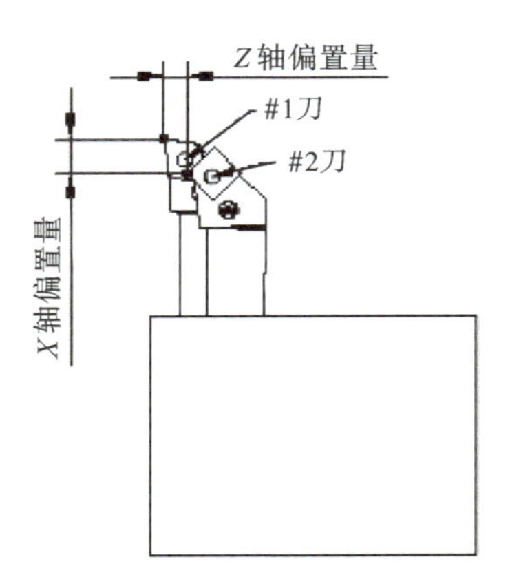

图 1.40 多把刀具的几何位置偏差

2)刀尖半径补偿功能

车刀都有刀尖圆弧，一般精车刀具的刀尖圆弧半径 $r \leqslant 0.3$ mm，粗车刀具的刀尖圆弧半径 $r \leqslant 0.8$ mm。实际车刀的工作状态如图 1.41(a)所示，A 点为刀具的理想切削点，B 点为刀尖圆弧圆心，M 点为外圆加工切削点，N 点为端面加工切削点。

(1)以刀尖圆心为刀位点的编程。

如果以刀尖圆心 B 点为刀位点，沿零件理论轮廓编程，由于实际端面切削点和外圆面切削点与刀尖圆心相差一个刀尖圆弧半径，因此，外圆面段($A4-A5$)和端面段($A3-A4$)的加工轨迹与编程轨迹会存在一个刀尖圆弧半径的偏差，如图 1.41(b)所示。为了消除此现象，在调用刀具的同时需引入刀具半径补偿功能，使刀心轨迹整体向特定的方向偏离一个刀尖圆弧半径。刀尖半径补偿功能需配合特定 G 指令(G40、G41 和 G42)来实现，将在后面的任务中介绍。

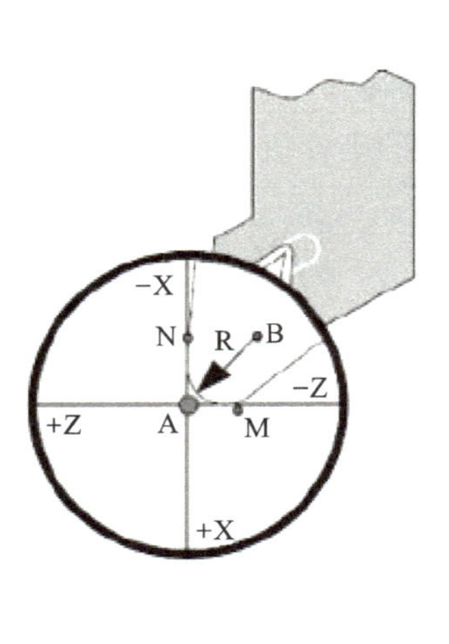

(a) 车刀的刀位点

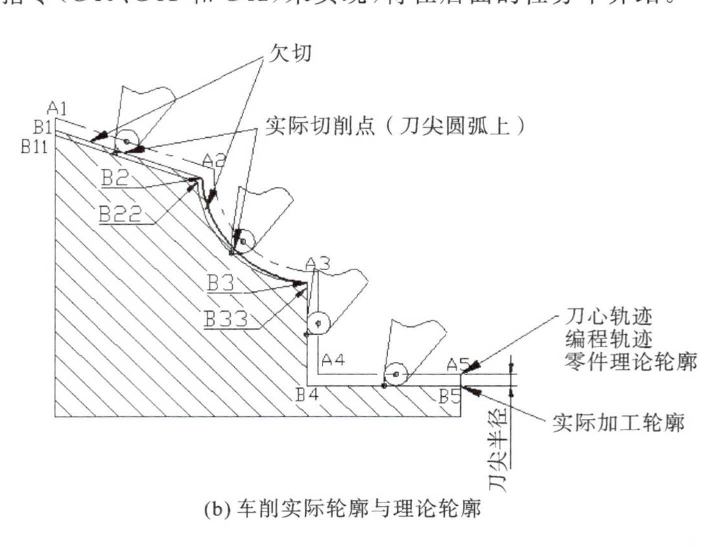

(b) 车削实际轮廓与理论轮廓

图 1.41 刀尖半径补偿

(2)以刀尖 A 点为刀位点编程锥面和曲面。

如果以刀具的刀尖 A 点为刀位点，沿零件理论轮廓编程，在加工锥面($A1$、$A2$)和曲面($A2$、$A3$)时，由于实际切削点是刀尖圆弧上的变化点，而并非刀位点 A，因此仍然会出现欠切现象，如图 1.41(b)所示。这种情况下，调用刀具时同样需要引入刀尖半径补偿功能。

拓展练习

根据图 1.42 所提供的刀具位置和尺寸信息，分别采用手动设定坐标系法和指令设定坐标系法，建立工件坐标系。

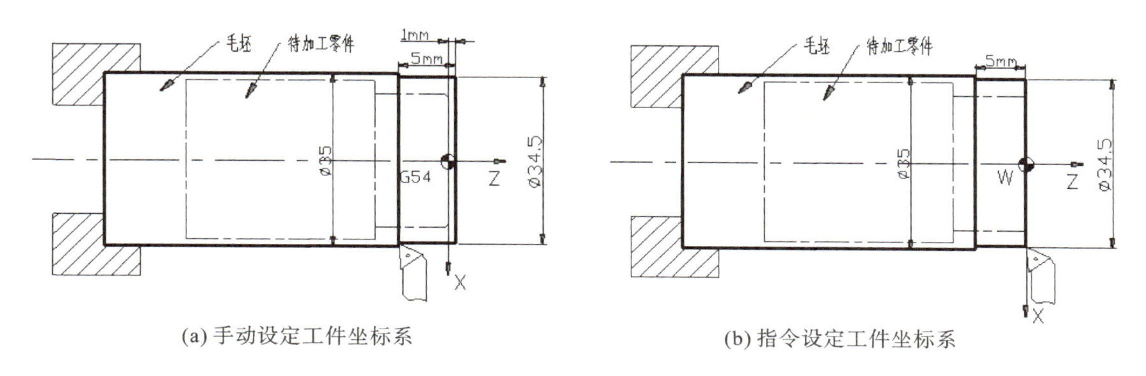

(a) 手动设定工件坐标系　　(b) 指令设定工件坐标系

图 1.42　建立工件坐标系

知识巩固

【多选】(1)按下 MDI 键，系统处手动数据输入模式，可以修改______。(　　)

A. NC Parameter　　B. PC Parameter　　C. 执行加工程序　　D. 执行单一指令

【多选】(2)参考点(R)是用于______和______的物理点。(　　)

A. 控制机床运动　　B. 检测机床运动

C. 控制机床坐标系　　D. 检测机床速度

【单选】(3)数控机床的参考点位置发生变化后，机床坐标系位置也会发生变化，这个说法______。(　　)

A. 不正确　　B. 正确

【单选】(4)数控机床在正常开机后，选择______方式，此后运动轴将以参数设置的快速进给速度向参考点移动。(　　)

A. 回参考点　　B. 手动工作　　C. 编程工作　　D. 手轮工作

【单选】(5)按下跳段开关，启动跳段方式。当程序执行到段前有______码的程序段时，此程序段被跳过，执行下一个程序段。(　　)

A. <　　B. \　　C. //　　D. /

【多选】(6)数控机床上调试程序的方法有______。(　　)

A. MDI 方式　　B. 空运行　　C. 手动方式　　D. 轨迹仿真

【单选】(7)在程序调试仿真加工时,需要按下______键,使机床工作台不动,但主轴和刀架要转动,并且坐标系会显示刀具位置的变化。(　　)

A. 选择停　　B. 跳段　　C. 机床锁　　D. 空运行

【单选】(8)刀具补偿号为 03,刀具号为 01,换刀指令应为______。(　　)

A. T0301　　B. T0103　　C. T0100　　D. T0300

【单选】(9)以车刀的刀尖圆心为圆心编写圆弧轮廓程序,加工时,需要引入______。(　　)

A. 刀尖半径补偿　　B. 刀具几何偏差补偿　　C. 刀具半径补偿　　D. 刀具长度补偿

【多选】(10)数控车床加工时,刀尖半径补偿功能主要应用于______形体的加工。(　　)

A. 锥面　　B. 端面　　C. 槽　　D. 曲面

任务 2　数控铣床的基本操作与对刀

任务描述

在数控铣床(立式加工中心)上,分别安装 T01 直径 12 mm 的立铣刀和 T02 直径 10 mm 的球刀,平口钳上装夹 80 mm×60 mm×30 mm 方块料,伸出平口钳 20 mm。完成数控铣床(立式加工中心)的正确开机,选择直径 10 mm 的偏置式寻边器和 T01 立铣刀为标准刀,建立如图 1.43所示的 G54 工件坐标系,并获取 T02 钻头的长度几何补偿值。

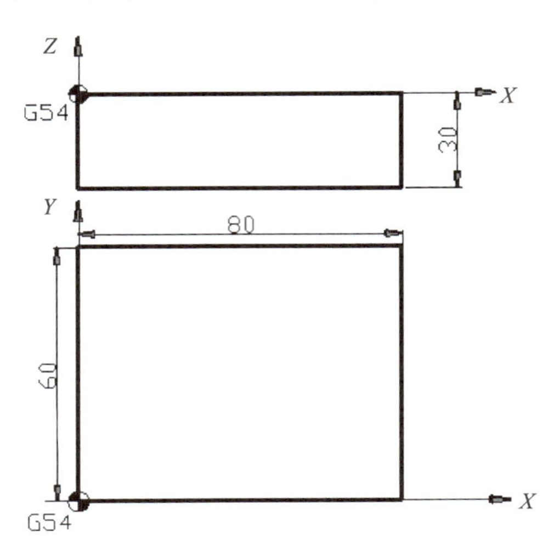

图 1.43　建立 G54 工件坐标系

职业能力目标

(1)能熟练操作数控铣床的操作界面,完成基本操作。

(2)能使用至少一种方式,完成数控铣床的对刀操作,准确建立工件坐标系和几何偏置值。

(3)遵守数控铣床的操作规范,具备安全意识。

(4)能自主学习、善于思考、细致工作、精益求精。

任务分析

1. FANUC 0i 系统数控铣床的正确开机

视频　FANUC 0i系统数控铣床的正确开机

视频　数控铣床工作台的调整

1)机床正确开机

①合上外部开关。

②合上机床空气开关。

③按下控制器面板的电源开关(即 CNC 的电源开关)。

④ 等系统初始化完成后,旋起急停开关。

2)回参考点

①按下手动键,切换机床为手动方式,选择手动方向选择键X Y Z,按下手动运行控制键+ 快速 -,将主轴移至偏离机床参考点(零点)的位置。

②按下回参考点键,切换机床为回参考点方式。

③按下 POS 键,选择显示屏下方“综合坐标”软键,显示屏上出现机械坐标值。

④旋转进给速度倍率控制旋钮,选择进给速度倍率为 50%,按下 Z 方向键Z,然后按下运动控制键+,主轴向上移动至 Z 方向的零点位置,Z 原点指示灯亮。

⑤按下 X 方向键X(或者 Y 方向键Y),然后按下运动控制键+,工作台沿 X 方向(或 Y 方向)移动至零点位置,且原点指示灯亮()。

回参考点成功后,参考点的绝对坐标值为参考点在机床坐标系上的坐标值。若绝对坐标值为(0,0,0),机床的参考点与机床坐标原点重合。

注意:为了避免刀具碰撞到工件或平口钳,回参考点操作一定要先回 Z 轴。

3)主轴预热

机床正常开机后,需要以低速(200 r/min)开启主轴,对主轴进行预热。

①按下 MDI 模式键,切换机床为手动数据输入模式。

②按下 PROG 键,单击显示屏下方 “MDI” 功能软键,进入 MDI 编辑界面,如图 1.44 所示。

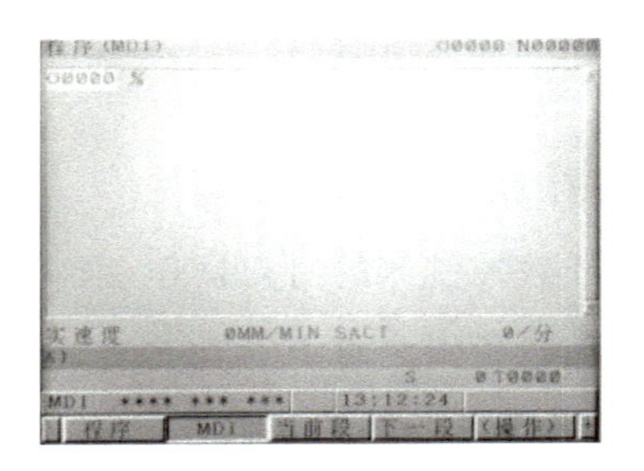

图 1.44　MDI 编辑界面

③通过 MDI 键盘手动输入程序指令“M03 S200;”。

④按下循环启动键，执行程序，主轴开始以 200 r/min 的转速运行。

注意：在此模式下，执行运行操作后，程序便不再保存。

2. 安装刀具及刀具装入刀库

1)安装刀具

安装刀具是将铣刀装入刀柄中。以弹簧夹头刀柄的刀具安装为例，安装方法如下。

①测量刀具夹持部位的直径。∅12 mm 立铣刀的夹持部位直径为 12 mm。

②选择夹持范围包含刀具夹持部位直径的弹簧夹头。选择夹持范围在 11～12 mm 的弹簧夹头。

③将刀柄装入卸刀座中并锁紧，卸下刀柄上的锁紧螺母，将弹簧夹头放入锁紧螺母，并旋入刀柄中，如图 1.45 所示。

④将刀具放入弹簧夹头中，刀具的伸出量要适中，最后用固定扳手将锁紧螺母拧紧。

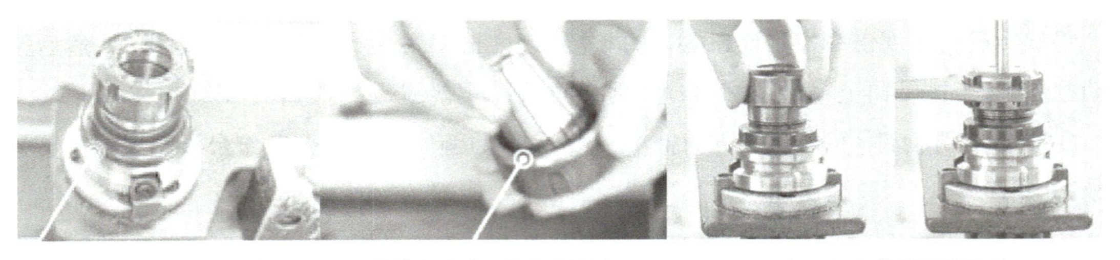

刀柄锁紧在卸刀座中　　弹簧夹头放入锁紧螺母中　　在刀柄中旋紧锁紧螺母

图 1.45　安装刀具

2)刀具装入刀库

在加工中心上将刀具装入刀库的操作方法如下。

①按下手动模式键，切换机床为手动模式。

②按下 MDI 模式键，切换机床为手动数据输入模式。按下 PROG 键，单击显示屏下方“MID”功能软键，进入 MDI 编辑界面。

③手动输入程序“T01 M06”，按下循环启动键，执行程序。刀库的01号刀位调至与主轴平齐的装刀位置。

④按下机床主轴松刀键，手动将01号立铣刀的刀柄放入机床主轴中，松开主轴松刀键，T01号刀具装入主轴。

⑤进入MDI编辑界面，手动输入程序指令“T02 M06”，按下循环启动键，执行程序。主轴上的T01号刀具装入刀库的01号刀位中，同时，刀库的02号刀位调至与主轴平齐的装刀位置。

⑥按下机床主轴松刀键，手动将02号钻头的刀柄放入机床主轴中，松开主轴松刀键，T02号刀具装入主轴中。

⑦进入MDI编辑界面，手动输入程序指令“T02 M06”，按下循环启动键，执行程序。主轴上的T02号刀具装入刀库的02号刀位中，同时，刀库的03号刀位调至与主轴平齐的装刀位置。以此类推，可以将所有刀具装入刀库的相应刀位。

3. 安装平口钳和工件

1)安装与找正平口钳

平口钳的安装将影响零件的加工精度。因此，安装平口钳要认真细致地清理工作台面，安装时需要打表找正，操作方法如下。

①用刷子、清洗剂认真清理工作台面T形槽内的铁屑。

②用棉布沾上酒精认真擦净工作台面和平口钳安装底面。

③用油石轻轻打磨工作台面的毛刺和平口钳安装底面的毛刺。

④在工作台面和平口钳安装底面薄薄地喷上一层防锈剂。

⑤将平口钳推入工作台的合适位置，并前后滑动几次，保证与工作台面良好接触。

⑥先拧紧左侧安装螺栓，再松开右侧安装螺栓。

⑦将百分表通过磁力表座安装在主轴上，调整百分表位置，使表头与平口钳固定钳口接触，且有一定受压量，将指针读数调整为零，如图1.46(a)所示。

⑧沿 X 方向手动移动工作台，使表头从平口钳左侧钳口移至接触右侧钳口，观察百分表指针是否摆动。若百分表指针有摆动，用胶锤敲击平口钳，直至百分表指针偏移量为零，如图1.46(b)所示。

⑨拧紧右侧安装螺栓，再次拧紧左侧安装螺栓。

⑩沿 X 方向来回移动工作台多次，观察百分表指针，确认平口钳安装正确。

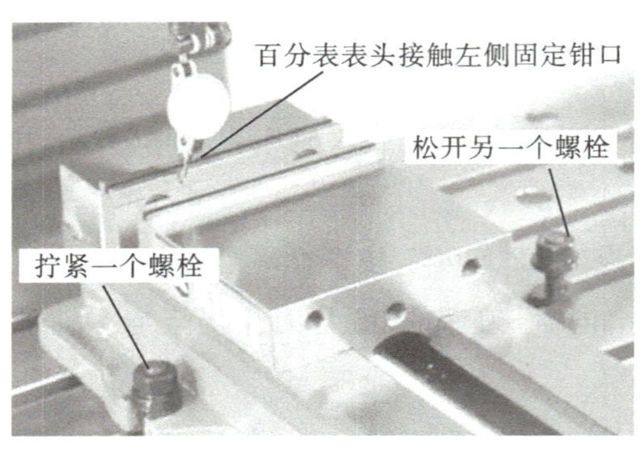

(a) 百分表表头接触左侧固定钳口

(b) 百分表表头接触右侧固定钳口

图 1.46 平口钳的找正

2)安装与找正工件

①将工件放置在已找正好的平口钳的钳口中,保证工件底面与平口钳底面接触,工件基准面与固定钳口贴合。

②移动活动钳口,使钳口接触并夹紧工件。注意不要一次性将工件夹紧,在最后夹紧之前,用铜棒/胶锤轻轻地沿四周敲击工件,保证工件的定位面与平口钳很好地贴合,然后将工件夹紧。

4. T01 号立铣刀(标准刀)对刀,建立工件坐标系

数控铣床(加工中心)的对刀有手动对刀和自动对刀两种方式。手动对刀所使用的工具较多,下面主要介绍偏置式寻边器的对刀方法。

偏置式寻边器由夹持部分和偏心的测量部分组成,两者之间使用弹簧拉紧。使用时,先将寻边器通过刀柄装夹在主轴上,开启主轴,当偏心的测头接触到工件侧面,且与夹持部分同轴心旋转时,主轴到工件侧面之间的距离正好等于寻边器的半径,由此,可确定寻边器接触的工件侧边在机床坐标系中的位置,从而建立工件坐标系。本任务中的工件坐标系的坐标轴分别与工件的两个侧边重合,此对刀方式称为边对刀。如果工件坐标系与工件的对称轴重合,称为分中式对刀。

数控铣床(加工中心)上的对刀操作分为两个步骤:第一步,完成 X 和 Y 方向的对刀,此操作需要偏置式寻边器辅助完成;第二步,完成 Z 方向的对刀,此操作选用∅10 mm 标准棒辅助完成。

T01 号立铣刀(标准刀)边对刀,建立工件坐标系的操作方法见表 1-35。

表 1-35 边对刀操作方法

内容	操作方法	图例
安装工具	①将寻边器通过刀柄装夹在主轴上。 ②按下 MDI 模式键；按下 PROG 键，单击显示屏下方“MID”功能软键，进入 MDI 编辑界面。 ③手动输入程序指令“M03 S200”，以 200 r/min 左右的转速启动主轴	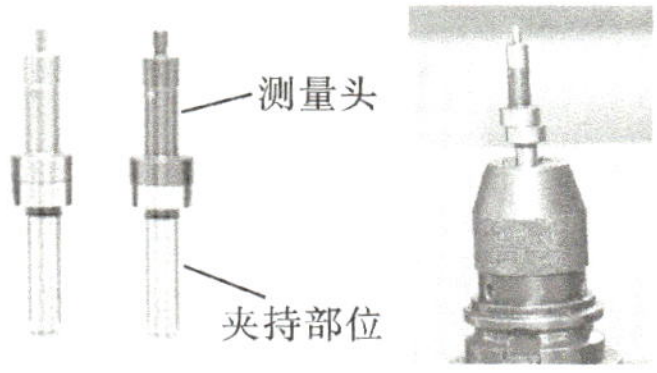 测量头 夹持部位 直径10 mm的偏置式寻边器
切换工件坐标系设定界面	按下 OFS/SET 键，按下显示区下方“坐标系”功能软键，打开工件坐标系设置界面，如右图所示	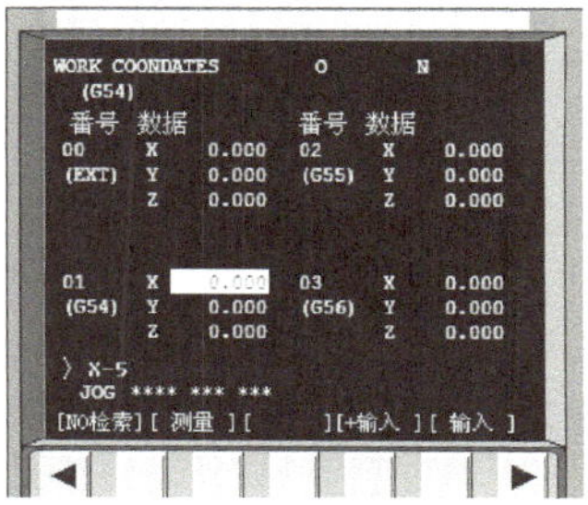 工件坐标系设定界面
X 方向对刀	①操作手轮，调整寻边器的高度以及工作台的位置，使寻边器的测量部分与工件沿 *X* 方向的左侧面接触，如右图(a)所示，此时寻边器偏心的测量部分与夹持部分为错开状态。 ②选择手轮模式的 0.001 档，一次一格地缓慢移动工作台，观察寻边器，直至寻边器的测量部位与夹持部分完全对齐，如右图(b)所示，再移动一格手轮使寻边器的偏心部分与夹持部分又一次错开，此时将手轮退回一格	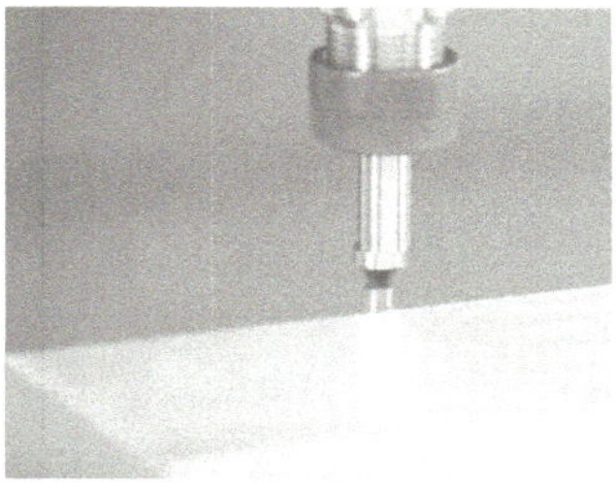 (a) 寻边器与工件的左侧边接触 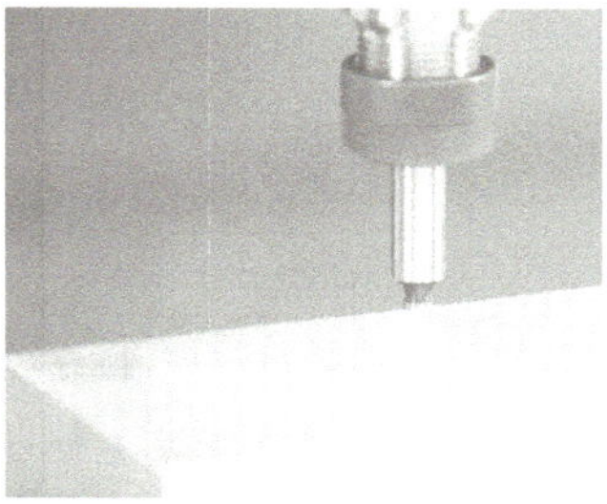 (b) 寻边器上下两部分对齐

续表

内容	操作方法	图例
X 方向对刀	③在工件坐标系设定窗口，将光标移至“G54 X 0.000”处，输入“X－5”(寻边器的直径为 10 mm，因此寻边器的中心坐标值应该为 X－5)，如右图(a)所示，再按下显示区下方“测量”软键。推算出工件坐标系原点在机床坐标系的 *Y* 坐标值为－164.895，如右图 (b)所示。*X* 方向对刀完成，工作台的 *X* 绝对坐标值显示为“0”。 注意：工件在工作台上的安装位置不同，则工件坐标系原点在机床坐标系的坐标值不同。如果工件的右边为 *Y* 轴，则应在“G54 X0.000”处，输入“X5”	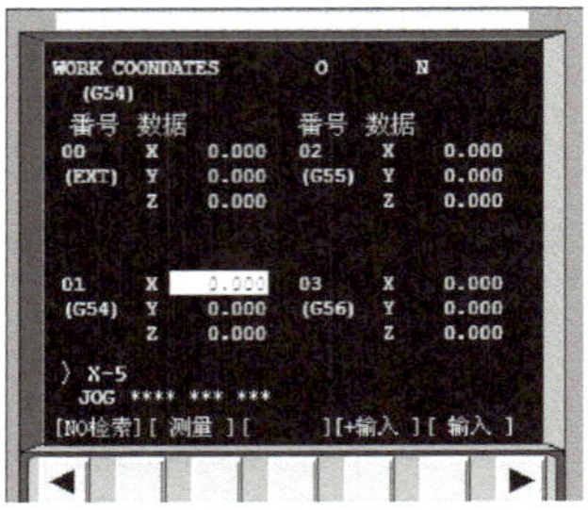 (a) 输入寻边器的中心坐标值 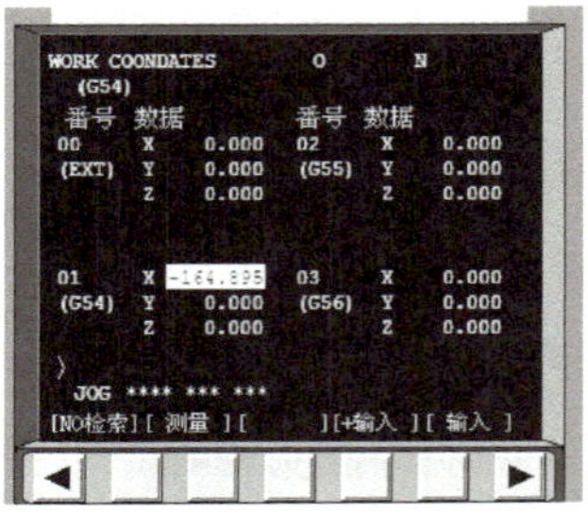 (b) 设定*X*方向工件坐标系
X 方向对刀检验	①停止主轴，在 MDI 模式下，输入以下程序： N10 M06 T01; N20 G54 G90 G00 X－6; 执行程序，换 T01 号立铣刀至主轴，寻边器安装在刀库 03 号刀位，且刀具移动至 X－6 位置	
	②操作手轮，沿 *Z* 轴负方向移动刀具，同时沿 *Y* 方向移动工作台，使刀具接近工件左侧面(注意：此时不能移动 *X* 方向位置)，观察刀具侧壁是否与工件左侧面相切。若是，*X* 方向对刀正确。若不是，则需重新对刀	
Y 方向对刀	①在 MDI 模式下，输入程序： N10 M06 T03; N20 M03 S200; 执行程序，换寻边器至主轴，T01 号立铣刀在刀库 01 号刀位，开启主轴	 (a) 寻边器与工件的前面接触
	②操作手轮，抬起主轴，调整寻边器的高度以及工作台的位置，使寻边器沿 *Y* 方向与工件的前面接触，如右图(a)所示，此时寻边器的测量部位与夹持部分为错开状态	

续表

内容	操作方法	图例
	③选择手轮方式 0.001 档，一次一格地缓慢移动工作台，观察寻边器，直至寻边器的测量部位与夹持部分完全对齐，如右图(b)所示，再移动一格手轮使寻边器的偏心部分与夹持部分又一次错开，此时将手轮退回一格	 (b) 寻边器上下两部分对刀
Y 方向对刀	④在工件坐标系设定窗口，将光标移至“G54 Y 0.000”处，输入“Y－5”(寻边器的直径为 10 mm，因此寻边器的中心坐标值应该为 Y－5)，如右图(a)所示，再按下显示区下方“测量”软键。系统由当前寻边器的中心坐标值，推算出工件坐标系原点在机床坐标系的 X 轴坐标值为－329.328，如图 2.10(b)所示。Y 方向对刀完成，工作台的 Y 绝对坐标值显示为“0”。 注意：工件在工作台上的安装位置不同，则工件坐标系原点在机床坐标系的坐标值不相同。如果工件的后边为 X 轴，则此时在“G54 Y 0.000”处，输入“Y5”。刀具的绝对坐标值是指刀具在所建的工件坐标系 G54 上的坐标值	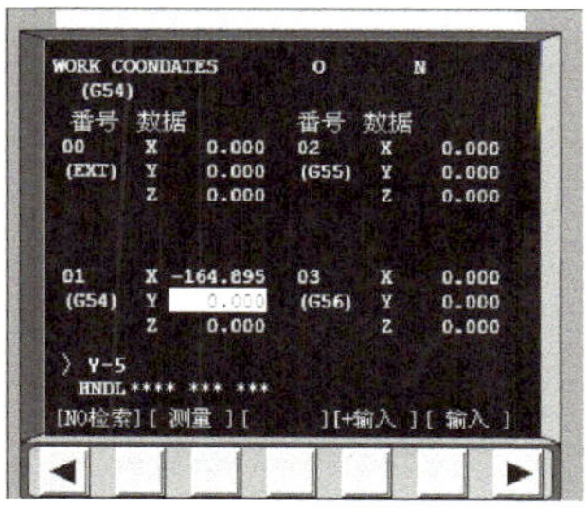 (a) 输入寻边器的中心坐标值 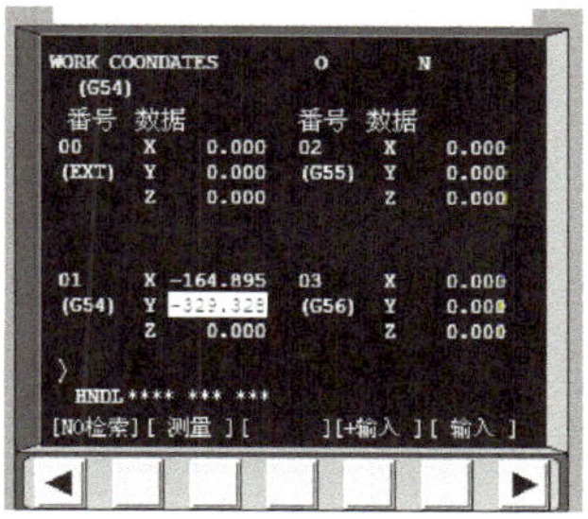 (b) 设定 Y 方向工件坐标系
Y 方向对刀检验	①停止主轴，在 MDI 模式下，输入程序： N10 M06 T01; N20 G54 G90 G00 Y－6; 执行程序，换 T01 号立铣刀至主轴，寻边器至刀库 03 号刀位，且刀具移动至 G54 Y－6 位置	
	②操作手轮，沿 Z 轴负方向移动刀具，同时，沿 X 方向移动工作台，使刀具接近工件左侧面(注意：此时不能移动 Y 方向位置)，观察刀具侧壁是否与工件前面相切。若是，Y 方向对刀正确。若不是，则需重新对刀	

续表

内容	操作方法	图例
Z方向对刀	①将T01号立铣刀安装在主轴中,操作手轮,使刀具接近工件上表面,在刀具离表面约10 mm距离时,选择手轮移动方式,增量为0.001档,并将∅10 mm标准棒在刀具与工件上表面之间来回滚动,一次一格地缓慢下刀。在标准棒刚好能通过,再下一格则无法通过时,停止进给,并将手轮退回一格,如右图所示。 注意:工件坐标系Z方向对刀通常有试切法、标准棒对刀法和自动对刀法三种方法。试切对刀法操作简单,但是会在工件上留下切痕,对刀精度低,适用于粗加工对刀。自动对刀法的精度高,是高端加工中心常用的对刀方法	∅10 mm标准棒 Z方向对刀
	②在工件坐标系设定窗口,将光标移至“G54 Z 0.000 ”处,输入“Z10”,如图2.12(a)所示,再按下显示区下方软键“测量”。系统由当前寻边器的中心坐标值,推算出工件坐标系G54原点在机床坐标系的Z轴坐标值为−467.7,如图2.12(b)所示。Z方向对刀完成,工作台的Z绝对坐标值显示为“0”。 注意:工件在工件台上的安装位置不同,则工件坐标系原点在机床坐标系的坐标值不相同。如果工件的下表面为工件坐标系原点所在平面,则在“G54 Z 0.000”处,输入“Z40”	(a) 输入寻边器的中心坐标值 (b) 设定Z方向工件坐标系
Z方向对刀检验	①将刀具抬高,远离工件的上表面,确保刀具在工件轮廓之外。 ②在MDI模式下,输入以下程序: N10 G54 G90 G00 X−20 Y−20; N20 Z0; 执行程序。 ③操作手轮,移动刀具接触工件(注意:此时不能移动Z方向位置)。观察T01立铣刀的底表面是否与工件表面平齐,且绝对坐标值是否为(x,y,0)。若是,Z方向对刀正确;若不是,则需重新对刀	

5. T02号钻头(非标准刀)对刀,获得刀具长度补偿值

无论是立铣刀、盘铣刀、镗刀还是钻头,铣削刀具的刀位点都在刀具的中心,因此,无论哪把

刀建立的工件坐标系，在 X、Y 方向对刀的结果是相同的。但由于刀具的长度各不相同，因此，Z 方向的对刀结果可能不同。那么，当以 T01 为标准刀完成工件坐标系的 Z 方向对刀后，需要获得其他刀具与 T01 标准刀具在长度方向上的偏差值，并作为刀具长度补偿值存入特定的刀具补偿存储器中。在调用非标准刀时，系统将此补偿值叠加到程序中的 Z 坐标值上，便可实现不同的刀具共用一个工件坐标系完成加工的目标，此功能称为刀具长度补偿功能。刀具长度补偿功能需要配合特定 G 指令(G42、G43 和 G49)来实现，指令的应用在模块 3 中介绍。本任务主要介绍获得刀具长度补偿值的方法。获得刀具长度补偿值的方法有对刀法和机外对刀仪测量法，本任务主要介绍对刀法。

T02 号钻头(非标准刀)对刀，获得刀具长度补偿值的操作见表 1-36。

表 1-36 对刀操作方法

内容	操作方法	图例
切换刀具补正/形状设定界面	①按下 OFS/SET 键，按显示区下方“补正”功能软键，进入刀具补正/磨耗界面。 ②在刀具补正/磨耗界面，按下显示区下方“形状”功能软键，进入刀具补正/形状界面，如右图所示	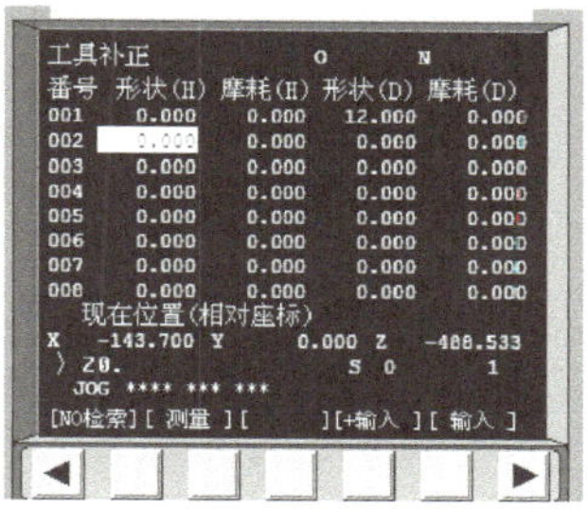 刀具补正/形状界面
获得刀具长度补偿值	①进入 MDI 编辑界面，手动输入程序指令“T02 M06”，按下循环启动键，执行程序。将 T02 号∅10 mm 钻头装入主轴。 ②手动输入程序指令“M03 S200”，启动主轴。 ③用手轮操作使刀具移向工件上表面，在刀具下表面距离工件表面约 10 mm 时，选择手轮 0.001 档，将∅10 mm 标准棒在刀具与工件上表面之间来回滚动，一次一格地缓慢下刀。在标准棒刚好能通过，再下一格则无法通过时，停止进给，并将手轮退回一格。 ④在刀具补正/形状界面，将光标移至 02 刀具补偿号的形状(H)数值框，输入“Z10”，如右图(a)所示，再按下显示区下方“测量”软键。在数值框中显示 T02 钻头与 T01 号立铣刀(标准刀)在 Z 方向的长度几何补偿值 −20（补偿值有正值和负值，−20 表示 T02 钻头较 T01 立铣刀短 20 mm)，如右图(b)所示。	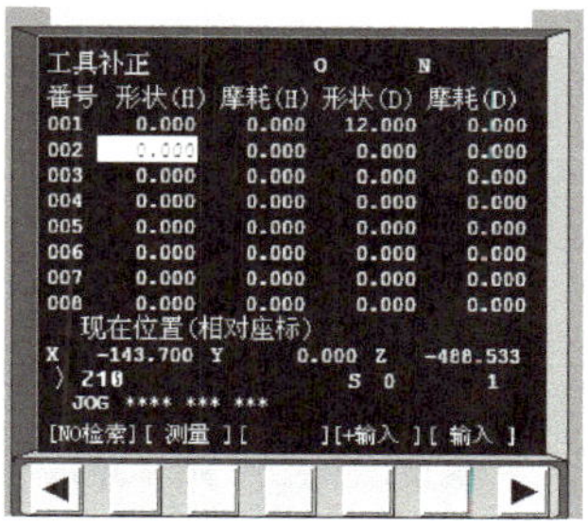 (a) 输入刀具形状(H)补偿值 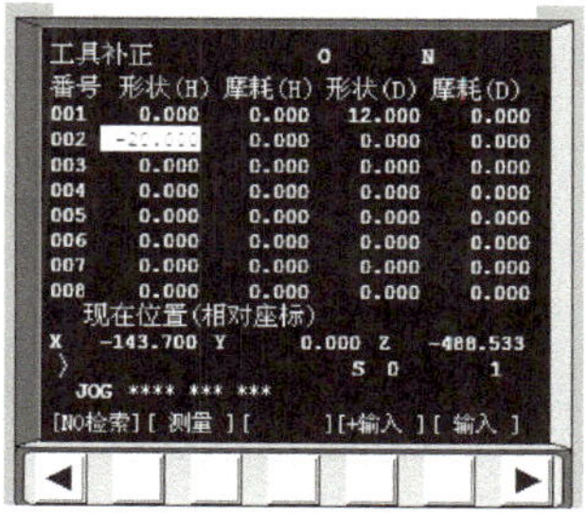 (b) T02的长度几何补偿值

续表

内容	操作方法	图例
	注意：如果通过对刀仪测量出 T01 刀具和 T02 刀具的长度差值，则可直接在“刀具补正/形状”界面，相应刀具补偿号的形状（H）数值框，输入此差值。非标准刀较标准刀长，补偿值为正，反之为负。输入数值后，按 INPUT 键	
长度几何补偿值的检验	①将刀具抬高，远离工件上表面，确保刀具底部不与工件接触。 ②在 MDI 模式下，输入以下程序： N10 G54 G90 G00 X0 Y0; 执行程序。 ③沿 Z 轴负方向，手动向工件表面移动刀具。观察 T02 直径 10 mm 钻头尖部是否与工件上表面的左下角（工件坐标系原点）对齐，且绝对坐标值为 $(0,0,z)$。若是，则 X、Y 方向对刀正确；若不是，则检查原因，或需重新对刀。 ①将刀具抬高，远离工件的上表面，确保刀具在工件轮廓之外。 ②在 MDI 模式下，输入以下程序： N10 G54 G90 G00 Z10 G43 H02; N20 G01 Z0 F200; 执行程序，刀具快速至 Z10 的同时，引入 T02 号刀的刀具长度几何补偿功能；然后，刀具工进至 Z0。 ③沿 X 轴正方向，手动移动刀具接触工件。观察 T02 钻头顶尖是否与工作表面平齐，且绝对坐标值为 $(x,y,0)$。若是，Z 方向对刀正确。若不是，则需重新获取刀具长度几何补偿值	

相关知识

1. 数控铣削

数控铣削主要完成箱体、板装、块装或异形零件的轮廓、型腔、孔和曲面等的加工。数控铣削的零件如图 1.47 所示。与普通铣削相比，数控铣削的自动化程度高、工作效率高、劳动强度低，广泛用于复杂零件和模具的批量生产。

(a) 汽车发动机缸体

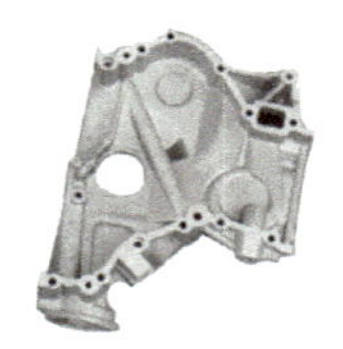
(b) 减速器壳体

(c) 叶轮

(d) 螺旋桨

(e) 箱体件

图 1.47 数控铣削的零件

2. 数控铣床的类型

数控铣床的类型较多，其中带刀库和自动换刀装置的数控铣床又称为加工中心。加工中心的刀库一般可容纳几十甚至上百把刀具，可以把几个不同的工序组合在一次装夹中并连续完成，即实现集中工序加工。数控铣床可按主轴位置、坐标轴数、加工工序等几种方式分类，见表1－37。

表1－37　数控铣床的类型

分类方法	种类	说明	图例
按铣床主轴位置分类	立式加工中心	机床主轴处于垂直位置。主要用于有端面上结构或周边轮廓加工的工件，如盘盖、板类零件	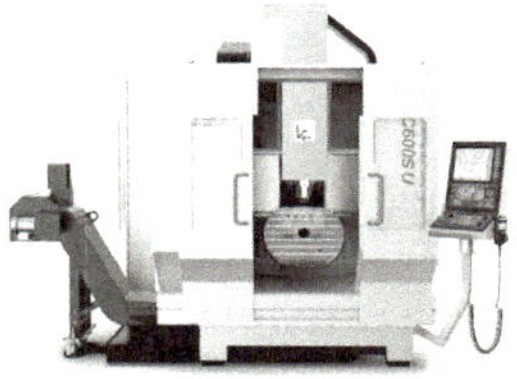
	卧式加工中心	机床主轴处于水平位置，适宜加工大型箱体类零件，以及对孔与定位基面或孔与孔之间相对位置精度要求较高的零件的加工。卧式加工中心的结构比立式加工中心复杂，但比立式加工中心的柔性强	
按坐标轴数分类	三轴加工中心	具有 X、Y、Z 三个方向的移动控制的加工中心，是数控铣床最基本的类型	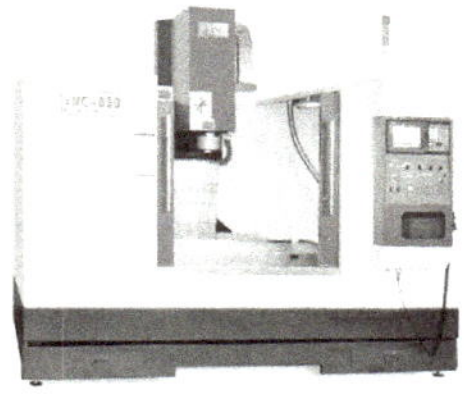
	四轴加工中心	在三轴加工中心的基础上增加了 A 轴回转轴工作台。可以加工空间复杂曲面零件，如航空叶轮、螺旋桨等	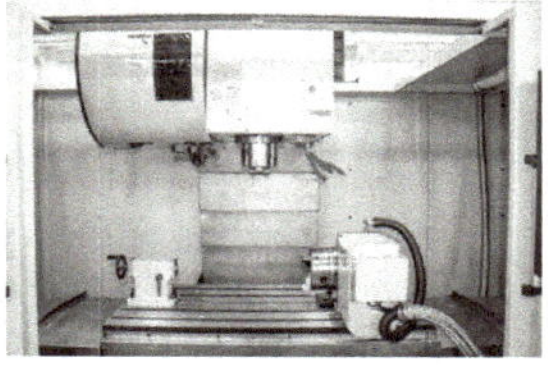
	五轴加工中心	在三轴加工中心的基础上增加了 A 和 C 两个回转轴工作台。其加工空间复杂曲面精度较三轴和四轴联动控制精度更高	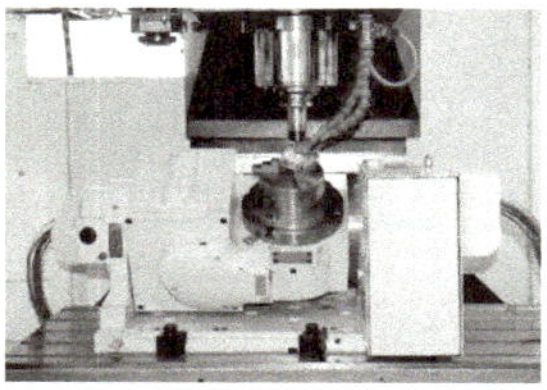

续表

分类方法	种类	说明	图例
根据加工工序分类	铣削加工中心	以铣削和钻削为主要加工工序的加工中心	
	车铣复合加工中心	主体是数控车床，但配备有转塔式刀库或由换刀机械手和链式刀库组成的大容量刀库及铣削动力头，可实现车削、钻削和铣削等多工序加工	
	镗铣加工中心	以镗削、铣削和钻削为主要加工工序的卧式加工中心	

3.数控铣床的结构

数控铣床(加工中心)由计算机数控系统和机床本体两大部分组成。计算机数控系统由数控装置(简称 CNC)和电气驱动系统组成。机床本体由主轴、进给轴、传动系统、床身、工作台、刀库、自动换刀系统、排屑系统和防护罩等部分组成。以三轴立式加工中心为例，如图 1.48 所示，各部分的功能如下。

①主轴及传动系统，用于实现主轴运动的传递。

②进给轴及传动系统，用于实现进给运动的传递。

③刀库，用于安装和存储刀具，有斗笠式和链式两种。

④自动换刀系统，实现自动换刀，有机械手换刀和斗笠式换刀两种。

⑤排屑系统，用于自动排除和收集切屑。

⑥床身，用于支撑机床的主轴箱、进给传动系统、刀架和尾座等部件。

⑦防护罩，用于防止铁屑和切削液的飞溅。

⑧其他辅助装置，如液压、气动、润滑、切削液等系统装置。

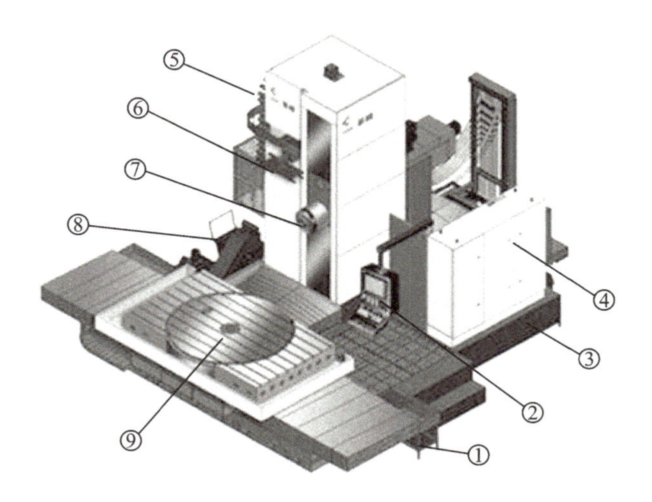

图 1.48　卧式加工中心的结构

①—进给传动系统，②—数控装置，③—床身，④—电控柜，⑤—链式刀库，⑥—换刀机械手，⑦—主轴，⑧—排屑系统，⑨—工作台。

4. 数控铣床工艺装备及装夹方式

数控铣床(加工中心)常用的工艺装备有夹具和回转工作台等。数控铣床(加工中心)主要的工艺装备的外形、结构和功能见表 1-38。

表 1-38　数控铣床(加工中心)常用工艺装备介绍

名称	功能	图例
平口钳	平口钳又名机用虎钳，用于小型块状和板状零件的装夹。使用时要将平口钳用螺栓固定在工作台上。虎钳有精密虎钳和通用虎钳两种，数控机床上常用精密虎钳	
三爪卡盘	三爪卡盘用于回转型零件的装夹。安装卡盘时应使卡盘的基准面与工作台基准面紧密贴合，使用时用螺栓将卡盘安装在工作台上	

续表

名称	功能	图例
组合夹具	组合夹具是一种柔性化、标准化、系列化、通用化程度很高的工艺装备。它由一套结构、尺寸已标准化的通用元件组合而成，适用于新产品的试制和多品种小批量的生产。组合夹具有孔系与槽系两种形式	
专用夹具	专用夹具是为零件特定工序加工而专门设计与生产的夹具。其针对性很强，不可以与其他夹具混用。使用专用夹具可有效提高生产效率、扩大机床的工艺范围、保障生产安全	
回转工作台	回转工作台用于装夹工件。实现回转和分度定位的机床附件，又称为转台或第四轴。转台按功能可分为通用转台和精密转台两类。数控机床上常用精密转台。转台按可运动的轴数可分为单轴、两轴和三轴等多类	单轴回转台 双轴回转台
其他装夹方式	在进行单件、小批量生产时，一些异形件常用螺钉压板的方式进行安装。螺钉一端插入工作台的T形槽内，一端安装压板，并用螺母将压板工件压紧在工作台上。这种装夹方式成本低，但操作较麻烦，压板的压紧点与压板的拧紧顺序均会影响零件装夹的精度	压板螺钉 压板螺钉装夹

5. 数控铣削刀具

数控铣削对刀具的要求有:精度高、刚度好、寿命长、尺寸稳定、安装调整快捷方便。

1)数控铣刀的类型

数控铣削刀具的类型见表 1-39。

表 1-39 数控铣刀的类型

名称	功能和特征	图例
面铣刀	面铣刀的圆柱表面和端面上都有切削刃,端部切削刃为副切削刃,用于较大平面的加工。通常面铣刀直径为 50 mm～500 mm,故常制成套式镶齿结构,即将刀齿和刀体分开,刀齿采用高速钢或硬质合金,刀体采用 40 铬制作,可长期使用	
立铣刀	立铣刀的圆柱表面和端面上都有切削刃,用于凸轮、台阶面、凹槽和箱口面的加工。立铣刀的轴向长度一般较长,直径越大,刀齿数越多。立铣刀不能轴向直入进刀,必须在径向移动的同时轴向进刀。刀尖有圆弧角的立铣刀又叫牛鼻铣刀,圆弧部分的长度大于 1/4 铣刀直径	
键槽铣刀	键槽铣刀的圆柱面和端面上都有切削刃,只有两个齿,端面刃延至中心,可以直接轴向进给,具有立铣刀和钻头的功能,用于槽的加工。键槽铣刀铣槽时,不用打下刀孔,可直接沿轴向进给到槽深,然后沿键槽方向铣出键槽全长	
模具铣刀	模具铣刀由立铣刀发展而成,主要用于空间曲面零件的加工,有时也用于平面类零件上较大转接凹圆弧过渡面的加工。模具铣刀有圆柱形球头立铣刀和圆锥形球头立铣刀两种	
成形铣刀	成形铣刀是为特定的形状结构或加工内容,如角度面、凹槽、特形孔或特形台等,专门设计制造的刀具	

2)加工中心的刀具系统

想要将加工中心中的刀具顺利装夹在机床主轴中,还要保证刀具在刀库中的储存、搬运和识别等,因此,作为刀具与机床的连接件,刀柄要具有通用性和标准性。

(1)刀柄类型。刀柄类型按加工中心主轴装刀孔不同,有直柄(JE)和锥柄(JT)两种,如图 1.49 所示。

(a) 锥柄刀柄　　(b) 直柄刀柄

图 1.49　刀柄类型

锥柄(JT)的锥度为 7∶24。锥体表面既是精确的定位面,也是刀柄的夹紧面。它不自锁,但可以快速装卸,成本相对较低。但在高速旋转时,主轴前端锥孔会发生膨胀,锥度连接刚度会降低,刀柄的轴向位移也会发生改变,存在着重复定位精度不稳定的问题。锥度为 7∶24 的通用刀柄通常有五种标准和规格。

直柄(JE)能够提高系统的刚性和稳定性以及在高速加工时的产品精度,并缩短刀具更换的时间,在高速加工中具有很重要的作用,能适应机床主轴转速达到 60 000 r/min,广泛用于航空航天、汽车、精密模具等制造工业之中。

刀柄上有机械手夹持的轴颈和与主轴孔凸键配合的键槽,主轴孔中的拉钉可拧入刀柄中,供主轴内的拉紧机构将刀柄拉紧。

(2)工具系统。数控铣削刀具不仅种类很多,其与刀柄的连接方式也很多,如弹簧夹头刀柄、强力铣夹头刀柄、侧固式刀柄、热膨胀刀柄、中心可调式刀柄、套式铣刀柄、莫氏锥柄、液压刀柄、应力锁紧式刀柄等。为了提高换刀的灵活性,安装刀具的装夹工具已标准化和系列化,形成了工具系统。数控铣削的工具系统有整体式和模块式两类。

整体式是将刀柄和连接杆(连接刀具的部位)连成一体。其优点是结构简单,使用方便,刀具更换迅速,缺点是刀柄的品种、规格和数量较多,每个不同的刀具都要配有一个对应的刀柄。

模块式是把刀柄和工作部位分开,制成各种系列化的模块,然后通过连接杆,把不同的模块组装成所需要的工具,如图 1.50 所示。根据加工中心的类型,模块式刀具系统的刀柄可以选择莫氏及公制锥柄,中间连接杆有等径和变径两种,工作头有可转位钻头、粗镗刀、精镗刀、扩孔钻、立铣刀、面铣刀、弹簧夹头等多种。可按需要组合成铣、钻、镗、铰、攻丝等各类工具。国内常见的 TMG10 工具系统、TMG21 工具系统就属于这一类。

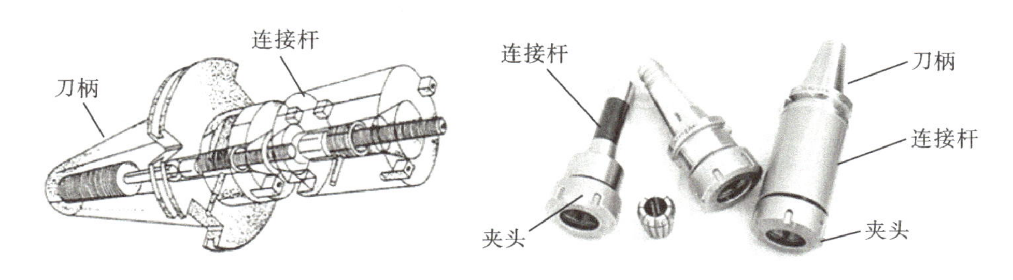

图 1.50　模块式刀具系统

3)刀具类型的选择

刀具选择与机床的加工能力、工件材料的性能和加工工序的内容与切削用量等因素有关，要满足安装调整方便、刚性好、耐用度高和加工精度高等要求。选择方法如下。

(1)铣削毛坯表面或粗加工孔可选用镶硬质合金刀片的玉米铣刀。

(2)铣削平面零件的周边轮廓、凸台或凹槽应选用高速钢立铣刀。

(3)铣削立体型面和变斜角轮廓，常选用球头铣刀、环形铣刀、锥形铣刀和盘形铣刀。

(4)铣削曲面时，粗加工应选用立铣刀，精加工应选用球头铣刀。

6. 数控铣床（加工中心）机床坐标系的建立

1)参考点

数控铣床(加工中心)同样具有一个参考点(*R*)，参考点(*R*)用于检测机床运动和控制机床坐标系。数控铣床的参考点由机床制造时安装在每个进给轴上用于限位的多个行程开关的位置决定，一般设在坐标轴正方向的极限位置。这个固定点在机床坐标系中具有一个确定的坐标值，此坐标值保存在数控系统的参数表中。

2)机床坐标系的建立

机床坐标系建立同样是由回参考点操作来完成的，建立机床坐标系的原理与数控车床相同。以 FANUC 0i－MATE 加工中心为例，出厂时参考点(*R*)在机床坐标系中的坐标设定值为(0,0,0)。当完成回参考点操作后，系统由此推算出的机床坐标系原点就是机床的参考点，这两点是重合的，如图 1.51 所示 。

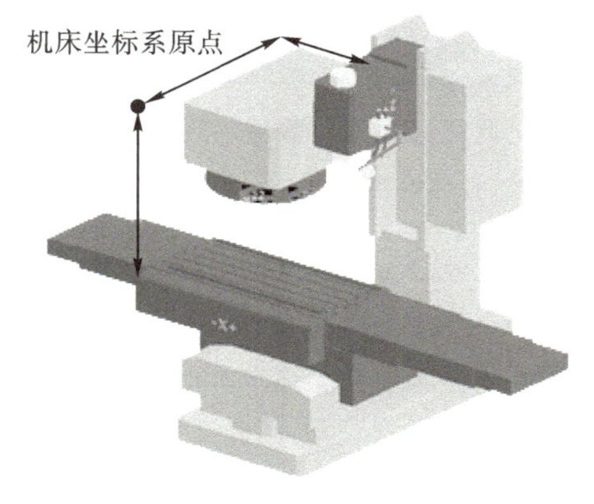

图 1.51　数控铣床(加工中心)的机床坐标系原点

7. FANUC 0i 系统数控铣床（加工中心）操作面板

FANUC 0i 系统数控铣床(加工中心)操作面板如图 1.52 所示,由机床控制面板(MCP)、MDI 键盘、显示屏和功能软键组成。MDI 键盘与数控车床相同,其功能与定义见任务 1。

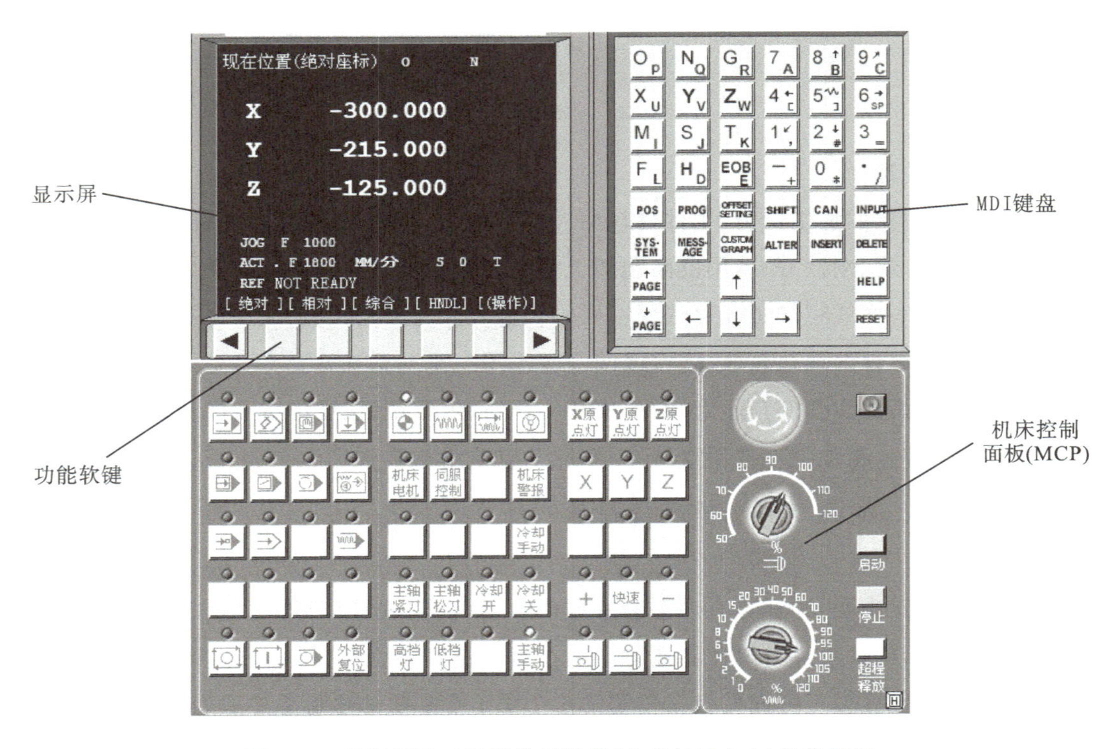

图 1.52　FANUC 0i 系统数控铣床(立式加工中心)操作面板

(1)工作方式键。数控铣床(加工中心)的工作方式有编程方式、手动数据输入方式、自动加工方式、回参考点、手动工作方式,以及手轮工作方式。各工作方式键的功能和用法见表 1-40。

表 1-40　数控铣床工作方式按键的功能及用法

名称	示意图	功能及使用
编程方式(EIT)		按下此键,系统处于程序编辑工作方式,可以对程序进行键盘输入、编辑、修改、存储等操作
手动数据输入方式(MDI)		按下此键,系统处于手动数据输入模式,可以修改 NC Parameter、PC Parameter 及执行单一指令。MDI 编制的程序存储在暂存器中,程序一经运行便消失,所以加工程序不可以在此方式下编辑

续表

名称	示意图	功能及使用
自动加工方式(AUTO)		调出加工程序,按下 AUTO 键,再按下循环启动键,数控系统便可运行程序,完成自动加工
回参考点		按下此键,再按下 X 轴正向手动运动控制键(或 Z 轴负向手动运动控制键),数控系统完成回参考点操作,并建立机床坐标系
手动工作方式(JOG)		按下此键,再按下手动移动方向控制键,可操控工作台在 X、Z 方向的移动
手轮工作方式		按下手轮方式键,再旋转脉冲发生器,可操控刀架在 X、Z 方向的运动,通常用于刀架的微调操作
程序运行控制键		按下循环启动键,可执行自动运行方式和 MDI 方式下的程序。按下暂停键,可停止运行程序。

(2)手动控制键。数控铣床(加工中心)的手动控制包括急停、主轴转动、冷却启动和手动换刀等,各按键的功能及用法见表 1-41。

表 1-41 机床手动控制开关的功能及用法

名称	示意图	功能及用法
急停开关		在操作失误或加工过程中出现异常时,按下急停开关可停止机床的任何移动和主轴的转动。若需重新工作,必须重新旋起此开关。由于此时 CPU 内可能保留了非常态命令或原有的缺省状态,所以在旋起急停开关后,机床必须重新回参考点、建立机床坐标系
主轴手动控制键		主轴手动控制开关共有三个:正转、停止、反转,这些开关仅在机床的内存中已有主轴转动指令时有效。因此,在机床开机后,通过 MDI 方式输入指令"M03 SXXX;"并运行,此时按下三个开关分别相当于执行 M03、M05、M04 指令
手动装刀键	主轴紧刀 主轴松刀	按下主轴松刀键,主轴松开刀具;按下主轴紧刀键,主轴夹紧刀具
冷却开关	冷却开 冷却关	有的系统按下此开关可直接打开冷却液,有的系统则要在执行 M07 或 M08 指令后,再按此开关才能打开冷却液
进给速度修调		进给速度修调开关用于调整程序中 F 指令的实际运行值,实际进给速度=程序值×修调率。当修调率为 0 时,实际进给速度为 0,刀架不运动

续表

名称	示意图	功能及用法
手动方向选择键	X Y Z	在手动方式下,按下手动方向选择键,可通过移动控制键手动移动工作台的运动方向
手动运行控制键	+ 快速 −	在选择要移动的方向后,按下运行控制键"+"或"−",工作台沿选择轴的正(或负)方向移动。同时按下"+"和"快速"两个键,工作台沿选择轴的正方向快速移动
回原点灯	X原点灯 Y原点灯 Z原点灯	回参考点成功后,对应轴的原点灯点亮

(3)与加工有关的按键。数控铣床(加工中心)与加工方式有关的按键有模式选择键、机床锁、空运行等,各键的功能及用法见表1-42。

表1-42 与加工有关按键的功能及用法

名称	示意图	功能及使用
单段键		按下此键,启动单程序段方式。每按下循环启动按钮一次,系统只运行一个程序段,此方式常用于程序检查
跳段键		按下跳段开关,启动跳段方式。当程序执行到程序段前有"/"码的程序段时,此程序段被跳过,执行下一个程序
选择停键		按下此键,程序执行到M01指令时,程序暂停
机床锁键		按下此键,机床执行加工程序时,机床工作台不动,主轴和刀架转动,坐标系会显示刀具位置的变化。机床锁常用于模拟加工
空运行键		按下此键,机床按参数设定的速度移动而不以程序中指定的进给速度移动,该功能用于将工件从工作台上卸下后,检查机床的运动
超程解除键		当移动轴运动超程时,机床会报警,此键用于消除机床的超程

8. 数控铣床(加工中心)的对刀操作

对刀操作是手动设定工件坐标系的方法中,预先获得所建工件坐标系在机床坐标系的坐标值的操作。数控铣床(加工中心)的对刀操作有人工对刀(试切法对刀)和自动对刀两种,本任务介绍人工对刀的原理。

1)对刀工具

(1)寻边器。寻边器有光电式和偏置式两种。偏置式寻边器在前面的任务分析中已介绍过。光电式寻边器如图1.53所示,它利用了工件的导电性,当寻边器的球头接触到工件表面时，形成电流回路，从而发出声、光信号。光电寻边器找正或测量工件时，机床主轴不旋转，安全性高，且不损伤工件表面，精确度可以达到±0.005 mm。

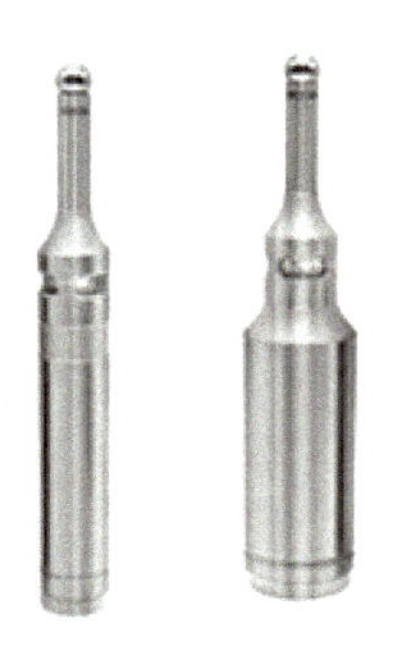

图 1.53 光电式寻边器

(2)自动对刀仪。自动对刀仪是自动对刀使用的一种仪器。常用的有光电式和激光式、接触式和非接触式等类型，如图 1.54 所示。当刀具接触到自动对刀仪时，对刀仪会发出声、光信号，并自动记忆刀具的位置信息。自动对刀仪的智能化程度高，对刀精度可以达到±0.001 mm。

(a) 光电接触式自动对刀仪

(b) 激光非接触式自动对刀仪

图 1.54 自动对刀仪

2)人工对刀的原理

人工对刀的原理是利用数控系统实时跟踪刀具在机床坐标系上坐标值，通过用刀具试切安装好的工件，获得刀具在机床坐标系上的坐标值($X_{M刀具}$、$Y_{M刀具}$和$Z_{M刀具}$)。同时，如图 1.55 所示，又已知刀具在工件坐标系上的坐标值($X_{W刀具}$、$Y_{W刀具}$和$Z_{W刀具}$)，从而间接计算工件坐标系在机床坐标系上的坐标值(X_W、Y_W和Z_W)，计算公式如下：

$$X_M = X_{M刀具} - X_{W刀具}$$

$$Y_M = Y_{M刀具} - Y_{W刀具}$$

$$Z_M = Z_{M刀具} - Z_{W刀具}$$

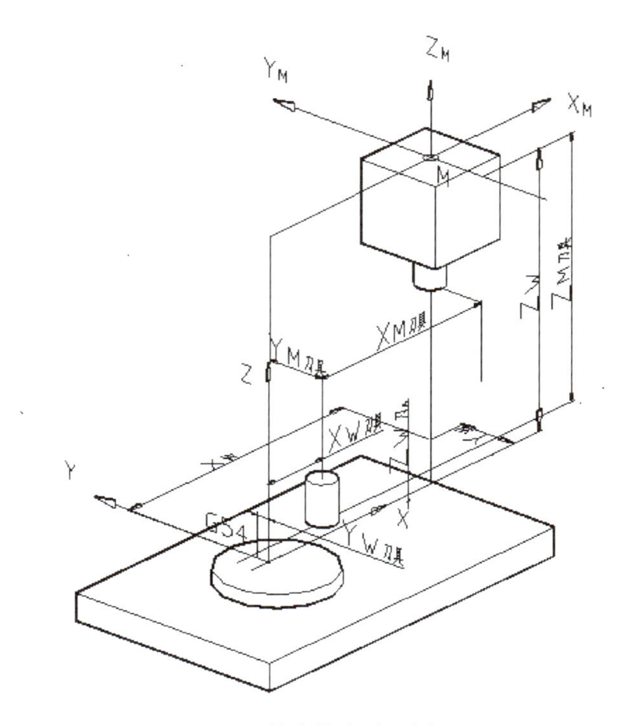

图 1.55　数控铣床对刀原理

数控铣床人工对刀操作有三个步骤，分别是 X 方向对刀、Y 方向对刀和 Z 方向对刀。X 方向和 Y 方向对刀的工具有寻边器和百分表，Z 方向对刀的工具有标准棒和塞尺。

10. 新指令（换刀指令）

加工中心的换刀包括选刀和换刀两步。选刀是把刀库中所选择的刀具的刀位，调整至换刀位置（即与主轴对齐），换刀则把刀库当前处于换刀位置的刀位中存储的刀具换到主轴上。换刀操作可以把选刀和换刀与切削加工过程分开进行，也可以将选刀与机床切削加工同时进行，这样可以提高生产效率。通常，加工中心都规定了换刀点位置，刀具必须回到换刀点后，才能执行换刀动作。

指令格式：M06 T ××；

换刀与切削加工分开编写：N10 M06 T01;　　换 T01 号刀至主轴

N20 G01 X Y Z F;　　工进走刀

选刀与切削加工重叠编写：N10 G01 X Y Z F T01;　　工进走刀，刀库 01 号刀位至换刀位

N20 M06 T01;　　换 T01 号刀至主轴上

拓展练习

根据图1.56所提供的刀具位置和尺寸信息，分别采用手动设定坐标系法和指令设定坐标系法，建立工件坐标系。

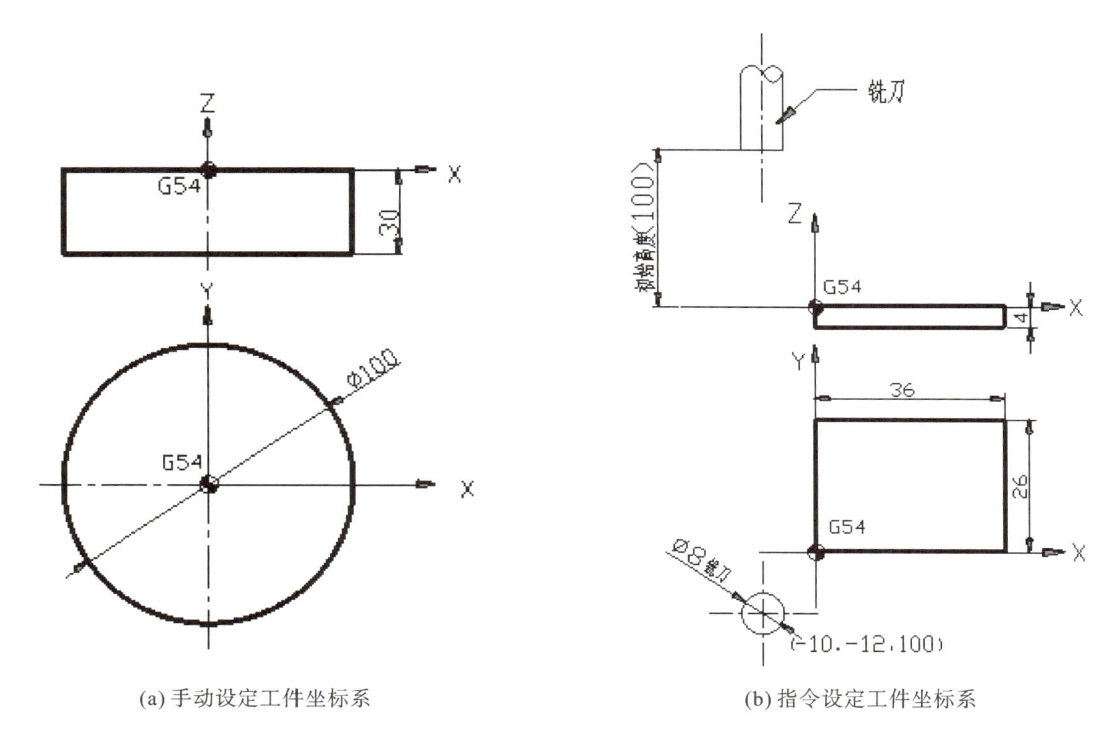

(a) 手动设定工件坐标系

(b) 指令设定工件坐标系

图1.56 建立工件坐标系

知识巩固

【单选】(1)数控铣床的默认加工平面是______。( )

A. G17 B. G18 C. G19 D. 不一定

【单选】(2) 数控铣床的基本控制轴数是______。( )

A. 一轴 B. 二轴 C. 三轴 D. 四轴

【单选】(3) 数控机床接通电源后回参考点操作的目的是______。( )

A. 建立工件坐标系 B. 检查刀具安装是否正确

C. 建立机床坐标系 D. 机床预热

【单选】(4)数控铣床的对刀方法很多，针对已加工表面的对刀不能采用______。( )

A. 标准棒对刀 B. 寻边器对刀 C. 自动对刀仪 D. 试切法对刀

【单选】(5)通常锥柄刀柄的锥度规格是______。(　　)

A. 7∶10　　B. 7∶24　　C. 7∶25　　D. 7∶26

【单选】(6)建立 G54 工件坐标系后,G54 寄存器中数值的意义是______。(　　)

A. 工件坐标系 G54 原点在机床坐标系原点的坐标值

B. 工件坐标系 G54 原点相对参考点的坐标值

C. 对刀点在机床坐标系原点的坐标值

D. 对刀点相对参考点的坐标值

【单选】(7) 加工封闭的键槽最好选择______。(　　)

A. 立铣刀　　B. 面铣刀　　C. 球头铣刀　　D. 键槽铣刀

【单选】(8)数控铣床回参考点操作时,应首先回______轴。(　　)

A. X　　B. Y　　C. Z　　D. 不分先后

【单选】(9)数控铣床采用∅10 标准棒 Z 向对刀,若要保留 0.2 mm 加工余量,在工件坐标系设定界面中应输入"______",按"测量"软键。(　　)

A. 10.2　　B. Z0.2　　C. Z9.8　　D. Z10.2

【多选】(10)执行设定工件坐标系程序"G92 X5 Y5 Z5;"后,______。(　　)

A. 刀具移动至(5,5,5)坐标位置

B. 建立一个工件坐标系,绝对坐标值显示(5,5,5)

C. 建立一个工件坐标系,工作台和刀具位置不变化

D. 建立一个工件坐标系,坐标系原点坐标为(5,5,5)

模块 2

数控车削与编程

项目1 外圆轴类零件的数控车削与编程

任务1 阶梯锥轴的数控车削与编程

任务描述

分析图 2.1 中阶梯锥轴的加工工艺，选用外圆切削单一循环指令 G90 和端面切削单一循环指令 G94，编写阶梯锥轴的数控加工程序，并在数控车床上完成零件加工。毛坯为∅35 mm×70 mm 的 45 钢或 6061 铝棒料。

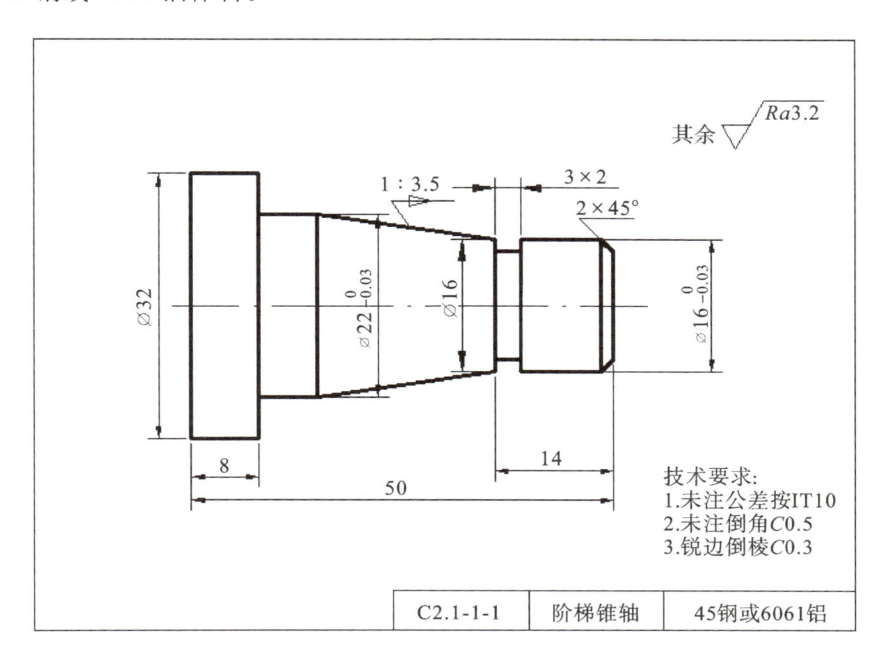

图 2.1 阶梯锥轴零件图

职业能力目标

(1)能描述外圆切削和端面切削单一循环指令 G90、G94 的功能及程序格式。

(2)能编制阶梯锥轴的数控加工工艺卡,选用指令 G90、G94 编写阶梯锥轴的数控加工程序。

(3)能车削合格的螺纹轴类零件。

(4)能自主学习、善于思考、细致工作、精益求精。

任务分析

1.阶梯锥轴的数控车削工艺分析

1)零件图分析

阶梯锥轴为典型的回转体结构,主要由锥面、外圆柱面和槽等几何要素组成。零件尺寸不大,结构强度较好;材料为 45 钢或 6061 铝,加工工艺性良好;其中,两个外圆面有尺寸精度要求,零件尺寸精度等级为 IT7～IT8,表面粗糙度为 $Ra3.2\ \mu m$。

2)编制加工工艺

(1)确定加工方案。阶梯锥轴为一端大另一端小的单向递增结构特征,因此,采用一次装夹完成加工。具体可拟定以下两种加工方案。

方案一:粗、精车端面→粗、精车外圆面→切槽→切断。

方案二:粗、精车端面→粗车外圆面→切槽→精车外圆面→切断。

两个方案中,方案二的加工质量较高,因为在切槽之后进行外圆精加工,可以切除切槽时产生的毛刺。如果粗、精车外圆采用同一把刀具,方案二会增加两次换刀的时间,效率会低一些。根据质量第一原则,应选用加工方案二。

(2)确定数控车削的装夹方案。阶梯锥轴为标准的回转体,采用三爪卡盘装夹,伸出端较零件长 5～10 mm。

(3)确定工序及内容,编制机械加工工艺过程卡。根据先基准、先粗后精、先远后近等工艺原则,确定加工方案二的工序及内容(见表 2-1)。

(4)确定数控车削刀具,编写刀具卡。阶梯锥轴的数控车削应选择可转位硬质合金机夹车刀,刀具规格见表 2-2。

(5)编制数控加工工序卡。综合分析,制定阶梯锥轴的数控加工工序(见表 2-3)。

表 2-1 阶梯锥轴的机械加工工艺过程卡

零件名称	螺纹轴	机械加工工艺过程卡		毛坯种类	棒料	共 1 页
				材料	45 钢	第 1 页
工序号	工序名称	工序内容			设备	工艺装备
10	备料	备料∅35 mm×70 mm,材料 45 钢棒料			—	—
20	数车	车右端面,不留黑皮;粗车右端∅$16^{0}_{-0.03}$ mm、∅$22^{0}_{-0.03}$ mm、∅32 mm 外圆,及 1∶3.5 圆锥面;车 3 mm×2 mm 槽;精车外圆、$C1.5$ 倒角,至图纸要求;切断			CAK6140	三爪卡盘
30	钳	锐边倒棱,去毛刺			钳工台	台虎钳
40	清洗	用清洗剂清洗零件			—	—
50	检验	按图样尺寸检测			—	—
编制		日期		审核		日期

表 2-2 阶梯锥轴的数控加工刀具卡

零件名称		阶梯锥轴		数控加工刀具卡			工序号	20
工序名称		数车					设备型号	CAK6140
序号	刀具号	刀具名称	刀柄型号	刀具			补偿量/mm	备注
				直径/mm	刀长/mm	刀尖半径/mm		
1	T0101	端面车刀	25 mm×25 mm	—	—	0.8	—	S 刀片,Kr45°
2	T0202	外圆刀	25 mm×25 mm	—	—	0.8	—	T 刀片,Kr93°
3	T0303	切断、切槽	宽 3 mm 切断刀	—	—	0.4	—	—
编制		审核		批准			共 1 页	第 1 页

表 2-3　阶梯锥轴的数控加工工序卡

零件名称	阶梯锥轴	数控加工工序卡	工序号	20	工序名称	数车	共 1 张
			毛坯尺寸	∅35 mm ×70 mm	材料牌号	45 钢	第 1 张

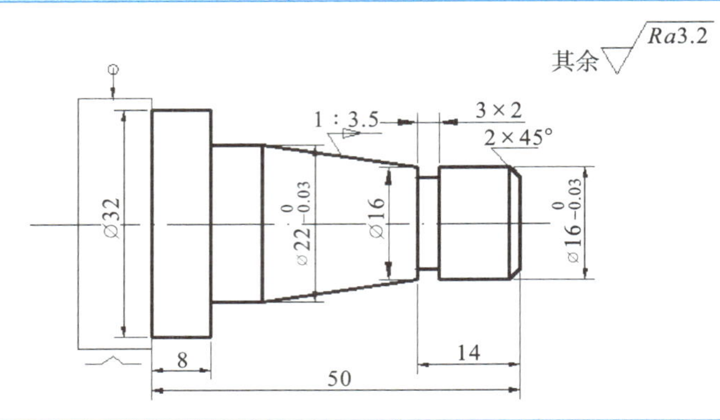

序号	工序内容	刀具号	刀具补偿号	刀具半径补偿号	主轴转速/(r/min)	切削速度/(r/mm)	吃刀深度/mm	量具
1	夹紧工件右端，伸出端 60 mm 左右	—	—	—	—	—	—	钢尺
2	粗、精车右端面，不留黑皮	T0101	01	01	450	0.2	粗 0.8 精 0.2	游标卡尺
3	粗车右端 $\varnothing 16^{0}_{-0.03}$ mm、$\varnothing 22^{0}_{-0.03}$ mm、∅32 mm 外圆，及 1∶3.5 圆锥面，保留 0.2 mm 余量	T0202	02	02	600	0.3	2	游标卡尺
4	车 3 mm×2 mm 退刀槽，至图纸要求	T0303	03	03	350	0.08	350	游标卡尺
5	精车右端粗车右端 $\varnothing 16^{0}_{-0.03}$ mm、$\varnothing 22^{0}_{-0.03}$ mm、∅32 mm 外圆，及 1∶3.5 圆锥面，至图纸要求	T0202	02	02	1200	0.1	0.2	游标卡尺
6	保证长度 50 mm 切断	T0303	03	03	350	0.05	—	游标卡尺
编制	日期		审核		日期			

2.阶梯锥轴数控加工程序的编写

1)建立编程坐标系

零件的右端面为长度尺寸基准,选择阶梯锥轴右端面中心为编程坐标系原点,编程坐标系如图 2.2 所示。

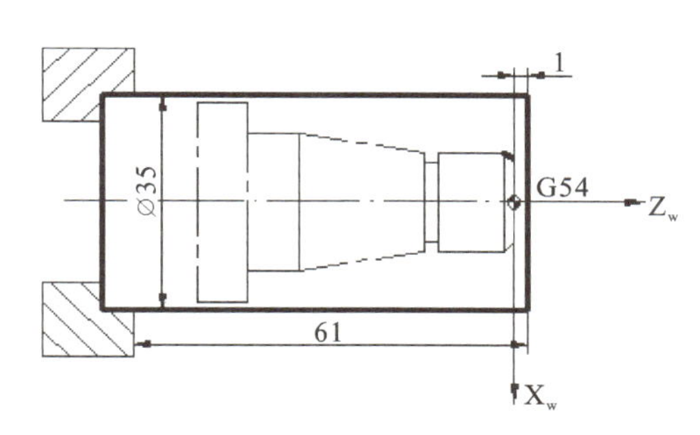

图 2.2 编程坐标系

2)走刀路线设计

首先确定换刀点,在确保换刀时刀具不与机床发生碰撞的情况下,选择换刀点为(100,100)。

(1)端面加工:选用端面切削循环指令 G94 编程,总切削余量为 1 mm,分粗、精加工两步切削,粗加工吃刀量 0.8 mm、精加工吃刀量 0.2 mm。循环切削起点坐标为(34,2),第一次端面切削循环终点坐标为(−1,−0.8),第二次端面切削循环终点坐标为(−1,0)。

(2)外圆加工:选用外圆切削循环指令 G90 编程 ,精加工采用 G00、G01 编程,分粗、精加工两步切削。粗加工又分两步完成,第一步加工出图 2.3 (a)所示阶梯轴,∅32.2 mm 外圆一刀切削完成,∅22.2 mm 外圆分三刀切削完成,每刀吃刀量约 3.3 mm,∅16.2 mm 外圆分三刀切削完成,每次吃刀量 3 mm。第二步加工出图 2.3 (b)所示圆锥面。精加工则沿外圆轮廓一次加工至尺寸要求,如图 2.3(c)所示。

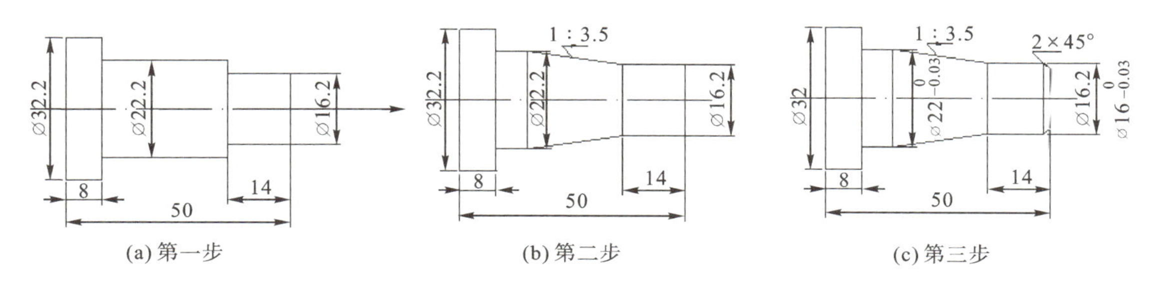

图 2.3 外圆的加工步骤

粗车圆锥面的切削起点定在(26,−13.8),根据 1∶3.5 的斜度,可计算出圆锥面长度为 21 mm。由于循环切削起点在锥面之外,因此,实际走刀切削的圆锥长为 21.2 mm。根据图 2.4

所示的尺寸关系，计算出指令 G90 中的参数 $R=-3.029$ mm（R 也可通过作图获得）。圆锥面加工分三刀切削完成，三刀斜线为平行线，吃刀量分别为 3 mm、2 mm、1 mm。

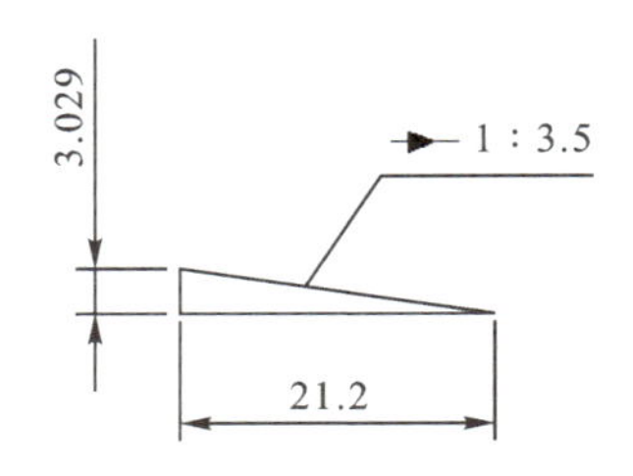

图 2.4　G90 参数 R 作图法计算

（3）切槽和切断加工。切槽和切断选用指令 G00、G01 编程。切断刀的刀位点是刀刃的左端点，刀宽 2 mm，为此，切槽和切断的切削起点分别为（20，－14）和（34，－52）。阶梯锥轴各工步走刀设计与吃刀量见表 2－4。

表 2－4　阶梯锥轴的各工步走刀设计与吃刀量

工步号	工步	加工内容	走刀设计	吃刀量
1	端面	粗车端面	—	0.8 mm
		精车端面	—	0.2 mm
2	粗车外圆	粗车阶梯轴	一次切至∅32.2 mm	—
			三次切至∅22.2 mm	每刀吃刀量约 3.2 mm
			两次切至∅16.2 mm	每刀吃刀量 3 mm
		粗车圆锥面	三次切出	每刀吃刀量 3 mm、2 mm、1 mm
3	切槽	—	两次切出	—
4	精车外圆面	全部车圆面	一次切出	吃刀量 0.2 mm

3）编程时的尺寸处理与换算

阶梯锥轴外圆尺寸∅22 mm（0，－0.03）和∅16 mm（0，－0.03）经换算后，对称公差尺寸分别为∅21.985±0.015 mm 和∅15.985±0.015 mm，其尺寸中值分别为∅21.985 mm 和∅15.985 mm。

4）编写数控加工程序

阶梯锥轴 N20 数车工序的程序见表 2－5。

表 2－5　阶梯锥轴的数控加工程序单

<table>
<tr><td rowspan="2">零件名称</td><td rowspan="2">阶梯锥轴</td><td rowspan="2" colspan="2">数控加工程序单</td><td>工序号</td><td>20</td><td colspan="2">共 1 页</td></tr>
<tr><td>工序名称</td><td>数车</td><td colspan="2">第 1 页</td></tr>
<tr><td colspan="2">程序号</td><td colspan="6">工序内容</td></tr>
<tr><td colspan="2">O2111</td><td colspan="6">粗、精车右端面外圆、槽和 C1.5 倒角至图纸要求，并切断</td></tr>
<tr><td colspan="4"></td><td colspan="4">①夹紧工件，伸出端 60 mm 左右。
②目测法找正</td></tr>
<tr><td>编制</td><td></td><td>日期</td><td></td><td>审核</td><td></td><td>日期</td><td></td></tr>
</table>

O2111;	
N10 G54 G00 X100 Z100;	选择工件坐标系 G54，回换刀点
N20 M03 S450 M08;	主轴起动，转速 450 r/min，开切削液
N30 T0101;	换端面车刀 ，粗、精车端面
N40 G00 X37 Z2 M08;	刀具快速到端面切削起点
N50 G94 X－1 Z0.2 F0.2;	车端面一次
N60 Z0;	车端面二次
N70 G00 X100 Z100;	回换刀点
N80 T0202;	换外圆车刀，粗车外圆
N90 S600;	调整主轴转速至 600 r/min
N100 G00 X37 Z2;	刀具快速到外圆切削起点
N110 G90 X32.2 Z－54 F0.3;	车∅32.2 mm 外圆
N120 X28.8 Z－42 F0.3;	车∅22.2 mm 外圆一次
N130 X25.5;	车∅22.2 mm 外圆二次
N140 X22.2;	车∅22.2 mm 外圆三次
N150 X19.2 Z－14 F0.3;	车∅16.2 mm 外圆一次
N160 X16.2;	车∅16.2 mm 外圆二次
N170 G00 X26 Z－13.8;	刀具快速至圆锥切削起点
N180 G90 X25.2 Z－35 R－3.029 F0.3;	车圆锥一次
N190 X23.2 R－3.029;	车圆锥二次

N200 X21.2 R-3.029;	车圆锥三次
N210 G00 X26;	退刀至 X26
N220 X100 Z100;	回换刀点
N230 S350;	调整主轴转速至 350 r/min
N240 T0303;	换切槽刀，车槽
N250 G00 X26 Z-14;	刀具快速至切槽起点
N260 G01 X13 F0.08;	工进切槽
N270 G00 X26;	退刀至 X26
N280 X100 Z100;	回换刀点
N290 T0202;	换外圆车刀，精车外圆
N300 S1200;	调整转速至 1200 r/min
N310 G00 G42 D02 X11.985 Z2;	快速到精车切削起点，引入刀尖半径右补偿
N320 G01 Z0 F0.1;	精车外轮廓
N330 X15.985 Z-2 F0.1;	倒角 C2
N340 Z-14;	车∅16 mm 外圆
N350 X21.985 Z-35;	车圆锥
N360 Z-42;	车∅22 mm 外圆
N370 X32;	退刀至 X32
N380 Z-54;	车∅32 mm 外圆
N390 G00 G40 X100 Z100;	回换刀点，取消刀尖半径补偿
N400 T0303;	换切断刀，切断
N410 M03 S350;	调整主轴转速至 350 r/min
N420 G00 Z-51.8;	刀具快速至切削起点
N430 G01 X-1 F0.05;	切断
N440 G00 X100 Z100;	回换刀点
N450 M05 M09;	主轴停、关切削液
N460 M30;	程序结束

3. 阶梯锥轴的数控加工

阶梯锥轴的数控车削加工步骤见表 2-6，同学们可扫码观看现场操作视频。

表 2-6 阶梯锥轴的数控加工步骤

序号	操作内容	视频资源
1	安装工件	—
2	安装刀具，对刀操作建立工件坐标系 G54，获取 T01、T03 刀具几何补偿值	切槽刀的对刀操作
3	程序录入与仿真加工	阶梯锥轴的数控仿真加工
4	自动运行程序，完成零件的加工与检验	阶梯锥轴的数控加工

T03 号切断刀（非标准刀）试切法对刀，获得刀具几何偏置补偿值的方法见表 2-7。

表 2-7 阶梯锥轴的对刀操作方法

内容	操作方法	图例
调整刀位、切换“刀具补正/形状”界面	①按下手动“换刀键”，换 3 号切断刀至加工刀位	—
	②按下 OFS/SET 键，按显示区下方“补正”软键，进入“刀具补正/磨耗”界面。在“刀具补正/磨耗”界面按下显示区下方功能软键“形状”，进入“刀具补正/形状”界面	
Z 轴对刀（获得 T02 号端面车刀的 Z 向几何偏置补偿值）	①启动主轴，手动或手轮移动刀架，使切断刀的左前刀尖（刀位点）刚好接触 T01 号外圆车刀试切零件产生的右端面，且产生少量飞屑，如右图所示。在保持刀具 Z 轴位置不动的情况下，使刀具沿径向方向退出工件端面，并停止主轴	毛坯 待加工零件 1 mm 5 mm ⌀35 G54 Z ⌀33.54 X 试切端面
	②在“刀具补正/形状”界面，将光标移到 03 刀具补偿号的 Z 轴补偿数值框，输入“Z1”，再按下显示区下方“测量”软键，在数值框中显示 T03 切断刀与 T01 号标准刀在 Z 方向的几何偏置补偿值	

续表

<table>
<tr><th>内容</th><th>操作方法</th><th>图例</th></tr>
<tr><td rowspan="2">X 轴对刀（获得 T02 号端面车刀的 X 向几何偏置补偿值）</td><td>①启动主轴，手动或手轮移动刀架，切断刀的横向切削刃刚好接触 T01 号外圆车刀试切产生的外圆柱面，且产生少量飞屑，如右图所示。在保持刀具 X 轴位置不动的情况下，使刀具沿 Z 轴的正方向退出，并停止主轴</td><td rowspan="2"> 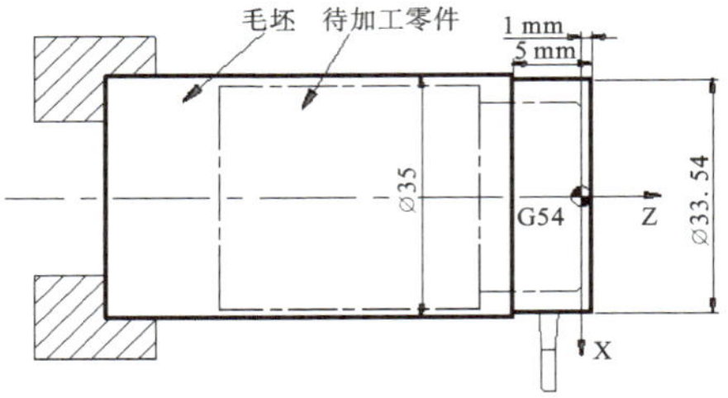试切外圆面</td></tr>
<tr><td>②在“刀具补正/形状”界面，将光标移到 03 刀具补偿号的 X 轴补偿数值框，输入“X33.54”，再按下显示区下方“测量”软键，在数值框中显示 T03 切断刀与 T01 号标准刀在 X 方向的几何偏置补偿值</td></tr>
<tr><td rowspan="2">对刀检验</td><td>①将刀架移至远离工件处。在 MDI 模式下，输入程序：
N10 T0303;
N20 G54 G00 G90 X38 Z1;
执行程序，观察切断刀的刀位点是否与毛坯端面对齐，且绝对坐标值是否为(38,1)，如右图(a)所示。若是，T03 切断刀的 Z 向几何偏置补偿值正确；若不符合以上结果，需重新对刀</td><td> 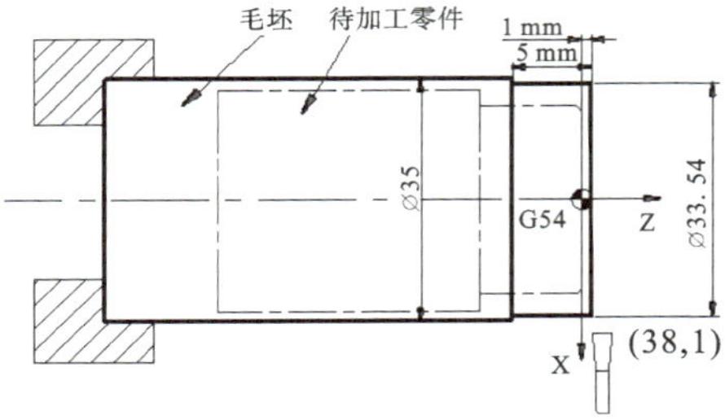(a) Z 轴对刀检验 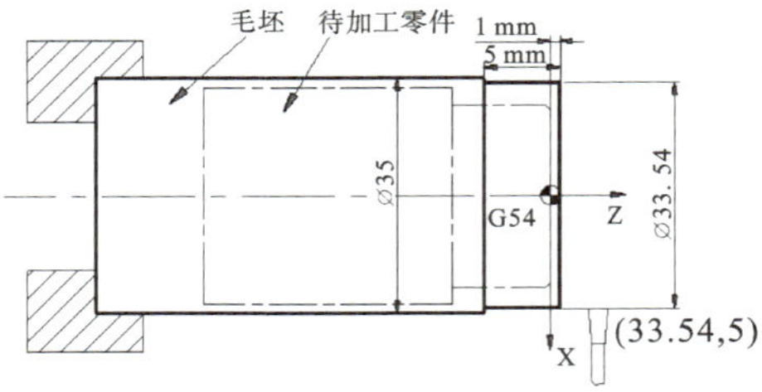</td></tr>
<tr><td>②在 MDI 模式下，输入程序：
N10 T0202;
N20 G54 G00 G90 X33.54 Z5;
执行程序，观察切断刀的刀位点是否与毛坯试切外圆面对齐，且绝对坐标值是否为(33.54,5)，如右图(b)所示。若是，T03 切断刀的 X 向几何偏置补偿值正确；若不符合以上结果，需重新对刀</td><td>(b) X 轴对刀检验</td></tr>
</table>

1. 数控车削工艺

1)数控车削工艺分析的内容

工艺制定得合理与否,对程序编制、加工效率和加工精度等都有重要影响。制订数控车削工艺应在遵循一般工艺原则的基础上,结合数控车床的特点,其内容较普通加工的工艺更详细。分析与编制数控车削工艺的内容如下:

(1)零件图纸的工艺分析,确定零件数控车削加工内容,以及数控车削加工设备。

(2)选择零件在数控车削加工设备上的安装与夹紧方法。

(3)制订零件的数控车削工序,确定工步内容及顺序。

(4)确定各加工内容所采用的数控车削刀具类型。

(5)确定各加工内容的切削用量,包括吃刀量、进给速度和主轴转速等。

(6)设计每个加工内容的走刀路线,包括对刀点、换刀点、切削起点和切削终点等。

2)零件图样分析

零件图样分析主要是了解零件的结构特征和精度要求,掌握零件加工的重点和难点,并分析解决方案,为制订合理加工工艺做好前期准备。不仅如此,零件图样分析还需要对零件图纸进行工艺审查,如发现图样上的视图、尺寸标注、技术要求有问题或零件的结构工艺性不好,应提出修改意见。

(1)零件的结构工艺性。零件的结构工艺性是指零件对数控车削加工方法的适应性。如图 2.5(a)所示零件,有两个宽度不一致的槽,若想程序简单,则需用两把不同宽度的切槽刀加工。在零件功能允许的条件下,改成图 2.5(b)所示结构,可减少刀具数量,节省换刀时间。

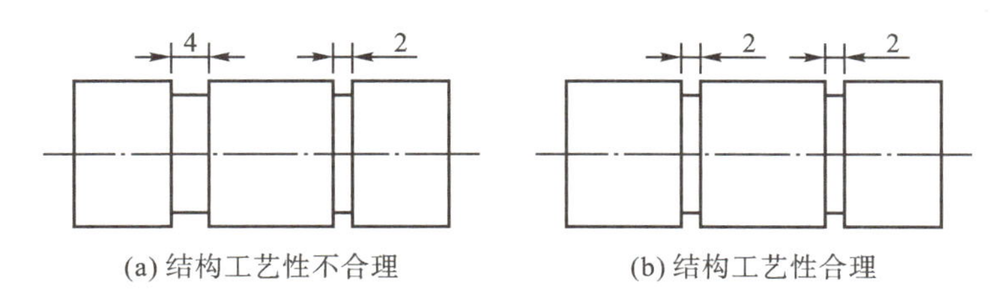

图 2.5 结构工艺性改进的示例

(2)零件尺寸的合理性。由于设计失误等各种原因,在图样上可能出现加工轮廓的数据不充分、尺寸模糊不清,以及尺寸封闭等缺陷,导致无法编写程序。如图 2.6(a)所示图样,两个圆的圆心位置无法确定,而且不同的理解将得到完全不同的结果。如图 2.6(b)所示图样,圆弧与斜线的关系要求相切,但经计算后为相交关系。如图 2.6(c)所示图样,各段长度之和不等于其总长尺寸,且构成了封闭尺寸链,同时,缺少倒角尺寸。如图 2.6(d)所示图样,圆柱体的各段尺寸构成了封闭尺寸链。因此,图 2.6 所示零件的轮廓设计均需要修改。

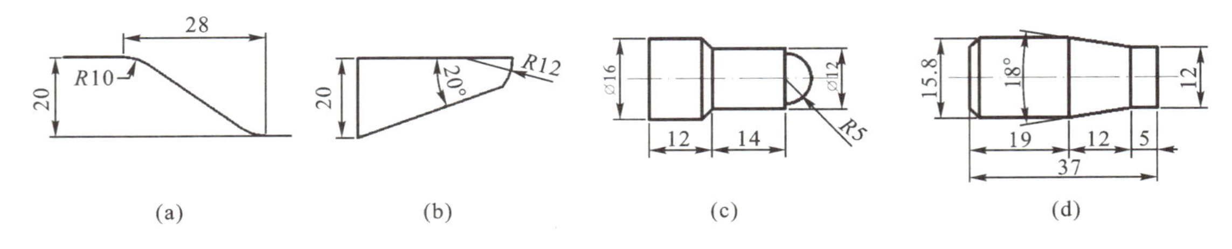

图 2.6 尺寸标注不合理的示例

(3)尺寸公差要求。在确定控制零件尺寸精度的加工工艺时,必须考虑零件图样上的公差要求。工艺方案中要重点保证尺寸精度要求高的尺寸与几何要素。对于有不对称公差的尺寸,通常还需要进行对称公差换算,计算出尺寸的中值。在精加工编程时,坐标值往往取尺寸的中值进行编程。

(4)表面粗糙度、形状和位置公差要求。图样上给定的形状和位置公差是确定定位基准和检测基准的重要依据,同样也是制定工序方案的重要依据,在零件图样分析时,要认真分析各几何要素的精度要求,制订能有效控制形状和位置精度的合理工艺,生产出合格的产品。

(5)加工数量。大批量生产和单件小批量生产在工艺方案的选择上有很大的差别。零件的加工数量对工件的装夹与定位、刀具的选择、工序的安排及走刀路线等有很大的影响。如面向批量生产,通常会制作专用的夹具、定制特制的刀具,以及专用量具。

3)划分工序和工步

加工工艺过程通常由许多道加工方法和内容不同的工序组成,而每一道工序又可分为若干个工步。数控车削零件的表面不外乎内外圆柱面、内外曲面、内外径向槽和端面槽、内外螺纹等,选择加工方法时要考虑零件的表面特征、尺寸精度和表面粗糙度要求。粗车面,尺寸精度可达 IT11～IT13 级,表面粗糙度 Ra 值可达 12.5～25 μm;半精车面,尺寸精度可达 IT8～IT10 级,表面粗糙度 Ra 值可达 3.2～6.3 μm;精车面,尺寸精度可达 IT7～IT8 级,表面粗糙度 Ra 值可达 0.8～1.6 μm。

加工工序的安排要考虑加工精度、加工效率、刀具数量和经济效益等。在对批量生产的零件划分加工工序时,首先要考虑普通机床和数控机床各自的优势。零件的粗加工,特别是铸、锻毛坯零件的基准平面、定位面等的加工,尽量在普通车床上完成,精加工选择在数控车床上完成。如果粗、精加工都在数控车床上完成,则要分多个粗、精加工工步,且尽量将粗、精加工分开,使零件粗加工后有一段自然时效过程,以消除残余应力和恢复切削力、夹紧力引起的弹性变形及切削热引起的热变形,必要时还可以安排人工时效处理,最后通过精加工消除各种变形。

在制订数控车削工序时,除遵循“基准先行”“先粗后精”“先主后次”“内外兼顾”“先近后远”等基本工艺原则外,还要考虑“路线短”“换刀少”等特有原则。

(1)基准先行。先将作为定位基准的点、线、面等几何要素加工出来的工艺原则，称为基准先行。如图 2.7 所示零件，右端面是长度尺寸的设计基准。零件加工的第一步是车右端面，然后再车外圆表面。

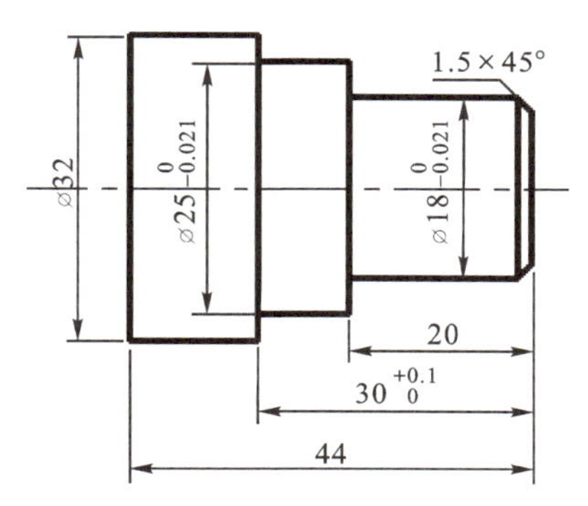

图 2.7 “基准先行”示例

(2)先粗后精。粗车考虑提高金属切除率，一般是在较短的时间内将工件表面上的大部分加工余量切掉，而精车则要满足余量均匀性要求，以保证加工质量。如图 2.8 所示两个零件，若毛坯为圆棒料，以点画线轮廓为粗车外形，若粗车后所留余量的均匀性仍无法满足精加工要求，则要安排半精加工，使得外形进一步逼近零件轮廓，且精加工余量均匀。精车则按图样尺寸，一刀加工出零件轮廓。

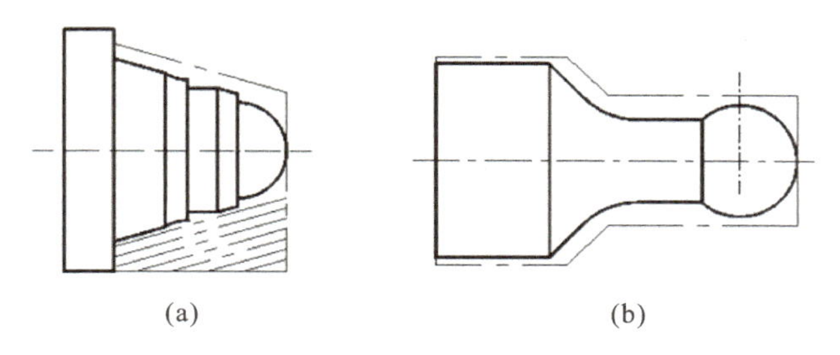

(a) (b)

图 2.8 “先粗后精”示例

(3)先近后远。远和近是按加工部位相对于换刀点的距离而言，一般情况下，离换刀点远的部位后加工，以便缩短刀具移动距离，减少空行程时间。对于车削而言，先近后远还有利于保持工件的刚性，改善切削条件。

演示文稿

车削加工切削用量表

(4)先主后次。主和次是针对零件几何要素的精度而言。为了保证重点高精度要求的几何要素质量，通常应先加工出精度要求高的几何要素，最后加工精度不高的几何要素。

4)切削用量

数控车削的切削用量包括切削速度、进给速度和吃刀量。切削用量的选择要综合考虑工件和刀具材料的性能、机床的刚性和加工能力、加工工序要求等因素，可由经验值得来，可参考刀具厂商的推荐值，也可参考车削加工切削用量表。

通常进给速度在粗加工时选取较大值，精加工时选取较小值。吃刀量在刚度允许的情况下，粗加工选取较大值，精加工选取较小值。主轴转速由切削速度 V_c 和工件直径计算得到，主轴转速 n 与切削速度 V_c 的关系为

$$n=\frac{V_c\times 1000}{\pi D}$$

式中：n ——主轴转速；

V_c——切削速度；

D ——车刀切削点到零件回转中心的直径距离。

2. 数控车削编程前的准备

1）确定编程坐标系

编程坐标系的坐标轴要与数控车床机床坐标系的坐标轴方向一致，编程坐标系原点则根据加工零件图样及加工工艺要求选定。如图 2.9(a)所示锥齿轮轴，编程坐标系原点确定在齿轮大锥的底表面，因为此面为 21、13 和 2.18 等齿轮长度尺寸的基准。如图 2.9(b)所示椭圆轴套，编程坐标系原点确定在椭圆外轮廓中心所在表面，更利于保证椭圆外轮廓的精度。

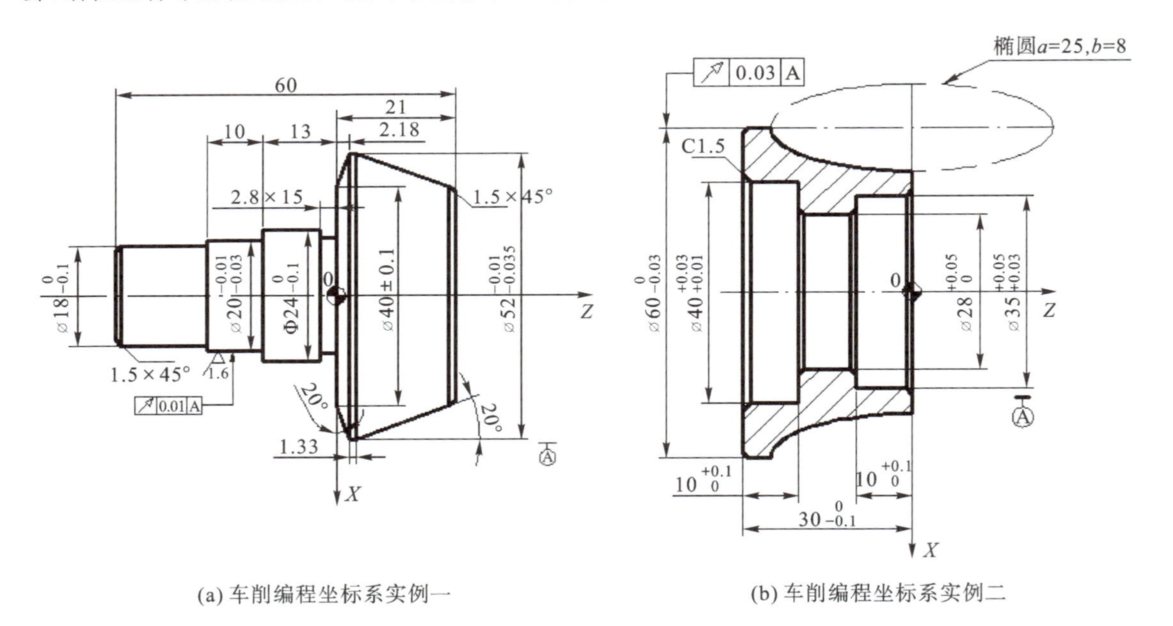

(a) 车削编程坐标系实例一　　(b) 车削编程坐标系实例二

图 2.9　车削编程坐标系选择实例

2）确定走刀路线

走刀路线是刀位点在加工过程中的运动轨迹，它包含刀具从换刀点开始直至整个加工结束经过的所有路径，如切削加工的路线、刀具切入切出的空行程等。由于精加工的走刀一般是沿

零件轮廓进行切削加工，因此，走刀路线设计主要是设计粗加工的路线。走刀路线与毛坯形状、零件结构，以及编程指令等有关。确定走刀路线时，要考虑以下几点要求。

①走刀路线应能保证零件的加工精度和表面质量。

②使数值计算简单，减少编程量。

③使加工路线最短，减少空刀时间。

④使加工后工件变形最小，例如，对细长零件加工时，应分几次走刀加工到尺寸。

⑤走刀次数要根据工件、机床和刀具等组成的工艺系统刚度来确定。

⑥在加工过程中刀具不要在工件表面停顿，避免因弹性变形而留下刀痕。

⑦尽量避免刀具在轮廓的法向方向切入切出，以保证表面加工质量。在实际加工时，刀具应从轮廓的延长线上切入切出，或从轮廓的交点处切入切出。

下面是本任务中涉及的几种外形加工的走刀路线设计。

(1)粗车外轮廓走刀路线。

①粗车外圆面走刀路线。相同的外圆面的车削可以设计不同的走刀路线，如图 2.10 所示。图 2.10(a)采用先大圆面，再小圆面的走刀；图 2.10(b)采用先小圆面，再大圆面的走刀。两者相比较，图 2.10(a)所示的走刀路径在同等切削条件下的切削时间更短，切削效率更高。

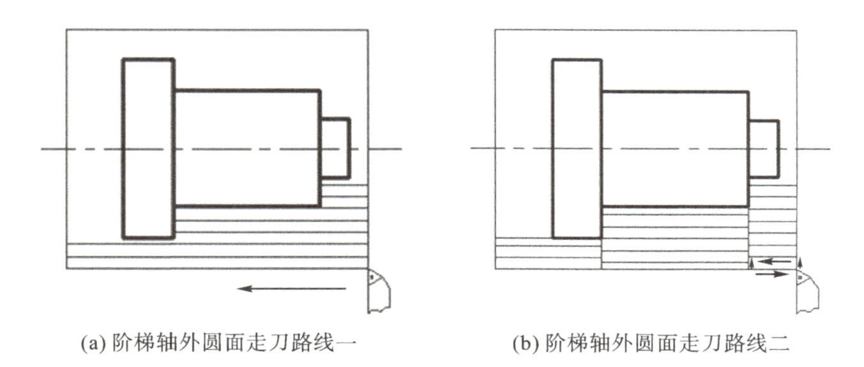

(a) 阶梯轴外圆面走刀路线一　　(b) 阶梯轴外圆面走刀路线二

图 2.10　粗车阶梯轴外圆面走刀路线案例

②粗车外圆锥面走刀路线。粗车外圆锥面有三种常见走刀路线，如图 2.11 所示。图 2.11(a)采用与零件轮廓平行的渐进路线，切削层厚度均匀，切削平稳性较好，效率较高。此路线在确定每次走刀的终点坐标值时，需要计算距离 S，计算方式如下：

$$\frac{D-d}{2L}=\frac{a_p}{S}$$

式中：D ——圆锥的大径；

d ——圆锥的小径；

L ——圆锥的锥长；

a_p ——吃刀量。

图 2.11(b)保证每次走刀的终点 Z 坐标值不变，切削起点的 X 坐标只在直径方向减小一个吃刀量，其切削起点与终点的 X 坐标差值变化相同，切削层厚度均匀，切削平稳性较好，不过有空行程，效率较低。

图 2.11(c) 是保证每次走刀的终点 X 和 Z 坐标值不变，切削层厚度不均匀，切削平稳性较差。

三种路线比较，图 2.11(a)走刀路线切削层厚度均匀，但计算麻烦。如果是粗加工，又是人工编程，则采用图 2.11(b)的走刀路线更为简单。

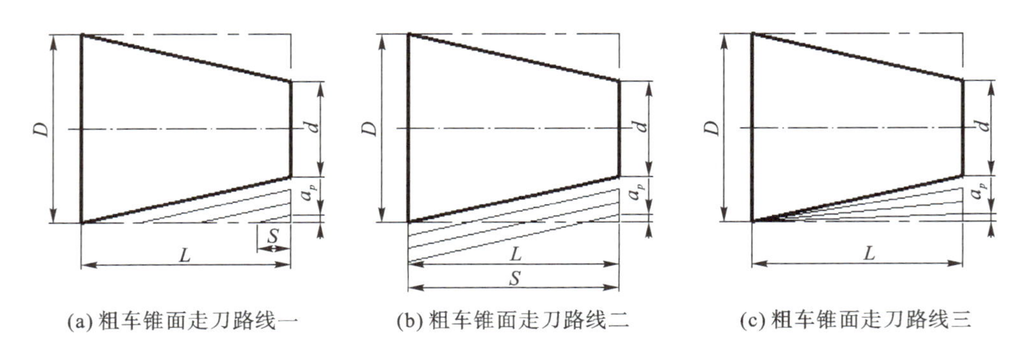

(a) 粗车锥面走刀路线一　(b) 粗车锥面走刀路线二　(c) 粗车锥面走刀路线三

图 2.11　粗车外圆锥面走刀路线案例

③粗车复杂外轮廓走刀路线。零件外轮廓包括圆柱面、圆弧面和圆锥面时，粗车走刀路线如图 2.12 所示。其中图 2.12(a)采用与零件轮廓平行的渐进路线，图 2.12(b)采用三角形循环(车锥法)的走刀路线，图 2.12(c)采用矩形循环走刀路线。三者相比较，图 2.12(b)的矩形循环走刀路线总长最短，刀具损耗最少。如果是人工编程，图 2.12(c)路线坐标点的计算最简单。

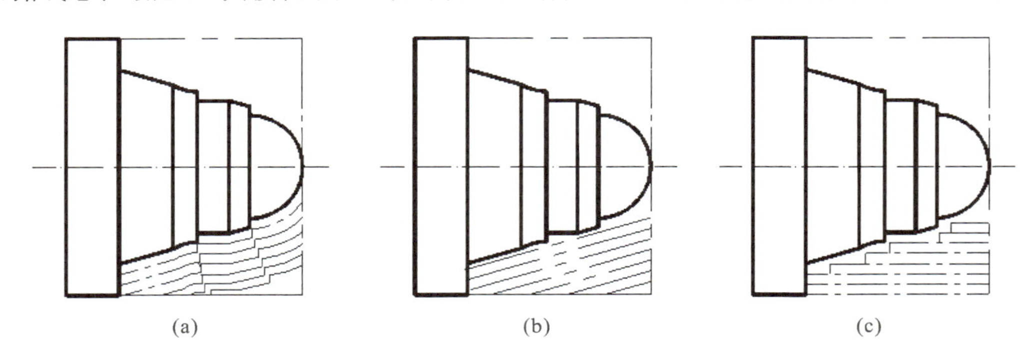

(a)　(b)　(c)

图 2.12　复杂外轮廓粗加工走刀路线

(2)车端面走刀路线。车端面的走刀路线是刀具从换刀点快速至切削起点，先沿 Z 方向进刀，随后沿 X 方向切削，再沿 X 方向退回至切削起点或换刀点，如图 2.13 所示。为保证端面切削不留小圆锥台，端面径向切削终点坐标一般取 $X=-1$。

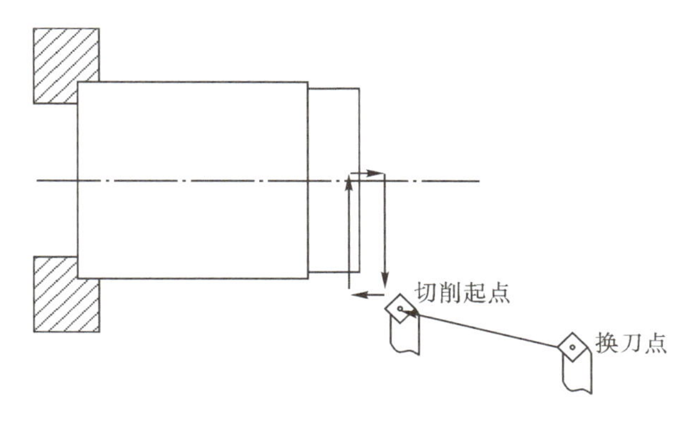

图 2.13　车端面走刀路线

(3)切径向槽走刀路线。切径向槽的走刀路线与径向槽的宽度、深度和精度要求有关。

宽度、深度值相对不大，且精度要求不高的槽，可采用与槽等宽的刀具，直接切入切出，一次成形的方法加工，如图 2.14(a)所示。刀具切入到槽底后，可利用延时指令使刀具短暂停留，以修整槽底圆度，退出过程中可采用工进速度。

宽度值不大，但深度值较大的深槽，为了避免切槽过程中由于排屑不畅，使刀具前部压力过大，出现扎刀和折刀的现象，应采用分次进刀的方式，如图 2.14(b)所示。刀具在切入工件一定深度后，停止进刀并退回一段距离，达到排屑和断屑的目的。

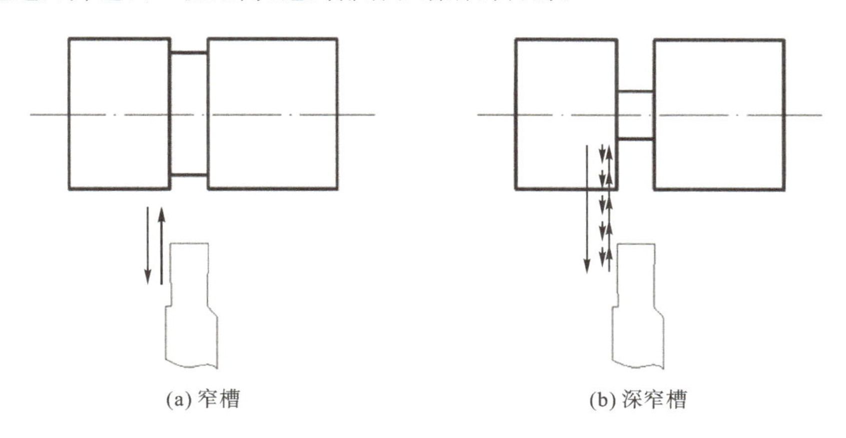

图 2.14　切窄、深径向槽走刀路线

(4)切断走刀路线。切断的走刀路线是刀具从换刀点快速移动至切削起点，随后沿 X 轴负方向慢慢切削至终点，终点坐标一般取 $X=-1$，刀具快速退回换刀点，如图 2.15 所示。

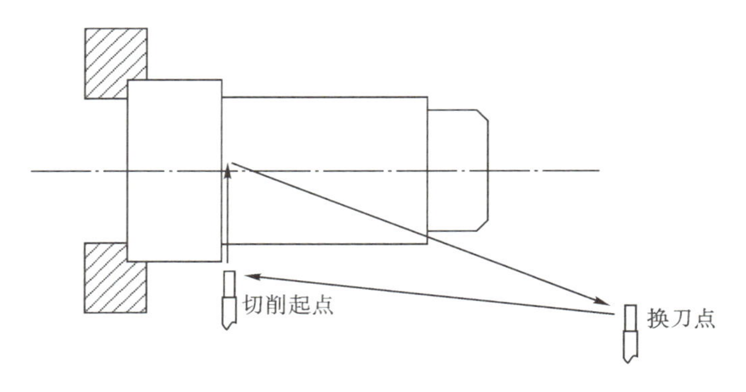

图 2.15 切断走刀路线

3. 新指令

下面介绍本任务编程中要应用到的新指令。

1)暂停指令 G04

暂停指令 G04 用于控制刀具作短暂的停顿,暂停时间由 P 地址指定,此时主轴可转动,以获得平整而光滑的表面。刀具经过指定的暂停时间后,将继续执行下一行程序段。G04 指令为非模态指令。

指令格式:G04 P×××;

P×××——暂停时间,单位:ms。

2)端面切削固定循环指令 G94

为了简化编程,数控系统开发有循环指令来实现由多条切削路径组成的复杂切削。循环指令有单一固定循环指令和多重循环指令两种。循环指令的特性是只需要提供与走刀路线、切削用量等相关的数据,数控系统根据常量和变量,自动计算每次切削的具体细节,并控制刀具实现加工所需的运动。

端面切削固定循环指令 G94 又称横向切削循环指令,属于单一固定循环指令,以横向切削加工为主,其功能和格式见表 2-8。

表 2-8 端面切削固定循环指令 G94

指令格式	G94 X(U)× Z(W)× R× F×;	
参数说明	X、Z	绝对编程时,为切削终点 C 在工件坐标系上的坐标值
	U、W	增量编程时,为切削终点 C 相对于循环起点 A 的有向距离
	R	端面切削起点 A 相对于终点 C 在 Z 方向的增量值,圆锥左大右小,R 后取正值,反之取负值,如图例(a)所示。当 R 后值为 0 或省略不写时,表示切削直台阶面,如图例(b)所示
	F	切削加工段的进给速度

续表

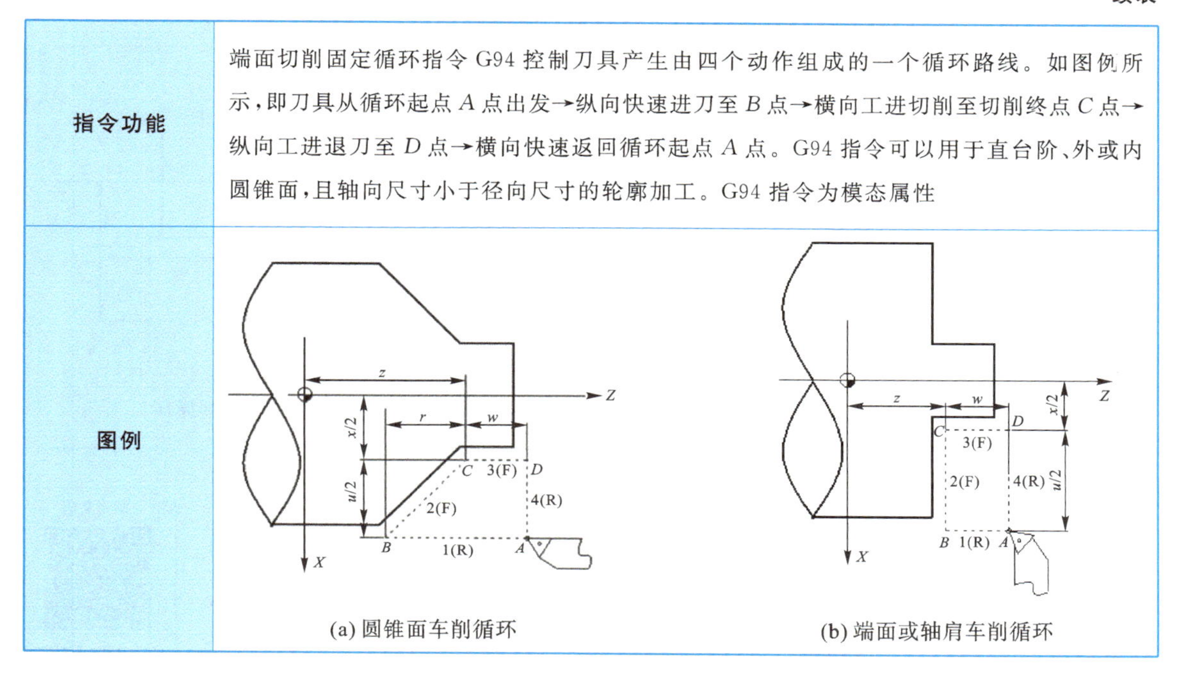

指令功能	端面切削固定循环指令 G94 控制刀具产生由四个动作组成的一个循环路线。如图例所示，即刀具从循环起点 *A* 点出发→纵向快速进刀至 *B* 点→横向工进切削至切削终点 *C* 点→纵向工进退刀至 *D* 点→横向快速返回循环起点 *A* 点。G94 指令可以用于直台阶、外或内圆锥面，且轴向尺寸小于径向尺寸的轮廓加工。G94 指令为模态属性
图例	(a) 圆锥面车削循环　　(b) 端面或轴肩车削循环

3)外(内)圆面车削循环指令 G90

外(内)圆面车削循环指令 G90 又称为纵向切削循环指令，属于单一固定循环指令，以纵向切削加工为主，其功能和格式见表 2－9。

表 2－9　外(内)圆面车削固定循环指令 G90

指令格式	G90 X(U)× Z(W)× R × F×；	
参数说明	X、Z	绝对编程时，为切削终点 *C* 在工件坐标系上的坐标值
	U、W	增量编程时，为切削终点 *C* 相对于循环起点 *A* 的有向距离
	R	外圆切削起点 *B* 相对于终点 *C* 的半径差值。圆锥切削起点直径减去圆锥切削终点直径小于零，则值为负，称为正锥。反之值为正，称为负锥，如图例(a)所示。当值为 0(省略不写)时，即直圆柱面，如图例(b)所示
	F	切削加工段的进给速度
指令功能	外(内)圆面车削固定循环指令 G90 控制刀具产生由四个动作组成的一个循环路线。如图例所示，即刀具从循环起点 *A* 点出发→横向快速进刀至 *B* 点→纵向工进切削至切削终点 *C* 点→横向工进退刀至 *D* 点→纵向快速返回循环起点 *A* 点。G90 指令为模态属性	

续表

图例	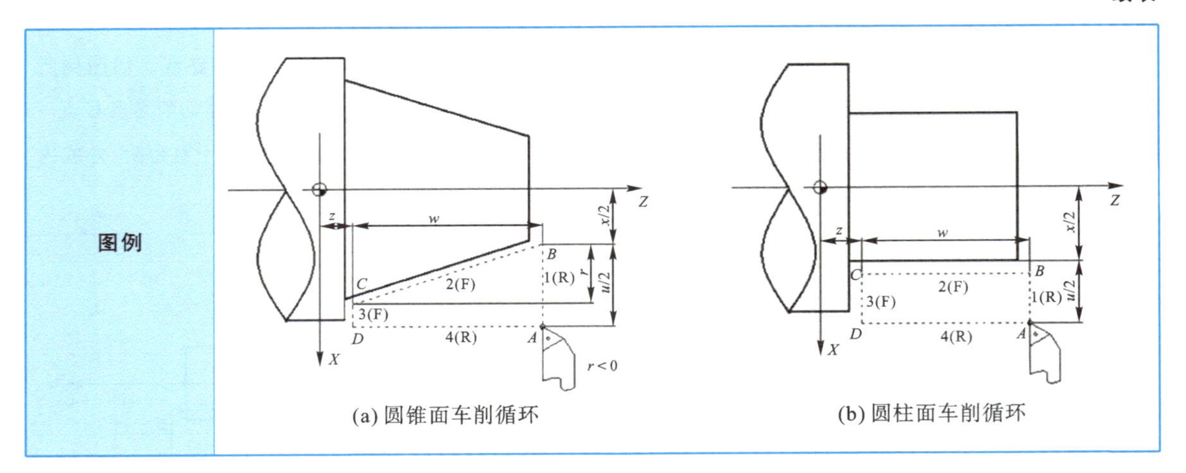 (a) 圆锥面车削循环　　(b) 圆柱面车削循环

4）刀尖圆弧半径补偿指令 G40、G41、G42

前面介绍了数控车床的刀尖圆弧半径补偿功能，与之配合使用的指令是刀尖圆弧半径补偿指令 G40、G41、G42。数控车削的刀尖半径补偿有左补偿和右补偿两种，其功能和格式见表 2－10。

表 2－10　刀尖圆弧半径补偿指令 G40、G41、G42

指令格式	G00(G01)　G40 X(U)× Z(W)× F ×； G00(G01)　G41 X(U)× Z(W)× F ×； G00(G01)　G42 X(U)× Z(W)× F ×；	
参数说明	G40	取消刀尖半径补偿指令
	G41	刀尖半径左补偿指令
	G42	刀尖半径右补偿指令
指令功能	刀尖圆弧半径补偿指令 G40、G41、G42 和 T 代码配合使用，指定刀具沿编程轮廓向左或向右偏移一个刀尖圆弧半径值运动	
左、右补偿的定义	假设工件静止，从垂直于刀具运动平面的第三轴的正方向向负方向看去，沿刀具前进方向，若刀具向零件轮廓左侧偏移一个刀尖圆弧半径运动，称为刀尖半径左补偿，向零件轮廓右侧偏移一个刀尖圆弧半径运动，称为刀尖半径右补偿，如下图所示：	

续表

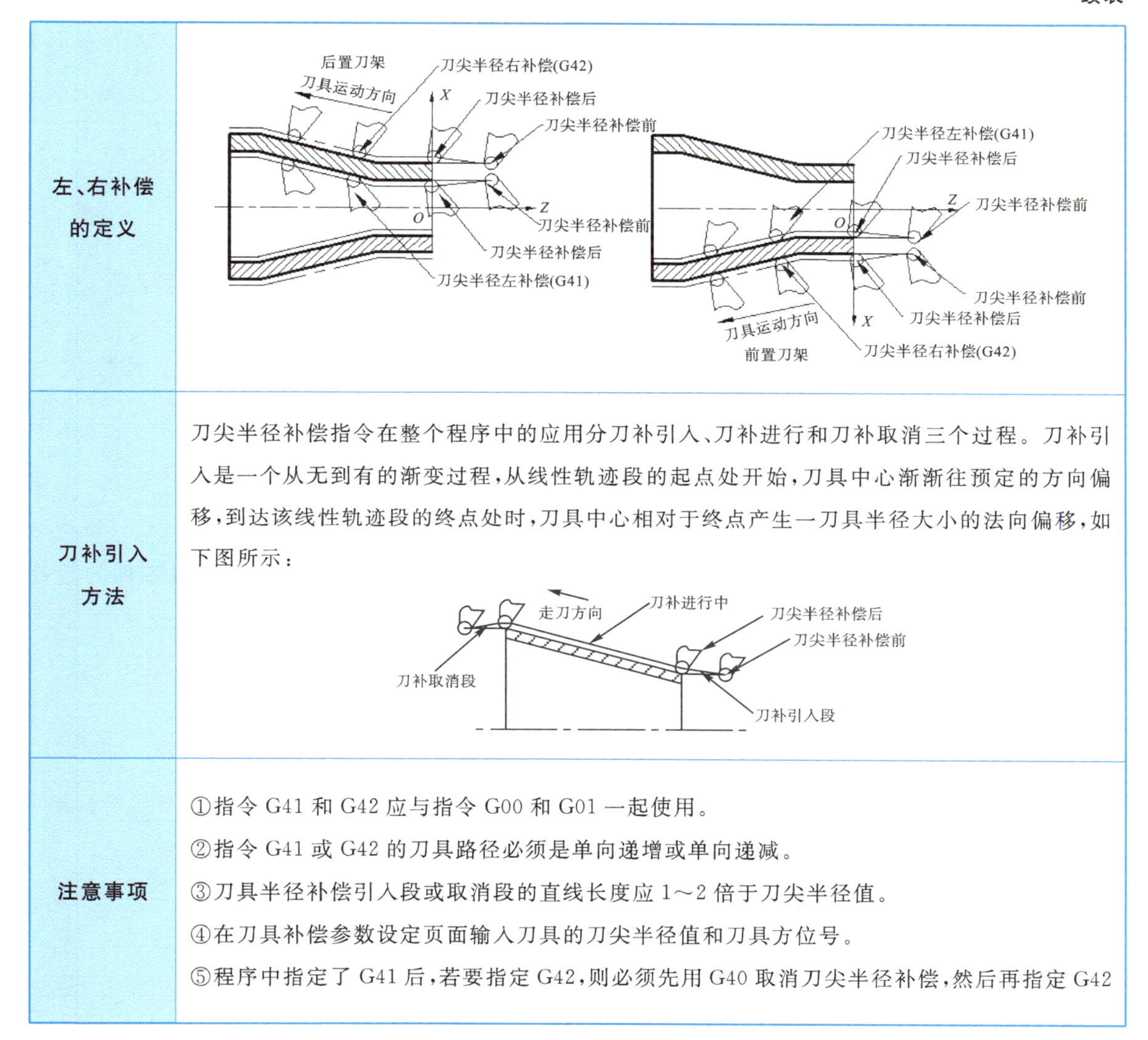

左、右补偿的定义	（图）
刀补引入方法	刀尖半径补偿指令在整个程序中的应用分刀补引入、刀补进行和刀补取消三个过程。刀补引入是一个从无到有的渐变过程，从线性轨迹段的起点处开始，刀具中心渐渐往预定的方向偏移，到达该线性轨迹段的终点处时，刀具中心相对于终点产生一刀具半径大小的法向偏移，如下图所示：
注意事项	①指令 G41 和 G42 应与指令 G00 和 G01 一起使用。 ②指令 G41 或 G42 的刀具路径必须是单向递增或单向递减。 ③刀具半径补偿引入段或取消段的直线长度应 1～2 倍于刀尖半径值。 ④在刀具补偿参数设定页面输入刀具的刀尖半径值和刀具方位号。 ⑤程序中指定了 G41 后，若要指定 G42，则必须先用 G40 取消刀尖半径补偿，然后再指定 G42

5）车刀方位及方位号

由于车刀有左右偏刀之分，刀架有前后置刀架之分，使得车刀的方位不相同时，其刀尖半径补偿值的正负不同。数控车床上，刀具位置与坐标系原点的位置关系可分为 9 种，如图 2.16 所示，每个位置规定一个方位号。在使用了 G40、G41 和 G42 功能时，必须在机床“刀补表”的“刀尖方位”栏中输入相应刀具的方位号。

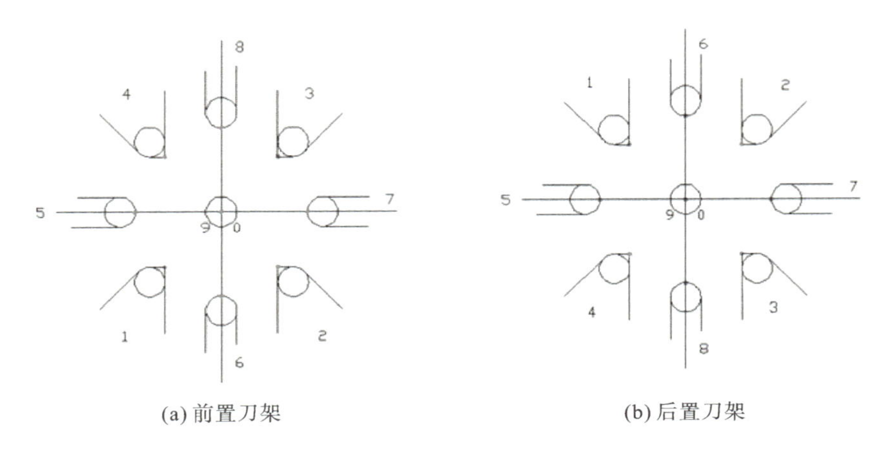

图 2.16　车刀方位及方位号

拓展练习

分析图 2.17 所示阶梯轴的加工工艺，选用合适的指令编写加工程序，并完成零件的数控加工。

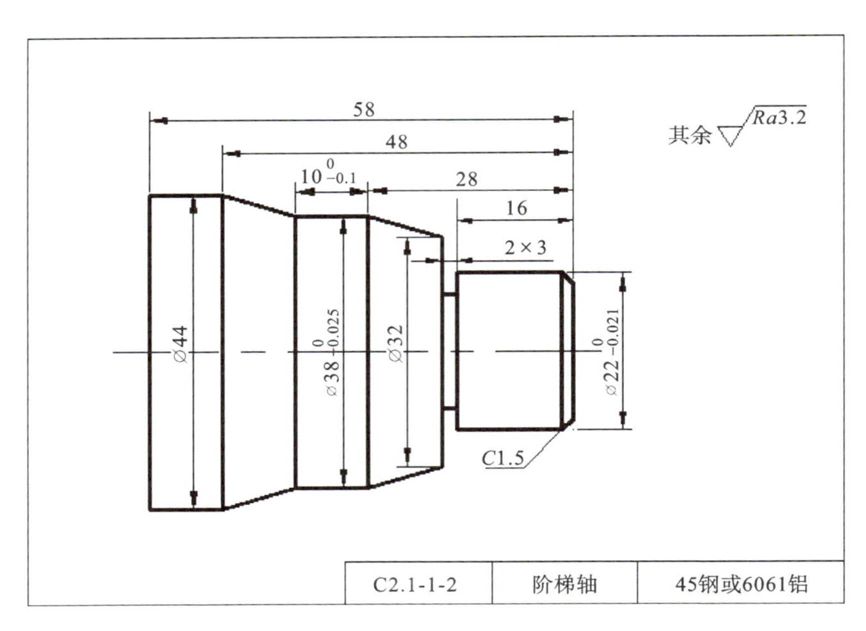

图 2.17　阶梯轴零件图

知识巩固

【单选】(1)在断点重新执行时，必须有______指令，否则车床易出现安全事故。(　　)

A. M05　　B. G00　　C. G01　　D. M03 或 M04

【多选】(2)属于单一循环指令的是______。(　　)

A. G94　　B. G01　　C. G03　　D. G91

【单选】(3)执行循环程序：N20 G0 X30 Z2;

N30 G90 X30.2 Z－20 F0.2;

其加工内容是______。(　　)

A. 车外圆，X 方向吃刀量 0.2　　B. 车内孔，X 方向吃刀量 0.2

C. 程序有错　　D. 车外圆，X 方向吃刀量不确定

【单选】(4)后置刀架车床车外圆表面时，刀尖补偿的刀尖方位号是______。(　　)

A. 2　　B. 3　　C. 4　　D. 5

【单选】(5)执行循环程序：N20 G90 G94 X－1 Z0.2 F0.2;

N30 Z0;

其加工内容是______。(　　)

A. 车端面，Z 轴方向的切削余量为 0.2　　B. 车端面，Z 轴方向的切削余量为－1

C. 车外圆面，X 轴方向的切削余量为－1　　D. 车外圆面，X 轴方向的切削余量为 0.2

【单选】(6)数控车削加工倒角、锥面或圆弧时，实际切削点与______之间的位置有偏差，将造成过切和欠切现象。(　　)

A. 换刀点　　B. 理论切削点　　C. 刀位点　　D. 参考点

【单选】(7)车削锥度和圆弧时，如果刀具半径补偿存储器中 R 输入正确值，而刀方位号 T 未输入正确值，则影响______精度。(　　)

A. 尺寸　　B. 位置　　C. 表面　　D. 以上都不对

【单选】(8)刀具半径补偿的引入应在______。(　　)

A. 轮廓加工之后　　B. 轮廓加工之前　　C. 轮廓加工之中　　D. 无要求

【单选】(9)车削圆锥体时，若刀尖高于工件回转轴线，加工后锥体表面母线将是______。(　　)

A. 直线　　B. 曲线　　C. 圆弧　　D. 折线

【单选】(10)刀具补偿值存在于下面的______界面中。(　　)

A. PROG　　B. OFFSET/SETTING　　C. POS　　D. HANDLE

任务2 螺纹轴的数控车削与编程

任务描述

分析图2.18中螺纹轴零件的加工工艺，选用外圆车削复合循环指令G71、G70和螺纹车削循环指令G92，编写螺纹轴的数控加工程序，并在数控车床上完成零件加工。毛坯为∅55 mm×60 mm的45钢或6061铝棒料。

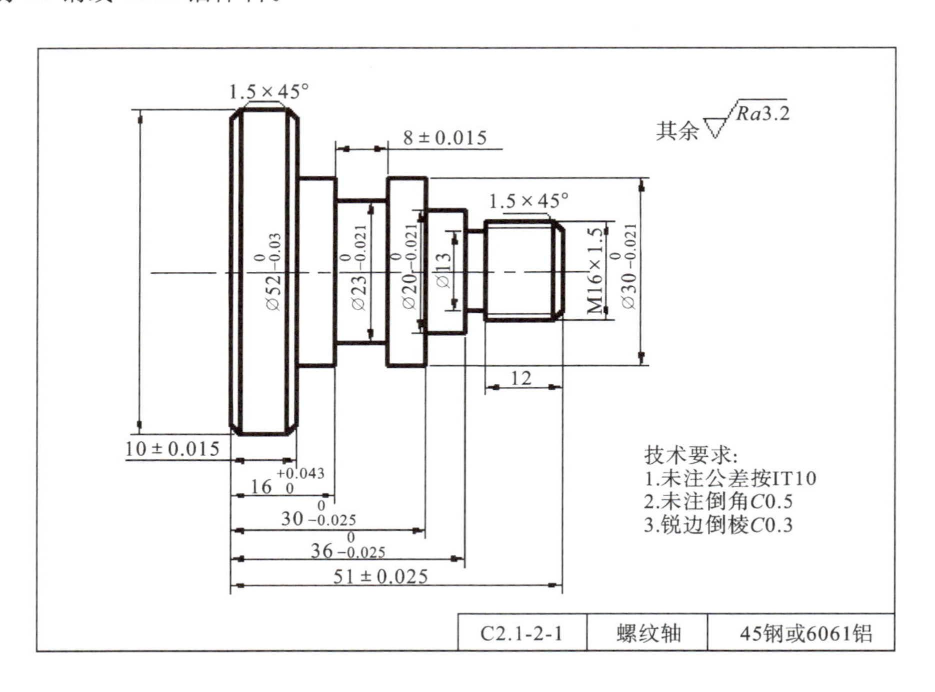

图2.18 螺纹轴零件图

职业能力目标

(1)能描述螺纹循环指令G32、G92和G76，以及纵向车削循环指令G71、G70的功能与格式。

(2)能编制螺纹轴类的数控加工工艺卡，选用G32、G92或G76，以及G71和G70编制螺纹轴的数控加工程序。

(3)能独立操作数控车床，完成螺纹轴类零件的首件加工与检测。

(4)能自主学习、善于思考、细致工作、精益求精。

任务分析

1. 螺纹轴的加工工艺分析

1)零件图分析

螺纹轴为典型的回转体零件,由外圆面、外螺纹和槽等几何要素组成。零件尺寸精度等级为 IT7～IT8,表面粗糙度为 $Ra3.2\ \mu m$。需要特别注意的是零件长度尺寸精度要求较高。

2)编制加工工艺

(1)确定加工方案。根据螺纹轴的结构特点,可拟定以下两种加工方案。

方案一:分两道工序完成加工。工序一,夹左端,粗、精车右端所有外形,并切断;工序二,调头夹右端,左端面倒角。

方案二:分两道工序完成加工。工序一,夹左端,粗、精车右端部分外形,并切断;工序二,调头夹右端,车左端面和∅52(0,−0.03) mm 外圆。

两个方案相比较,方案一的加工效度高,但切断刀很难保证零件总长尺寸(51±0.025)mm 和大端长度尺寸(10±0.015)mm 的精度,同时,毛坯的长度只比零件的长度多 9 mm,装夹的稳定性不够。方案二在保证调头装夹精度的前提下,可以有效避免方案一的两个不足。综合分析,选择方案二为螺纹轴的数控车削加工方案。

(2)确定数控车削的装夹方案。

工序一,三爪卡盘夹持毛坯左端外圆。

工序二,大端长度(10±0.015)mm 的精度要求较高,为达到要求,有两个装夹方案。方案一:选用普通三爪卡盘装夹,打表找正,适用于单件小批生产;方案二:定制一副软爪,选用软爪装夹,软爪需精镗一个∅30(0,−0.021) mm 的内孔、精车台阶面和倒角,并作精度检查,此方案适用于大批量生产。本次螺纹芯轴数量为 1 件,因此,选择方案一为螺纹轴数车加工的装夹方案。

演示文稿

软爪及制作

(3)确定工序及内容,编制机械加工工艺过程卡。

根据先基准、先粗后精、先远后近等工艺原则,确定加工方案二的工序及内容(见表 2-11)。

(4)确定数控车削刀具,编写刀具卡。螺纹轴数控车削选择可转位硬质合金机夹车刀,刀具规格(见表 2-12)。

表 2-11　机械加工工艺过程卡

<table>
<tr><td rowspan="2">零件名称</td><td rowspan="2">螺纹轴</td><td colspan="3" rowspan="2">机械加工工艺过程卡</td><td>毛坯种类</td><td>棒料</td><td>共 1 页</td></tr>
<tr><td>材料</td><td>45 钢</td><td>第 1 页</td></tr>
<tr><td>工序号</td><td>工序名称</td><td colspan="4">工序内容</td><td>设备</td><td>工艺装备</td></tr>
<tr><td>10</td><td>备料</td><td colspan="4">备料∅55 mm×60 mm，材料 45 钢棒料</td><td></td><td></td></tr>
<tr><td>20</td><td>数车</td><td colspan="4">车右端面，不留黑皮；粗、精车右端∅30(0，−0.021)mm、∅20(0，−0.021)mm 外圆；车 3 mm ×2 mm 退刀槽；车宽 8±0.015 mm 功能槽；粗、精车 M16×1.5 外螺纹，车 C1.5 倒角，至图纸要求</td><td>CAK6140</td><td>三爪卡盘</td></tr>
<tr><td>30</td><td>数车</td><td colspan="4">调头装夹，车左端面，控制总长 51±0.025 mm 和长度 10±0.015 mm 两个尺寸；粗、精∅52 (0，−0.03) mm 外圆</td><td>CAK6140</td><td>三爪卡盘＋软爪</td></tr>
<tr><td>40</td><td>钳</td><td colspan="4">锐边倒棱，去毛刺</td><td>钳工台</td><td>台虎钳</td></tr>
<tr><td>50</td><td>清洗</td><td colspan="4">用清洗剂清洗零件</td><td>—</td><td>—</td></tr>
<tr><td>60</td><td>检验</td><td colspan="4">按图样尺寸检测</td><td>—</td><td>—</td></tr>
<tr><td>编制</td><td></td><td>日期</td><td></td><td>审核</td><td></td><td>日期</td><td></td></tr>
</table>

表 2-12　数控加工刀具卡

<table>
<tr><td colspan="2">零件名称</td><td colspan="2">螺纹轴</td><td colspan="3" rowspan="2">数控加工刀具卡</td><td>工序号</td><td>20、30</td></tr>
<tr><td colspan="2">工序名称</td><td colspan="2">数控车削</td><td>设备型号</td><td>CAK6140</td></tr>
<tr><td rowspan="2">序号</td><td rowspan="2">刀具号</td><td rowspan="2">刀具名称</td><td rowspan="2">刀柄型号</td><td colspan="3">刀具</td><td rowspan="2">补偿量/mm</td><td rowspan="2">备注</td></tr>
<tr><td>直径/mm</td><td>刀长/mm</td><td>刀尖半径/mm</td></tr>
<tr><td>1</td><td>T0101</td><td>端面车刀</td><td>25 mm×25 mm</td><td>—</td><td>—</td><td>0.8</td><td>—</td><td>S 刀片，Kr45°</td></tr>
<tr><td>2</td><td>T0202</td><td>外圆刀</td><td>25 mm×25 mm</td><td>—</td><td>—</td><td>0.8</td><td>—</td><td>T 刀片，Kr 93°</td></tr>
<tr><td>3</td><td>T0303</td><td>切断、切槽</td><td>宽 3 mm 切断刀</td><td>—</td><td>—</td><td>0.4</td><td>—</td><td>—</td></tr>
<tr><td>4</td><td>T0404</td><td>外螺纹刀</td><td>25 mm×25 mm</td><td>—</td><td>—</td><td>—</td><td>—</td><td>刀尖角 60°</td></tr>
<tr><td>编制</td><td></td><td>审核</td><td></td><td>批准</td><td colspan="2"></td><td>共 1 页</td><td>第 1 页</td></tr>
</table>

(5)编制数控加工工序卡。综合分析,制定螺纹轴数控加工工序(见表 2-13 和表 2-14)。

表 2-13 数控加工工序卡(1)

零件名称	螺纹轴	数控加工工序卡	工序号	20	工序名称	数车	共 2 张
			毛坯尺寸	∅55 mm×60 mm	材料牌号	45#钢	第 1 张

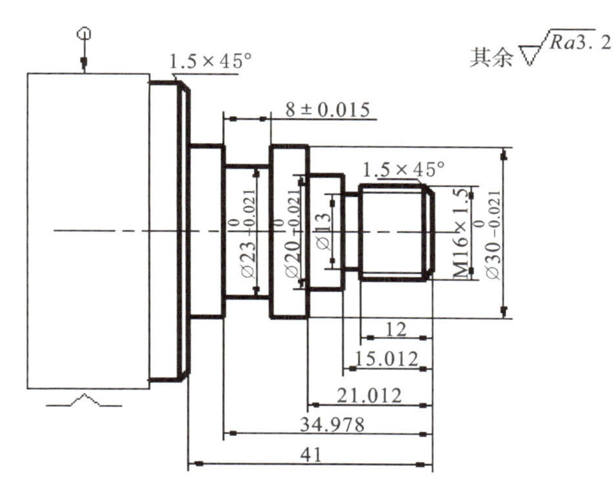

序号	工序内容	刀具号	刀具补偿号	刀具半径补偿号	主轴转速/(r/min)	切削速度/(mm/r)	吃刀深度/mm	量具
1	夹紧工件右端,伸出端 50 mm 左右	—	—	—	—	—	—	钢尺
2	粗、精车右端面,不留黑皮	T0101	01	01	450	0.2	粗 0.8 精 0.2	游标卡尺
3	粗车右端 ∅30(0,−0.021)mm、∅20(0,−0.021)mm 外圆,保留 0.2 mm 余量	T0202	02	02	600	0.3	2	游标卡尺
4	车 3 mm×2 mm 退刀槽,车宽(8±0.015)mm 功能槽,至图纸要求	T0303	03	03	粗 350 精 450	粗 0.12 精 0.08	精 0.2	游标卡尺

续表

序号	工序内容	刀具号	刀具补偿号	刀具半径补偿号	主轴转速/(r/min)	切削速度/(mm/r)	吃刀深度/mm	量具
5	精车右端∅30(0,−0.021)mm、∅20(0,−0.021)mm和螺纹大径∅15.85mm外圆,至图纸要求	T0202	02	02	1200	0.1	0.2	游标卡尺
6	车螺纹M16×1.5 mm至图纸要求	T0404	04	04	200	1.5	—	螺纹规
编制	日期		审核		日期			

表2-14 数控加工工序卡(2)

零件名称	螺纹轴	数控加工工序卡	工序号	20	工序名称	数车	共2张	
			毛坯尺寸	∅55 mm×60 mm	材料牌号	45钢	第2张	

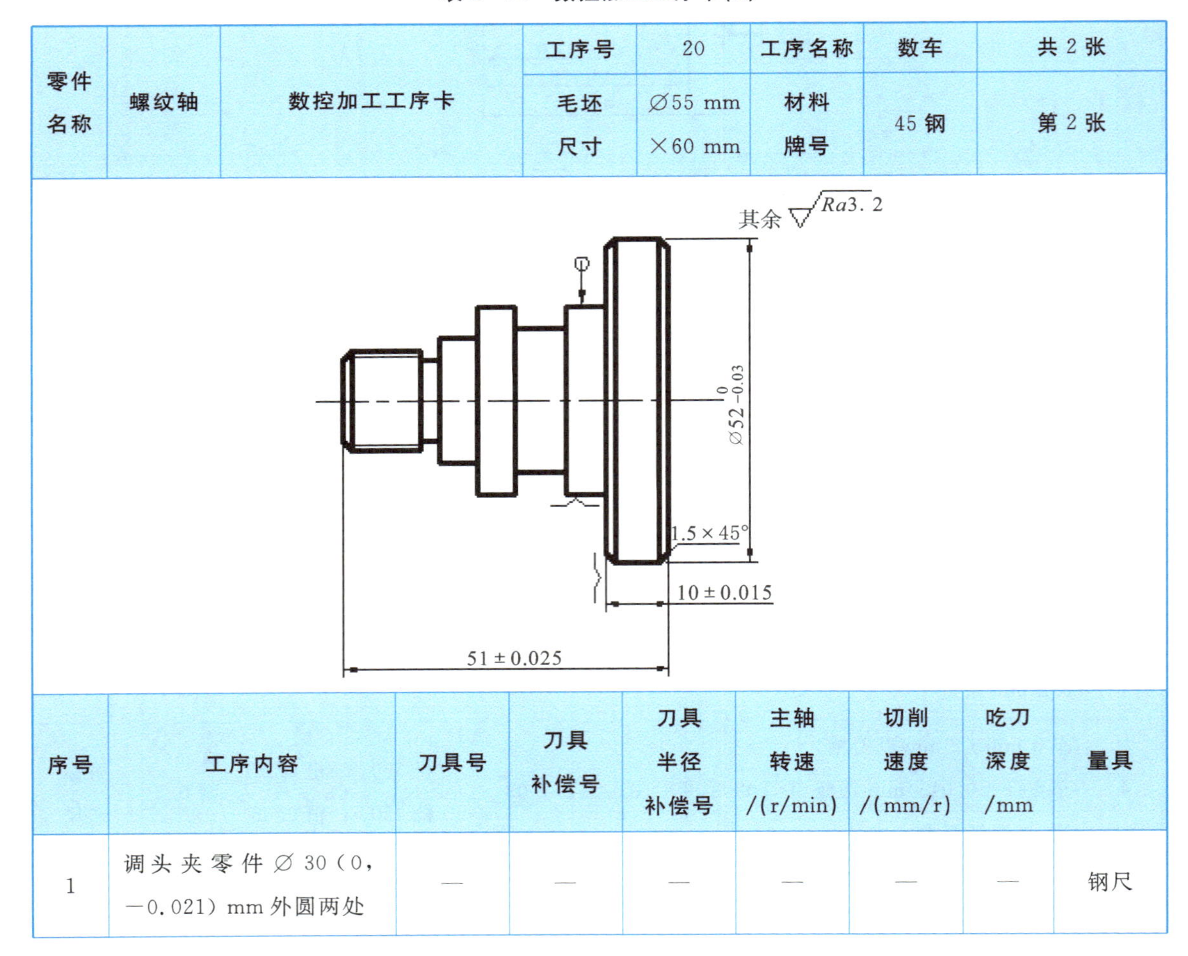

序号	工序内容	刀具号	刀具补偿号	刀具半径补偿号	主轴转速/(r/min)	切削速度/(mm/r)	吃刀深度/mm	量具
1	调头夹零件∅30(0,−0.021)mm外圆两处	—	—	—	—	—	—	钢尺

续表

序号	工序内容		刀具号	刀具补偿号	刀具半径补偿号	主轴转速/(r/min)	切削速度/(mm/r)	吃刀深度/mm	量具
2	粗、精车左端面，控制总长(51±0.025)mm和长度(10±0.015)mm		T0101	01	01	450	0.2	粗0.8 精0.2	游标卡尺
3	粗、精车∅52(0,−0.03)mm外圆，至图纸要求		T0202	02	02	粗600 精1200	粗0.3 精0.1	粗2 精0.2	游标卡尺
编制		日期			审核		日期		

2. 螺纹轴数控加工程序的编写

1)N10工序编程

(1)建立编程坐标系。螺纹轴的右端面为长度尺寸基准，选择右端面的中心为编程坐标系原点。

(2)走刀路线设计。

①车端面。端面粗、精加工选用单一循环指令G94编程，选择循环切削起点坐标为(58,2)。端面总切削余量为1 mm，分两刀切削，粗加工吃刀量0.8 mm、精加工吃刀量0.2 mm。

②车外圆。外圆粗加工选用复合循环指令G71编程，吃刀量2 mm，退刀量1 mm，选择循环切削起点坐标为(58,2)，各外圆段保留0.2 mm精加工余量。外圆精加工选用外圆精车循环指令G70编程，选择循环切削起点坐标为(58,2)。

③车3 mm×3 mm螺纹退刀槽。采用刀宽3 mm的切槽刀直接进退刀一次加工，切削起点坐标为(22,−15.012)。其中15.012=51−35.988，35.988是长度尺寸36(0,−0.025)mm经对称公差换算后的中值。

④车8 mm×3.5 mm结构槽。采用刀宽3 mm的切槽刀分粗、精加工。粗加工走刀分三刀沿径向切削，第二刀和第三刀在Z方向的增量分别为2.5 mm、2 mm(通常小于0.8倍刀宽)。第一刀切削起点坐标为(32,−30.2)，第二刀切削起点坐标为(32,−32.7)，第三刀切削起点坐标为(32,−34.7)。

精加工走刀分为精车左壁和精车右壁，精车左壁切削起点坐标为(32,−34.978)(采用中值进行坐标换算得:34.978=51−16.022)，精车右壁切削起点坐标为(32,−29.978)(采用中值进行坐标换算得:29.978=51−16.022−8(槽宽)+3(刀宽))。

⑤车螺纹。车螺纹选用循环指令G92编程，进刀段长度=螺纹导程×3=4.5 mm，退刀段长度=2 mm，选择循环切削起点坐标为(18,4.5)。

查标准得 M16×1.5 mm 外螺纹大径最大值 d_{max}=15.968 mm、大径最小值 d_{min}=15.732 mm，小径值∅14.376 mm。经均值计算，螺纹大径取平均值 15.85 mm，在外圆面精加工时切削到位。

确定螺纹加工的走刀次数和每次走刀的加工直径见表 2-15。第 4 次为无吃刀量的走刀，用于提高螺纹表面的质量。

表 2-15 车螺纹的每次切削深度

走刀切削次数	第 1 次	第 2 次	第 3 次	第 4 次
切削深度(直径值)/mm	0.85	0.5	0.124	0
螺纹的加工直径/mm	15	14.5	14.376	14.376

(3) 编程时的尺寸处理与换算。外圆尺寸∅20(0,−0.021)mm、∅30(0,−0.021)mm、∅23(0,−0.021)mm 和∅52(0,−0.03)mm 经对称公差换算后，其中值分别为∅19.99 mm、∅29.99 mm、∅22.99 mm 和∅49.985 mm；长度尺寸 16(+0.043,0)mm、30(0,−0.025)mm 和 36(0,−0.025)mm 经对称公差换算后，其中值分别为 16.022 mm、29.988 mm 和 35.988 mm。

(4)编写数控加工程序。螺纹轴数控加工程序单见表 2-16。

表 2-16 螺纹轴的数控加工程序单(1)

<table>
<tr><td rowspan="2">零件名称</td><td rowspan="2">螺纹轴</td><td rowspan="2" colspan="3">数控加工程序单</td><td>工序号</td><td>20</td><td colspan="2">共 2 页</td></tr>
<tr><td>工序名称</td><td>数车</td><td colspan="2">第 1 页</td></tr>
<tr><td colspan="2">程序号</td><td colspan="7">工序内容</td></tr>
<tr><td colspan="2">O2121</td><td colspan="7">车右端面外圆、槽、螺纹和 C1.5 倒角，至图纸要求</td></tr>
<tr><td colspan="4"></td><td colspan="5">①夹紧工件，伸出端 50 mm 左右。
②目测法找正</td></tr>
<tr><td>编制</td><td></td><td>日期</td><td></td><td>审核</td><td></td><td>日期</td><td colspan="2"></td></tr>
<tr><td colspan="4">O2121;</td><td colspan="5"></td></tr>
<tr><td colspan="4">N10 G54 G00 X100 Z100;</td><td colspan="5">选择工件坐标系 G54，回换刀点，粗、精车端面</td></tr>
</table>

续表

N20 M03 S450 M08;	主轴启动,转速 450 r/min,开切削液
N30 T0101;	换端面车刀
N40 G00 X58 Z2;	刀具快速到切削起点
N50 G94 X-1 Z0.2 F0.2;	车端面一次
N60 Z0;	车端面二次
N70 G00 X100 Z100;	回换刀点
N80 T0202;	换外圆车刀，粗车外圆
N90 S600;	调整主轴转速至 600 r/min
N100 G00 X58 Z2;	刀具快速到粗车外圆切削起点
N110 G71 U2 R1 P120 Q220 X0.2 F0.3;	执行吃刀 2 mm,退刀 1 mm 的复合循环指令 G71
N120 G00 X12.85;	N120～N220 为外圆精车轮廓
N130 G01 Z0 F0.1;	
N140 X15.85 Z-1.5;	
N150 Z-15.012;	
N160 X19.99;	
N170 Z-21.012;	
N180 X29.99;	
N190 Z-41;	
N200 X46.985;	
N210 X49.985 Z-42.5;	
N220 X50.2;	
N230 G00 X100 Z100;	回换刀点
N240 T0303;	换切槽刀,切槽
N250 S350;	调整主轴转速至 350 r/min
N260 G00 X22 Z-15.012;	刀具快速至 3×3 槽切削起点
N270 G01 X13 F0.12;	切削至槽底
N280 G00 X32;	退刀至 X32
N290 Z-30.2;	快速至 8×3.5 槽粗车第一次切削起点
N300 G01 X23.2 F0.12;	粗车至槽底一次,保留 0.2 mm 余量
N310 X32;	退刀至 X32
N320 Z-32.7;	快速至粗车槽第二次起点,
N330 X23.2;	粗车至槽底一次,保留 0.2 mm 余量
N340 X32;	退刀至 X32
N350 Z-34.7;	快速至粗车槽第三次起点

续表

N360 X23.2;	粗车至槽底一次，保留 0.2 mm 余量
N370 X32;	退刀至 X32
N380 Z－34.978;	调整刀具至精车左壁切削起点
N390 S450;	调整主轴转速至 450 r/min
N400 G01 X22.99 F0.08;	精车右壁至槽底
N410 W1;	向右精车槽底 1 mm
N420 G00 X32 W1;	斜退刀
N430 Z－29.978;	调整刀具至精车右壁切削起点
N440 G01 X22.99 F0.08;	精车左壁至槽底
N450 Z－34.2;	向左精车槽底过一次槽底切削点 1.2 mm
N460 G00 X32 ;	退刀至 X32
N470 G00 X100 Z100;	回换刀点
N480 T0202;	换外圆车刀，精车外圆
N490 S1200;	调整主轴转速至 1200 r/min
N500 G00 X58 Z2;	刀具快速到精车外圆切削起点
N510 G70 P120 Q220 F0.1;	执行精车循环指令 G70
N520 G00 X100 Z100;	回换刀点
N530 T0404;	换螺纹刀，车螺纹
N540 S200;	调整主轴转速至 200 r/min
N550 G00 X18 Z4.5;	刀具快速至车螺纹切削起点
N560 G92 X15 Z－14 F1.5;	车螺纹一刀
N570 X14.5 ;	车螺纹二刀
N580 X14.376 ;	车螺纹三刀
N590 X14.376 ;	车螺纹四刀
N600 G00 X100 Z100;	回换刀点
N610 M05 M09;	主轴停、关切削液
N620 M30;	程序结束

2)N30 工序编程

(1)建立编程坐标系。根据装夹方案，调头装夹的长度定位基准面是大端左端面，因此，N30 工序的编程坐标系建立在此表面上。

(2)编写数控加工程序。螺纹轴数控加工程序单见表 2－17。

表 2－17　螺纹轴的数控加工程序单(2)

<table>
<tr><td rowspan="2">零件名称</td><td rowspan="2">螺纹轴</td><td rowspan="2" colspan="2">数控加工程序单</td><td>工序号</td><td>30</td><td colspan="2">共 2 页</td></tr>
<tr><td>工序名称</td><td>数车</td><td colspan="2">第 1 页</td></tr>
<tr><td>序号</td><td>程序号</td><td colspan="6">工序内容</td></tr>
<tr><td>2</td><td>O2122</td><td colspan="6">车左端面、左端外圆，至图纸要求，保证长度(51±0.025)mm 和长度(10±0.015)mm</td></tr>
<tr><td colspan="3">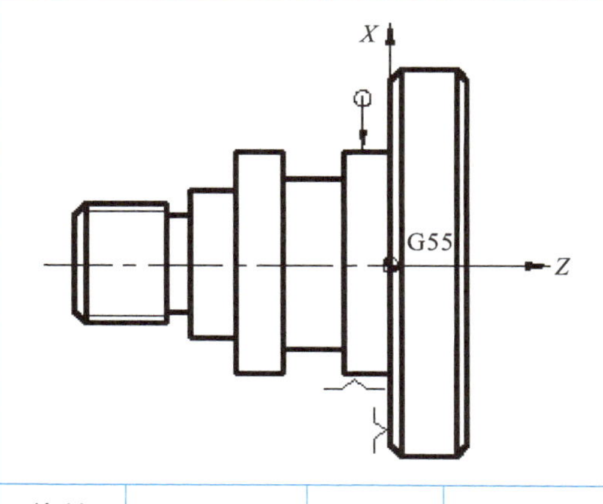</td><td colspan="5">①调头装夹工件两处∅30(0,－0.021)mm 外圆面。
②打表校正∅52(0,－0.03)mm 外圆，使其同轴度保证在 0.02 mm</td></tr>
<tr><td>编制</td><td></td><td>日期</td><td></td><td>审核</td><td></td><td>日期</td><td></td></tr>
</table>

O2122;	
N10 G55 G00 X100 Z100;	选择工件坐标系 G55，回换刀点
N20 M03 S450 M08;	主轴起动，转速 450 r/min，开切削液
N30 T0101;	换端面车刀，粗、精车端面
N40 G00 X58 Z12;	刀具快速到端面切削起点
N50 G94 X－1 Z10.2 F0.2;	车端面一次
N60 Z10;	车端面二次
N70 G00 X100 Z100;	回换刀点
N80 T0202;	换外圆车刀，粗车外圆
N90 S600;	调整主轴转速至 600 r/min
N100 G00 X58 Z12;	刀具快速到粗车外圆切削起点
N110 G71 U2 R1 P120 Q160 X0.2 F0.3;	执行吃刀 2 mm，退刀 1 mm 的复合循环指令 G71
N120 G00 X46.985;	N120～N160 为外圆精车轮廓
N130 G01 Z10 F0.1;	
N140 X49.985 Z8.5;	
N150 Z1;	
N160 X56;	
N170 S1200;	调整主轴转速至 1200 r/min，精车外圆

续表

N180 G70 P120 Q160;	执行精车循环指令 G70
N190 G00 X100 Z100;	回换刀点
N200 M05 M09;	主轴停、关切削液
N210 M30;	程序结束

3. 螺纹轴的数控车削加工

1)N20 工序

N20 工序数控车削加工的步骤见表 2-18,同学们可扫码观看现场操作视频,自主学习拓展资源。

表 2-18 数控加工步骤

序号	操作内容	视频资源
1	装夹工件和找正	—
2	安装刀具	—
3	对刀操作、获取刀具补偿值	螺纹刀对刀
4	程序录入与仿真	螺纹轴的仿真加工
5	自动运行程序,完成零件的加工	螺纹轴的数控车削加工(N20 工序)

螺纹车刀(非标准刀)对刀建立刀具几何偏置补偿值的方法见表 2-19。

表 2-19 对刀操作方法

内容	操作方法	图例
调整刀位	①按下手动“换刀键”,换 4 号螺纹车刀至加工刀位	—
Z 轴对刀	①启动主轴,手动或手轮移动刀架,使螺纹刀的刀尖对齐标准刀外圆刀试切时产生的端面和外圆柱面交线处,如图例所示	

续表

内容	操作方法	图例
Z 轴对刀	②在“刀具补正/形状”界面，将光标移到 04 刀具补偿号的 Z 轴补偿数值框，输入“Z1”（此处端面切削余量为 1 mm），再按下显示区下方软键“测量”，系统自动获取 T04 螺纹车刀与 T01 号标准刀在 Z 方向的尺寸几何偏置补偿值	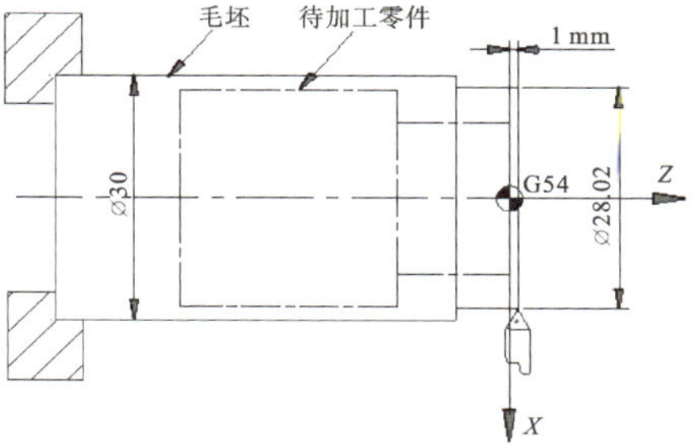 毛坯 待加工零件 1 mm ⌀30 G54 ⌀28.02 Z X
X 轴对刀（获得 T04 刀的 X 方向几何偏置补偿值）	在“刀具补正/形状”界面，将光标移到 04 刀具补偿号的 X 轴补偿数值框，输入“X28.02”，再按下显示区下方软键“测量”，系统自动获取 T04 号螺纹车刀与 T01 号标准刀在 X 方向的尺寸几何偏置补偿值	
对刀检验	①将刀架移至远离工件处。在 MDI 模式下，输入程序： N10 T0404; N20 G54 G00 X34 Z1; 执行程序，观察螺纹车刀的刀位点是否与毛坯端面对齐，且显示坐标值是否为(34,1)，如右图例(a)所示。若不符合以上结果，需重新对刀	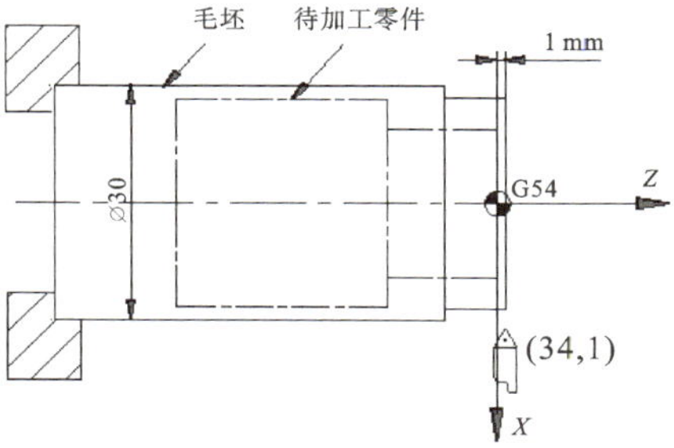 毛坯 待加工零件 1 mm ⌀30 G54 Z (34,1) X (a) Z 轴对刀检验
	②在 MDI 模式下，输入程序： N10 T0404; N20 G54 G00 X28.02 Z5; 执行程序，观察螺纹车刀的刀位点是否与毛坯试切外圆面对齐，且显示坐标值是否为(28.02,5)，如右图例(b)所示。若不符合以上结果，需重新对刀	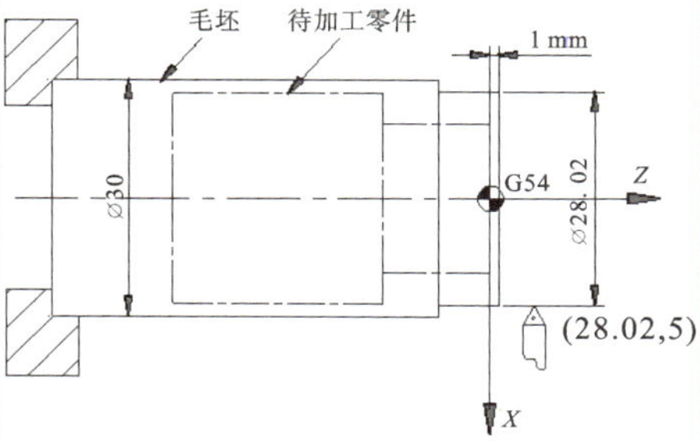 毛坯 待加工零件 1 mm ⌀30 G54 ⌀28.02 Z (28.02,5) X (b) X 轴对刀检验

2）N30 工序

N30 工序数控车削加工的步骤见表 2-20，同学们可扫码观看现场操作视频，自主学习相关的拓展资源。

表 2-20 数控加工步骤

序号	操作内容	视频资源	演示文稿
1	调头装夹工件	—	—
2	建立工件坐标系 G55	—	演示文稿 2:保证长度对刀的原理
3	自动运行程序,完成零件的加工	螺纹轴的数控车削加工(N30)	演示文稿 3:三角形螺纹的检验方法

相关知识

1. 螺纹的数控车削工艺

螺纹的加工方法有车、铣、攻丝、套丝、锉削、磨削和研磨等。车螺纹用于轴、盘、套类零件的螺纹加工,尺寸精度可达 IT8~IT9,表面粗糙度 $Ra3.2\sim0.8\ \mu m$。

1)车螺纹的原理

车螺纹时机床主轴转动与刀具的移动之间要保持特定的运动关系,即主轴带动工件旋转 1 周,刀具沿 Z 轴进给 1 个螺纹导程。在数控车床主轴上安装有 1∶1 传动比的主轴位置编码器,用于采集主轴的转动角度信号,送至数控装置,使数控装置能准确地控制螺纹车刀的进刀点、退刀点,以及运动关系,从而保证螺纹的正确加工。

2)车螺纹的进刀方法

螺纹牙型的车削需要多次进刀完成,数控车削螺纹的进刀方式有直进法和斜进法两种,如图 2.19 所示。直进法加工时,车床仅 X 轴产生进给运动。斜进法加工时,车床的 X 轴和 Z 轴要同时产生进给运动。

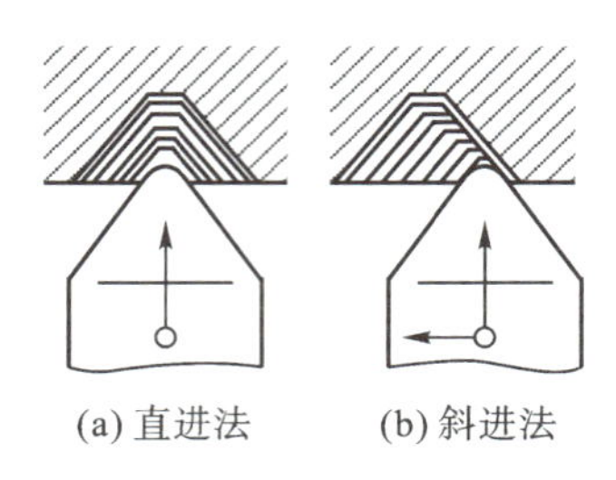

图 2.19 车螺纹的进刀方法

3)车螺纹的走刀路线

车螺纹时，在刀具切入工件之前，机床的切削速度必须达到100%编程的进给速度，否则会导致螺距不合格。由于机床调整至切削速度需要一定的加速时间，为此，刀具在切入工件之前需设计一个进刀段(δ1)，如图2.20所示。δ1的长度一般取螺纹导程的2～3倍。同样，在刀具离开工件之前需设计一个退刀段(δ2)，δ2的长度一般取螺纹导程的1～2倍。

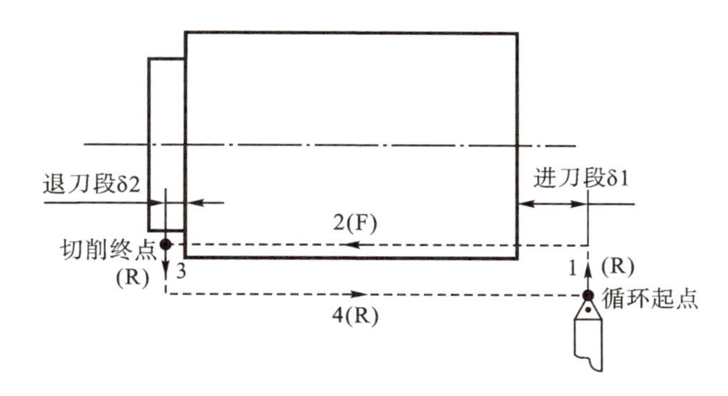

图2.20 车螺纹的走刀路线

4)螺纹车刀

螺纹车刀有内螺纹车刀和外螺纹车刀两大类。其车刀刃部的形状与螺纹轴向截面形状相吻合，即刀尖角等于牙型角。车三角形普通螺纹时，螺纹车刀的刀尖角 $a=60°$，前角可取5°～20°。螺纹车刀的结构如图2.21所示。

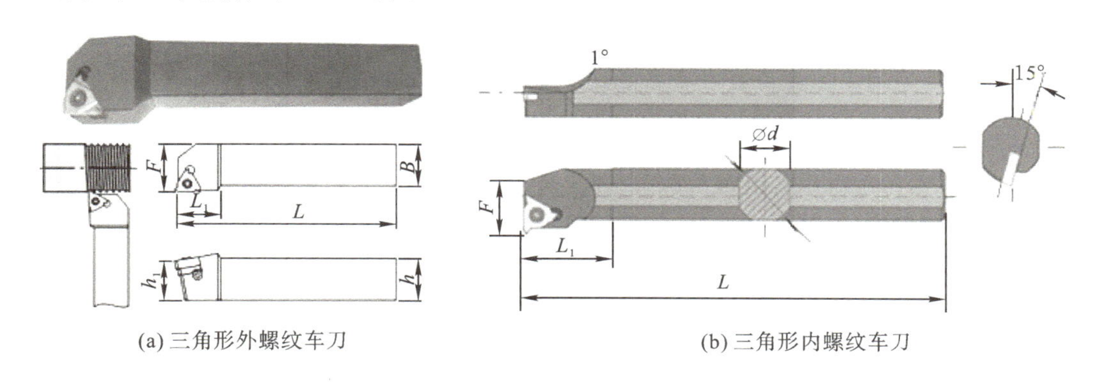

(a) 三角形外螺纹车刀　　(b) 三角形内螺纹车刀

图2.21 三角形螺纹车刀的结构和参数

5)车螺纹的切削用量

要保证螺纹切削的特征运动关系，车螺纹的进给速度应等于螺纹的导程。车螺纹的主轴转速可按刀具厂商提供的刀具参数表确定，也可根据经验选择。经验值一般为200～400 r/min，刀具质量好，取大值。

车螺纹的切削深度通常不用恒定值，而是采用切削深度逐渐减小的原则。每次切削深度可由牙深、切削次数和每一次的走刀量的经验公式计算，也可以参考表2-21选择。

表 2-21 普通外螺纹切削深度及走刀次数参考表

普通螺纹 牙深=0.649 5p p:螺距								
螺距		1	1.5	2.0	2.5	3	3.5	4
牙深		0.649 5	0.974	1.299	1.624	1.949	2.273	2.598
切削深度及走刀次数	1次	0.7	0.8	0.9	1.0	1.2	1.5	1.5
	2次	0.4	0.6	0.6	0.7	0.7	0.7	0.8
	3次	0.2	0.4	0.6	0.6	0.6	0.6	0.6
	4次		0.1	0.4	0.4	0.4	0.6	0.6
	5次			0.1	0.4	0.4	0.4	0.4
	6次				0.15	0.4	0.4	0.4
	7次					0.2	0.2	0.4
	8次						0.15	0.3
	9次							0.2

2. 车宽径向槽的数控车削工艺

宽度大于槽刀宽度，且尺寸精度和表面质量要求较高的径向宽槽，常分粗、精加工两步完成。

粗加工采用排刀的方式加工，如图 2.22(a)所示。刀具先沿径向进刀，在接近槽底后，原路退刀，随后，刀具沿轴向调整位置产生新的切削量，再沿径向进刀，周而复始。

精加工采用左右交汇方式的两次加工，如图 2.22(b)所示，刀具先由槽的左壁沿轨迹 1 切至槽底，随后沿 $+Z$ 方向切削槽底至距离右壁 1 mm 左右，沿轨迹 3 斜退刀出槽；然后，调整刀具至槽的右壁倒角处，沿轨迹 4、5，从槽的右壁切至槽底，且沿 $-Z$ 方向切削槽底至上次切削点交汇处，重叠 0.5 mm 左右后，沿轨迹 7 斜退刀出槽。这种加工方法可避免刀具沿一个方向进刀、切槽和退刀的加工中，由于槽刀的让刀而造成的槽尺寸偏差。

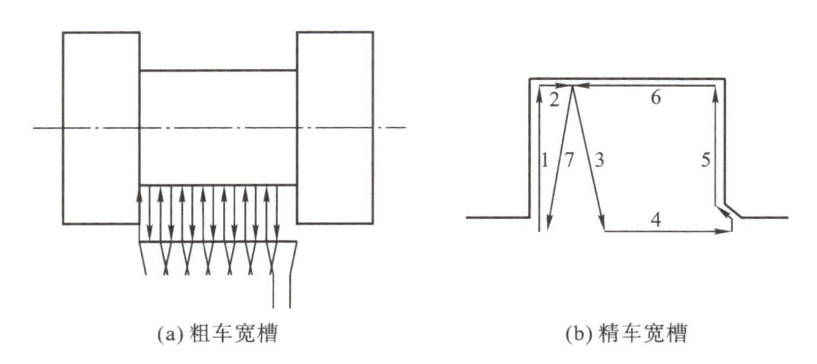

(a) 粗车宽槽　　(b) 精车宽槽

图 2.22 宽槽走刀路线

3. 新指令

1)螺纹车削指令 G32

螺纹车削指令 G32 的格式、功能及参数定义见表 2-22。

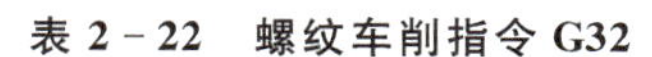
表 2-22 螺纹车削指令 G32

指令格式	G32 X|U(x|u) Z|W(z|w) F(f);	
参数说明	(x|z)	绝对编程时,螺纹终点的坐标值
	(u|w)	增量编程时,螺纹终点坐标相对于螺纹切削起点的位移量
	(f)	螺纹导程,即主轴每转一圈,刀具相对于工件的进给量
指令功能	螺纹车削指令 G32 用于单段等螺距圆柱螺纹、锥形螺纹和端面螺纹的切削。指令可控制刀具切削特定长度的螺纹段。车削圆柱螺纹时,x 和 u 为 0,车削端面螺纹时,z 和 w 为 0	
注意事项	①G32 进刀方式是直进式。 ②螺纹粗精加工的主轴转速必须保持恒定值。因此螺纹切削时进给保持功能无效,如果按下进给保持按键,刀具在加工完成螺纹后停止运动。 ③螺纹加工不使用恒线速度功能	

2)螺纹车削循环指令 G92

螺纹车削循环指令 G92 的格式、功能及参数定义见表 2-23。

表 2-23 螺纹车削循环指令 G92

指令格式	G92 X|U(x|u) Z|W(z|w) R(r) F(f);	
参数说明	(x|z)	绝对编程时,螺纹终点 C 的坐标值
	(u|w)	增量编程时,螺纹终点 C 坐标相对于螺纹切削起点 A 的有向距离
	(r)	锥螺纹切削循环起点与循环终点的半径差。正负判断与指令 G90 相同,切削圆柱螺纹时为 0,可以省略
	(f)	螺纹导程,即主轴每转一圈,刀具相对于工件的进给量
指令功能	螺纹车削循环指令 G92 用于等螺距圆柱螺纹、锥形螺纹和端面螺纹的循环切削。指令可使刀具执行如图例所示 $A \to B \to C \to D \to A$ 的循环轨迹动作	

续表

图例	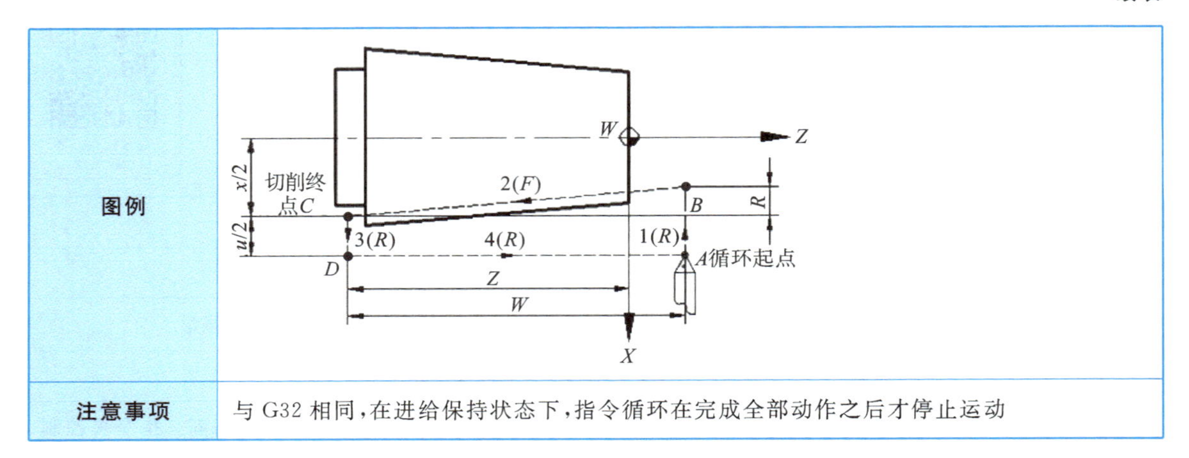
注意事项	与 G32 相同，在进给保持状态下，指令循环在完成全部动作之后才停止运动

3)螺纹切削复合循环指令 G76

螺纹切削复合循环指令 G76 的格式、功能及参数定义见表 2-24。

表 2-24　螺纹切削复合循环指令 G76

指令格式	G76 P(m) (r) (a) Q(Δd_{min}) R(d); G76 X|U(x|u) Z|W(z|w) P(k) Q(Δd) F(L);	
参数说明	(m)	精车次数(1～99)，为模态值
	(r)	螺纹收尾量系数，一般取螺纹导程(L)的 0.1～9.9 倍。以 0.1 为一挡增加，末端倒角量为 00～99，用 2 位数表示，该值为模态。 例：若 r 为 10，螺距为 2，则螺纹退刀倒角量＝10×0.1×2＝2 mm(车无退刀槽的螺纹)；若 r 为 00，螺距为 2，则螺纹退刀倒角量＝0×0.1×2＝0 mm(车有退刀槽的螺纹)
	(a)	刀尖角度，即螺纹的牙型角，有 00°、29°、30°、55°、60°、80°几种。用两位数指定，该值是模态的
	(Δd_{min})	最小切削深度，半径指定，单位为 μm。若自动计算得出的切削深度小于 Δd_{min}，以 Δd_{min} 为准。此数值不可用小数表示。例：Δd_{min}＝0.09 mm，需写成 Q90。该值是模态的
	(d)	精车余量，半径指定。该值是模态的
	(x|z)	绝对编程下，螺纹终点的坐标值
	(u|w)	增量编程时，螺纹终点 C 相对于循环起点 B 的有向距离
	i	螺纹起点与螺纹终点的半径值差，有正负号。i＝0 可省略，表示车削圆柱螺纹

续表

参数说明	(k)	X 轴方向的螺纹牙高，半径指定值，单位 μm，该值不可用小数表示
	(Δd)	第一刀切削深度，半径指定值，单位 μm，该值不能用小数表示。例：Δd＝0.6 mm，需写成 Q600
	(L)	螺纹导程，即主轴每转一圈，刀具相对于工件的进给量
指令功能	螺纹车削复合循环指令 G76 用于多重循环的螺纹加工，即指令 G76 可完成螺纹全部牙深的粗精加工。指令可使刀具执行如图例所示多重循环轨迹动作	
图例		
注意事项	①G76 进刀方式为斜进刀。 ②G76 是单边切削，减小了刀尖的受力。第一次切削深度为 Δd，第 n 次的切削总深度为 $\Delta d\sqrt{n}$，每次循环的切削深度为 $\Delta d\sqrt{n}-\Delta d\sqrt{n-1}$，如下图所示： 	

4)纵向粗车复合循环指令 G71

复合循环指令用于分层去除工件多余的毛料，编程时只需给出精加工零件的形状数据，系统便可自动完成要求的粗加工的多次走刀运动。纵向粗车复合循环指令 G71 的格式、功能及参数定义见表 2－25。

表 2-25 纵向粗车复合循环指令 G71

项目	参数	说明
指令格式	G71 U(Δd) R(r); G71 P(ns) Q(nf) U(Δu) W(Δw) F(f) S(s) T(t);	
参数说明	(Δd)	切削深度(每次吃刀量),指定时不加符号,方向取决于矢量$\overrightarrow{AA'}$
	(r)	每次退刀量
	(ns)	精加工路径第一程序段的顺序号
	(nf)	精加工路径最后程序段的顺序号
	(Δu)	X 方向的精加工余量,直径值
	(Δw)	Z 方向的精加工余量
	(f)、(s)、(t)	粗加工 G71 中编程的 f、s、t 有效,而精加工时处于 ns 到 nf 程序段之间的 f、s、t 有效
指令功能	指令 G71 主要用于轴类零件(轴向尺寸大于径向尺寸)的纵向粗加工。指令可使刀具执行如图例所示路径的粗加工,切削路径分两部分,第一部分是平行于 Z 轴,从 $+Z$ 向 $-Z$ 切削的周而复始的循环纵向切削,第二部分是待大部分余料切除完成后,在保留指定的精加工余量的情况下,沿零件轮廓连续切削一次的路径 $D \to E$。其中为 $B \to B'$ 为精加工路径	
图例	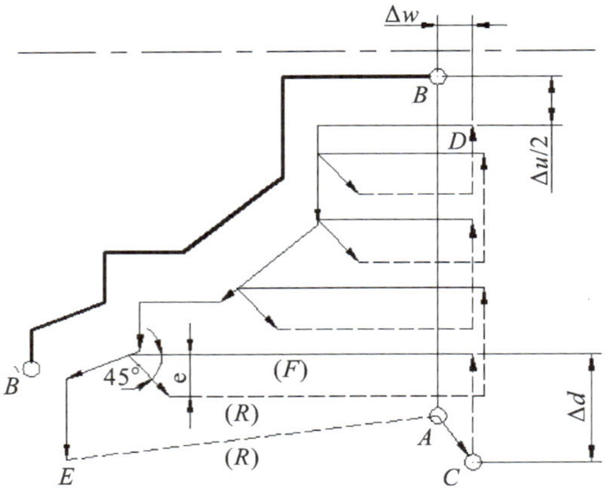	
注意事项	①工件轮廓应该满足 X 轴、Z 轴方向单调增大或单调减小的条件。 ②在 ns 到 nf 的程序段中,不能调用子程序。 ③Δx 和 Δz 若取负值则零件被切小	

5)端面粗车复合循环指令 G72

端面粗车复合循环指令 G72 的格式、功能及参数定义见表 2-26。

表 2-26 端面粗车复合循环指令 G72

<table>
<tr><td>指令格式</td><td colspan="2">G72 U(Δd) R(r);
G72 P(ns) Q(nf) U(Δu) W(Δw) F(f) S(s) T(t);</td></tr>
<tr><td rowspan="7">参数说明</td><td>(Δd)</td><td>切削深度(每次吃刀量),指定时不加符号,方向取决于矢量$\overrightarrow{AA'}$</td></tr>
<tr><td>(r)</td><td>每次退刀量</td></tr>
<tr><td>(ns)</td><td>精加工路径第一程序段的顺序号</td></tr>
<tr><td>(nf)</td><td>精加工路径最后程序段的顺序号</td></tr>
<tr><td>(Δu)</td><td>X 方向的精加工余量,直径值</td></tr>
<tr><td>(Δw)</td><td>Z 方向的精加工余量</td></tr>
<tr><td>(f)、(s)、(t)</td><td>粗加工 G72 中编程的 f、s、t 有效,而精加工时处于 ns 到 nf 程序段之间的 f、s、t 有效</td></tr>
<tr><td>指令功能</td><td colspan="2">指令 G71 主要用于轴类零件(轴向尺寸大于径向尺寸)的纵向粗加工。指令可使刀具执行如图例所示路径的粗加工,切削路径分两部分,第一部分是平行于 Z 轴,从+Z 向-Z 切削的周而复始的循环纵向切削,第二部分是待大部分余料切除完成后,在保留指定的精加工余量的情况下,沿零件轮廓连续切削一次的路径。其中 A′→B→B′为精加工路径</td></tr>
<tr><td>图例</td><td colspan="2">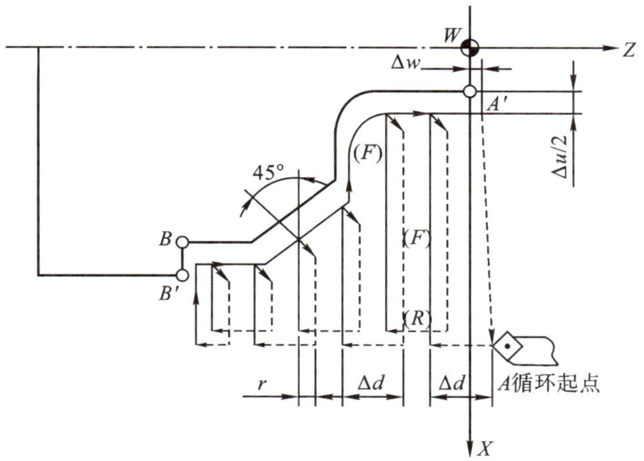
</td></tr>
<tr><td>注意事项</td><td colspan="2">①工件轮廓应该满足 X 轴、Z 轴方向单调增大或单调减小的条件。
②在 ns 到 nf 的程序段中,不能调用子程序。
③Δx 和 Δz 若取负值则零件被切小</td></tr>
</table>

6)外圆精车循环指令 G70

外圆精车循环指令 G70 的格式、功能及参数定义见表 2 - 27。

表 2 - 27　外圆精车循环指令 G70

指令格式	G70 P(*ns*) Q(*nf*) F(*f*) S(*s*) T(*t*) ;	
参数说明	(*ns*)	精加工路径第一程序段的顺序号
	(*nf*)	精加工路径最后程序段的顺序号
	(*f*)、(*s*)、(*t*)	在 G71、G72 中编程的 *f*、*s*、*t* 无效,而精加工时处于 *ns* 到 *nf* 程序段之间的 *f*、*s*、*t* 或在 G70 中的 *f*、*s*、*t* 有效
指令功能	用于 G71、G72、G73 粗加工指令后的精加工,指令可使刀具执行如图例所示路径 $A \to A' \to B \to B'$ 的精加工	
图例	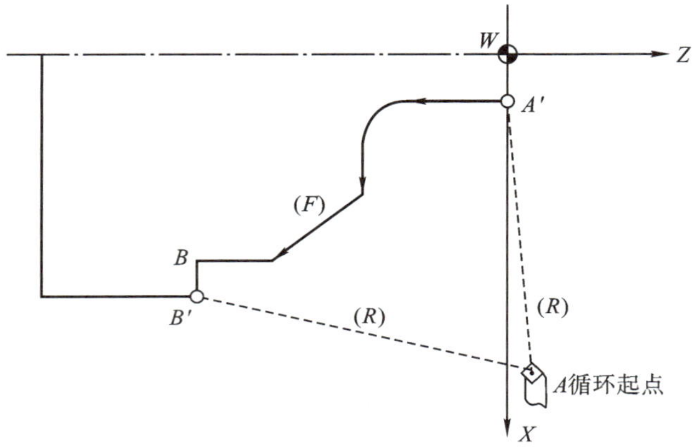 W　Z　A′　(F)　B　B′　(R)　(R)　A循环起点　X	
注意事项	如果粗、精加工采用同一把刀具,则不需要换刀,那么指令 G71 和 G70 可共用相同循环起点,如果粗、精加工需要更换刀具,那么换刀后,刀具要来到 G70 指令的切削起点,再执行 G70 指令	

拓展练习

分析图 2.23 所示螺柱的加工工艺,选用合适的指令编写加工程序,并完成零件的数控加工。

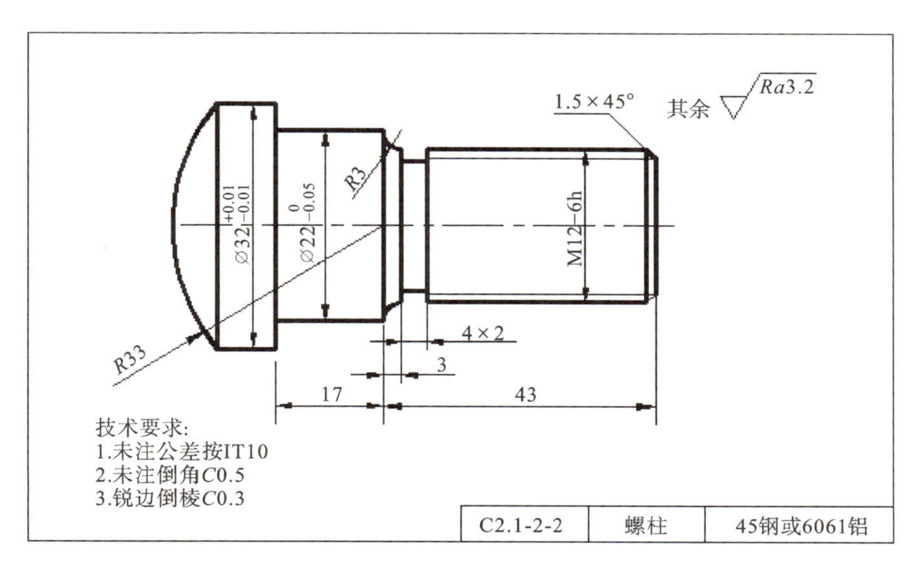

图 2.23　螺柱零件图

知识巩固

1. 选择题

【单选】(1)螺纹加工时,要求主轴运动与刀具的进给运动之间要严格满足______的运动关系。(　　)

A. 主轴每转一圈,刀具沿 Z 轴移动一个螺距

B. 主轴每转一圈,刀具沿 Z 轴移动一个导程

C. 主轴每转一圈,刀具沿 Z 轴移动任意距离

D. 主轴每转一圈,刀具沿 Z 轴移动一个牙深

【单选】(2) 指令 G32、G82 和 G76 中 F 的含义均为______。(　　)

A. 螺纹导程　　B. 螺纹螺距　　C. 螺纹牙深　　D. 退刀量

【单选】(3) 指令 G92 车削锥螺纹的格式是______。(　　)

A. G92 X|U(x|u) F(f) ;　　B. G92 Z|W(z|w) F(f) ;

C. G92 X|U(x|u) Z|W(z|w) F(f) ;　　D. G92 F(f) ;

【单选】(4) 螺纹切削循环指令 G76 采用的是______螺纹切削方法。(　　)

A. 直进法　　B. 借刀法　　C. 斜进法　　D. 横切法

【单选】(5)螺纹的大径尺寸是在______的时候加工保证的。(　　)

A. 车螺纹　　B. 车外圆　　C. 车槽　　D. 车螺纹或车外圆

【单选】(6)指令 G71 的精加工余量是由参数______反映。(　　)

A. Δd　　B. r　　C. Δu、Δw　　D. ns、nf

【单选】(7)G45 的位置如图 2.24 所示,工件总长为 40 mm,若保留 0.5 mm 作为端面切削余量,外圆车刀 Z 轴对刀时,在“刀偏表”的“试切长度”处应输入“Z ______”,按回车确认。(　　)

A. 0.5　　B. 40　　C. 40.5　　D. 1

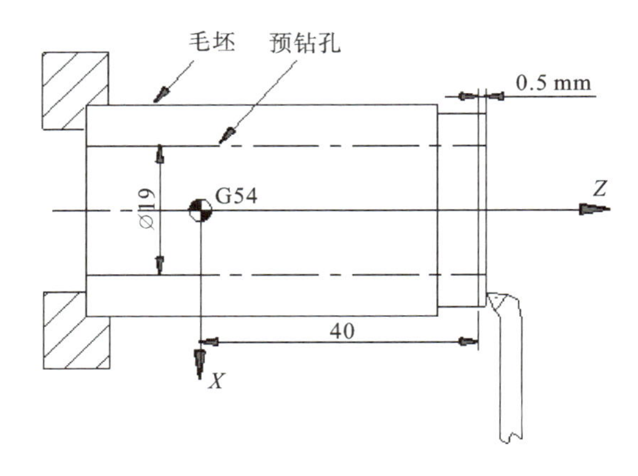

图 2.24　G45 在工件上的位置

2. 问答题

阅读表 2-28 中 M22 螺纹的加工程序,并完成表中填空。

表 2-28　M22 螺纹的加工程序

O0403;		
N00	G54 G00 X100 Z100;	
N10	T0404;	
N20	M03 S500 M08;	
N30	G00 X26 Z8;	
N40	G92 X21 Z-33 F2;	螺纹的导程:______
N50	X20.4;	循环起点的坐标值:______
N60	X20;	螺纹加工走刀次数:______
N70	X19.835;	每次切削深度分别为:______
N80	X19.835;	
N90	G00 X100 Z100;	
N100	M05 M09;	
N110	M30;	

任务3 曲面轴的数控车削与编程

任务描述

分析图2.25中曲面轴的加工工艺，选用仿型车削复合循环指令G73和宏程序，编写曲面轴的数控加工程序，并在数控车床上完成零件加工。毛坯为∅50 mm×86 mm的45钢或6061铝棒料。

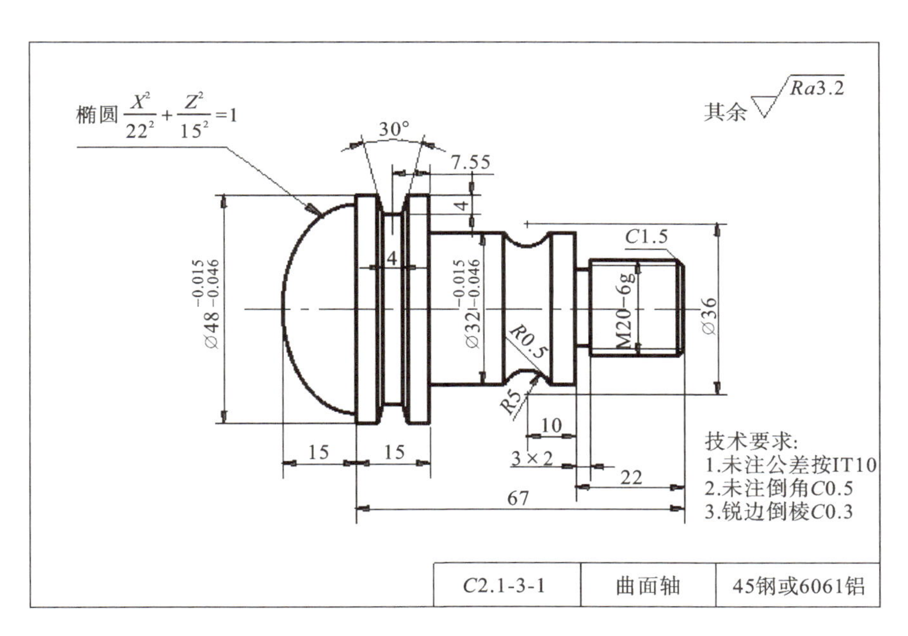

图2.25 曲面轴零件图

职业能力目标

(1)能描述仿型车削复合循环指令G73的功能、格式及应用。

(2)能描述宏程序格式，了解宏程序的变量、循环语句的定义及应用。

(3)能分析和编写曲面轴类零件的数控车削工艺卡。

(4)能应用宏程序编写曲面轴类零件的数控加工程序，完成程序调试。

(5)能独立操作数控车床完成曲面轴零件的首件车削加工。

(6)自主学习、善于思考、细致工作、精益求精。

任务分析

1. 曲面轴的加工工艺分析

1)零件图分析

曲面轴为典型的回转体零件,由外圆面、外螺纹、椭圆曲面、圆弧面和 V 形槽等几何要素组成。零件尺寸精度等级为 IT7,表面粗糙度为 $Ra3.2\ \mu m$。

2)编制机械加工工艺

(1)确定加工方案。根据曲面轴中间大、两头小的结构特点,数控车削应有两道工序,分两次装夹完成加工。拟定以下两种加工方案。

方案一:工序一,夹左端,车右端∅32(−0.015,−0.046)mm 外圆、退刀槽和外螺纹;工序二,调头夹右端,车左端∅48(−0.015,−0.046)外圆、V 形槽和椭圆曲面。

方案二:工序一,夹左端车右端外圆∅48(−0.015,−0.046)mm、∅32(−0.015,−0.046)mm、V 形槽、退刀槽和外螺纹;工序二,调头夹右端∅32(−0.015,−0.046)mm 外圆,车椭圆曲面。

两个方案相比较,方案二能很好地保证外圆∅48(−0.015,−0.046) mm 和∅32(−0.015,−0.046)mm的同轴度,同时,加工效率更高。方案一使外圆∅48(−0.015,−0.046)mm和∅32(−0.015,−0.046)mm 在两次装夹中加工,这样,不仅要引入装夹误差,还对装夹精度要求很高。综合分析,曲面轴的数车加工方案选择方案二。

(2)确定数控车削的装夹方案:工序一,三爪卡盘夹持毛坯左端外圆;工序二,三爪卡盘夹持∅32(−0.015,−0.046)mm 外圆,打表∅48(−0.015,−0.046) mm 外圆找正。

(3)确定工序及内容,编制机械加工工艺过程卡。根据先基准、先粗后精和先远后近等工艺原则,确定曲面轴的机械加工工艺过程及内容(见表 2 - 29)。

表 2 - 29　机械加工工艺过程卡

零件名称	曲面轴	机械加工工艺过程卡	毛坯种类	棒料	共 1 页
			材料	45 钢	第 1 页
工序号	工序名称	工序内容		设备	工艺装备
10	备料	备料∅50 mm×86 mm,材料 45 钢或 6061 铝棒料			
20	数车	车右端面,不留黑皮;粗、精车右端∅48(−0.015,−0.046)mm、∅32(−0.015,−0.046)mm外圆、圆弧面和螺纹大径至阶梯轴;车 3 mm×2 mm退刀槽;粗、精车 V 形槽;粗、精车 M20 - 6g 外螺纹;车 C1.5 倒角,至图纸要求		CAK6140	三爪卡盘

续表

零件名称	曲面轴	机械加工工艺过程卡		毛坯种类	棒料	共 1 页
				材料	45 钢	第 1 页
工序号	工序名称	工序内容			设备	工艺装备
30	数车	调头装夹∅32(−0.015,−0.046) mm 外圆，车左端面，控制总长 82 mm；粗、精车椭圆面至图纸要求			CAK6140	三爪卡盘
40	钳	锐边倒棱，去毛刺			钳工台	台虎钳
50	清洗	用清洗剂清洗零件			—	—
60	检验	按图样尺寸检测			—	—
编制		日期		审核		日期	

(4)确定数控车削刀具，编写刀具卡。曲面轴的∅32(−0.015,−0.046)mm 外圆上有一个圆弧凹面，为了避免刀具与表面干涉，应选用刀尖角较小的刀具，此处选用 35℃ 刀片，Kr93°的外圆车刀。刀具规格见表 2 - 30。

表 2 - 30 数控加工刀具卡

零件名称		曲面轴		数控加工刀具卡			工序号	20、30
工序名称		数车					设备型号	CAK6140
序号	刀具号	刀具名称	刀柄型号	刀具			补偿量/mm	备注
				直径/mm	刀长/mm	刀尖半径/mm		
1	T0101	外圆刀	25 mm×25 mm	—	—	0.8	—	T 型刀片，Kr90°
2	T0202	外圆刀	25 mm×25 mm	—	—	0.4	—	−35℃ 刀片，Kr93°
3	T0303	切断刀、切槽刀	宽 3 mm	—	—	0.4	—	—
4	T0404	外螺纹刀	25 mm×25 mm	—	—	—	—	刀尖角 60°
编制		审核		批准			共 页	第 页

(5)编制数控加工工序卡。综合分析，制定曲面轴数控加工工序(见表 2 - 31 和表 2 - 32)。

表 2-31　曲面轴数控加工工序卡(1)

零件名称	曲面轴	数控加工工序卡	工序号	20	工序名称	数车	共 2 张
			毛坯尺寸	∅50 mm×86 mm	材料牌号	45 钢	第 1 张

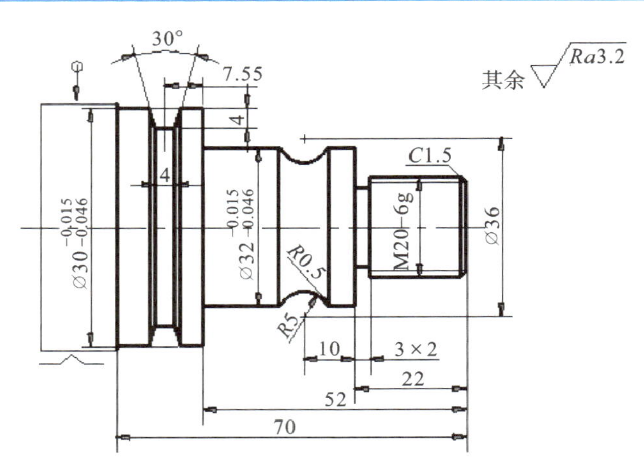

序号	工序内容	刀具号	刀具补偿号	刀具半径补偿号	主轴转速/(r/min)	切削速度/(mm/r)	吃刀深度/mm	量具
1	夹紧工件左端，伸出 72 mm 左右	—	—	—	—	—	—	钢尺
2	粗、精车右端面，不留黑皮	T0101	01	01	400	0.2	粗 0.5 精 0.2	游标卡尺
3	粗车右端∅48(−0.015,−0.046)mm、∅32(−0.015,−0.046)mm、圆弧曲面和螺纹大径至阶梯轴，各外圆面保留 0.2 mm 精加工余量	T0101	01	01	600	0.3	2	游标卡尺
4	粗车右端 $R5$ 圆弧面，保留 0.2 mm精加工余量	T0202	02	02	400	0.2	0.8	—
5	精车右端∅48(−0.015,−0.046)mm、∅32(−0.015,−0.046)mm 外圆、$R5$ 圆弧面和螺纹大径∅19.804 mm 至图纸要求	T0202	02	02	1 200	0.1	0.2	游标卡尺

续表

序号	工序内容	刀具号	刀具补偿号	刀具半径补偿号	主轴转速/(r/min)	切削速度/(mm/r)	吃刀深度/mm	量具
6	车 3 mm×2 mm 退刀槽；粗、精车宽 V 形槽至图纸要求	T0303	03	03	粗 350 精 450	粗 0.12 精 0.08	精 0.2	游标卡尺
7	粗、精车螺纹 M20－6g 螺纹至图纸要求	T0404	04	04	400	2.5	—	螺纹规
编制		日期		审核		日期		

表 2－32 曲面轴数控加工工序卡(2)

零件名称	曲面轴	数控加工工序卡	工序号	20	工序名称	数车	共 2 张
			毛坯尺寸	∅50 mm ×86 mm	材料牌号	45 钢	第 2 张

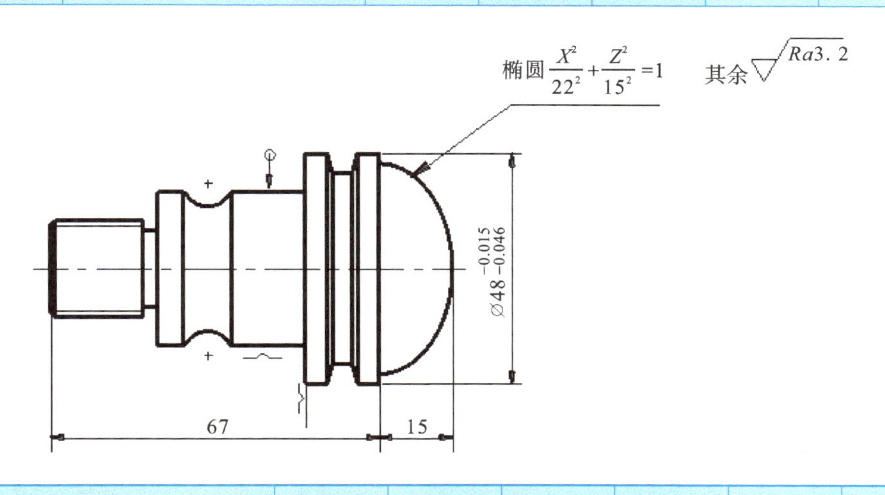

序号	工序内容	刀具号	刀具补偿号	刀具半径补偿号	主轴转速/(r/min)	切削速度/(mm/r)	吃刀深度/mm	量具
1	调头装夹 ∅32(－0.015，－0.046)mm外圆，用百分表校正 ∅48(－0.015，－0.046)mm 外圆，使其同轴度保证在0.02 mm	—	—	—	—	—	—	百分表

续表

序号	工序内容		刀具号	刀具补偿号	刀具半径补偿号	主轴转速/(r/min)	切削速度/(mm/r)	吃刀深度/mm	量具
2	粗、精车端面，控制总长82 mm		T0101	01	01	400	0.2	粗 0.5 精 0.2	游标卡尺
3	粗、精车椭圆面，至图纸要求		T0101	01	01	粗 600 精 1200	粗 0.3 精 0.1	粗 2 精 0.2	游标卡尺
编制		日期		审核		日期			

2. 曲面轴数控加工程序的编写

1）N20 工序编程

（1）建立编程坐标系。

曲面轴的右端面为长度尺寸基准，选择右端面的中心为编程坐标系原点。

（2）走刀路线设计。

①圆弧面加工。圆弧面分粗、精加工。粗加工选用仿型车削复合循环指令 G73 编程，不考虑 $R0.5$ 过渡圆弧，循环切削起点坐标为（36，－27.424），保留 0.2 mm 精加工余量，精车选用圆弧指令编程，粗、精车轮廓及关键点位置如图 2.26 所示，各尺寸由 CAD 作图法获得。

②V 形槽加工。车 V 形槽分粗、精加工。粗加工采用 G01 编程，分三步加工，先切宽 4 mm 直槽，再切两边斜面，保留 0.2 mm 精加工余量。V 形槽粗、精车轮廓及关键点位置如图 2.27 所示，各尺寸由 CAD 作图法获得。精车左壁切削起点坐标为（52，－62.572），右壁切削起点坐标为（52，－59.428）（注意：考虑切槽刀宽度 3 mm）。

③车螺纹。车螺纹选用循环指令 G92 编程，进刀段长度＝3×导程＝4.5 mm，退刀段长度＝2 mm，循环切削起点坐标为（22，4.5）。

M20－6g 外螺纹的大径最大值 $d_{max}=19.985$ mm、大径最小值 $d_{min}=19.623$ mm，小径值 17.294 mm，螺距 $p=2.5$ mm。经均值计算，大径取平均值 19.804 mm，在外圆面精加工时切削到位。

（3）编程时的尺寸处理与换算。

外圆尺寸∅32（－0.015，－0.046）mm、∅48（－0.015，－0.046）mm 经对称公差换算后，其中值分别为∅31.97 mm、∅47.97 mm。

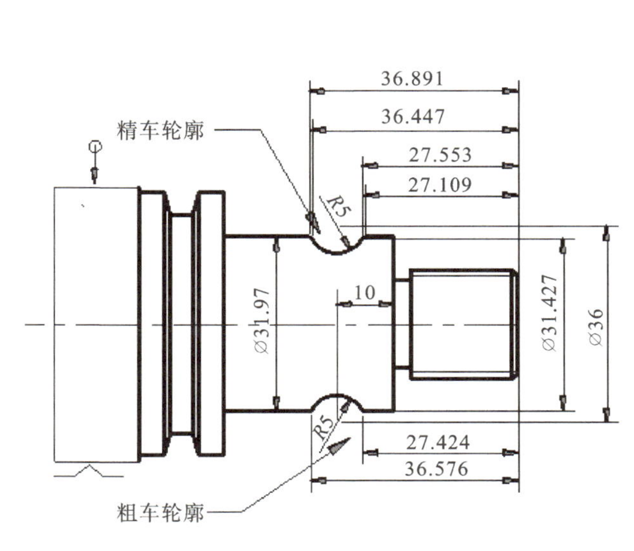

图 2.26　圆弧面粗、精车轮廓

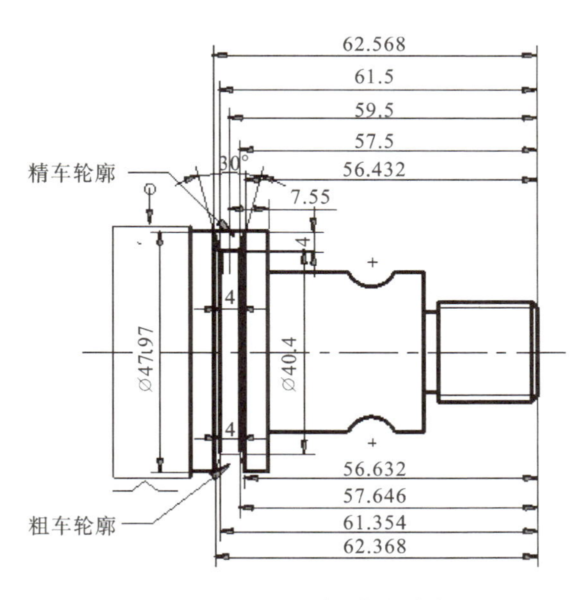

图 2.27　V 形槽粗、精车轮廓

(4)编写数控加工程序。

编写曲面轴 N20 数车工序的程序单(略),编写程序如下。

```
O2131;
N10 G54 G00 X100 Z100;              选择工件坐标系 G54,回换刀点
N20 M03 S400 M08;                   主轴起动,转速 400 r/min
N30 T0101;                          换粗车外圆车刀,粗、精车端面
N40 G00 X52 Z2;                     刀具快速到车端面切削起点
N50 G94 X-1 Z0.2 F0.2;              车端面一次
N60 Z0;                             车端面二次
N70 S600;                           调整主轴转速至 600 r/min,粗车阶梯轴
N80 G71 U2 R1 P90 Q180 X0.2 F0.3;   执行吃刀 2 mm,退刀 1 mm 的复合循环指令 G71
N90 G00 X16.8;                      N90～N180 为阶梯轴外圆精车轮廓(不包含圆弧曲面)
N100 G01 Z0 F0.1;
N110 X19.804 Z-1.5;
N120 Z-22;
N130 X30.97;
N140 X31.97 Z-22.5;
N150 Z-52;
N160 X46.97;
N170 X47.97 Z-52.5;
```

N180 Z-70;

N190 G00 X100 Z100;　　回换刀点

N200 T0202;　　换粗车外圆车刀，粗车圆弧曲面

N210 S400;　　调整主轴转速至 400 r/min

N220 G00 X38 Z-26;　　刀具快速到圆弧曲面粗车切削起点

N230 G73 U2.6 R3;　　执行 X 总余量 2.6 mm，分 3 刀切削的仿型车削复合循环指令 G73

N240 G73 P250 Q300 U0.2 F0.2;　　N250～N300 为粗车圆弧面轮廓(不考虑 $R0.5$ 过渡圆弧)

N250 G00 X31.97;

N260 G01 Z-27.424 F0.1;

N280 G02 Z-36.576 R5;

N300 G01 X33;

N310 G00 Z2;　　退刀

N320 S1200;　　调整主轴转速至 1200 r/min，精车外圆

N330 G00 X16.8;

N340 Z0;

N350 G01 X19.804 Z-1.5 F0.1;　　倒角 $C1.5$

N360 Z-22;　　车螺纹大径∅19.804

N370 X30.97;

N380 X31.97 Z-22.5;　　倒角 $C0.5$

N390 G01 Z-27.109 F0.1;　　车至 $R0.5$ 圆弧起点 Z 坐标，精车圆弧面轮廓

N400 G03 X31.427 Z-27.553 R0.5;

N410 G02 X31.427 Z-36.447 R5;

N420 G03 X31.97 Z-36.891 R0.5;

N430 G01 Z-52;　　车∅32(−0.015,−0.046)mm 外圆

N440 X47.97;

N450 Z-70;　　车∅48(−0.015,−0.046)mm 外圆

N460 G00 X100 Z100;　　回换刀点

N470 T0404;　　换切槽刀，切 3×2 槽

N480 S350;　　调整主轴转速至 350 r/min

N490 G00 X34 Z-22;　　刀具快速至 3×2 槽切削起点

N500 G01 X16 F0.12;　　切削至槽底

N510 G00 X52;	退刀至 X52
N520 Z-61;	刀具至 V 形槽中间 4 mm 直槽的第一刀切削起点，粗切 V 形槽
N530 G01 X40.4 F0.12;	切削至槽底，保留 0.2 mm 精车余量
N540 G00 X52;	退刀至 X52
N550 Z-59.632;	调整刀具至 V 形槽右斜边，粗车切削起点 Z 坐标
N560 G01 X47.97 F0.12;	调整刀具至粗车切削起点 X 坐标
N570 X40.4 Z-60.646;	斜切至槽底，保留 0.2 mm 精车余量
N580 G00 X52;	退刀至 X52
N590 Z-62.368;	调整刀具至 V 形槽左斜边，粗车切削起点 Z 坐标
N600 G01 X47.97 F0.12;	调整刀具至粗车切削起点 X 坐标
N610 G01 X40.4 Z-61.354 F0.12 ;	斜切至槽底，保留 0.2 mm 精车余量
N620 G00 X52;	退刀至 X52
N630 Z-62.568;	调整刀具至 V 形槽左斜边，精车切削起点 Z 坐标，精切 V 形槽
N640 G01 X47.97 F0.08;	调整刀具至精车切削起点 X 坐标
N650 X40 Z-61.5;	精车左斜边至槽底
N660 W3.5;	向 $+Z$ 方向精车槽底 3.5 mm
N670 G00 X52 W-1;	斜退刀
N680 Z-59.432;	调整刀具至 V 形槽右斜边，精车切削起点 Z 坐标
N690 G01 X47.97 F0.08;	调整刀具至 V 形槽右斜边，精车切削起点 X 坐标
N700 X60 Z-60.5;	精车右斜边至槽底
N710 W-1;	向 $-Z$ 方向精车槽底 1 mm
N720 G00 X52 W-1;	斜退刀至 X52
N730 X100 Z100;	回换刀点
N740 T0303;	换螺纹刀，车螺纹
N750 S400;	调整主轴转速至 400 r/min
N760 G00 X22 Z4.5;	刀具快速至车螺纹切削起点
N770 G92 X18.8 Z-19.5 F1.5;	车螺纹一刀
N780 X18;	车螺纹二刀
N790 X17.6;	车螺纹三刀
N800 X17.3;	车螺纹四刀
N810 X17.294;	车螺纹五刀

N820 G00 X100 Z100;　　回换刀点
N830 M05 M09;　　主轴停、关切削液
N840 M30;　　程序结束

2)N30 工序编程

(1)建立编程坐标系。

曲面轴椭圆面的短半轴长为 15 mm,其圆心位于∅48(−0.015,−0.046)mm 外圆左端面上,此面正好是长度 67 mm 尺寸的基准面,因此,调头加工时,编程坐标系 G55 应建立在∅48(−0.015,−0.046)mm 外圆的左端面上。

(2)走刀路线设计。

椭圆面分粗、精加工完成。粗加工选用外圆粗车复合循环指令 G71 编程,吃刀量1.5 mm,退刀量 1 mm,循环切削起点坐标为(52,17),保留 0.2 mm 精加工余量。精加工选用外圆精车循环指令 G70,循环切削起点与 G71 相同。

(3) 编程时的尺寸处理与换算。

椭圆曲线方程:$\frac{X^2}{22^2}+\frac{Z^2}{15^2}=1$,工件坐标系 G55 原点为椭圆中心,若选椭圆曲线上 Z 坐标为自变量,可得椭圆曲线上 X 坐标值:

$$X=22\sqrt{1-\frac{Z^2}{15^2}}$$

(4)编写数控加工程序。

①设变量#1 为 Z 坐标值,变量#2 为 X 坐标值,用宏程序运算符表示椭圆曲线 X 坐标值计算式为:#2=22*SQRT[1−#1*#1/15*15]。

②轨迹的运动控制采用直线插补指令 G01,即用小直线段去拟合椭圆曲线。设每条小直线段的 Z 坐标增量为 0.5 mm,且 Z 坐标值从初始值 22 逐渐减小至结束值 0。根据 Z 坐标值的每次变化,计算出每条小直线段的终点 X 坐标值。

③为了简化程序,X 坐标值的计算过程选择宏程序的 WHILE 循环语句编写。

曲面轴 N30 数控加工程序单见表 2-33,编写程序如下。

O2132;
N10 G55 G00 X100 Z100;　　选择工件坐标系 G55,回换刀点
N20 M03 S400 M08;　　主轴起动,转速 400 r/min
N30 T0101;　　换外圆车刀,车端面保证总长 82 mm
N40 G00 X52 Z17;　　刀具快速到车端面切削起点
N50 G94 X-1 Z15.2 F0.2;　　车端面一次
N60 Z15;　　车端面二次
N70 S600;　　调整主轴转速至 600 r/min,粗、精车椭圆面
N80 G71 U1.5 R1 P90 Q190 X0.2 F0.3;　　执行吃刀 1.5 mm,退刀 1 mm 的复合循环指令 G71
N90 G00 X0;　　N90～N190 为左端椭圆面精车轮廓

N100 G01 Z15 F0.1;

N110 #1=15;　　椭圆曲线 Z 坐标赋初值 15

N120 #2=0;　　椭圆曲线 X 坐标赋初值 0

N130 WHILE [#1 GT 0] 1;　　判断 Z 值≥0 是否成立，条件不成立，跳转执行 N170 后程序

N140 #22*SQRT[1-[#1*#1/15*15]];　　如果条件成立，说明椭圆曲线没有走完，根据当前的 Z 坐标值（#1 值），计算当前小直线段的 X 坐标值（#2 值）

N150 G01 X[2*#2] Z[#1] F0.1;　　以直线插补方式运行当前小直线段，拟合小段椭圆曲线

N160 #1=#1-0.5;　　计算下一段小直线段的 Z 坐标值，为下一次的直线插补做准备

N170 END 1;　　返回 N90，继续执行

N180 G01 X46.97 Z0 F0.1;　　车端面

N190 X47.97 Z-0.5;　　倒角 $C0.5$

N200 G70 P90 Q190 S1200;　　精车椭圆面

N210 G00 X100 Z100;　　回换刀点

N220 M05 M09;　　主轴停、关切削液

N230 M30;　　程序结束

表 2-33　数控加工程序单

<table>
<tr><td rowspan="2">零件名称</td><td rowspan="2">曲面轴</td><td colspan="2" rowspan="2">数控加工程序单</td><td>工序号</td><td colspan="2">30</td><td>共 1 页</td></tr>
<tr><td>工序名称</td><td colspan="2">数车</td><td>第 1 页</td></tr>
<tr><td colspan="2">程序号</td><td colspan="6">工序内容</td></tr>
<tr><td colspan="2">O2232</td><td colspan="6">车左端椭圆面，控制总长 82 mm 至图纸要求</td></tr>
<tr><td colspan="3"></td><td colspan="5">①调头装夹工件两处∅32(−0.015，−0.046)mm 外圆；
②用百分表校正∅48(−0.015，−0.046)外圆，使其同轴度保证在 0.02 mm</td></tr>
<tr><td>编制</td><td></td><td>日期</td><td></td><td>审核</td><td></td><td>日期</td><td></td></tr>
</table>

3. 曲面轴的数控车削加工

1)N20 工序

N20 工序数控车削加工的步骤见表 2 - 34,同学们可扫码观看现场操作视频,以及自主学习拓展资源(演示文稿)中相关知识。

表 2 - 34　N20 工序数控加工步骤

序号	操作内容	视频资源	演示文稿
1	安装工件	—	—
2	安装刀具,对刀建立坐标系 G54	—	—
3	程序录入与仿真	曲面轴的仿真加工	—
4	自动运行程序,完成零件的加工	曲面轴的数控车削加工(N20 工序)	圆弧面的检验方法

2)N30 工序

N30 工序数控车削加工的步骤见表 2 - 35,同学们可扫码观看现场操作视频,以及自主学习相关的拓展资源。

表 2 - 35　N30 工序数控加工步骤

序号	操作内容	视频资源
1	调头安装工件	—
2	对刀建立工件坐标系 G55	—
3	程序录入与仿真	—
4	自动运行程序,完成零件的加工	曲面轴的数控车削加工(N30 工序)

相关知识

1. 曲面的数控车削工艺

1)曲面的走刀路线

曲面加工分粗、精加工。粗车走刀通常有两种方案,如图 2.28 所示。图 2.28(a)是与零件轮廓相似的渐进路线,选用仿形车削复合循环指令 G73 编程,一般用于余量均匀的锻造、铸造毛坯。图 2.28(b)为矩形循环走刀路线,选用外圆车削复合循环指令 G71 编程,一般用于棒料毛坯。

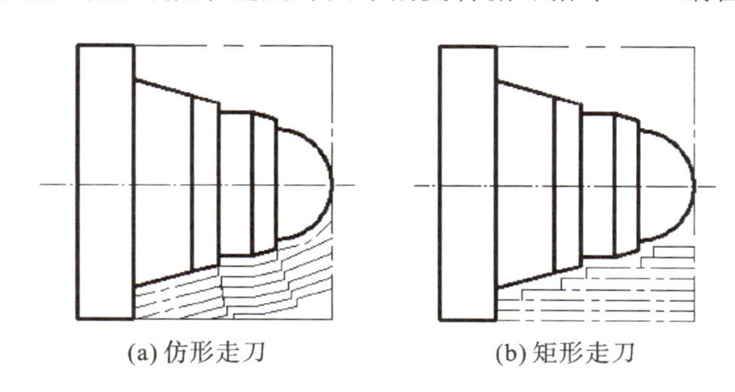

(a) 仿形走刀　　(b) 矩形走刀

图 2.28　曲面粗车走刀路线

2)曲面的加工刀具

在加工曲面时,要注意刀片类型和刀具角度的选择,否则会造成刀具与零件表面发生干涉。如图 2.29(a)所示,用主偏角 93°的 T 刀片外圆车刀加工外圆时,刀具的非加工刀刃将与零件表面发生干涉。如果零件外形没有 90°阶梯段,则可以通过减小主偏角来避免干涉。但当零件外形有 90°阶梯段时,则只能选择菱形刀片加工,如图 2.29(b)所示。菱形刀片的刀尖角有 80°、55°和 35°三种,其中 55°的菱形刀片常用于圆弧面的粗加工,35°的菱形刀片用于圆弧面的精加工。

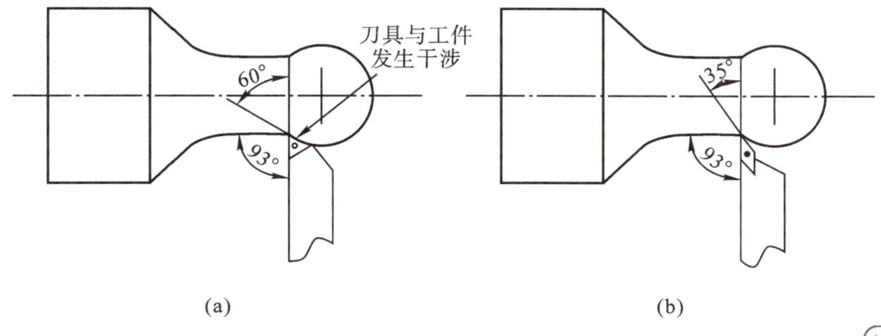

图 2.29　圆弧面的加工刀具选择

2. 新指令(仿形车削复合循环指令 G73)

仿形车削复合循环指令 G73 的格式、功能及参数定义见表 2-36。

表 2－36　仿形车削复合循环指令 G73

<table>
<tr><td>指令格式</td><td colspan="2">G73 U(Δi) W(Δk) R(d);
G73 P(ns) Q(nf) U(Δu) W(Δw) F(f) S(s) T(t);</td></tr>
<tr><td rowspan="8">参数说明</td><td>(Δi)</td><td>X 轴方向退刀量的距离和方向(粗加工总余量),半径指定</td></tr>
<tr><td>(Δk)</td><td>Z 轴方向退刀量的距离和方向(粗加工总余量)</td></tr>
<tr><td>(d)</td><td>粗加工重复切削次数</td></tr>
<tr><td>(ns)</td><td>精加工路径第一程序段的顺序号</td></tr>
<tr><td>(nf)</td><td>精加工路径最后程序段的顺序号</td></tr>
<tr><td>(Δu)</td><td>在 X 方向加工余量的距离和方向,直径指定</td></tr>
<tr><td>(Δw)</td><td>在 Z 方向加工余量的距离和方向</td></tr>
<tr><td>(f),(s),(t)</td><td>粗加工 G73 中编程的 f、s、t 有效,而精加工时处于 ns 到 nf 程序段之间的 f、s、t 有效</td></tr>
<tr><td>指令功能</td><td colspan="2">指令可使刀具按与零件精加工轮廓相似的封闭循环轨迹加工,如图例所示。封闭循环轨迹逐渐向零件最终轮廓靠近,精加工轮廓为 $A \rightarrow B \rightarrow C$。指令常用为铸件、锻件或已粗加工件的成型</td></tr>
<tr><td>图例</td><td colspan="2">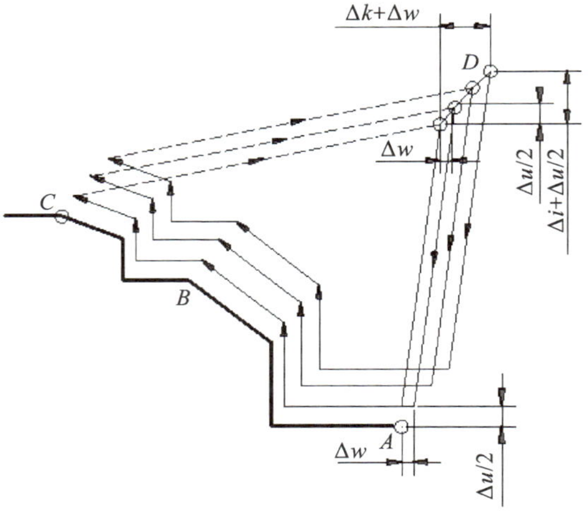
</td></tr>
<tr><td>注意事项</td><td colspan="2">①Δi 和 Δk 表示粗加工时的总余量,粗加工重复切削次数 d,每次循环 X、Z 方向的切削量为 Δi/d 和 Δk/d;
②G73 执行时,每次走刀轨迹形状相同,只是位置不同,每完成一次循环,起刀轨迹就向工件切削方向移动一个距离;
③G73 指令对零件轮廓的单调性没有要求;
④外圆粗车时,指令 G73 循环起点的 X 坐标值,应大于精车轮廓上直径最大处的 X 坐标值,否则退刀时刀具会撞上工件表面</td></tr>
</table>

3. 用户宏程序

用户宏程序是允许使用变量、算术和逻辑运算及条件转移的一种数控编程方法。此外宏程序还提供了循环语句、分支语和程序调用语句，用于手工编制各种复杂曲线轮廓零件的加工程序。

1）变量

（1）变量的表示。普通加工程序直接用数值指定 G 代码和移动距离，使用用户宏程序时，数值可以直接指定或用变量指定。变量用变量符号“＃”和后面的“变量号”指定，如＃1、＃50、＃101、……，变量可以用来表示 G、M、F、D、I、H、M、X、Y、……等各种指令代码后的数字。

例如：＃100＝10；　　　　　表示数值 10 被赋予到变量号为 100 的存储器里

＃103＝50；F＃103；　　表示 F 的实际值为 50，即 F＃103＝F50

表达式可以用于指定变量号，此时，表达式必须封闭在括号中。

例如：＃[＃1＋＃2－12]表示变量号为[＃1＋＃2－12]

（2）变量的类型。根据变量号和变量的用途和符号的不同，变量分为空变量、局部变量、公用变量和系统变量四类，见表 2－37。

表 2－37　宏变量的类型

变量号	变量类型	功能
＃0	空变量	该变量总是空，没有值能赋给该变量
＃1～＃33	局部变量	局部变量只能用在宏程序中存储数据，例如，运算结果。当断电时，局部变量被初始化为空。调用宏程序时，自变量对局部变量赋值
＃100～＃199 ＃500～＃999	公共变量	公共变量在不同的宏程序中的意义相同。当断电时，变量＃100～＃199 初始化为空。变量＃500～＃999 的数据保存，即使断电也不丢失
＃1000～	系统变量	系统变量用于读和写 CNC 的各种数据，例如，刀具的当前位置和补偿值

注：详见 FANUC series 0i Mate－TC 操作说明书

2）算术和逻辑运算

（1）算术和逻辑运算。

用户宏程序中，在变量之间执行的算术和逻辑运算类型见表 2－38。运算符右边的表达式可包含常量和由函数或运算符组成的变量。表达式中的变量 i、j 和 k 可以用常数替换。左边的变量也可以用表达式赋值。

表 2-38 宏程序算术运算与逻辑运算表达式

功 能	格 式	备 注
定义	#i=#j	—
加法 减法 乘法 除法	#i=#j+#k #i=#j-#k #i=#j*#k #i=#j/#k	—
正弦 反正弦 余弦 反余弦 正切 反正切	#i=SiN[#j] #i=ASiN[#j] #i=COS[#j] #i=ACOS[#j] #i=TAN[#j] #i=ATAN[#j]/[#k]	角度以度(°)为单位指定，如 90°30′表示为 90.5°
平方根 绝对值 舍入 上取整 下取整 自然对数 指数函数	#i=SQRT[#j] #i=ABS[#j] #i=ROUND[#j] #i=FiX[#j] #i=FUP[#j] #i=LN[#j] #i=EXP[#j]	—
或 异或 与	#i=#j OR #k #i=#j XOR #k #i=#j AND #k	逻辑运算一位一位地按二进制数执行
从 BCD 转为 BIN 从 BIN 转为 BCD	#i=BIN[#j] #i=BCD[#j]	用于与 PMC 的信号交换

注：BCD(binary coded decimal，二进制编码的十进制)；

BIN(binary，二进制编码)；

PMC(peripheral component interconnect mezzanine card，外围组件互连夹层卡)。

(2)条件运算符。

用户宏程序中，条件运算符应用于程序流程控制 IF 和 WHILE 的条件表达式中，用于判断两个表示式大小关系，条件运算符的类型见表 2-39。

表 2－39 条件运算符表

宏程序运算符	EQ	NE	GT	GE	LT	LE
数学意义	=	≠	>	≥	<	≤

例如：#1 LT 50 AND #1 GT 20；　　表示[#1<50]且[#1> 20]。

　　#3 EQ 8 OR #4 LE 10；　　表示：[#3=8]或者[#4≤10]。

表达式中包含多种运算符或函数时，用方括号[ ]来表示各运算的顺序。运算的优先级是方括号→函数→乘除→加减→条件→逻辑。

例如：175/SQRT[2] * COS[55 * PI/180]表示：$\frac{175}{\sqrt{2}}\times\cos\frac{55\pi}{180}$

3. 程序的流程控制

控制程序执行流程的控制语句有三种：GOTO（无条件转移）、IF（条件转移）和 WHILE（循环执行）。

(1)无条件转移——GOTO 语句。

指令格式：GOTO ×；

式中×表示顺序号，取值范围为 1～99999。

例如：#10=10；GOTO #10；　　表示程序无条件转移至 N10 程序段执行。

(2)条件转移——IF 语句。

①IF … GOTO ×；

IF 后面指定一个条件表达式，当条件满足则转移到程序段 N×执行，条件不满足则顺序执行。

指令格式：IF [条件表达式] GOTO ×；

例如：IF[#1 GT 10] GOTO 20；

表示若变量#1 中的数值大于 10，则转移到 N20 程序段。

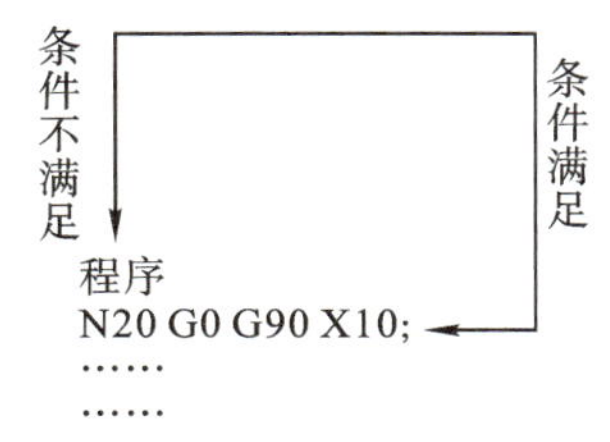

②IF … THEN …

IF 后面指定一个条件表达式，当条件满足则执行 THEN 引导的工作，然后再顺序执行；条件不满足则直接顺序执行。

指令格式：IF [条件表达式]　THEN … ；

例如：IF[#1 EQ #2] THEN #3=0；

表示若变量#1中的值等于#2中的值，则将"0"赋值给变量#3后，执行随后的程序。

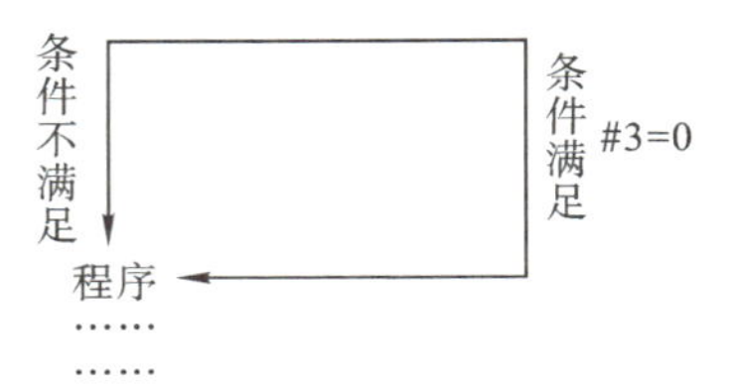

(3)循环执行——WHILE语句。

在WHILE后面指定条件表达式，当条件满足，执行DO到END之间的程序，条件不满足则转移到END *m* 之后执行。

指令格式：WHILE [条件表达式] DO *m*；… END *m*；

式中：*m*=1、2、3，若使用1、2、3以外的值则报错。

例如：WHILE [#1 GT 10] DO 2；

表示若变量#1中的值大于10，则继续执行下面的程序。

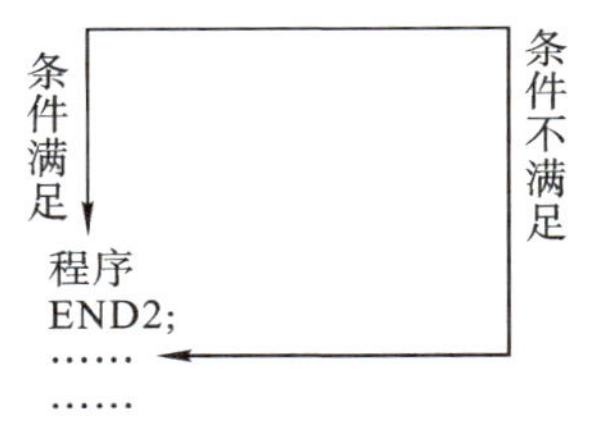

(4)嵌套。

在WHILE语句的DO到END循环中的标号(1、2、3)根据情况可重复调用，程序结构分别如图2.30所示。但是程序有交叉重复循环(DO范围重叠)时，会出现警告，程序结构分别如图2.31所示。

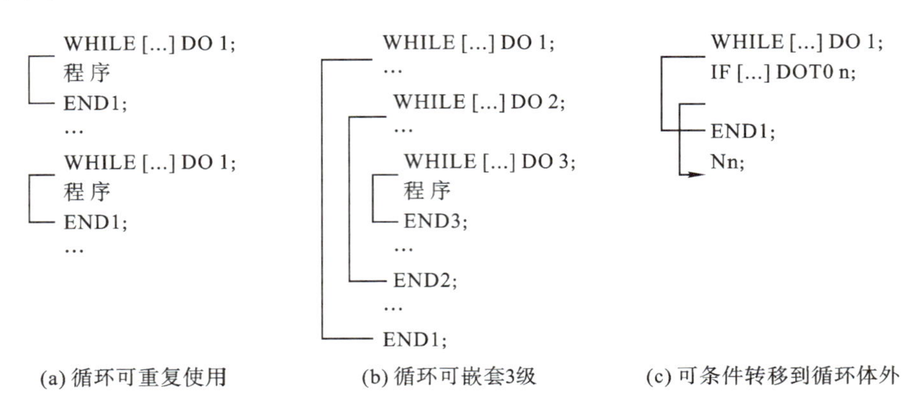

图2.30 WHILE语句的嵌套

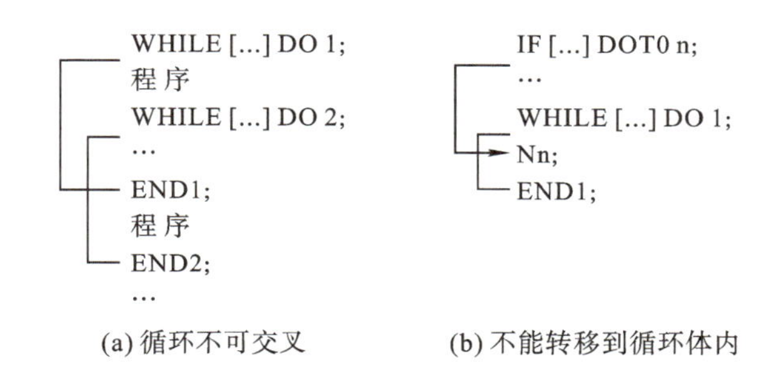

(a) 循环不可交叉　　(b) 不能转移到循环体内

图 2.31 WHILE 语句的错误嵌套

【例 2.1】试用宏程序，编写 1～10 的求和计算程序。

编制程序如下：

O2133;

＃1＝0；　　存储“和”的变量赋初值 0

＃2＝1；　　存储被加数的变量赋初值 1，即指定第一个被加数为“1”

N10 WHILE [＃2 LE 10] DO 1；当＃2 中的数小于 10，顺序执行求和计算

＃1＝＃1＋＃2；　　求和计算

＃2＝＃2＋1；　　指定下一个被加数

END 1；　　条件不满足，执行后续程序

M30；　　程序结束

4. 用户宏程序调用

用户宏程序的调用有非模态调用指令 G65 和模态调用指令 G66 两种方式。

(1)非模态调用指令 G65(又称简单调用)。当指定 G65 时，地址 P 指定的用户宏程序被调用，同时，数据(自变量)传送到宏程序中。

指令格式：G65 P× L× ＜自变量赋值＞；

式中：P×—— 指定被调用的用户宏程序程序号；

L×—— 宏程序重复运行的次数，取值范围为 1～9999，L1 可省略；

＜自变量赋值＞——数据传送至宏程序(即给宏程序中所使用的局部变量赋值)。

用户宏程序的自变量有Ⅰ型和Ⅱ型两种。Ⅰ型自变量使用了除 G、L、O、N 和 P 以外的字母(见表 2-40)，每个字母指定一次。Ⅱ型自变量使用 A、B、C 和 I*i*、J*i* 和 K*i* (*i* 为 1～10)表示。根据使用的字母，自动决定自变量指定的类型。

子程序由指令 M99 结束，并返回主程序。

(2)模态调用指令 G66(又称移动调用)。模态调用 G66 的功能是指每执行一次移动指令，就调用一次 P 指定的宏程序。需要使用 G67 取消模态调用。

指令格式：G66 P× L× <自变量赋值>；

各参数的意义与 G65 相同。

表 2-40 自变量指定Ⅰ型

字母	自变量	字母	自变量	字母	自变量
A	#1	I	#4	T	#20
B	#2	J	#5	U	#21
C	#3	K	#6	V	#22
D	#7	M	#13	W	#23
E	#8	Q	#17	X	#24
F	#9	R	#18	Y	#25
H	#11	S	#19	Z	#26

拓展练习

分析图 2.32 中曲面轴的加工工艺，选用合适的指令编写数控加工程序，并完成零件的数控加工。

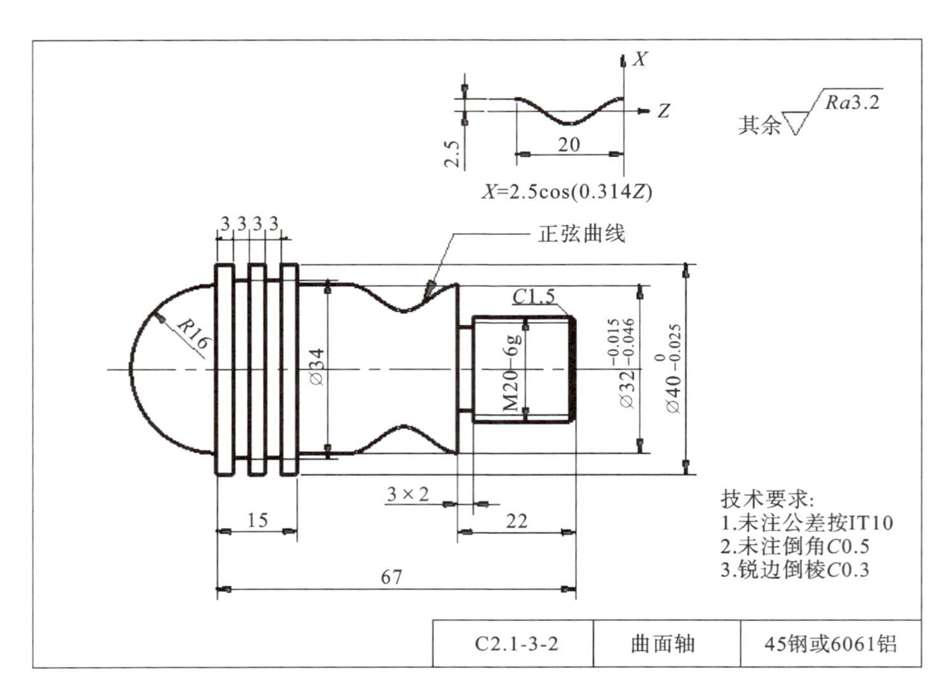

图 2.32 曲面轴零件图

知识巩固

【单选】(1)宏程序是允许使用______、算术运算、逻辑运算、条件转移的一种数控编程方法。(　　)

A. 变量　　B. 子程序　　C. 图形　　D. 文字

【单选】(2)执行程序"#1=25;#2=#1+4;G01 X[#2] F100;"后,X坐标值为______。(　　)

A. 25　　B. 4　　C. 29　　D. 30

【单选】(3)仅在当前程序中起作用的变量是______。(　　)

A. 局部变量　　B. 全局变量　　C. 系统变量　　D. 空变量

【单选】(4)程序"IF #I EQ 10"的判断条件是______。(　　)

A. #1>10　　B. #1≠10　　C. #1=10　　D. #1≤10

【单选】(5)关于程序 N10 WHILE [#5 NE 20] DO 1;说法正确的是______。(　　)

A. 如果#5>20,则执行 END 1 之后的程序

B. 如果#5≠20,则执行 END 1 之后的程序

C. 如果#5=20,则执行 END 1 之后的程序

D. 如果#5≠20,则执行 DO 至 END 1 之间的程序

【单选】(6)程序"#2=175/[SQRT[2]-COS[55*PI/180]];"表示______。(　　)

A. $\#2=\dfrac{175}{\sqrt{2}\cos\dfrac{55\pi}{180}}$　　B. $\#2=\dfrac{175}{\sqrt{2}-\cos\dfrac{55\pi}{180}}$

C. $\#2=\dfrac{175}{\sqrt{2}}\times\cos\dfrac{55\pi}{180}$　　D. $\#2=\dfrac{175}{\sqrt{2}}-\cos\dfrac{55\pi}{180}$

【单选】(7)宏程序调用指令"G65 P2002 L3 E4.0 X1.5;"的功能是______。(　　)

A. 调用 O2002 宏程序 3 次,给变量#1 和#2 传送数据 4.0 和 1.5

B. 调用 O2002 宏程序 3 次,给变量#8 和#24 传送数据 4.0 和 1.5

C. 调用 O2002 宏程序 1 次,给变量#11 和#26 传送数据 4.0 和 1.5

D. 调用 O2002 宏程序 2 次,给变量#8 和#24 传送数据 4.0 和 1.5

【单选】(8)程序"IF[#1 EQ #2] THEN #3=0;"表示若变量______,则将"0"赋给变量#3 后,执行随后的程序。(　　)

A. #1 等于#2　　B. #1 中的值等于#2 中的值

C. #2 中的值等于 1　　D. #1 中的值等于 2

【单选】(9)仿型复合循环指令 G73 主要用于余量______地锻造、铸造毛坯零件。(　　)

A. 非均匀　　B. 单调增加　　C. 单调减小　　D. 均匀

【单选】(10)仿型复合循环指令 G73 的参数 Δi 和 Δk 是______。(　　)

A. 精加工余量　　B. 每刀的切削量　　C. 粗加工总切削量　　D. 分层切削次数

项目2

套类零件的数控车削与编程

任务1 轮毂的数控车削与编程

任务描述

分析如图 2.33 中轮毂的加工工艺，选用合理的指令编写轮毂的数控加工程序，并在数控车床上完成零件加工。零件生产量：100 件，毛坯：∅80 mm×68 mm 的 45 钢或 6061 铝棒料。

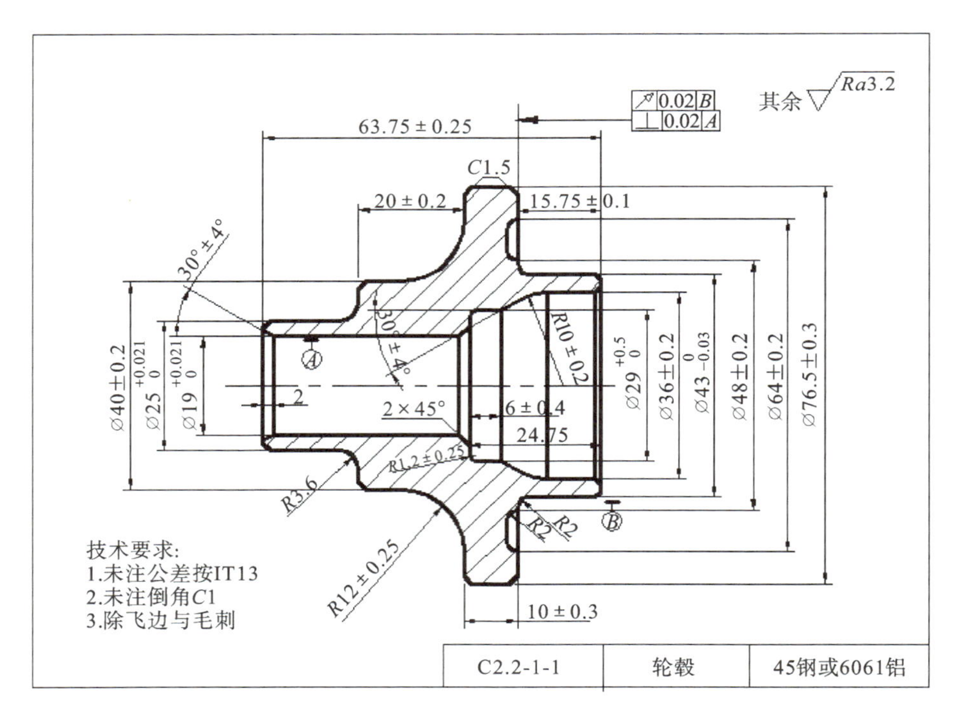

图 2.33 轮毂零件图

职业能力目标

(1)能分析和编写轴套类零件的数控车削工艺卡。

(2)能编写轴套类零件的数控加工程序,完成程序调试。

(3)能独立操作数控车床完成轮毂零件的首件车削加工。

(4)自主学习、善于思考、细致工作、精益求精。

任务分析

1. 轮毂的加工工艺分析

1)零件图分析

轮毂为典型的回转体零件,由外圆面、法兰面、端面槽和内孔等几何要素组成。零件尺寸精度等级为IT7～IT8,表面粗糙度为$Ra3.2\ \mu m$。

零件有形位公差要求,法兰面与基准面B有端跳动要求,与基准面A有垂直度要求。在加工时,应尽量将法兰面与基准面B和基准面A的精加工在一次装夹中完成。

2)编制加工工艺

(1)确定加工方案。根据轮毂的结构特点,可拟定两种加工方案。

方案一:零件两次装夹,分两道工序加工。工序一:夹左端,粗、精车右端外形和内孔;工序二:调头夹右端,粗、精车左端外形。

方案二:按粗车和精车,分两道工序加工。

①粗车工序:为了节约成本,粗车选用普通机床或精度不高的数控车床加工。粗车工序的加工外形尽量简单,不加工曲面形状,如图2.34所示。粗车分两道工序完成,工序一:夹左端所示形状粗车右端外形和内孔;工序二:调头夹右端,粗车左端外圆至粗车工序图。

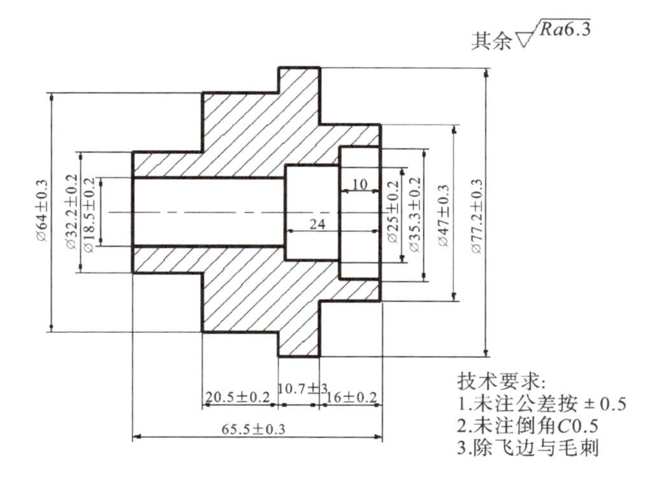

图2.34　粗车工序图

②精车工序：精车选用数控车床加工，同样分两道工序完成。工序一：夹左端精车右端外形和内孔；工序二：调头夹右端∅76.5±0.3 mm 外圆，精车左端外圆。

任务中要求生产零件数量为 100 件，在批量生产时，以上两个方案中的方案二更为合理。因为粗、精加工分开进行，可以有效提高生产效率，并切实保障零件的质量。综合分析，选择方案二为轮毂的数车加工方案。

(2)确定数控车削的装夹方案。

粗车工序：选用三爪卡盘夹持零件。

精车工序：工序一选用三爪卡盘夹持零件，工序二调头加工时选用软爪装夹或打表找正∅76.5±0.3 mm 外圆。软爪需精镗一个∅76.5±0.3 mm 的内孔、精车台阶面和倒 *R*3 圆角，并作精度检查。

(3)确定工序及内容，编制机械加工工艺过程卡。根据先基准、先粗后精、先远后近等工艺原则，确定加工方案二的工序及内容(见表 2-41)。

表 2-41　机械加工工艺过程卡

零件名称	轮毂	机械加工工艺过程卡	毛坯种类	棒料	共 1 页
			材料	6061 铝	第 1 页
工序号	工序名称	工序内容		设备	工艺装备
10	备料	∅75 mm×68 mm，材料 6061 铝棒料			
20	粗数车	夹紧工件左端，粗车右端面，不留黑皮；钻通孔∅18 mm；粗车右端∅43(0，−0.03)mm、∅76.5±0.3 mm 外圆至粗车工序图尺寸；粗车阶梯孔，倒角至粗车工序图尺寸		CAK6140	三爪卡盘
30	粗数车	调头装夹∅76.5±0.3 mm 外圆，粗车左端面，控制总长 65.5±0.3mm；粗车左端∅40±0.2 mm、∅25(+0.021，0) mm 外圆，倒角至粗车工序图尺寸		CAK6140	三爪卡盘
40	精数车	夹左端∅64±0.3 mm 外圆，精车内孔；粗、精车右端外型；粗、精车端面槽，倒角至零件图纸尺寸；精车右端面		CAK6140	三爪卡盘
50	精数车	调头装夹∅76.5±0.3 mm 外圆，精车左端面，控制总长 63.75±0.25 mm；孔口倒角；粗、精车 R12 圆弧、R3.6 圆弧，精车∅40±0.2 mm、∅25(+0.021，0)mm 外圆，倒角至零件图纸尺寸		CAK6140	三爪卡盘+软爪

续表

零件名称	轮毂	机械加工工艺过程卡		毛坯种类	棒料	共 1 页
				材料	6061 铝	第 1 页
工序号	工序名称	工序内容			设备	工艺装备
60	钳	锐边倒棱，去毛刺			钳工台	台虎钳
70	清洗	用清洗剂清洗零件			—	—
80	检验	按图样尺寸检测			—	—
编制		日期		审核	日期	

(4)确定数控车削刀具，编写刀具卡。

轮毂数控车削选择可转位硬质合金机夹车刀，刀具规格见表 2-42。

表 2-42 数控加工刀具卡

零件名称		轮毂		数控加工刀具卡			工序号	20、30、40、50
工序名称		数车					设备型号	CAK6140
序号	刀具号	刀具名称	刀柄型号	刀具			补偿量/mm	备注
				直径/mm	刀长/mm	刀尖半径/mm		
1	T0101	端面车刀	25 mm×25 mm	—	—	0.8	—	S 刀片，Kr45°
2	T0202	外圆刀	25 mm×25 mm	—	—	0.8	—	T 刀片，Kr93°
3	T0303	内孔车刀	刀杆直径∅12 mm	—	—	—	—	C 刀片，95°，最小加工直径 17 mm
4	T0404	端面槽刀	—	—	—	—	—	宽 3 mm，圆弧半径 0.4 mm
5	T05	直柄钻头	∅17.5 mm	—	—	—	—	—
编制		审核		批准			共 页	第 页

(5)编制数控加工工序卡。

综合分析，制定轮毂的数控加工工序(见表 2-43～表 2-46)。

表 2-43　轮毂数控加工工序卡(1)

<table>
<tr><td rowspan="2">零件名称</td><td rowspan="2">轮毂</td><td rowspan="2">数控加工工序卡</td><td>工序号</td><td>20</td><td>工序名称</td><td>粗车</td><td colspan="2">共 4 张</td></tr>
<tr><td>毛坯尺寸</td><td>∅80 mm ×68 mm</td><td>材料牌号</td><td>6061 铝</td><td colspan="2">第 1 张</td></tr>
<tr><td colspan="9">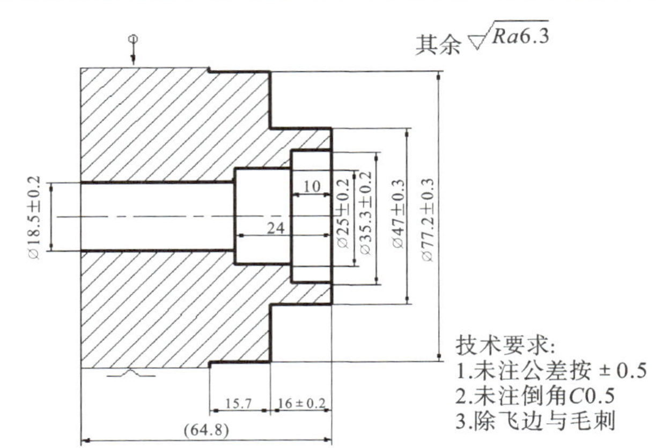</td></tr>
<tr><td>序号</td><td>工序内容</td><td>刀具号</td><td>刀具补偿号</td><td>刀具半径补偿号</td><td>主轴转速/(r/min)</td><td>切削速度/(mm/r)</td><td>吃刀深度/mm</td><td>量具</td></tr>
<tr><td>1</td><td>夹紧工件右端，伸出端50 mm左右</td><td>—</td><td>—</td><td>—</td><td>—</td><td>—</td><td>—</td><td>钢尺</td></tr>
<tr><td>2</td><td>粗车右端面，不留黑皮</td><td>T0101</td><td>01</td><td>01</td><td>450</td><td>0.2</td><td>0.8</td><td>游标卡尺</td></tr>
<tr><td>3</td><td>钻孔∅18 mm 通孔</td><td>—</td><td>—</td><td>—</td><td>—</td><td>—</td><td>—</td><td></td></tr>
<tr><td>4</td><td>粗车右端∅76.5±0.3 mm、∅43(0,−0.03) mm 至粗车工序图尺寸</td><td>T0202</td><td>02</td><td>02</td><td>粗 600</td><td>粗 0.3</td><td>粗 0.2</td><td>游标卡尺</td></tr>
<tr><td>5</td><td>粗车阶梯孔∅35.3±0.2 mm、∅25±0.2 mm、∅18.5±0.2 mm，倒角 C0.5 至粗车工序图尺寸</td><td>T0303</td><td>03</td><td>03</td><td>800</td><td>粗 0.1</td><td>粗 0.5</td><td>游标卡尺</td></tr>
<tr><td>编制</td><td colspan="2"></td><td>日期</td><td></td><td>审核</td><td></td><td>日期</td><td></td></tr>
</table>

表 2-44　轮毂数控加工工序卡(2)

<table>
<tr><td rowspan="2">零件名称</td><td rowspan="2">轮毂</td><td rowspan="2">数控加工工序卡</td><td>工序号</td><td>30</td><td>工序名称</td><td>粗车</td><td colspan="2">共 4 张</td></tr>
<tr><td>毛坯尺寸</td><td>∅80 mm ×68 mm</td><td>材料牌号</td><td>6061 铝</td><td colspan="2">第 2 张</td></tr>
<tr><td colspan="9">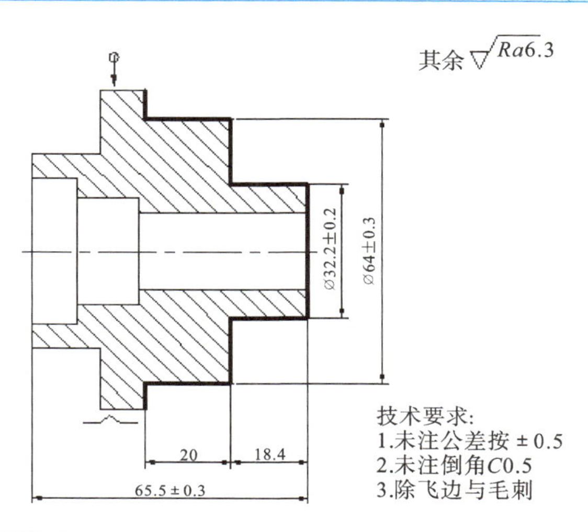
</td></tr>
<tr><td>序号</td><td>工序内容</td><td>刀具号</td><td>刀具补偿号</td><td>刀具半径补偿号</td><td>主轴转速/(r/min)</td><td>切削速度/(mm/r)</td><td>吃刀深度/mm</td><td>量具</td></tr>
<tr><td>1</td><td>调头装夹∅76.5±0.3 mm 外圆，找正</td><td>—</td><td>—</td><td>—</td><td>—</td><td>—</td><td>—</td><td>钢尺</td></tr>
<tr><td>2</td><td>粗车左端面，控制总长 65.5 ±0.3 mm</td><td>T0101</td><td>01</td><td>01</td><td>450</td><td>粗、精 0.2</td><td>粗 0.8
精 0.2</td><td>游标卡尺</td></tr>
<tr><td>3</td><td>粗车左端∅40±0.2 mm、∅25(+0.021,0) mm 外圆，倒角 C0.5 至粗车工序图尺寸</td><td>T0202</td><td>02</td><td>02</td><td>粗 600
精 1000</td><td>粗 0.3
精 0.1</td><td>粗 2
精 0.2</td><td>游标卡尺</td></tr>
<tr><td>编制</td><td></td><td>日期</td><td colspan="2"></td><td>审核</td><td></td><td>日期</td><td></td></tr>
</table>

表 2-45 轮毂数控加工工序卡(3)

零件名称	轮毂	数控加工工序卡	工序号	40	工序名称	数车	共 4 张
			毛坯尺寸	∅80 mm ×68 mm	材料牌号	6061 铝	第 3 张

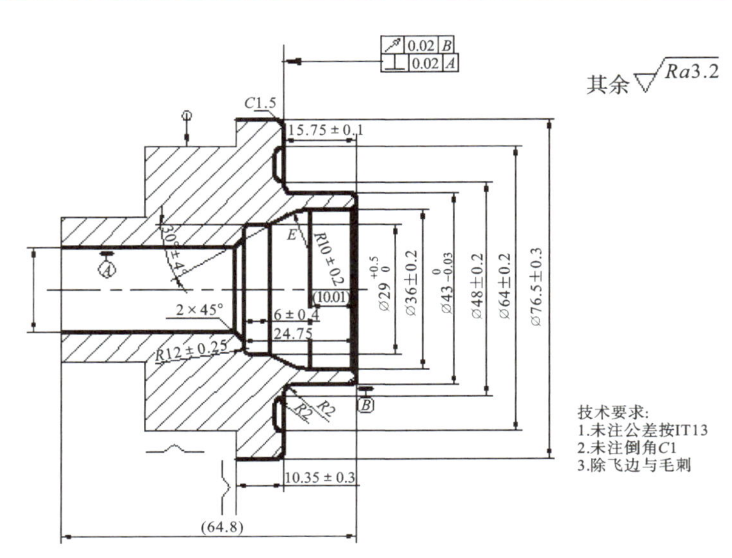

序号	工序内容	刀具号	刀具补偿号	刀具半径补偿号	主轴转速/(r/min)	切削速度/(mm/r)	吃刀深度/mm	量具
1	夹工件左端∅64±0.3 mm外圆,找正	—	—	—	—	—	—	钢尺
2	半精车、精车内孔至零件图纸尺寸	T0303	03	03	半精 800 精 1000	0.1	半精 0.5 精 0.2	游标卡尺
3	半精车、精车右端∅43(0,−0.03)mm、∅76.5±0.3mm外圆和 $R2$ 圆弧至零件图纸尺寸,精车右端面	T0202	02	02	半精 600 精 1000	半精 0.3 精 0.1	粗 2 精 0.35、0.1	游标卡尺
4	粗、精车端面槽	T0404	04	04	500	粗 0.1 精 0.05	粗 0.6 精 0.2	游标卡尺
编制		日期		审核		日期		

表 2－46 轮毂数控加工工序卡(4)

零件名称	轮毂	数控加工工序卡	工序号	50	工序名称	数车	共 4 张
			毛坯尺寸	∅80 mm ×68 mm	材料牌号	6061 铝	第 4 张

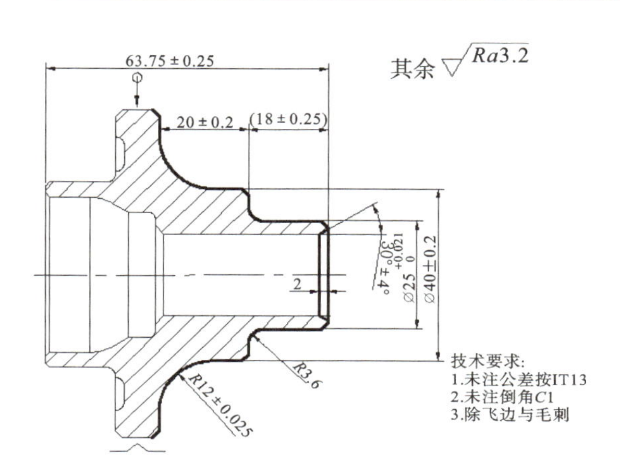

序号	工序内容	刀具号	刀具补偿号	刀具半径补偿号	主轴转速/(r/min)	切削速度/(mm/r)	吃刀深度/mm	量具
1	调头装夹∅76.5±0.3 mm外圆,用百分表校正∅76.5±0.3外圆,使其同轴度保证在0.02 mm	—	—	—	—	—	—	钢尺
2	孔口倒角	T0303	03	03	1000	0.1	0.5	—
3	车左端面,控制总长63.75±0.25 mm	T0202	02	02	450	0.2	0.35	游标卡尺
4	半精车、精车∅40±0.2 mm、∅25(+0.021,0) mm外圆、R12和R3.6圆弧至零件图纸尺寸	T0202	02	02	1000	0.1	0.35	游标卡尺
编制	日期		审核		日期			

2. 轮毂数控加工程序的编写

1)N20 工序编程

(1)建立编程坐标系。轮毂的右端面为长度尺寸基准,选择右端面的中心为编程坐标系原点。

(2)编写数控加工程序。N20 数车工序的车端面和钻∅18 mm 通孔两个工步采用手动操作,编写数车工序程序单(略),编写程序如下。

```
    O2211;
    G54 G00 X100 Z100;               选择工件坐标系 G54,回换刀点
    M03 S600 M08;
    T0202;                           换外圆车刀,车外圆
    G00 X80 Z2;                      刀具快速到车外圆切削起点
    G71 U2 R1 P10 Q20 X0.2 F0.3;     执行吃刀 2 mm,退刀 1 mm 的循环指令 G71
N10 G00 X46;
    G01 Z0 F0.2;
    X47 Z-0.5;
    Z-16;
    X77.2;
N20 W-15.7;
    G70 P10 Q20 S800;                执行指令 G70,车外圆
    G00 X100 Z100;                   回换刀点
    T0303;                           换内孔车刀
    G00 X32 Z2;                      刀具快速至内孔切削起点
    G71 U0.5 R0.5;
    G71 P40 Q50 U-0.2 F0.1;          执行吃刀 0.5 mm,退刀 0.5 mm 的循环指令 G71
N40 G00 X36.3;
    G01 Z0 F0.1;
    X35.3 Z-0.5;
    Z-10;
    X25;
    Z-24;
    X18.5;
N50 Z-67;
```

```
    G00 X32 Z2;                    刀具快速至内孔切削起点
    G70 P30 Q40 S1000;             执行指令G70,车内孔
    G00 X100 Z100;                 回换刀点
    M05 M09;                       主轴停、关切削液
    M30;                           程序结束
```

2)N30 工序编程

(1)建立编程坐标系。N30 数车工序的编程坐标系选择在左端面。

(2)编写数控加工程序。编写轮毂 N30 数车工序程序单(略),编写程序如下。

```
    O2212;
    G55 G00 X100 Z100;             选择工件坐标系G55,回换刀点
    M03 S450 M08;
    T0101;                         换端面车刀,粗车端面,保证总长
    G00 X80 Z2;                    刀具快速到端面切削起点
    G94 X-1 Z0.2 F0.2;             车端面一次
    Z0;                            车端面二次
    G00 X100 Z100;                 回换刀点
    M03 S600;
    T0202;                         换外圆车刀,粗车外圆
    G00 X80 Z2;                    刀具快速到粗车外圆切削起点
    G71 U2 R1;
    G71 P10 Q20 U0.2 F0.3;         执行吃刀2 mm,退刀1 mm的循环指令G71
N10 G00 X31.2;
    G01 Z0 F0.1;
    X32.2 Z-0.5;
    Z-18.4;
    X63;
    W-19.5;
N20 X64 W-0.5;
    G70 P10 Q20 S1000;             执行精车循环指令G70
    G00 X100 Z100;                 回换刀点
    M05 M09;                       主轴停、关切削液
    M30;                           程序结束
```

3)N40 工序编程

(1)建立编程坐标系。N40 数车工序选择右端面的中心为编程坐标系原点。

(2)走刀设计。

①半精车、精车右端外形的走刀。右端外形中∅76.5±0.3 mm 外圆的右环面属于盘状大尺寸端面,此端面的车削通常采用93°或95°的外圆车刀反拉车削加工。反拉车削是指用外圆车刀从外圆向圆心的径向切削。

半精车、精车右端外形的走刀通常不采用从外圆到端面的由内向外的一次切削,而是分两刀切削完成。第一刀是大端面的反拉车削,外圆车刀由端面大直径向圆心径向切削,切削至过渡圆弧处,沿斜线退刀,如图 2.35(a)所示。第二刀是外圆和过渡圆弧的车削,调整刀具至外圆精车切削起点,沿外圆轮廓由右向左轴向切削,切削至第一刀的交汇点时(两刀应有一定的重叠量,如 0.2 mm),沿斜线退刀,如图 2.35(b)所示。

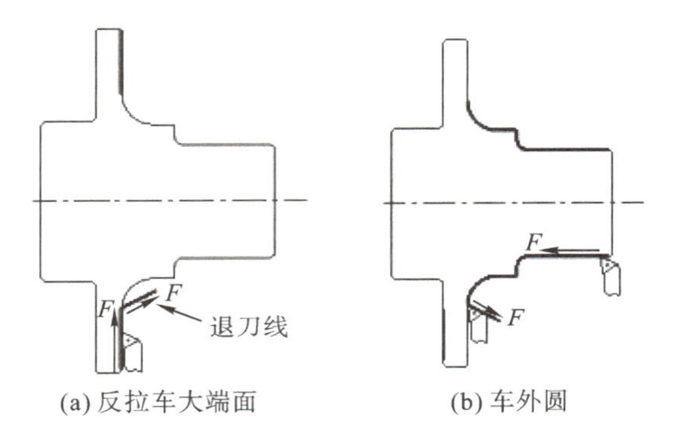

图 2.35 半精车、精车右端外形的走刀

轮毂粗车后,右端∅76.5±0.3 mm 外圆的右环面保留有约 0.35 mm 余量,$R2$ 圆弧未加工,为此,右端外形的精车工序分四步切削。

第一步:半精车∅43(0,−0.03) mm 外圆和 $R2$ 圆弧,保留 0.2 mm 余量。

第二步:反拉法半精车∅76.5±0.3 mm 外圆的右环面一刀,保留 0.1 mm 余量。

第三步:精车∅43(0,−0.03) mm、$R2$ 圆弧。

第四步:精车和∅76.5±0.3 mm 外圆和∅76.5±0.3 mm 外圆右环面至尺寸。

②粗、精车端面槽的走刀路线。

轮毂端面槽的加工分粗车和精车。

粗车端面槽:两边圆弧段和中间直线段分别进行。两边圆弧段采用沿圆弧轮廓多次切削方式,中间直线段采用轴向重复切削方式。切削顺序是先切中间直线段,再分别切大直径圆弧段,最后切小直径圆弧段。

中间直线段长 4 mm,刀宽 3 mm,共分 2 刀切削,第一刀从靠近大直径槽底圆弧处沿 Z 轴负方向切削至槽底(保留 0.2 mm 精车余量),然后沿 Z 轴正方向退出;第二刀向小直径方向移动1 mm,再次沿 Z 轴负方向轴向切削至槽底,如图 2.36(a)所示。

两边圆弧段分别分 3 刀切削,每次吃刀 0.6 mm,走刀路线为圆弧曲线,走刀方式分别如图 2.36(b)所示,保留 0.2 mm 精车余量。

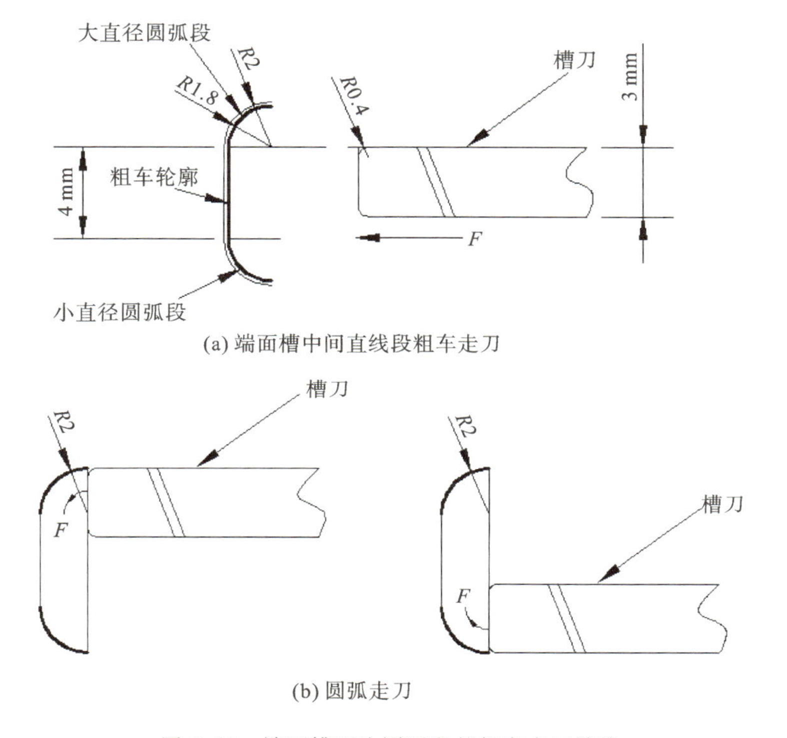

图 2.36 端面槽两边圆弧段的粗车走刀路线

精车端面槽:分两刀切削。第一刀从大直径圆弧切入,到中间直线段走完,以小于 $R2$ 的圆弧线退刀(或斜线退刀),如图 2.37(a)所示;第二刀从小直径圆弧切入,圆弧走完后,沿 X 径向走 0.1 mm 直线段,再沿正 Z 方向斜线退刀,如图 2.37(b)所示。

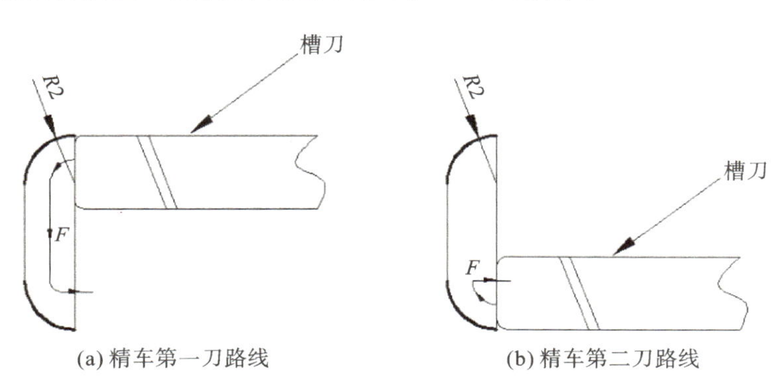

图 2.37 端面槽精车走刀路线

(3)坐标值计算。通过CAD软件作图可得,N40数车工序图中内孔上30°斜线与$R10$圆弧的交点E的坐标值为(33.32,-15.01)。

(4)编写数控加工程序。编写数车工序程序单(略),编写程序如下。

```
    O2213;
    G56 G00 X100 Z100;           选择工件坐标系G56,回换刀点
    M03 S800 M08;                半精车、精车内孔
    T0303;                       换内孔车刀
    G00 X34 Z2;                  刀具快速到内孔切削起点
    G71 U0.5 R0.5;
    G71 P10 Q20 U-0.2 F0.1;      执行吃刀0.5 mm,退刀0.5 mm的循环指令G71
N10 G00 X37;
    G01 Z0 F0.1;
    X36 Z-1;
    Z-10.1;
    G03 X33.23 Z-15.01 R10;
    G01 X29.25 Z-18.75;
    Z-23.55;
    G03 X26.85 Z-24.75 R1.2;
    G01 X23.01;
    X19.01 W-2;
N20 Z-66;
N30 M03 S1000;
    G00 X34 Z2;                  刀具快速至内孔切削起点
    G70 P10 Q20 S1000;           执行指令G70,精车内孔
    G00 X100 Z100;               回换刀点
    M01;                         程序暂停,检测外圆,如果有误差设置T03新刀补值,从
                                 N30执行补刀操作
    M03 S600;
    T0202;                       换外圆车刀,半精车、精车外圆
    G00 X50 Z2;                  刀具快速至外圆切削起点
    G71 U2 R1;
    G71 P40 Q50 U0.2 F0.3;       半精车∅43(0,-0.03)mm外圆面和R2圆弧面
```

N40 G00 X41.99;	
G01 Z0;	
X42.99 Z-1;	
Z-13.75;	
N50 G02 X46.99 Z-15.75 R2;	
G00 X78;	调整刀具至点(78,—15.65)
Z-15.55;	
G01 X47.09 F0.2;	反拉半精车∅76.5±0.3 mm外圆右环面,保留0.1 mm余量
G03 X45.09 Z-14.65 R1;	圆弧退出
G01 X46 Z-13;	斜退刀
N60 M03 S1000;	精车外圆
G00 X50 Z2;	调整刀具至精车∅43(0,—0.03)mm外圆切削起点
G70 P40 Q50 F0.1;	精车∅43(0,—0.03)mm外圆面和 $R2$ 圆弧面
G00 X76.5;	调整刀具至精车∅76.5±0.3 mm外圆切削起点
Z-15.75;	
G01 Z-27 F0.1;	精车∅76.5±0.3 mm外圆
G00 X78;	反拉精车∅76.5±0.3 mm外圆右环面
Z-17.25;	
X74.5 Z-15.75;	倒角 $C1.5$
X46.99;	
G03 X44.99 Z-14.75 R1;	圆弧退刀
G01 X44 Z-13;	斜退刀
G00 Z-1;	调整刀具至精车右端面切削起点
G01 X42.99 F0.1;	
X40.99 Z0;	倒角 $C1$
X34;	精车端面
G00 X100;	
Z100;	回换刀点
M01;	程序暂停,检测外圆,如果有误差设置T02新刀补值,从N60执行补刀操作
N70 M03 S500;	粗、精车端面槽
T0404;	换端面槽刀
G00 X54 Z2;	刀具快速至粗车端面槽中间直线段第一刀切削起点

G01 Z－17.55 F0.1;	粗车端面槽中间直线段第一刀
G00 Z2;	
X52;	刀具快速至端面槽中间直线段第二刀切削起点
G01 Z－17.55 F0.1;	粗车端面槽中间直线段第二刀
G00 Z2;	
X55.2;	刀具快速至粗车端面槽大直径圆弧第一刀切削起点
G01 Z－15.75 F0.1;	
G03 X54 Z－16.35 R0.6;	粗车端面槽大直径圆弧第一刀,吃刀量 0.6 mm
G01 Z－14;	
X56.4;	
G03 X54 Z－16.95 R0.6;	粗车端面槽大直径圆弧第二刀
G01 Z－14;	
X 57.6;	
G03 X54 Z－17.55 R0.6;	粗车端面槽大直径圆弧第三刀
G01 Z－14;	
G00 X50.4;	刀具快速至粗车端面槽小直径圆弧第一刀切削起点
G01 Z－15.75 F0.1;	
G02 X52 Z－16.35 R0.6;	粗车端面槽小直径圆弧第一刀,吃刀量 0.6 mm
G01 Z－14;	
X49.6;	
G02 X52 Z－16.95 R0.6;	粗车端面槽小直径圆弧第二刀
G01 Z－14;	
X48.4;	
G02 X54 Z－17.55 R0.6;	粗车端面槽小直径圆弧第三刀
G01 Z－14;	
G00 X58;	精车端面槽,刀具快速至精车端面槽大直径圆弧切削起点
G01 Z－15.75 F0.05;	
G03 X54 Z－17.55 R2;	精车端面槽大直径圆弧和中间直线段
G01 X52;	
Z－14;	
X48;	精车端面槽小直径圆弧
Z－15.77;	
G02 X54 Z－17.55 R2 ;	

G01 X55 Z－14;　　　　斜退刀

G00 Z100;

X100;　　　　回换刀点

M01;　　　　程序暂停，检测端面槽，如果有误差设置 T04 新刀补值，从 N70 进行补刀操作

M05 M09;

M30;

4)N50 工序编程

(1)建立编程坐标系。N50 数车工序选择左端面的中心为编程坐标系原点。

(2)走刀设计。工步 4(粗、精车左端外形)的走刀分粗、精车切削，选用外圆粗、精车循环指令的 G71 和 G70 编程。

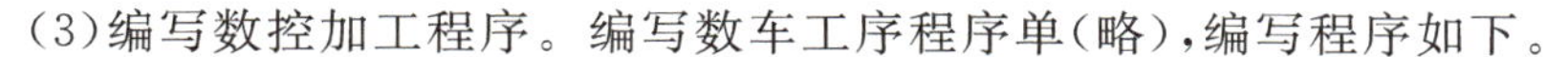

(3)编写数控加工程序。编写数车工序程序单(略)，编写程序如下。

O2214;

G57 G00 X100 Z100;　　　　选择工件坐标系 G57，回换刀点

M03 S1000 M08;　　　　车内孔 30°倒角

T0303;　　　　换内孔车刀

G00 X21.31 Z5;　　　　刀具快速到内孔切削起点

G01 Z0 F0.1;

X19.01 Z－2;

X17;

Z5;

G00 X100 Z100;

T0202;　　　　换外圆车刀

S600;

G00 X78 Z2;　　　　调整刀具至外圆切削起点

G71 U0.5 R0.5 P10 Q20 X－0.2 F0.3;执行吃刀 0.5 mm，退刀 0.5 mm 的循环指令 G71

N10 G00 X23.01;

G01 Z0 F0.1;

X25.01 Z－1;

Z－14.4;

G02 X32.21 Z－18 R3.6;

G01 X38;

X40 W－1;

```
    Z-26;
    G02 X64 Z-38 R12;
    G01 X74.5;
    X76.5 W-1;
    X78;
N30 G00 X78 Z2;                 调整刀具至外圆切削起点
    M03 S1000;
    G70 P10 Q20 S1000;          执行指令G70,精车外圆
    S450;
    G00 Z0;                     调整刀具至端面切削起点
    X25;
    G01 X17 F0.1;               精车左端面
    G00 X100 Z100;              回换刀点
    M01;                        程序暂停,检测外圆,如果有误差设置T02新刀补值,
                                从N30执行补刀操作
    M05 M09;
    M30;
```

3. 轮毂的数控车削加工

1)轮毂精车工序

轮毂精车工序的数控车削加工见表2-47,同学们可扫码观看现场操作视频,以及自主学习拓展资源。

表2-47 数控车削加工

序号	操作内容	视频资源		演示文稿
1	N40工序:夹左端,精车右端外形和孔	轮毂N40工序仿真加工	轮毂的数控车削加工(N40)工序	内孔车刀的安装
2	N50工序:夹右端,精车左端外形	轮毂N50工序仿真加工	轮毂的数控加工(N50)工序	内孔的检查方法

2)内孔车刀(非标准刀)对刀

内孔车刀(非标准刀)对刀,建立刀具几何偏置补偿值的方法见表 2-48。

表 2-48 对刀操作方法

内容	操作方法	图例
Z 轴对刀(获得 T03 刀的 Z 向几何偏置补偿值)	①手动调用 T03 内孔车刀,启动主轴,移动刀架,使内孔车刀的刀尖刚刚接触标准刀(即外圆刀)试切对刀时切削的端面,如右侧图例所示,然后,保持刀具位置不动,或使刀具沿径向退出工件	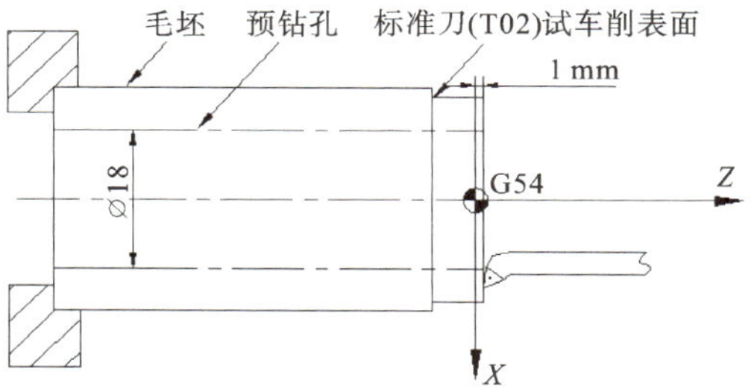 毛坯 预钻孔 标准刀(T02)试车削表面 1 mm ⌀18 G54 Z X
	②在"刀具补正/形状"界面,将光标移到 03 刀具补偿号的 Z 轴补偿数值框,输入"Z1"(此处端面切削余量为 1 mm),再按下显示区下方软键"测量",系统自动获取 T03 内孔车刀与标准刀在 Z 方向的尺寸几何偏置补偿值	
X 轴对刀(获得 T03 刀的 X 向几何偏置补偿值)	①启动主轴,手动或手轮移动刀架,使内孔车刀伸进预钻孔内,在工件的内孔 X 方向少量吃刀,然后沿 Z 轴负向切削工件一定长度后,使刀具沿 Z 轴的正方向退出,并停止主轴	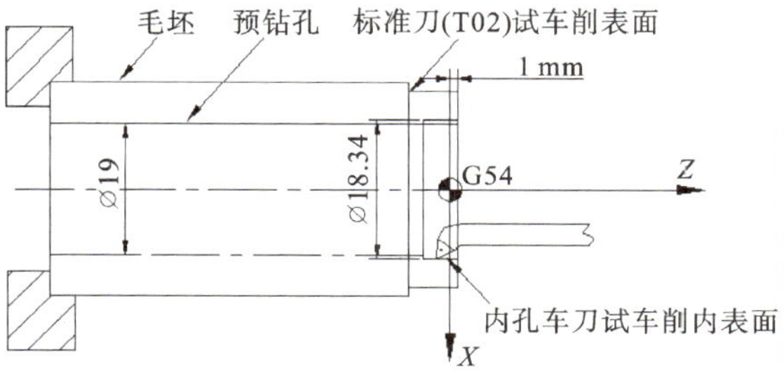 毛坯 预钻孔 标准刀(T02)试车削表面 1 mm ⌀19 ⌀18.34 G54 Z 内孔车刀试车削内表面 X
	②用游标卡尺或内径百分表,测量工件被加工部分的直径,并记录下此直径值(假设直径为⌀18.34 mm)	
	③将光标移到 03 刀具补偿号的 X 轴补偿数值框,输入"18.34",再按下显示区下方软键"测量",系统自动获取 T03 内孔车刀的 X 方向补偿值	

3)端面槽刀(非标准刀)对刀

端面槽刀(非标准刀)对刀,建立刀具几何偏置补偿值的方法见表 2-49。

表 2－49　对刀操作方法

内容	操作方法	图例
Z 轴对刀（获得 T04 刀的 Z 向几何偏置补偿值）	①启动主轴，手动调用 T04 号端面槽刀，移动刀架，使端面槽刀的前刀刃刚刚接触标准刀试切对刀时切削的端面，如图例所示。在保持刀具 Z 轴位置不动的情况下，使刀具沿径向退出工件端面，并停止主轴	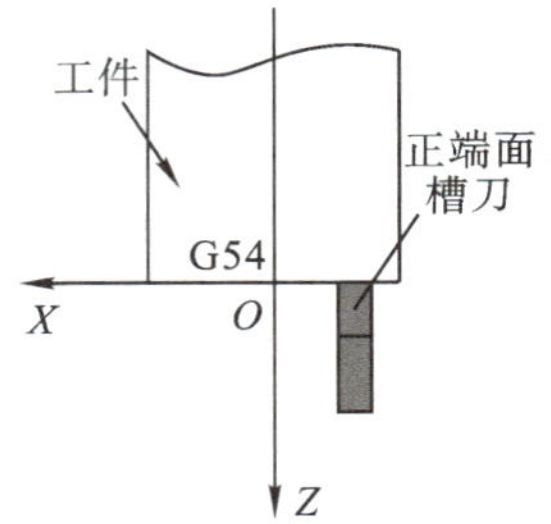
	②在“刀具补正/形状”界面，将光标移到 04 刀具补偿号的 Z 轴补偿数值框，输入“Z0.35”（此处端面切削余量为 0.35 mm），再按下显示区下方软键“测量”，系统自动获取 T04 端面槽刀与标准刀在 Z 方向的尺寸几何偏置补偿值	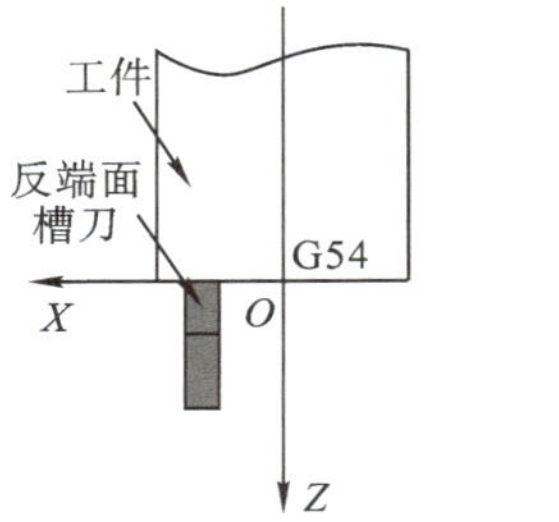
X 轴对刀（获得 T04 刀的 X 向几何偏置补偿值）	①启动主轴，手动或手轮移动刀架，使端面槽刀的左刀尖（正端面槽刀）或右刀尖（反端面槽刀）刚刚接触标准刀试切对刀时切削的外圆表面，如图例所示。在保持刀具 X 轴位置不动的情况下，使刀具沿 Z 轴的正方向退出，并停止主轴	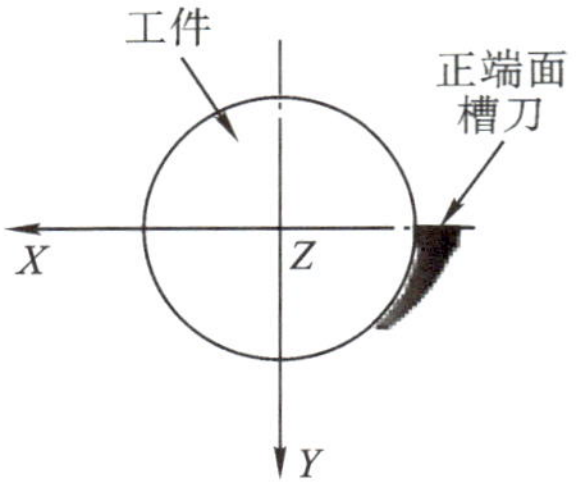
	②用外径千分尺或游标卡尺测量工件被加工部分的直径，假定标准刀试切外圆直径 ∅46.85 mm，记录此直径值	
	③将光标移到 04 刀具补偿号的 X 轴补偿数值框，输入“X46.85”，再按下显示区下方软键“测量”，系统自动获取 T04 端面槽刀的 X 方向补偿值	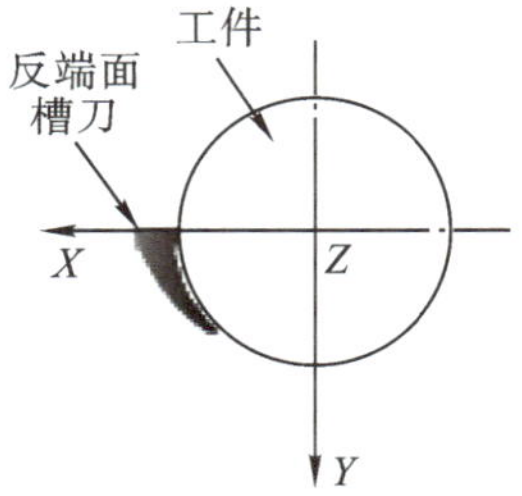

相关知识

1. 孔的车削工艺

1）车孔的加工方案

铸造、锻造或钻出来的孔，其精度都很低，还需要进一步加工。车孔是孔加工最常见的方法。车孔除满足尺寸与表面粗糙度的要求外，还可以提高孔的直线度，保证孔与其他形体的同轴度。

车孔包括粗车、精车、精细车。精车精度可达 IT7～IT8，表面粗糙度可达 $Ra1.6$～3.2；精细车精度可达 IT6，表面粗糙度可达 $Ra0.8$。根据孔的精度要求不同，常见的车孔方案见表 2-50。

表 2-50 车孔方案

序号	加工方案	加工精度	适用场合
1	钻＋粗车	IT8；$Ra3.2$～$Ra6.3$	在实体上加工直径小于 30 mm 的孔
2	钻＋粗车＋精车	IT7～IT8；$Ra1.6$～$Ra3.2$	在实体上加工直径小于 30 mm 的孔
3	钻＋粗车＋精车＋精细车	IT6～IT7；$Ra0.8$～$Ra1.6$	在实体上加工直径小于 30 mm 的孔
4	粗车＋精车	IT7～IT8；$Ra1.6$～$Ra3.2$	加工铸件和锻造套类零件的孔
5	粗车＋精车＋精细车	IT6～IT7；$Ra0.8$～$Ra1.6$	加工铸件和锻造套类零件的孔

2）车孔的切削用量

车孔原理与外圆相同，只是进刀和退刀的方向相反。车孔时，刀尖先切入工件，容易碎裂。其次，刀杆细长，吃刀深了容易弯曲振动且排屑困难，要注意控制切屑流出的方向。精车孔时要求切屑流向待加工表面（前排屑），要采用正刃倾角的内孔车刀。加工盲孔时，应采用负刃倾角的车刀，使切屑从孔口排出。

由于车孔的排屑、散热和刀具刚性等问题，孔加工的切削用量选择较外圆车削要小 10%～20%。注意保证切屑呈卷曲的带状，并顺利沿孔排出。粗加工时，在工艺系统刚性和机床功率允许的情况下，尽可能取较大的背吃刀量，以减少进给次数。精加工时，为保证零件表面粗糙度要求，背吃刀量一般取 0.1～0.4 mm 较为合适。

3）内孔车刀

机夹式内孔车刀的刀片有 T 型、S 型和 C 型等多种，其外形如图 2.38 所示。

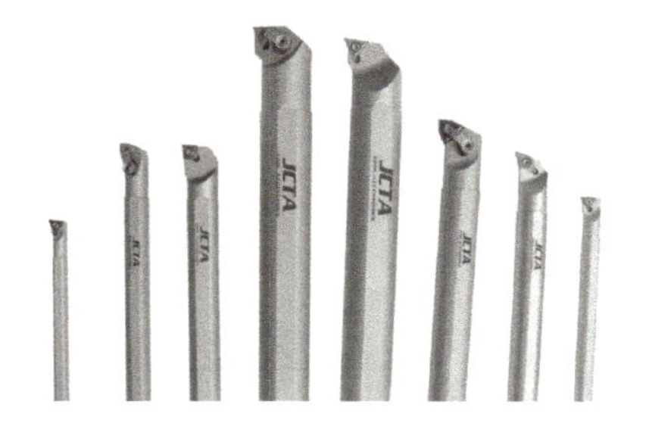

图 2.38 机夹式内孔车刀

内孔车刀的主要参数有刀杆直径 d、刀尖至刀杆中心距离 f、刀具主偏角 Kr、前角 α、刀具最小加工直径 D_{min} 刀头长度 L_1，以及最大悬伸 $3\times d$ 等，如图 2.39 所示。选择内孔车刀时，刀具最小孔加工直径 D_{min} 和刀具总长 L 应大于被加工孔的直径和孔深度。

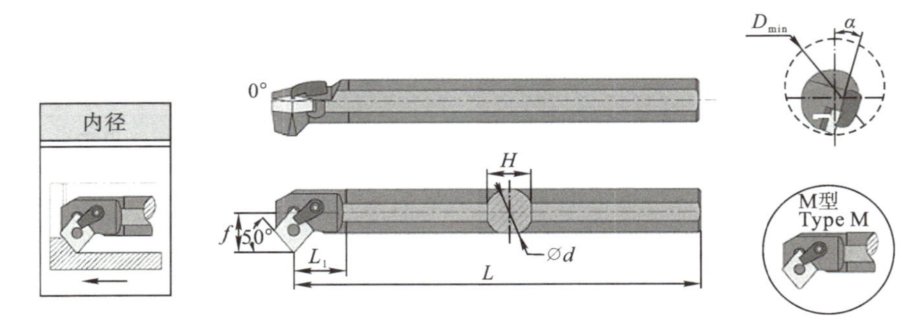

图 2.39　内孔车刀的结构与参数

2. 轴套类零件的装夹

轴套类零件的内外圆通常有同轴度要求，端面与基准轴线有垂直度要求，装夹时通常内圆和外圆互为基准。轴套类零件常见的装夹方式见表 2－51。

表 2－51　轴套类零件的装夹

装夹方式	介　绍
以外圆为基准的装夹方式	以外圆为基准的装夹方式有卡盘装夹和开口套筒装夹两种，如下图所示。使用开口套筒可增大夹紧面，避免卡盘将工件夹伤，主要用于薄壁套类零件。开口套筒需要根据零件结构进行定制。 工件　开口套 (a) 卡盘装夹　(b) 开口套筒装夹
以内孔为基准的装夹方式	以内孔为基准的装夹方式有短心轴装夹、长心轴装夹和伞形顶尖装夹等，如下图所示。 (a) 短心轴装夹　(b) 长心轴装夹　(c) 伞形顶尖装夹

3.端面槽的车削

1)端面槽的车削工艺

端面槽的车削工艺根据槽的尺寸和精度要求而不同。浅而窄的端面槽通常采用与槽等宽的刀具直接切入切出加工完成,只是在槽底需要利用延时指令使刀具短暂停留,以修整槽底圆度。尺寸宽大且精度高的端面槽要分粗加工和精加工两步加工。

(1)端面槽粗加工。

端面槽的粗加工有重复轴向切削和侧向插切两种方法,如图 2.40 所示。侧向插切对切屑的控制较好,但需要稳定的刀具装夹。因此,应用较广泛的是重复轴向切削。重复轴向切削的方法是先从最大直径处沿轴向加工到槽底(如图 2.40 中的“①”),槽底和槽壁均保留精加工余量,然后退回。再逐次向小直径方向切削第二刀、第三刀(如图 2.40 中的“②”“③”)……,每刀切削宽度约为 0.5～0.8 倍刀宽。

(a) 车端面槽

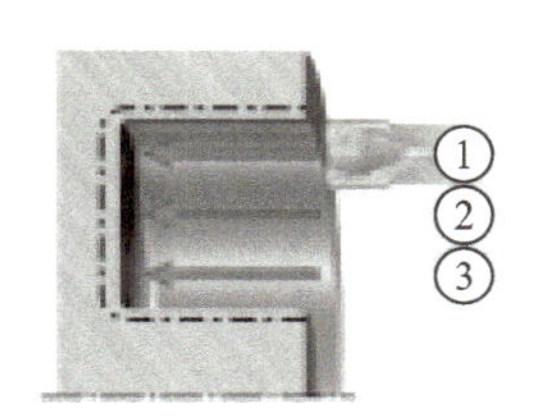

(b) 重复轴向切削

(c) 侧向插切

图 2.40　端面槽的粗加工方法

(2)端面槽精加工。

端面槽的槽底通常有圆弧,其精加工通常分三次走刀切削。

第一刀:在靠近大直径的圆角处,首次轴向切削至深度尺寸,然后退刀,如图 2.41 所示。

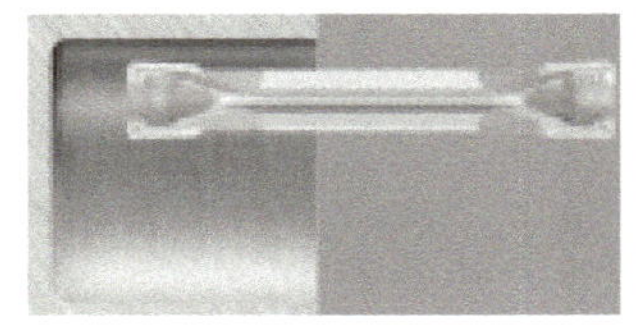
(a) 靠近大直径的圆角轴向进刀

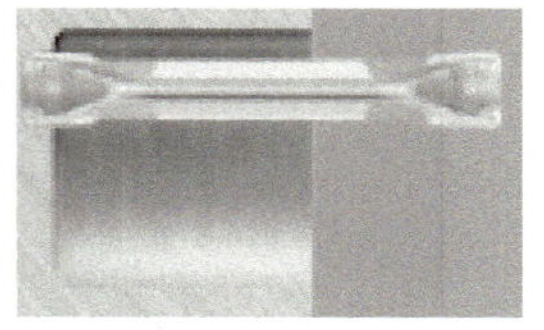
(b) 轴向切削至深度尺寸

图 2.41　精车第一刀

第二刀:在大直径处开始第二次轴向切削至深度尺寸,然后,沿槽底向小直径径向切削,在接触最小直径圆角处退刀,如图 2.42 所示。

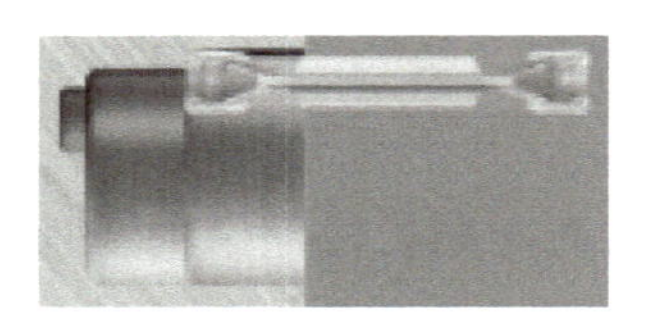

(a) 最大直径处轴向进刀

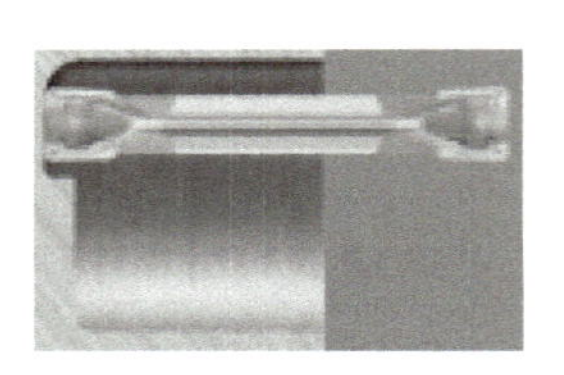

(b) 精车大直角圆角

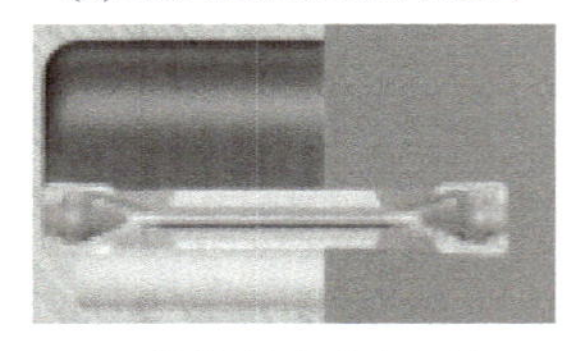

(c) 接触最小直径圆角

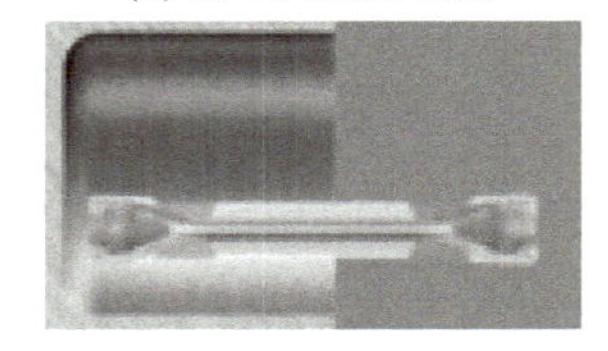

(d) 退刀

图 2.42 精车第二刀

第三刀:从小直径处开始第三次轴向切削至深度尺寸,然后,沿槽底向大直径径向切削至第二刀底面切削交接处退刀,如图 2.43 所示。

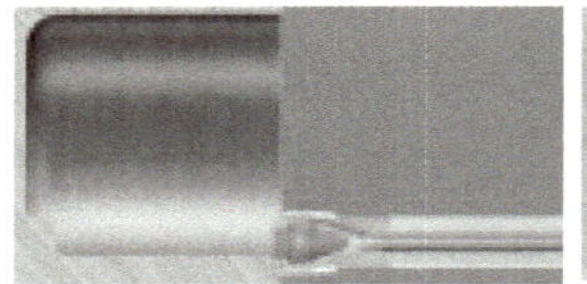

(a) 小直径处轴向进刀

(b) 圆角精加工

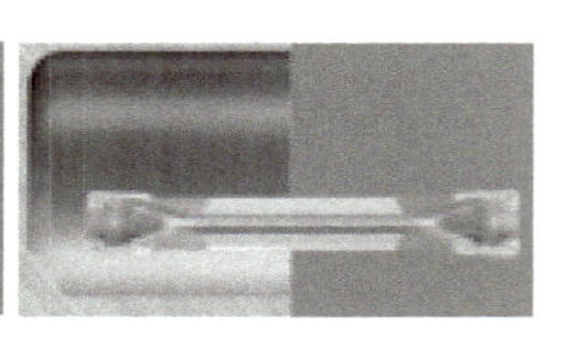

(c) 退刀

图 2.43 精车第三刀

2)端面槽刀

端面槽刀有两个刀尖,左侧刀尖相当于在车内孔,右侧刀尖相当于在车外圆。为防止车刀副后角与槽壁碰撞,切槽刀的左侧副刃后面必须按端面槽的圆弧大小呈圆弧形状,刀具曲线将由槽的弯曲方向决定,并有一定的后角。端面槽刀有正刀和反刀两种,如图 2.44 所示。

图 2.44 正、反端面槽刀

端面槽刀的主要参数有刀头部分的宽度 f、高度 h_1 和伸长量 T_{max}，刀杆宽度 b 和厚度 h，刀具总长度 L，以及加工端面槽的直径范围，如图 2.45 所示。如型号 MGHH325－25/35 的端面车刀，加工端面槽的直径范围为 25 mm～35 mm。刀具最好选择能与槽的最大直径匹配的型号，因为刀具能加工的最大直径值越大，弯曲程度越小，刀具的刚性和稳定性越高，更有利于排屑。

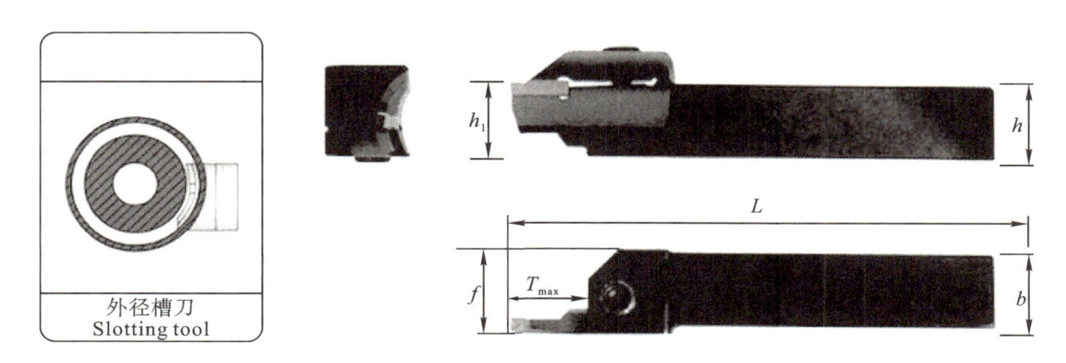

图 2.45 端面槽刀的结构与参数

4. 数控车削中尺寸精度的控制

为了方便编程，加工程序通常按零件的基准尺寸或中值尺寸编写。但不可避免的机床误差和人为对刀误差会导致加工尺寸与编程尺寸之间出现偏差，在实际生产中，新程序都需要调机员完成首件加工，首件加工中常用到补刀操作来控制零件的精度。

所谓的补刀操作是指：零件完成加工后，暂停程序，对有公差要求的尺寸进行在线测量，判断实际测量值是否满足精度要求。如果不满足要求，则需再次运行原有程序执行一次加工，此次加工与原有加工的不同之处在于刀具的补偿值（即磨损值）发生了变化，刀具补偿值等于尺寸的加工尺寸与理论值的差值，这个参数需要调试员在刀具补偿界面的相应刀补号磨损值中人工写入。由于刀具补偿值的变化，即使是程序不变的情况下，再次加工也会调整零件尺寸以达到精度要求。当首件加工的零件全部合格后，程序才能用于批量生产。

拓展练习

识读图 2.46 所示的齿轮零件图，分析齿轮的粗、精车加工工艺，选用合理的指令编写加工程序，并完成零件的数控加工。毛坯：∅85 mm×45 mm 的棒料。

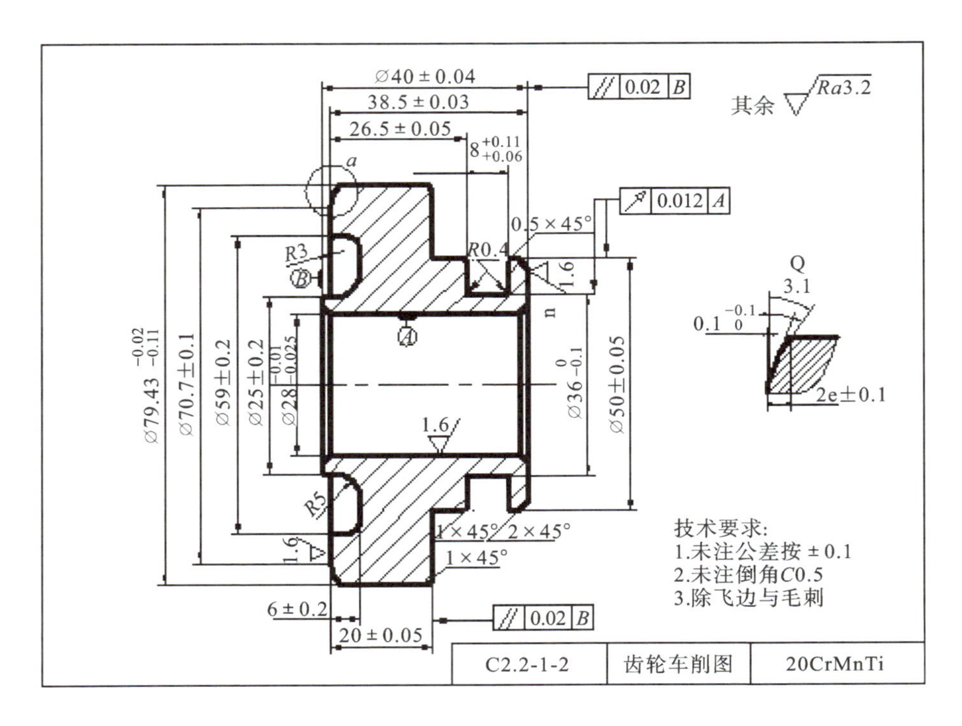

图 2.46 齿轮零件图

知识巩固

【单选】(1)加工已铸孔,孔精度要求:IT6、*Ra*0.8,应选择______的加工方案。(　　)

A. 钻+扩+粗车+精车　　B. 钻+扩+粗车+精车+精细车

C. 粗车+精车　　D. 粗车+精车+精细车

【单选】(2)车盲孔时,车刀的主偏角 Kr 应在________。(　　)

A. 15°～30°　　B. 45°左右　　C. 60°～70°　　D. 92°～95°

【单选】(3)车盲孔时,刀尖到刀杆外端的距离 *a* ______孔半径 *R*,否则无法车平孔的底面。(　　)

A. 大于　　B. 小于　　C. 等于　　D. 无要求

【单选】(4)选用循环指令 G71 加工内孔时,指令参数 X(Δx)(*X* 方向的精加工余量)应为______。(　　)

A. 正值　　B. 负值　　C. 0　　D. 不一定

【单选】(5)如图 2.47 的对刀操作,端面刀试切端面后,在刀偏表的"试切长度"栏应输入______,按回车确定。(　　)

A. Z32.05　　B. Z31.7　　C. Z0.35　　D. Z63.7

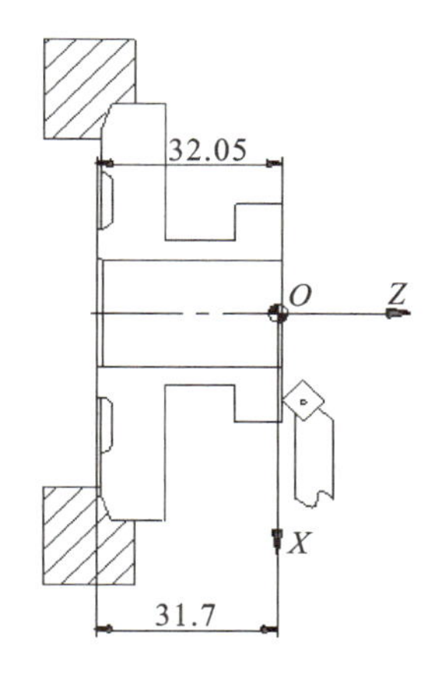

图 2.47 对刀操作

【单选】(6)工件首件试切时，通常通过______来控制尺寸的精度。(　　)

A. 热处理　　B. 补刀操作　　C. 重新对刀操作　　D. 重新装夹工件

【单选】(7)加工$\varnothing 19^{+0.033}_{+0.015}$的外圆，测量实践尺寸为$\varnothing 19$，此时需进行刀补操作，以下刀补值中较为合理的是______。(　　)

A. −0.02　　B. +0.02　　C. −0.033　　D. −0.015

【单选】(8)大尺寸端面的精车通常采用93°或95°的外圆车刀反拉车削，即刀具由______方向加工。(　　)

A. 小直径向大直径　　B. 大直径向小直径

【单选】(9)端面槽粗加工有侧向插切和______两种方法。(　　)

A. 重复圆周切削　　B. 径向插切

C. 重复径向切削　　D. 重复轴向切削

【单选】(10)以下关于端面圆弧槽精加工最合理的走刀是________。(　　)

A. 从大直径圆弧处开始进刀，沿圆弧槽的截面轮廓一次走刀完成

B. 从小直径圆弧处开始进刀，沿圆弧槽的截面轮廓一次走刀完成

C. 从大直径圆弧处开始进刀，当接触小直径圆弧处时退刀，再从小直径圆弧处进刀，加工至上一刀抬刀点后退刀

D. 从小直径圆弧处开始进刀，当接触大直径圆弧处时退刀，再从大直径圆弧处进刀，加工至上一刀抬刀点后退刀

任务2　油口的数控车削与编程

任务描述

分析如图2.48中油口零件的加工工艺，选用合理的指令编写油口零件的数控加工程序，并在数控车床上完成零件加工。零件生产量为1，毛坯为∅50 mm×75 mm的45钢或6061铝棒。

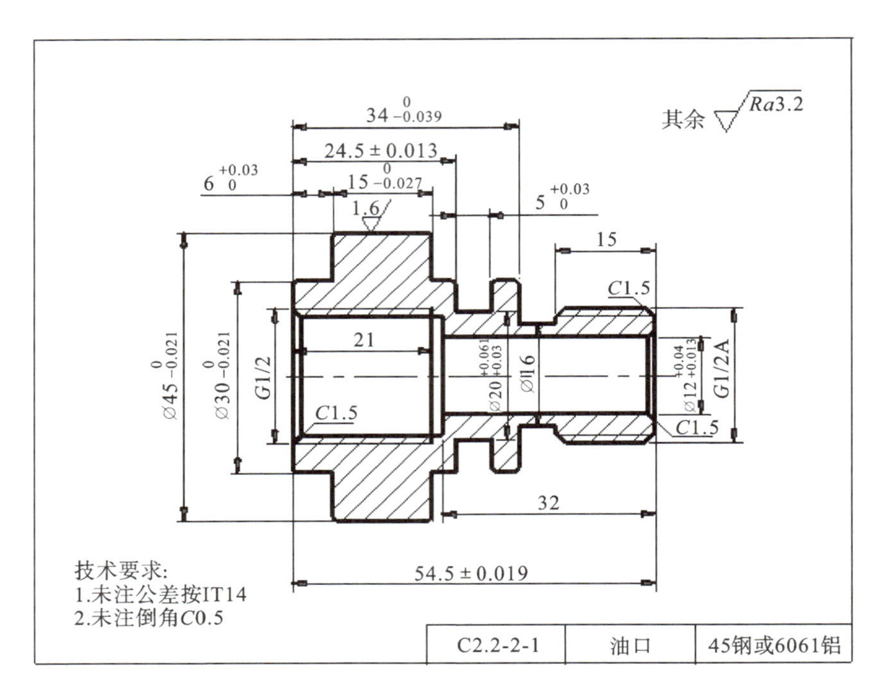

图2.48　油口零件图

职业能力目标

(1)能分析和编写螺纹孔轴套类零件的数控车削工艺卡。

(2)能编写螺纹孔轴套类零件的数控加工程序，完成程序调试。

(3)能独立操作数控车床完成油口零件的首件车削加工。

(4)自主学习、善于思考、细致工作、精益求精。

任务分析

1. 油口的加工工艺分析

1)零件图分析

油口为典型的回转体零件，由外圆面、深沟槽、G1/2 的内外管螺纹和内孔等几何要素组成。内外管螺纹用于与其他件的连接，深沟槽用于安装密封件，其尺寸精度要求很高。零件尺寸精度等级为 IT7～IT8，表面粗糙度为 $Ra3.2\ \mu m$。

2)编制加工工艺

(1)确定加工方案。根据油口的结构特点，可拟定两种加工方案。

①方案一，分三道工序。工序一：钻通孔(∅10.5 mm)。工序二：夹左端，车右端外形和内孔。工序三：调头夹∅45(0，−0.021)mm 外圆，车左端外形和内孔。

②方案二，将方案一后两道工序的加工顺序交换，即先夹右端车左端，然后调头夹左端车右端。

两个方案相比较，方案一更为合理。因为外螺纹处的壁厚较内螺纹处的壁厚更薄，为了防止振动，通常先加工外螺纹(壁薄)的一端。综合分析，选择方案一进行油口的数车加工。

(2)确定数控车削的装夹方案。油口两次装夹均选用三爪卡盘。

(3)确定工序及内容，编制数控加工工艺过程卡。制定油口的加工工艺时，要重点考虑以下两个问题：

①槽的位置精度。为保证槽的位置精度，用槽刀同时切削加工槽和右端面(即槽的位置基准)。

②外螺纹的精度。外螺纹的壁厚较薄，为了避免螺纹加工的振动，先车螺纹，再车内孔。

根据基准先行、先粗后精、先远后近等工艺原则，结合以上 2 个问题的解决思路，确定加工方案一的工序及内容(见表 2-52)。

表 2-52 机械加工工艺过程卡

零件名称	油口	机械加工工艺过程卡	毛坯种类	棒料	共 1 页
			材料	6061 铝	第 1 页
工序号	工序名称	工序内容		设备	工艺装备
10	备料	备料∅50 mm×75 mm，材料 6061 铝棒料		—	—
20	数车	钻∅10.5 mm 通孔		CAK6140	三爪卡盘

续表

零件名称	油口	机械加工工艺过程卡	毛坯种类	棒料	共 1 页
			材料	6061 铝	第 1 页
工序号	工序名称	工序内容		设备	工艺装备
30	数车	夹左端，粗车右端面，留 0.3 mm 精车余量；粗、精车右端∅45(0，－0.021)mm 外圆和∅30(0,－0.021)mm 槽的外圆；粗车螺纹退刀槽；车外螺纹；粗、精车∅12(0.04,0.013)mm 内孔；粗、精车密封槽，精车螺纹退刀槽和右端面至图纸尺寸		CAK6140	三爪卡盘
40	数车	调头夹∅45(0，－0.021)mm 外圆，车端面保证总长 54.5±0.019 mm ；粗车∅30(0，－0.021)mm台阶面；粗、精车内螺纹底孔；车内螺纹；精车左端∅30(0，－0.021)mm 台阶面，保证长度尺寸 6(0.03,0) mm		CAK6140	三爪卡盘＋软爪
50	钳	锐边倒棱，去毛刺		钳工台	台虎钳
60	清洗	用清洗剂清洗零件			
70	检验	按图样尺寸检测			
编制		日期	审核	日期	

(4)确定数控车削刀具，编写刀具卡。

油口数控车削选择可转位硬质合金机夹车刀，刀具规格见表 2－53。

表 2－53 数控加工刀具卡

零件名称		油口		数控加工刀具卡			工序号	20、30、40
工序名称		数车					设备型号	CAK6140
序号	刀具号	刀具名称	刀柄型号	刀具			补偿量/mm	备注
				直径/mm	刀长/mm	刀尖半径/mm		
1	T0101	粗、精车外圆	25×25	—	—	0.8	—	S 刀片，Kr45°
2	T0202	粗、精车∅12 mm 内孔	25×25	—	—	0.4	—	C 刀片，Kr93°，刀杆直径∅8 mm

续表

零件名称		油口		数控加工刀具卡			工序号	20、30、40
工序名称		数车					设备型号	CAK6140
序号	刀具号	刀具名称	刀柄型号	刀具			补偿量/mm	备注
				直径/mm	刀长/mm	刀尖半径/mm		
3	T0303	车外螺纹	25×25	—	—	—	—	55°外螺纹车刀
4	T0404	车外槽	25×25	—	—	—	—	宽 3 mm
5	T0202	粗、精车内螺纹底孔	25×25	—	—	0.4	—	C 刀片，Kr 93°，刀杆直径∅12 mm
6	T0303	车内螺纹	25×25	—	—	—	—	55°内螺纹车刀，刀杆直径∅14 mm
7	T05	钻通孔	—	—	—	—	—	∅10.5 mm 钻头
编制		审核		批准			共　页	第　页

(5)编制数控加工工序卡。

制定油口的数控加工工序(见表 2－54 和表 2－55)。

表 2－54　数控加工工序卡(1)

零件名称	油口	数控加工工序卡	工序号	30	工序名称	数车	共 2 张
			毛坯尺寸	∅50 mm ×75 mm	材料牌号	6061 铝	第 1 张

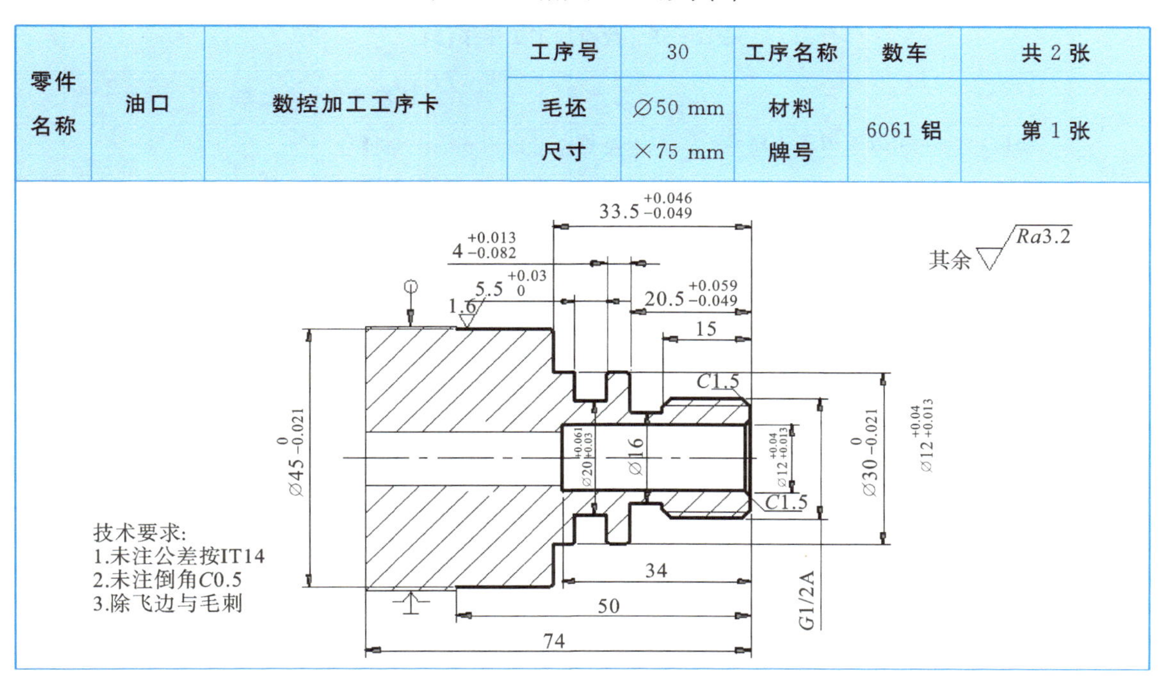

续表

序号	工序内容	刀具号	刀具补偿号	刀具半径补偿号	主轴转速/(r/min)	切削速度/(mm/r)	吃刀深度/mm	量具
1	夹紧工件右端，伸出端60 mm左右	—	—	—	—	—	—	钢尺
2	粗车右端面，留0.3 mm精车余量	T0101	01	01	450	0.2	0.8	游标卡尺
3	粗、精车右端外形至图纸要求	T0101	01	—	600	0.3	2	—
4	粗车螺纹退刀槽	T0404	04	—	200	0.12	0.5	—
5	车外螺纹至图纸尺寸	T0303	—03	—	400	1.814	粗0.5 精0.1	—
6	粗、精车∅12(0.04，0.013)mm内孔至图纸尺寸	T0202	02	—	粗800 精1000	粗0.2 精0.1	粗0.4 精0.1	游标卡尺
7	粗、精车槽和精车右端面至图纸尺寸	T0404	04	—	粗200 精240	粗0.12 精0.06	粗0.5 精0.1	—
编制		日期		审核		日期		

表2-55 数控加工工序卡(2)

零件名称	油口	数控加工工序卡	工序号	40	工序名称	数车	共2张
			毛坯尺寸	∅50 mm×75 mm	材料牌号	6061铝	第2张

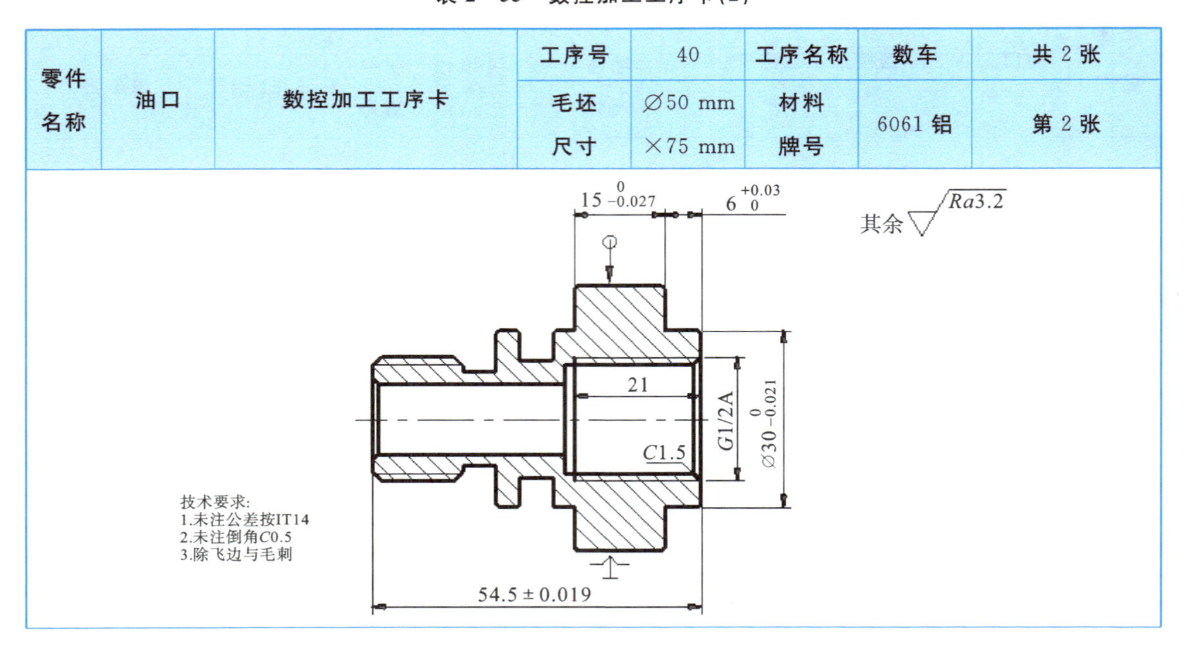

续表

序号	工序内容	刀具号	刀具补偿号	刀具半径补偿号	主轴转速/(r/min)	切削速度/(mm/r)	吃刀深度/mm	量具
1	调头夹∅45(0,−0.021)mm外圆,打表找正	—	—	—	—	—	—	钢尺
2	车端面,保证总长 54.5±0.019 mm	T0101	01	—	450	粗 0.3 精 0.1	粗 0.5 精 0.2	—
3	粗车∅30(0,−0.021)mm 台阶面	T0101	01	—	600	0.3	2	—
4	粗、精车内螺纹底孔	T0202	02	—	粗 800 精 1000	粗 0.2 精 0.1	粗 0.5 精 0.1	—
5	车内螺纹	T0303	03	—	400	1.814	粗 0.5 精 0.1	—
6	精车左端∅30(0,−0.021)mm台阶面,保证长度尺寸 6(0.03,0) mm	T0101	01	—	1000	0.1	0.2	—
编制		日期		审核		日期		

2. 油口数控加工程序的编写

1)N30 工序编程

(1)建立编程坐标系。油口 N30 数车工序,选择距离右端面 1 mm 的中心为编程坐标系原点,端面切削余量1 mm。

(2)管螺纹参数。管螺纹 G 代表 55°非密封管螺纹,是管道连接的常用螺纹,属于英制螺纹(1 in=25.4 mm)。外管螺纹标号中的 A 代表公差等级,内管螺纹不标公差等级。查 55°管螺纹标准得到 G1/2 管螺纹参数如表 2-56 所示。

表 2-56 G1/2 管螺纹的参数

G1/2 管螺纹(牙/mm)	牙型角/°	外螺纹外径/mm	中径/mm	内螺纹内径/mm	螺距/mm	牙高/mm
1.814	55	20.955	19.793±0.142	18.631	1.814	1.162

注:中径尺寸中内螺纹取上差,外螺纹取下差。

(3)工序尺寸的换算。油口的长度尺寸基准是大端端面,但工序 N30 是以小端端面为基准进行加工,在编写工序卡时,需要进行工序尺寸换算。

演示文稿
油口N30工序尺寸的换算

(4)编写数控加工程序。编写数车工序程序单(略),编写程序如下。

```
    O2221;
    G54 G00 X100 Z100;
    T0101;                              粗车右端面
    M03 S450 M08;
    G00 X52 Z2;
    G90 X-1 Z0.3 F0.2;                  车右端面一次
    M03 S600;                           粗、精车右端外形,如图 2.49 所示
    G71 U2 R1;
    G71 P10 Q20 U0.2 W0.1 F0.3;
N10 G00 X17.955;
    G01 Z0 F0.1;
    X20.955 Z-1.5;
    Z-20.52;
    X29.99;
    Z-33.5;
    X44.99;
N20 Z-50;
N30 M03 S1000;
    T0101;
    G70 P10 Q20 F0.1;
    G00 X100 Z100;
    M01;                                程序暂停,测量尺寸,补刀操作
N30 M03 S200;
    T0404;                              换槽刀,切螺纹退刀槽
    G00 X24 Z-18.2;                     快速至切槽循环起刀点,刀宽 3 mm,保留 0.2 mm
                                        精车余量
    G75 R1;
    G75 X16.2Z-20.32 P500 Q2500 F0.12;  执行吃刀 0.5 mm,退刀 1 mm 的指令 G75
    G00 X100 Z100;
N40 M03 S600;                           车外螺纹
```

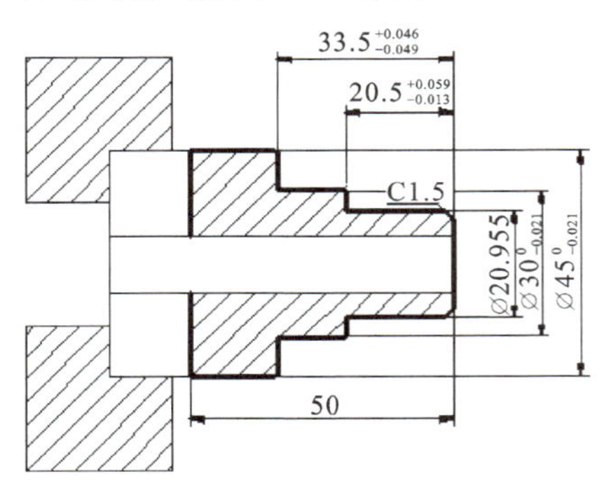

图 2.49 粗、精车右端外形

```
    T0303;                              换外螺纹车刀
    G00 X24 Z4;                         快速至螺纹切削起刀点
    G92 X20.1 Z-18 F1.814;              车螺纹第一刀
    X19.7;                              车螺纹第二刀
    X19.3;                              车螺纹第三刀
    X19.0;                              车螺纹第四刀
    X18.7;                              车螺纹第五刀
    X18.631;                            车螺纹第七刀
    G00 X100 Z100;
    M01;                                程序暂停,检测螺纹尺寸,补刀操作
N50 M03 S800;
    T0202;                              换内孔车刀,粗车内孔
    G00 X9.5 Z2;                        快速到内孔切削循环起点
    G71 U0.4 R0.2
    G71 P60 Q70 U-0.2 F0.2;             执行吃刀 0.4 mm,退刀 0.2 mm 的循环指令 G71
N60 G00 X14.02;
    G01 Z0 F0.1;
    X12.02 Z-1;
N70 Z-34;
    M03 S1100;
    T0202;                              调入 T02 新刀补值,精车内孔
    G00 X9.5 Z2;                        快速至内孔精车起点
    G70 P60 Q70 F0.1;
    G00 X100 Z100;
    M01;                                程序暂停,检测内孔尺寸,补刀操作
N90 M03 S200;
    T0404;                              换槽刀,车密封槽,精车螺纹退刀槽和右端面
    G00 X32 Z-27.686;                   快速至密封圈槽切削循环起刀点,刀宽 3 mm
    G75 R1;
    G75 X19.8 Z-29.8 P500 Q1500 F0.12;
N100 M03 S240;
    G00 Z0;                             调整刀位,精车右端面
    G01 X8 F0.15;
```

```
G00 X32;
Z-21.02;                      调整刀位,精车螺纹退刀槽左壁
G01 X29.99 F0.06;
X28.99 Z-20.52;               倒角 C0.5
X16;                          车至槽底
W1;                           沿+Z 方向切槽底 1 mm
X32 W1;                       斜退刀
G00 Z-30.5;                   调整刀位,精车密封圈槽的左壁
G01 X29.99 F0.06;
X28.99 Z-30;                  倒角 C0.5
X20.05;                       车至槽底
W1;                           沿+Z 方向切槽底 1 mm
X32 W1;                       斜退刀
G00 Z-26.986;                 调整刀位,精车密封圈槽的右壁
G01 X29.99 F0.06;
X28.99 Z-27.486;              倒角 C0.5
X20 F0.06;                    车至槽底
W-5;                          沿-Z 方向切槽底 5 mm
X32 W1;                       斜退刀
G00 Z-16.5;                   调整刀位,精车螺纹退刀槽右壁
G01 X20.955 F0.06;
X17.99 Z-18;                  倒角 C1.5
X16;                          车至槽底
W-5;                          沿-Z 方向切削 5 mm
X24 W1;                       斜退刀
G00 X100 Z100;                回换刀点
M01;                          程序暂停,检测内孔尺寸,补刀操作
M05 M09;
M30;
```

2)N40 工序编程

(1)建立编程坐标系。油口 N40 数车工序,选择距离左端面中心为编程坐标系原点,保证总长(54.5±0.019)mm。

(2)编写数控加工程序。编写数车工序程序单(略),编写程序如下。

```
     O2222;
     G55 G00 X100 Z100;
     M03 S450;
     T0101;                    换外圆车刀
     G00 X47 Z1;               粗、精车左端面,保证总长(54.5±0.019)mm
     G94 X-1 Z0.2 F0.3;
     Z0 F0.1;
     M03 S600;                 粗车∅30(0,—0.021)mm 台阶面
     G71 U2 R1
     G7 P10 Q20 U0.2 F0.3;
N10 G00 X28.99;
     G01 Z0 F0.1;
     X29.99 Z-0.5;
     Z-6.015;
     X43.99;
N20 X44.99 Z-6.515;
     G00 X100 Z100;
     T0202;                    换内孔车刀
N30 M03 S800;                  粗车内螺纹底孔
     G00 X9.5 Z2;
     G71 U0.5 R0.3;
     G71 P40 Q50 U-0.1 F0.2;
N40 G00 X21.631;
     G01 Z0 F0.1;
     X18.631 Z-1.5;
N50 Z-22.5;
     N60 M03 S1100;
     G70 P40 Q50 F0.1;         精车内螺纹底孔
     G00 X100 Z100;
     M01;                      程序暂停,检测内孔尺寸,补刀操作
N70 M03 S400;                  车内螺纹
```

```
    T0303;                        换内螺纹车刀
    G00 X16 Z4;                   快速到螺纹切削循环起点
    G92 X19.1 Z-22 F1.814;        车螺纹第一刀
    X19.6;                        车螺纹第二刀
    X20;                          车螺纹第三刀
    X20.3;                        车螺纹第四刀
    X20.6;                        车螺纹第五刀
    X20.8;                        车螺纹第六刀
    X20.9;                        车螺纹第七刀
    X20.955;                      车螺纹第八刀
    G00 X100 Z100;
    M01;                          程序暂停,检测内螺纹尺寸,补刀操作
N80 M03 S1000;                    精车左端∅30(0,-0.021) mm 台阶面,保证长度
                                  6(0.03,0) mm
    T0101;                        换外圆车刀
    G00 X47 Z2;
    G70 P10 Q20 F0.1;
    G00 X100 Z100;
    M01;                          程序暂停,检测外圆和长度尺寸,补刀操作
    M05 M09;
    M30;
```

3. 油口的数控车削加工

1)油口的数车工序

油口的数控车削加工见表 2-57,同学们可扫码观看现场操作视频,以及自主学习拓展。

表 2-57 数控车削加工

序号	操作内容	视频资源	演示文稿
1	N20 工序:钻∅10.5 mm 通孔	油口 N20 工序仿真加工	

续表

序号	操作内容	视频资源	演示文稿
2	N30工序：夹左端，车右端外形和孔	油口 N30 工序仿真加工	外槽的测量方法
3	N40工序：夹右端，车左端外形和孔	油口 N30、N40 工序的数控车削	—

2）内螺纹车刀（非标准刀）对刀

内螺纹车刀（非标准刀）对刀，建立刀具几何偏置补偿值的方法见表2-58。

表2-58 对刀操作方法

内容	操作方法	图例
Z轴对刀和X轴对刀	①手动调用T03内螺纹车刀，启动主轴，移动刀架，使内螺纹车刀的刀尖对齐标准刀外圆车刀试切时产生的端面和内孔车刀对刀时试切的内孔面的交线处，如图例所示，保持刀具位置不动	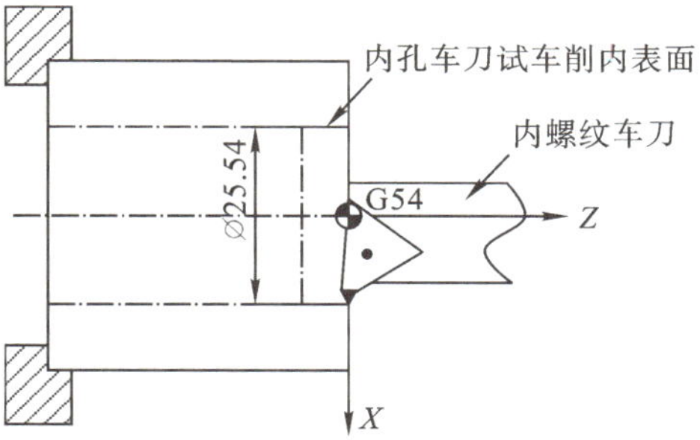 内孔车刀试车削内表面 内螺纹车刀 G54 $\varnothing 25.54$ Z X
	②在“刀具补正/形状”界面，将光标移到03刀具补偿号的Z轴补偿数值框，输入“Z1”（此处端面切削余量为1 mm），再按下显示区下方软键“测量”，系统自动获取T03内螺纹车刀的Z向几何偏置补偿值	
	③将光标移到03刀具补偿号的X轴补偿数值框，输入“18.34”（假设内孔车刀试切内孔面直径为18.34 mm），再按下显示区下方软键“测量”，系统自动获取T03内螺纹车刀的X向几何偏置补偿值	

相关知识

1. 内螺纹的车削工艺

1)内螺纹的标准

内螺纹公差带有G和H两种基本偏差,为了保证足够的接触精度,螺纹零件最好组合成H/g、H/h或G/h的配合。如内螺纹M20×1.5-6H,6H表示螺纹的中径和大径的精度等级。内螺纹尺寸也可以用经验公式计算,计算公式与外螺纹一样。

2)车内螺纹的切削深度

车内螺纹时,由于排屑和散热难,刀具的刚性差,其切削深度一般较车外螺纹时小,且要遵守逐渐减小的原则。普通内螺纹切削深度及走刀次数参考表2-59。

表2-59 普通内螺纹切削深度及走刀次数参考表

进刀次数	各螺距切削深度/mm										
	0.75	1.00	1.25	1.50	1.75	2.00	2.50	3.00	3.50	4.00	4.50
1	0.18	0.20	0.20	0.25	0.25	0.25	0.30	0.30	0.35	0.35	0.40
2	0.13	0.15	0.18	0.20	0.20	0.25	0.25	0.25	0.30	0.30	0.35
3	0.10	0.10	0.12	0.15	0.20	0.20	0.20	0.25	0.25	0.25	0.30
4	0.05	0.10	0.12	0.15	0.15	0.15	0.20	0.20	0.20	0.25	0.25
5		0.06	0.10	0.10	0.12	0.15	0.15	0.20	0.20	0.25	0.25
6			0.05	0.07	0.10	0.10	0.10	0.15	0.20	0.20	0.20
7					0.05	0.10	0.10	0.15	0.15	0.20	0.20
8						0.08	0.10	0.10	0.15	0.15	0.15
9						0.05	0.08	0.10	0.10	0.15	0.15
10							0.05	0.09	0.10	0.10	0.15
11								0.05	0.10	0.10	0.10
12									0.05	0.10	0.10
13										0.05	0.10
14											0.05

3)内螺纹车刀

内螺纹车刀如图 2.50 所示，主要参数有刀杆直径 d、刀尖至刀杆中心距离 f、刀头长度 L_1 等。数控车床上常使用机夹式螺纹车刀。为了保证螺纹形状的精度，车三角形普通螺纹时，螺纹车刀的刀尖角 $\alpha=60°$，并且其前角 $\gamma_0=60°$。粗加工或螺纹要求不高的时候，其螺纹车刀的前角 γ_0 可取 5°～20°。选择内螺纹车刀时还需要注意刀柄直径，以及最小切削直径。一般最小切削直径要小于螺纹孔底直径 1～3 mm。

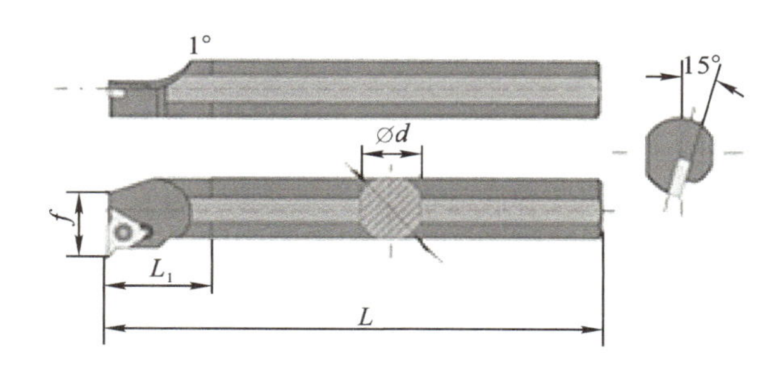

图 2.50 内螺纹车刀

内螺纹车刀安装时同样需要使用对刀样板辅助，以保证安装的准确度，如图 2.51 所示。同时，还应保证螺纹车刀与工件的中心等高。

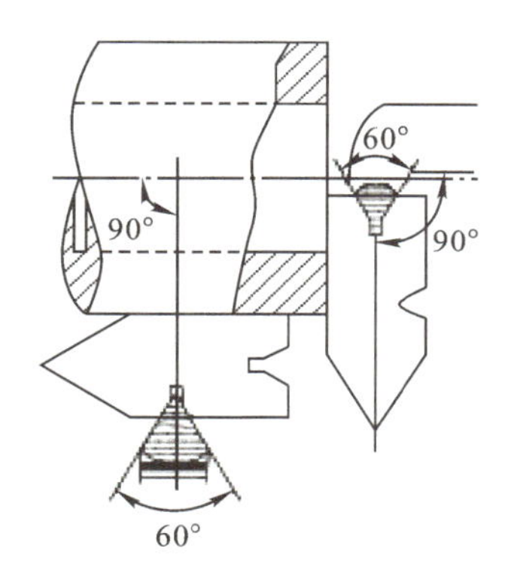

图 2.51 内螺纹车刀的安装

2. 新指令（外径/内径沟槽切削循环指令 G75）

外径/内径沟槽切削循环指令 G75 用于加工内、外径向深而宽的槽或钻孔，属于复合循环指令，其功能和格式见表 2－60。

表 2－60 外径/内径沟槽切削循环指令 G75

指令格式	G75 R(e); G75 X|U(x|u) Z |w(z|w) P(Δi) Q(Δk) R(Δd) F(f) S(s) T(t);

续表

参数说明	$(x\|z)$	绝对编程时，为切削终点 C 在工件坐标系上的坐标值
	$(u\|w)$	增量编程时，为切削终点 C 相对于循环起点的有向距离
	(e)	回退量
	(Δi)	X 方向的切削深度，单位：μm
	(Δk)	Z 方向的移动量，单位：μm
	(Δd)	刀具在切削至底部的退刀量，符号总是为+，单位：μm
	(f)	切削加工段的进给速度
指令功能	沟槽切削循环指令 G75 控制刀具完成一组循环路线。如图例所示，刀具从切削起点沿 X 方向进刀 Δi，退刀 e，再进刀 Δi，退刀 e，直至切削至 X 向终点坐标值，然后，沿 X 方向退回切削起点，再沿 Z 方向移动 Δk，又开始进刀 Δi，退刀 e；周而复始，直至 Z 方向移动至 Z 向终点坐标值，径向槽切削完成	
图例	此区域内X向路径重合；Δk；Δd；Δi；e；切削终点C u、w指定值；循环结束点位置；起刀点位置	

拓展练习

识读图 2.52 所示的椭圆轴套零件图，分析椭圆轴套的加工工艺，选用合理的指令编写加工程序，并完成零件的数控加工。

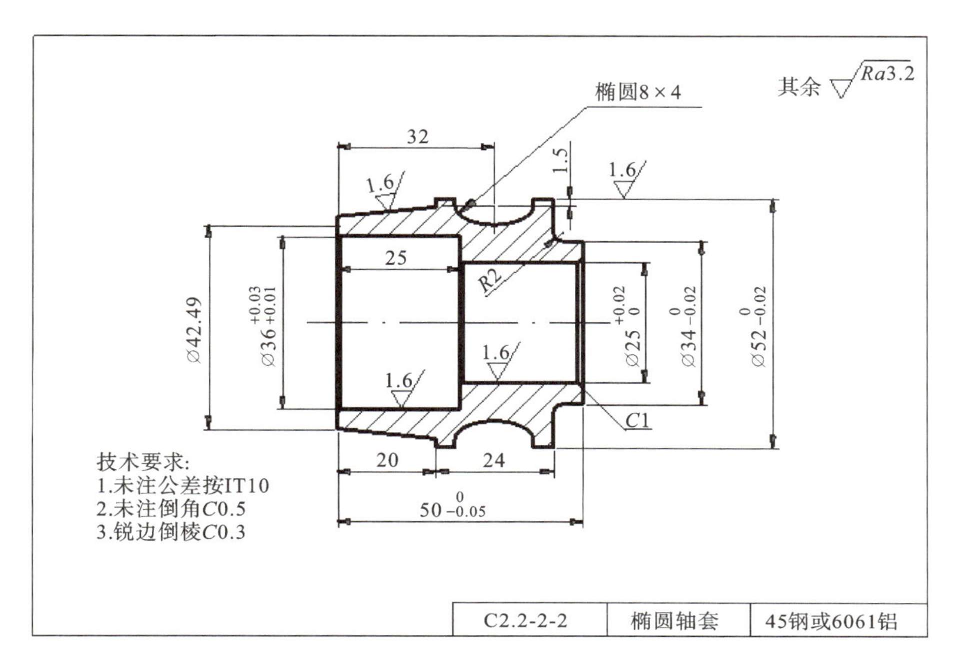

图 2.52 椭圆轴套零件图

知识巩固

【单选】(1)油口密封圈槽的精加工走刀路线是______。( )

A. 单向走刀　　　　B. 左右壁各自径向切削

C. 啄切走刀　　　　D. 以上均可

【单选】(2)油口零件内孔的半精加工和精加工,采用两次装夹加工的原因是______。( )

A. 一次装夹根本无法加工出来

B. 两次装夹,采用两把内孔车刀加工,这样车刀的长度可以较短,刚性好

【单选】(3)指令“G76 P(m)…”式中,m 的含义是______。( )

A. 粗加工重复次数

B. 循环起点

C. 精加工重复次数

【单选】(4)关于产品的说法:产品是否合格取决于全部尺寸是否符合要求,只要出现一个尺寸超差,都是不合格的。( )

A. 错误　　　　B. 正确

【单选】(5)车 M20×1.5-6H 的内螺纹孔,程序为“G00 X17 Z4;G92 X______ Z-20 F1.5;”。( )

A. 20　　B. 19.85　　C. 19.6　　D. 19

【单选】(6)选择内螺纹车刀时还需要注意刀柄直径，以及最小切削直径。一般最小切削直径要小于螺纹孔底直径______mm。(　　)

A. 3～5　　B. 0.1～0.5　　C. 　5～10　　D. 1～3

【单选】(7)车内螺纹时，由于排屑和散热难，刀具的刚性差，其切削深度一般较车外螺纹时______，而且还要遵守要逐渐减小的原则。(　　)

A. 更小　　B. 更大　　C. 等于　　D. 无特殊要求

【单选】(8)外径/内径沟槽切削循环指令 G75 可用于宽槽的______加工。(　　)

A. 精　　B. 粗

【单选】(9)指令“G75 X(1) Z (100) P400 Q1000 R100;”在 Z 方向的移动量是______。(　　)

A. 100 μm　　B. 1000 mm　　C. 1 mm　　D. 0.1 mm

【单选】(10)指令“G75 R1;G75 X20 Z－20 P400 Q1000 R10;”每次退刀量是______。(　　)

A. 1 μm　　B. 1 mm　　C. 100 μm　　D. 10 μm

模块 3

数控铣削与手工编程

项目1 块状件的数控铣削与手工编程

任务1 定位块的数控铣削与手工编程

任务描述

分析如图3.1所示定位块零件的加工工艺，选用合理的指令编写定位块的数控加工程序，并在数控铣床（加工中心）上完成零件加工。毛坯：65 mm×45 mm×30 mm的45钢或2A12铝块。

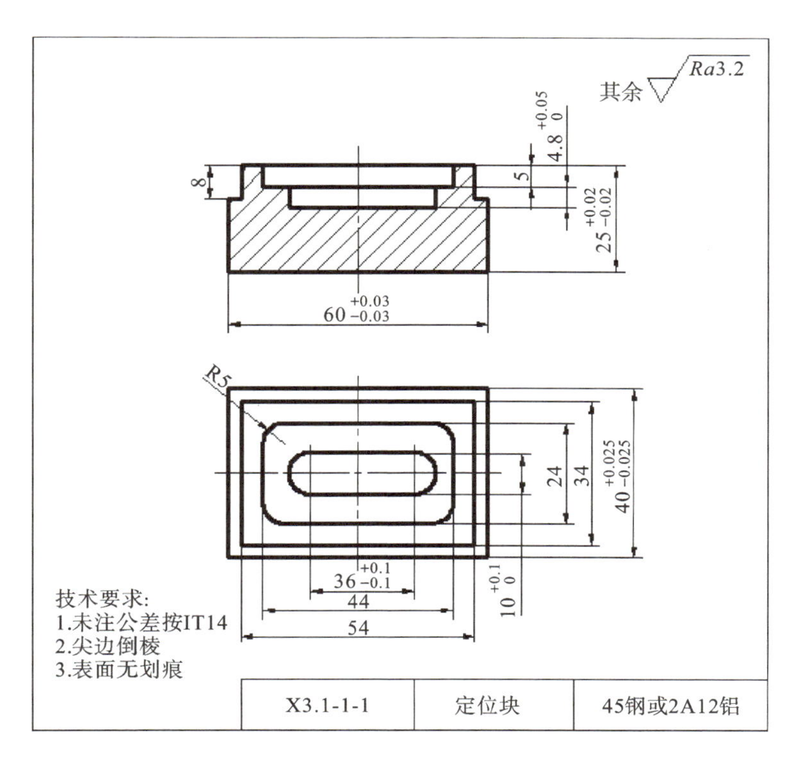

图3.1 定位块零件图

职业能力目标

(1)能分析具有外形、型腔和槽等几何特征的块状零件的数控铣削工艺。

(2)能使用 G40、G41、G42、G43、G44 和 G49 等指令编写数控铣削程序。

(3)在程序调试正确的基础上,能完成块状零件的数控铣削加工。

(4)能自主学习、善于思考、细致工作、精益求精。

任务分析

1. 定位块的加工工艺分析

1)零件图的工艺分析

定位块为块状类结构,主要由凸台、型腔和槽等几何要素组成。零件尺寸精度等级为 IT7~IT9,表面粗糙度为 $Ra3.2\ \mu m$。

2)编制加工工艺

(1)确定加工方案。根据结构特点,定位块加工需要两道工序,工序一:铣四方;工序二:铣外形。根据基准先行、刀具集中、先粗后精等工艺设计原则,可拟定两种定位块外形加工工序方案。

方案一:先外后里。

粗铣凸台→打中心孔→钻∅8 mm 下刀孔→粗铣型腔和槽→精铣型腔和槽→精铣凸台。

方案二:先里后外。

打中心孔→钻∅8 mm 下刀孔→粗铣型腔和槽→粗铣凸台→精铣型腔和槽→精铣凸台。

两种方案相比较,方案二的质量保证度更高,因为型腔的切削面积较大,如果先铣凸台再铣型腔,可能会因为壁较薄,导致零件变形。综合分析,定位块的外形数控铣削加工选择方案二。

(2)确定数控车削的装夹方案。定位块的两道工序均采用平口虎钳装夹。

(3)确定工序及内容,编制机械加工工艺过程卡。定位块的加工工序及内容见表 3-1。

表 3-1 机械加工工艺过程卡

<table>
<tr><td rowspan="2">零件名称</td><td rowspan="2">定位块</td><td rowspan="2">机械加工工艺过程卡</td><td>毛坯种类</td><td>方料</td><td>共 1 页</td></tr>
<tr><td>材料</td><td>6061 铝</td><td>第 1 页</td></tr>
<tr><td>工序号</td><td>工序名称</td><td colspan="2">工序内容</td><td>设备</td><td>工艺装备</td></tr>
<tr><td>10</td><td>备料</td><td colspan="2">备料:65 mm×45 mm×30 mm,材料 45 钢或 2A12 铝棒料</td><td>—</td><td>—</td></tr>
</table>

续表

零件名称	定位块	机械加工工艺过程卡		毛坯种类	方料	共 1 页
				材料	6061 铝	第 1 页
工序号	工序名称	工序内容			设备	工艺装备
20	铣四方	粗、精铣四方外形尺寸至图纸尺寸			M－V413	平口虎钳
30	铣外形	打中心孔，钻∅10 mm 下刀孔粗，粗精铣外形至图纸尺寸			M－V413	平口虎钳
40	钳	锐边倒棱，去毛刺			钳工台	台虎钳
50	清洗	用清洗剂清洗零件			—	—
60	检验	按图样尺寸检测			—	—
编制		日期		审核		日期	

(4)确定数控铣削刀具，编写刀具卡。定位块数控铣削刀具规格见表 3－2。

表 3－2　数控加工刀具卡

零件名称		定位块		数控加工刀具卡			工序号	30
工序名称		铣外形					设备型号	M－V413
序号	刀具号	刀具名称	刀柄型号	刀具			补偿量/mm	备注
				直径/mm	刀长/mm	刀尖半径/mm		
1	T0101	高速钢中心钻	BT40	3	40	—	—	—
2	T0202	高速钢钻头	BT40	10	117	—	—	—
3	T0303	高速钢直柄立铣刀	BT40	8	63	—	—	—
编制		审核		批准			共 1 页	第 1 页

(5)编制数控加工工序卡。

制定定位块(N30)数控铣削加工工序(见表 3－3)。

表 3-3 数控加工工序卡

<table>
<tr><td rowspan="2">零件名称</td><td rowspan="2">定位块</td><td colspan="2" rowspan="2">数控加工工序卡</td><td>工序号</td><td>30</td><td>工序名称</td><td>铣外形</td><td>共 1 张</td></tr>
<tr><td>毛坯尺寸</td><td>65 mm ×45 mm ×30 mm</td><td>材料牌号</td><td>6061 铝</td><td>第 1 张</td></tr>
<tr><td colspan="9">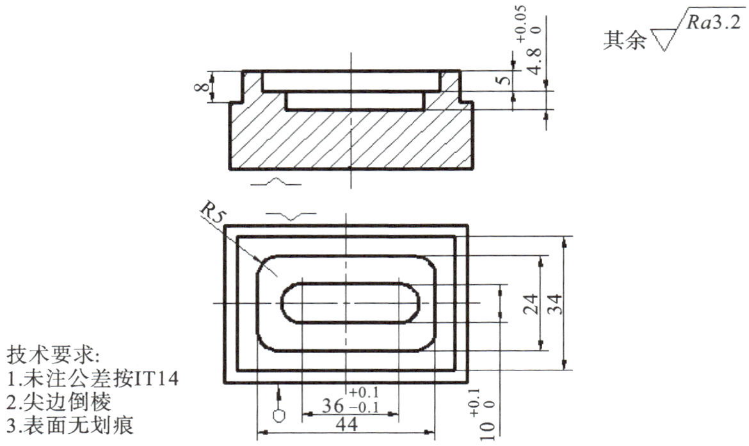
其余 Ra3.2
8
5
4.8 +0.05 0
R5
24
34
技术要求:
1.未注公差按IT14
2.尖边倒棱
3.表面无划痕
36 +0.1 -0.1
44
10 +0.1 0</td></tr>
<tr><td>序号</td><td>工序内容</td><td>刀具号</td><td>刀具长度补偿号</td><td>刀具半径补偿号</td><td>主轴转速 /(r/min)</td><td>切削速度 /(mm/min)</td><td>吃刀深度 /mm</td><td>量具</td></tr>
<tr><td>1</td><td>打中心孔</td><td>T0101</td><td>H1</td><td>—</td><td>1200</td><td>100</td><td>—</td><td>—</td></tr>
<tr><td>2</td><td>钻∅10 mm 下刀孔</td><td>T0202</td><td>H2</td><td>—</td><td>1800</td><td>120</td><td>—</td><td>—</td></tr>
<tr><td>3</td><td>粗铣型腔和槽</td><td>T0303</td><td>H3</td><td>D3=8.4 mm</td><td>2000</td><td>250</td><td>2.4、2.3</td><td>游标卡尺</td></tr>
<tr><td>4</td><td>粗铣凸台</td><td>T0303</td><td>H3</td><td>D3=8.4 mm</td><td>2000</td><td>250</td><td>3.9</td><td>游标卡尺</td></tr>
<tr><td>5</td><td>精铣型腔和槽</td><td>T0303</td><td>H3</td><td>D4=8 mm</td><td>2500</td><td>500</td><td>0.2</td><td>游标卡尺</td></tr>
<tr><td>6</td><td>精铣凸台</td><td>T0303</td><td>H3</td><td>D4=8 mm</td><td>2500</td><td>500</td><td>0.2</td><td>游标卡尺</td></tr>
<tr><td>编制</td><td></td><td>日期</td><td></td><td>审核</td><td></td><td>日期</td><td colspan="2"></td></tr>
</table>

2. 定位块(N30)数控铣削加工程序的编写

(1)建立编程坐标系。定位块形体为对称形状,外形铣削工序选择上表面对称中心为编程坐标系原点。

(2)走刀路线设计。

①粗、精铣型腔。型腔深度 5 mm,粗铣分两层切削,每层下刀 2.4 mm,底面和侧壁均保留 0.2 mm 精铣余量。每层沿两个环形路线切削,如图 3.2 所示。环形路线 1 以刀心轨迹直接编

程，环形路线2以型腔轮廓引入刀具半径补偿编程，刀具补偿值D3＝8.4 mm。精铣路线和编程方法与粗铣的每一层相同，在切入与切出轮廓时增加半径5 mm的圆弧过渡路线，精铣刀具补偿值D4＝8 mm。在设计两条环形路线时，要保证每次切削有一定重叠量。

环形路线1：O点下刀→11→12→13→14→15→11→O，环形路线2：O点下刀→21→22→23→24→25→21→O，采用刀具补偿编程。

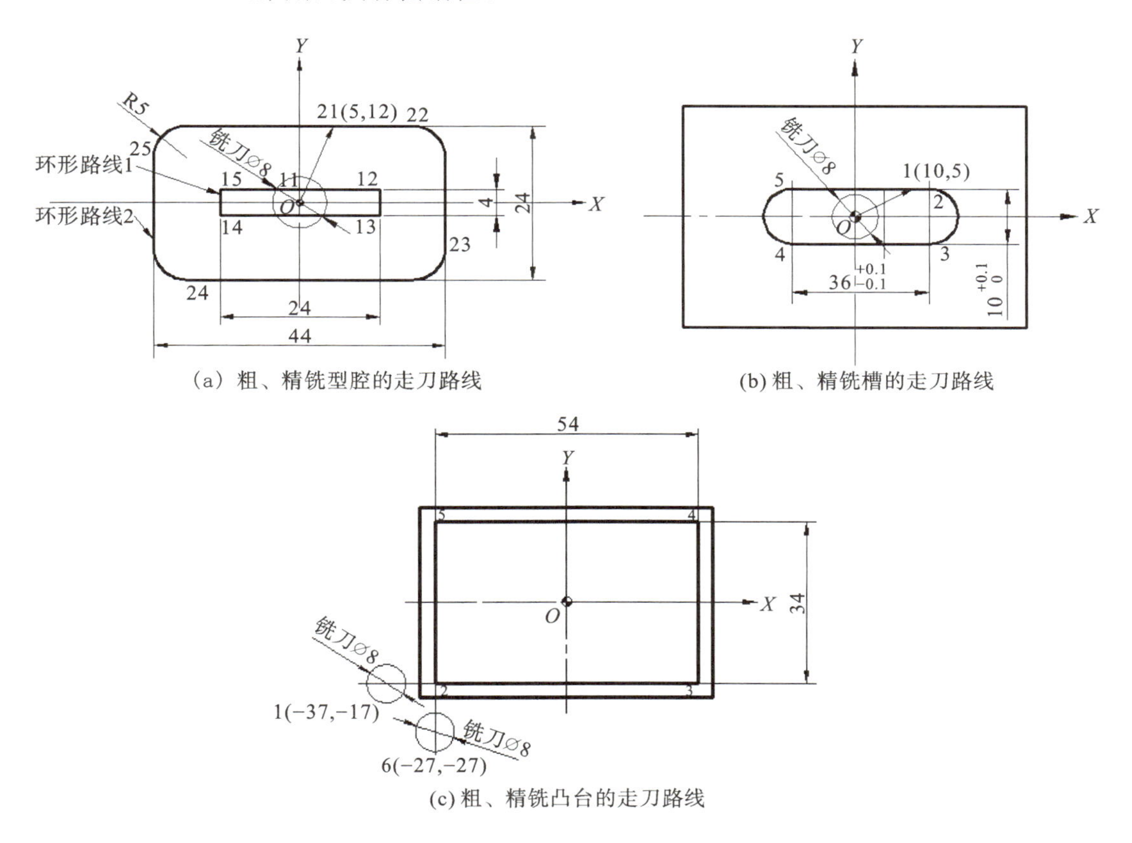

图3.2 定位块的走刀路线

②粗、精铣槽。槽深4.8 mm，粗铣分两层切削，每次下刀量为2.3 mm，底表面和型腔壁均保留0.2 mm精铣余量。精铣路线和编程方法与粗铣的每一层相同，在切入与切出轮廓时增加半径3 mm的圆弧过渡路线。走刀路线如图3.2(b)所示，O点下刀→1→2→3→4→5→1→O抬刀。粗、精铣均采用刀具半径补偿编程，粗铣刀补偿值D3为8.4 mm，精铣刀补偿值D3为8 mm。

③粗、精凸台。凸台高8 mm，粗铣分两层切削，每次下刀量3.9 mm，底表面和壁均保留0.2 mm精铣余量。精铣同样分两层切削，每次下刀量4 mm。走刀路线如图3.2(c)所示，1点下刀→2→3→4→5→6→1。粗、精铣均采用刀具半径补偿编程，粗铣刀具补偿值D3为8.4 mm，

精铣刀具补偿值 D3 为 8 mm。

(3)编写数控加工程序。编写定位块(N30)数控铣削工序的程序单(略),编写程序如下。

O3111;

①钻下刀孔中心孔。

```
M6 T01;                     调∅3 mm 高速钢中心钻
M03 S1200 M08;
G54 G00 X0 Y0;
G43 H1 Z50;                 引入长度补偿
G98 G81 Z-3 R10 F100;       执行钻孔循环指令 G81,钻中心孔 3 mm,返回起始高度
G80 G49 G00 Z200;           取消钻孔循环和长度补偿
M05;
```

②钻下刀孔。

```
M6 T02;                     调∅10 mm 高速钢钻头
M03 S1800;
G00 X0 Y0;
G43 H2 Z50;                 引入长度补偿
G98 G81 Z-9.6 R10 F120;     执行钻孔循环指令 G81,钻下刀孔深 9.6 mm
G80 G49 G00 Z200;           取消钻孔循环和长度补偿
M05;
```

③粗铣型腔。

```
M6 T03;                     调∅ 8 mm 立铣刀
M03 S2000;
G00 X0 Y0;
G43 H3 Z50;                 引入长度补偿
Z2;                         下刀至 Z2
G01 Z-2.4 F250;             下刀至-2.4 mm
Y2;                         走环行路线,10→11,如图 3.2(b)所示
X12;                        11→12
Y-2;                        12→13
X-12;                       13→14
Y2;                         14→15
Y0;                         15→11
X0;                         11→0
G42 X5 Y12 D3;              0→21,引入刀具半径补偿 D3=8.4 mm,走环行路线 2
```

```
X17;                        21→22
G02 X22 Y7 R5;              圆弧
G01 Y-7;                    至 23 点
G02 X17 Y-12 R5;            圆弧
G01 X-17;                   至 24 点
G02 X-22 Y-7 R5;            圆弧
G01 Y7;                     至 25 点
G02 X-17 Y12 R5;            圆弧
G01 X5;                     至 21 点
G40 X0 Y0;                  取消刀具半径补偿
G01 Z-4.8 F250;             下刀至－4.8 mm,切削第二层
Y2;                         走环行路线 1, 0→11
X12;                        11→12
Y-2;                        12→13
X-12;                       13→14
Y2;                         14→15
Y0;                         15→11
X0;                         11→0
G42 X5 Y12 D3;              0→21,引入刀具半径补偿 D3＝8.4 mm,走环行路线 2
X17;                        21→22
G02 X22 Y7 R5;              圆弧
G01 Y-7;                    至 23 点
G02 X17 Y-12 R5;            圆弧
G01 X-17;                   至 24 点
G02 X-22 Y-7 R5;            圆弧
G01 Y7;                     至 25 点
G02 X-17 Y12 R5;            圆弧
G01 X5;                     至 21 点
G40 X0 Y0;                  取消刀具半径补偿
```

④粗铣槽。

```
G01 Z-4.8 F250;             下刀至－4.8 mm,粗铣槽第一层
G42 X5 Y5.025 D3 F250;      0→1,引入半径补偿 D3＝8.4 mm,如图 3.2(b)所示
X18;                        1→2
G02 Y-5.025 R10.05;         圆弧
```

```
G01 X-18;                3→4
G02 Y5.025 R10.05;       圆弧
G01 X5;                  5→1
G40 X0 Y0;               1→0,取消刀具半径补偿
Z10;                     抬刀至10 mm
```

⑤粗铣凸台。

```
G00 X-37 Y-17;
G01 Z-3.9 F250;          下刀至-3.9 mm,粗铣凸台第一层
G42 X-27 D3;             1→2,引入半径补偿D3=8.4 mm,如图3.2(c)所示
X27;                     2→3
Y17;                     3→4
X-27;                    4→5
Y-17;                    5→2
G40 Y-27;                2→6,取消刀具半径补偿
X-37 Y-17;               6→1
Z-7.8;                   下刀至-7.8 mm,粗铣凸台第二层
G01 G42 X-27 D3 F250;    1→2,引入刀具半径补偿
X27;
Y17;
X-27;
Y-17;
G40 Y-27;                取消刀具半径补偿
X-37 Y-17;
Z10;                     抬刀至Z10
G00 X0 Y0;
```

⑥精铣型腔。

```
S2500;
G01 Z-5 F500;            下刀至-5 mm
Y2;                      0→11,走环行路线1
X12;                     11→12
Y-2;                     12→13
X-12;                    13→14
Y2;                      14→15
Y0;                      15→11
```

X0;	11→0
G42 Y7 D3;	引入刀具半径补偿 D4=8 mm,走环行路线 2
G02 X5 Y12 R5;	圆弧切向切入内轮廓,圆弧至 21 点,
G01 X17;	21→22
G02 X22 Y7 R5;	圆弧
G01 Y-7;	至 23 点
G02 X17 Y-12 R5;	圆弧
G01 X-17;	至 24 点
G02 X-22 Y-7 R5;	圆弧
G01 Y7;	至 25 点
G02 X-17 Y12 R5;	圆弧
G01 X5;	至 21 点
G02 X10 Y7 R5;	圆弧切向切出内轮廓
G00 G40 X0 Y0;	取消刀具半径补偿

⑦精铣槽。

G01 Z-9.8 F500;	下刀至-9.8 mm
G42 X7 Y2.025 D4;	引入半径补偿 D4=8 mm
G02 X10 Y5.025 R3;	圆弧切向切入内轮廓,圆弧至 1 点,
X18;	1→2
G02 Y-5.025 R10.05;	圆弧
G01 X-18;	3→4
G02 Y5.025 R10.05;	圆弧
G01 X10;	5→1
G02 X13 Y2.025 R3;	圆弧切向切出内轮廓
G00 G40 X0 Y0;	1→0
G00 Z10;	抬刀至 10 mm

⑧精铣凸台。

X-37 Y-17;	刀具快速至 1 点
G01 Z-4 F500;	下刀至-4 mm,精铣凸台第一层
G42 X-27 D4;	1→2,引入半径补偿 D4=8 mm
X27;	2→3
Y17;	3→4
X-27;	4→5
Y-17;	5→2

```
G40 Y-27;              2→6
G00 X-37 Y-17;         6→1
G01 Z-8 F500;          下刀至-8 mm,精铣凸台第二层
G42 X-27 D4 F250;      1→2,引入半径补偿 D4=8 mm
X27;                   2→3
Y17;                   3→4
X-27;                  4→5
Y-17;                  5→2
G40 Y-27;              2→6
Z10;
G00 G49 Z200;
M05 M09;
M30;
```

3. 定位块的数控铣削加工

定位块的外形数控铣削加工步骤见表 3-4,同学们可以扫码观看现场操作视频,自主学习拓展资源。

表 3-4　数控加工步骤

序号	操作内容	视频资源
1	安装工件	定位块加工前准备工作
2	安装刀具,对刀操作建立工件坐标系,获取刀具长度补偿值	
3	程序录入与仿真加工	定位块的数控仿真加工
4	自动运行程序,完成零件的加工与检验	定位块的数控铣削加工

相关知识

1. 数控铣削工艺

数控铣削工艺应在遵循一般铣削工艺原则的基础上，结合数控铣床（或加工中心）的特点，其内容较普通铣削的工艺更详细。分析与编制数控铣削工艺的内容如下。

（1）零件图纸的工艺分析，确定零件数控铣削加工内容，以及数控铣削加工设备。

（2）选择零件在数控铣削加工设备上的安装与夹紧方法。

（3）制定零件的数控铣削工序，确定工步内容及顺序。

（4）确定各加工内容所采用的数控铣削刀具类型。

（5）确定各加工的切削用量，包括进给速度、主轴转速、切削深度、宽度和步距等。

（6）设计每个加工内容的走刀路线，包括对刀点、换刀点、切削起点和切削终点等。

1）零件图样分析

铣削加工时由于切削力的作用，在加工薄板、腹板和缘板时很有可能产生振动，从而造成尺寸误差和表面粗糙度差的情况。厚度小于 3 mm 的较大薄板平面，其铣削工艺性较差，在工艺设计时要特别考虑这方面的问题。

零件内壁圆弧结构的合理性将影响铣削工艺性。如内壁圆弧尺寸不统一，会增加铣刀规格、换刀次数和对刀次数等。因此，圆弧尺寸应尽量统一，即使不能完全统一，也力求局部统一。此外，圆弧尺寸的大小和形腔深度的比例关系将影响铣削工艺性，如图 3.3 所示两个零件，图 3.3(a)所示零件的铣削工艺性相对较好。图 3.3(b)所示零件 $R<0.2H$，铣削工艺性较差。

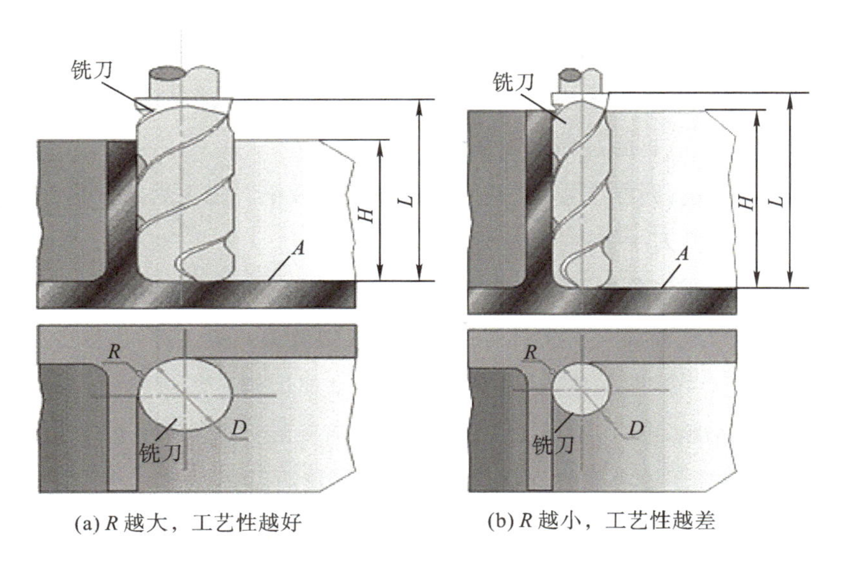

(a) R 越大，工艺性越好

(b) R 越小，工艺性越差

图 3.3 内壁圆弧的铣削工艺性

零件内壁与底面转接圆弧的尺寸对工艺性也有影响。当铣刀直径 D 一定时，内壁与底面转接圆弧半径越小，铣刀与铣削平面接触的最大直径 $d=D-2r$ 越大，铣刀端刃铣削平面的面积也越大，铣削工艺性越好，如图 3.4(a)所示。反之，铣削工艺性较差，如图 3.4(b)所示。

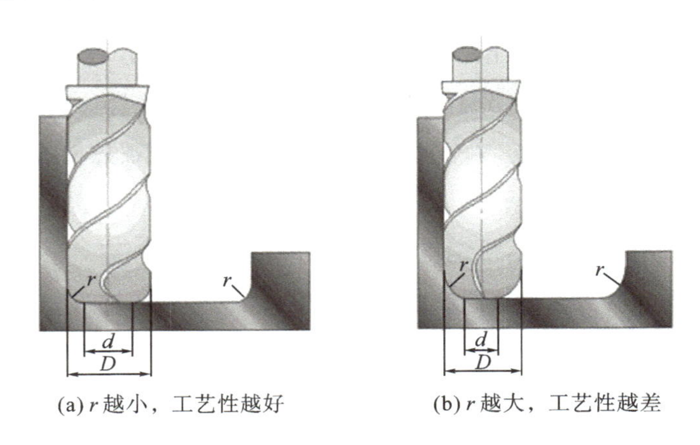

(a) r 越小，工艺性越好　　(b) r 越大，工艺性越差

图 3.4　内壁与底面转接圆弧的结构工艺性

2)划分工序和工步

铣削加工的内容不外乎平面、曲面、轮廓、孔和螺纹等，选择加工方法要考虑零件的表面特征、尺寸精度和表面粗糙度要求。粗铣的平面，尺寸精度可达 IT12～IT14 级，表面粗糙度 Ra 值可达 12.5～25 μm；精铣的平面，尺寸精度可达 T7～T9 级，表面粗糙度 Ra 值可达 1.6～3.2 μm。

加工工序的安排要考虑加工精度、加工效率、刀具数量和经济效益等。对于批量生产，首先要考虑普通机床和数控机床各自的优势。零件的粗加工，特别是铸、锻毛坯零件的基准平面、定位面等加工，尽量在普通铣床上完成，精加工和外形铣削选择在数控铣床(加工中心)上完成。如果粗、精加工都在数控铣床上完成，则要分多个工步尽量将粗、精加工分开，使零件粗加工后有一段自然时效过程，然后再通过精加工消除各种变形。

数控铣削工序的制定，同样要遵循“基面先行”“先粗后精”“先主后次”“内外交替”等基本工艺原则，以及“路线短”“换刀少”等特有原则。

当数控铣床加工需要划分多道工序和工步时，尽量保证一次安装作为一道工序，以减小装夹误差，提高生产效率，或者将同一把刀具的加工内容划分为一道工序，以减少换刀时间。

此外，孔的精加工(半精镗和精镗)应安排在各面已加工到位后进行，可保证孔不变形。有型腔的零件先粗加工外形，再粗、精加工内腔，再精加工外形，这样交替进行，此外，数控加工工序的安排还要考虑使刀具运动的轨迹尽量短等。

演示文稿

铣削加工的切削用量

3)切削用量

数控铣削的切削用量主要包括：切削速度(主轴转速)、铣削深度、铣削宽

度、进给量(进给速度)等。从刀具耐用度出发,切削用量的选择方法是:先选择背吃刀量或侧吃刀量,其次选择进给速度,最后确定切削速度。

(1)铣削深度 a_p/铣削宽度 a_e。铣削加工可分为周铣和端铣,铣削深度 a_p 和铣削宽度 a_e 分别指铣刀在轴向和径向的切削深度,如图 3.5 所示,它们的值主要由加工余量和表面精度要求决定。

当表面粗糙度值要求为 $Ra=12.5\sim25$ μm 时,如果周铣余量小于 5 mm,端铣余量小于 6 mm,粗铣一次进给就可以达到要求。但是在余量较大、工艺系统刚性较差或机床动力不足时,可分为两次进给完成。

当表面粗糙度值要求为 $Ra=3.2\sim12.5$ μm 时,应分为粗铣和半精铣两步进行。粗铣时背吃刀量或侧吃刀量选取同前。粗铣后留 0.5~1.0 mm 余量,在半精铣时切除。

当表面粗糙度值要求为 $Ra=1.6\sim3.2$ μm 时,应分为粗铣、半精铣、精铣三步进行。半精铣时铣削深度 a_p 取 1.5~3 mm;精铣时,圆柱铣刀铣削宽度 a_e 取 0.2~0.5 mm,面铣刀铣削深度 a_p 取 0.5~1 mm。

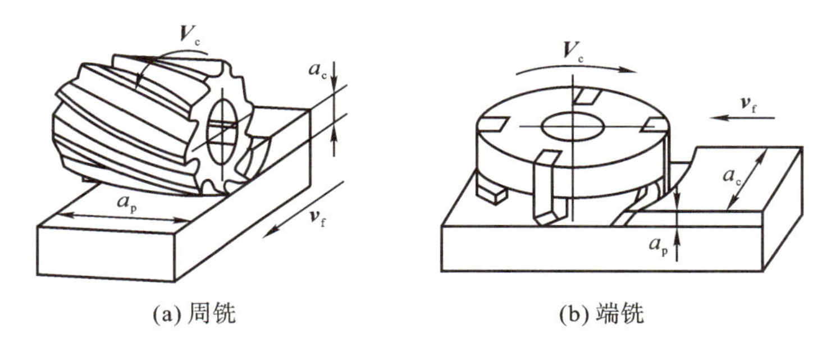

图 3.5 周铣与端铣

(2)进给量 f(进给速度 F)。铣削的进给量 f 是指机床工作台的进给速度(单位:mm/r)。进给速度 F(单位:mm/min)与进给量 f 和每齿进给量 f_z 的关系为:

$$F=n\times f=n\times Z_n\times f_z$$

式中:n——铣刀转速(单位:r/min);

Z_n——铣刀齿数;

f_z——每齿进给量(单位:mm/齿)。

进给量与进给速度一般根据零件的表面粗糙度、加工精度、刀具及工件材料等因素,参考切削用量手册选取,或通过每齿进给量 f_z 选取。

每齿进给量可参考表 3-5 选取。工件刚性差或刀具强度低时,应取较小值。

表 3-5 铣刀每齿进给量 f_z 参考值

工件材料	f_z/(mm/齿)			
	粗铣		精铣	
	高速钢铣刀	硬质合金铣刀	高速钢铣刀	硬质合金铣刀
钢	0.10～0.15	0.10～0.25	0.02～0.05	0.10～0.15
铸铁	0.12～0.20	0.15～0.30		

(3)切削速度 V_c。铣削的切削速度 V_c 是铣刀旋转的圆周线速度，单位：m/min。切削速度 V_c 与刀具的耐用度、每齿进给量、铣削深度和铣削宽度，以及铣刀齿数成反比，而与铣刀直径成正比。其原因是当 f_z、a_p、a_e 和 Z 增大时，刀刃负荷增加，而且同时工作的齿数也增多，使切削热增加、刀具磨损加快，从而限制了切削速度的提高。为提高刀具耐用度，允许使用较低的切削速度。但是加大铣刀直径则可改善散热条件，提高切削速度。

铣削切削速度 V_c(单位：m/min)可参考表 3-6 选取，也可参考有关切削用量手册中的经验公式计算选取。主轴转速 n(单位：r/min)与切削速度 V_c 的关系为：

$$n=\frac{V_c\times 1000}{\pi D}$$

式中：n——主轴转速；

V_c——切削速度；

D——铣刀直径。

表 3-6 切削速度 V_c 参考值

工件材料	硬度/HBS	V_c/(m/min)	
		高速钢铣刀	硬质合金铣刀
钢	＜225	18～42	66～150
	225～325	12～36	54～120
	325～425	6～21	36～75
铸铁	＜190	21～36	66～150
	190～260	9～18	45～90
	260～320	4.5～10	21～30

(4)行距 L。行距表示相邻两行刀具轨迹之间的距离，如图 3.6 所示。行距与刀具直径成正比，与切削深度 a_p 成反比。行距 L 的经验取值范围为：(0.5～0.8)×刀具直径。

(5)残留高度 δ。使用平底刀和球头刀进行斜面或曲面等高加工时，会在两层间留下未加工区域，相邻两行刀轨之间残留的未加工区域的高度称为残留高度 δ，如图 3.6 所示。它的大小决定了加工表面的粗糙度。

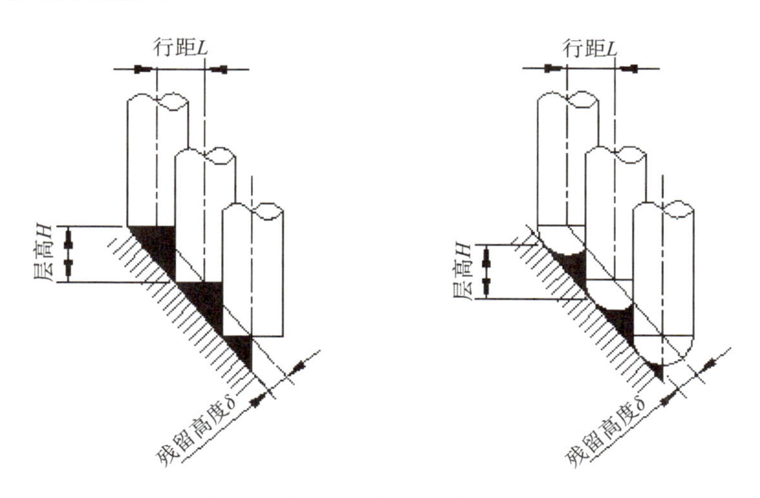

图 3.6 行距、层高、残留高度示意图

2. 平面和槽的铣削工艺

1)平面的铣削

(1)铣削大平面。

粗铣大平面一般选用大直径的端铣刀，精铣大平面选用可转位的密齿面铣刀，刀齿数可达 6～8 个。在机床功率和零件结构范围之内，铣削宽度应为刀具直径的 70%，如图 3.7 所示，如刀具直径为 60 mm，零件最佳切削宽度为 42 mm。

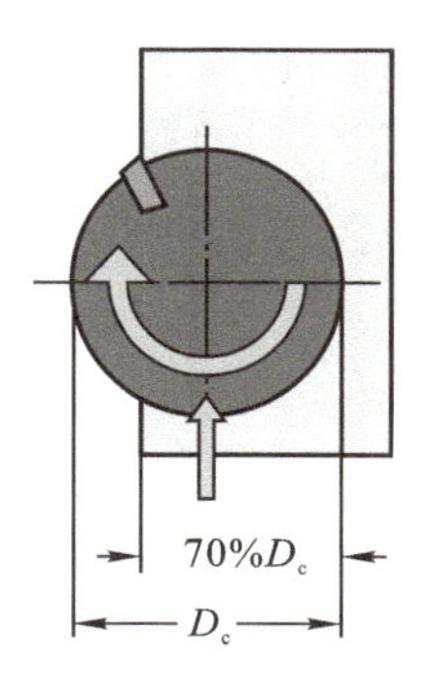

图 3.7 最佳侧吃刀量

铣削大平面的常用走刀方式有双向铣削、单向铣削和环形铣削三种，如图 3.8 所示。图 3.8(a)为双向铣削，刀具来回都加工，顺铣和逆铣交替进行，加工效率高，但表面质量不一致，通常用于平面或型腔的粗加工。图 3.8(b)为单向铣削，刀具只在单边加工，是单一的顺铣或逆铣，表面质量一致性好，但空行程较多，加工效率只有50%，通常用于平面或型腔的精加工。图3.8(c)为环形铣削，与单向铣削一样，只是单一的顺铣或逆铣加工，表面质量一致性好，但其空行程少，加工效率较高，可用于平面或型腔的粗、精加工。

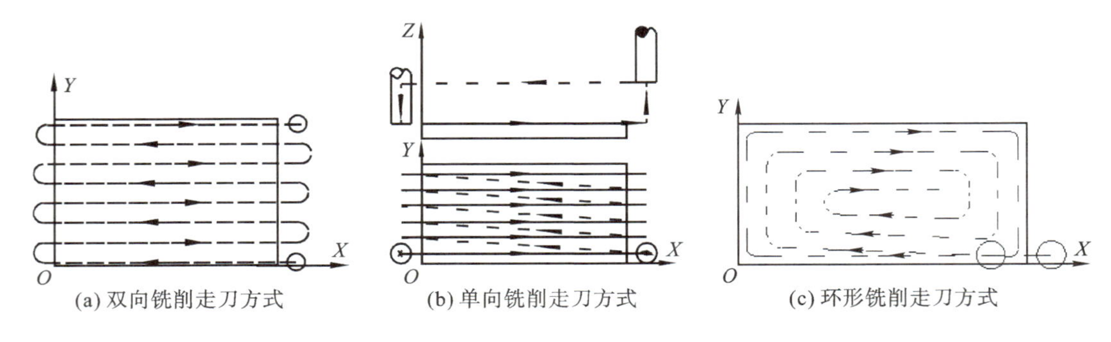

图3.8　平面铣削走刀方式

铣削平面上如有孔或槽，尽可能安排在后续工序中完成，这对于耐热合金钢材料的面铣加工尤其重要。此外，当加工到孔、槽区域上方时，进给速率应降低25%。

(2)铣削小平面。

铣削小平面一般选择直径比工件宽20%～50%的铣刀。当铣刀的铣削宽度小于铣刀直径时，刀具中心应略偏离工件表面中心一定距离(δ)，如图3.9所示。这样，每个刀片形成的切口较小。如果面铣刀中心与工件表面中心一致，当刀刃进入和退出时，刀刃上平均的径向切削力会在方向上不断变化，引起机床振动，还可能导致刀片破碎，影响加工质量。

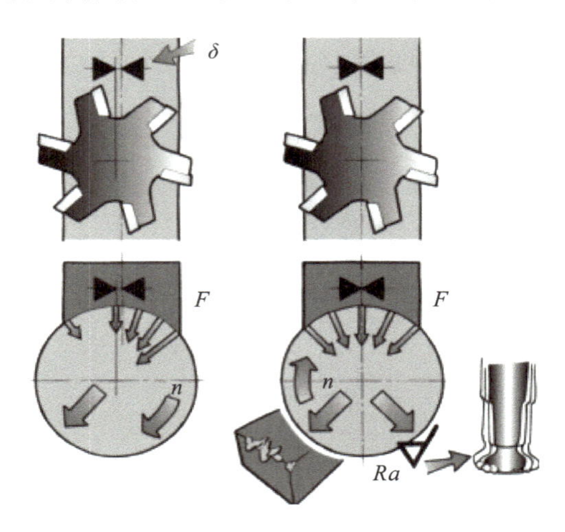

图3.9　铣削小平面

2)槽的铣削

槽的粗、精铣都选用直径小于槽宽的立铣刀或键槽铣刀，沿槽的轮廓形状循环走刀加工。通常先铣槽的中间部分，再用刀具半径补偿功能铣槽的两边轮廓。如果槽的深度较大，粗加工要分层加工。若选用立铣刀加工，则需要先在槽中心钻直径大于铣刀直径的下刀孔，立铣刀由下刀孔直线下刀至切削深度，再进行层加工。若选用键槽铣加工，由于有端刃，以Z字路线或螺旋式下刀，如图3.10所示，不需要打下刀孔。

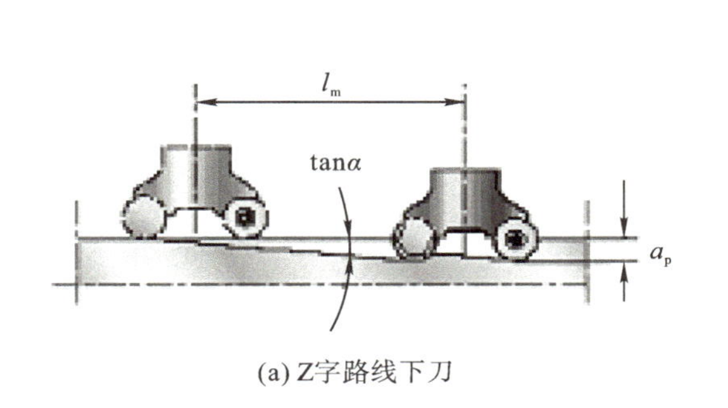

(a) Z字路线下刀

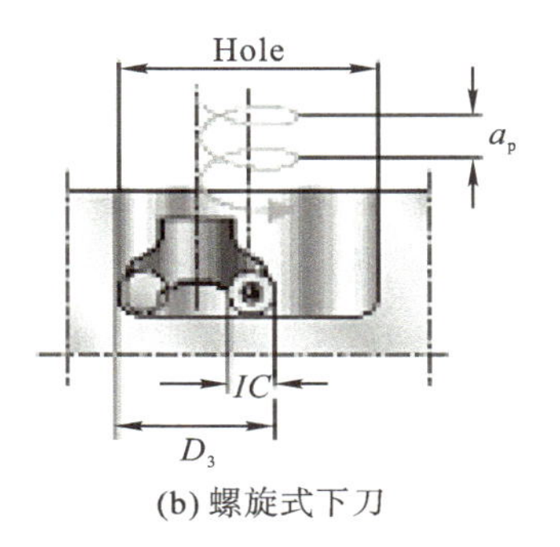

(b) 螺旋式下刀

图3.10　键槽铣的下刀方式

3. 编程前的准备

1）确定编程坐标系

数控铣削的编程坐标系同样要遵循三重合原则。编程坐标系的坐标轴要与机床坐标系的坐标轴方向一致，编程坐标系原点则根据加工零件图样及加工工艺要求而选定。如图3.11(a)所示零件，零件长、宽、高的尺寸基准分别为左侧面、下侧面和底表面，为此编程坐标原点定在长方形上表面的左下角点。图3.11(b)所示零件，零件长、宽、高的尺寸基准分别为长方形平面的对称轴和底表面，为此编程坐标原点定在长方形底表面的中心点。

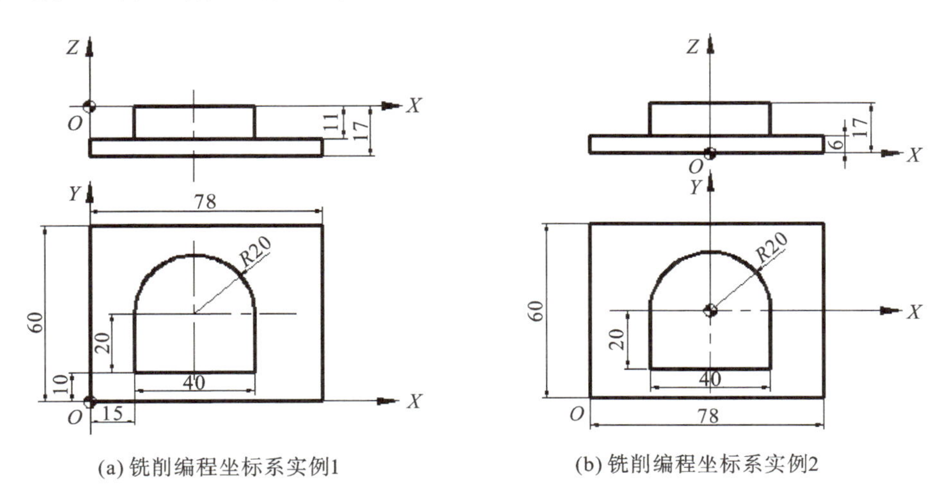

(a) 铣削编程坐标系实例1　　(b) 铣削编程坐标系实例2

图3.11　铣削编程坐标系选择实例

2）确定走刀路线

(1)铣削的走刀路线。

数控铣削的走刀路线要同时考虑垂直方向和水平方向的走刀。对于立式数控铣床，为了避免刀具与工件碰撞，在垂直方向的走刀需设置一个安全高度和初始高度，从初始高度到安全高度为快进，从安全高度到进刀点为工进。安全高度一般在零件表面以上 5～10 mm，初始高度的绝对坐标值一般为 200 mm 以上。

以图 3.12 所示零件的 A→B→C→D→E→F→G→H 轮廓精铣为例，刀具停在换刀点(或初始高度)，走刀路线为：刀具在 XOY 平面内移动至进刀点的上方，Z 向快速下刀至安全高度，再工进至进刀点，随后，在 XOY 平面内，从进刀点→切削起点→A→B→C→D→E→F→G→H→切削终点→退刀点，完成一层切削。若 Z 向需要分层铣削，那么刀具沿 Z 向再次下刀，重复 XOY 平面内的走刀，直至加工至要求深度。最后，刀具从退刀点先工进退刀至安全高度，再快速退至换刀点(或初始高度)，整个加工结束。

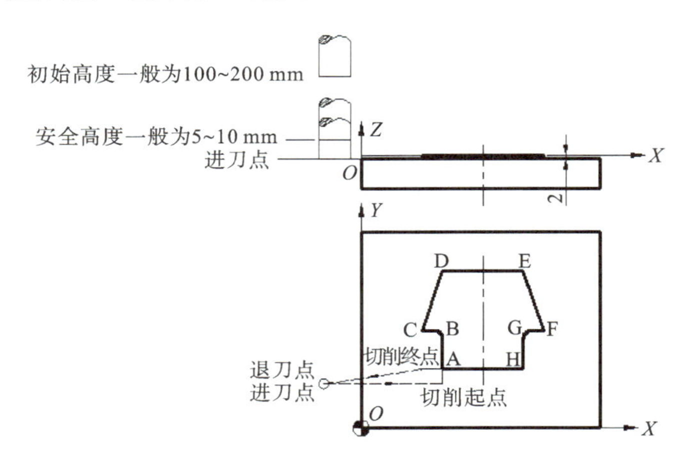

图 3.12　铣削加工走刀路线

由于铣削加工有顺铣和逆铣，在设计走刀路线时，要注意粗加工尽量选用逆铣，精加工尽量选用顺铣。以主轴正转为例，刀具沿图 3.12 零件外轮廓顺时针走刀为顺铣，反之为逆铣。

(2)切入切出路线。

铣削时，若刀具沿法向切入工件，会在切入处产生刀痕，所以应尽量避免沿法向切入工件。使刀具沿零件轮廓表面切向切入工件，并且在其延长线上增加一段外延距离，以保证零件轮廓的光滑过渡。同样，在切出零件轮廓时也应从零件轮廓表面曲线的切向延长线上切出，如图 3.13(a)所示。零件内轮廓表面的铣削无法外延路线，可选择圆弧过渡的方式，如图 3.13(b)所示。如果实在无法沿零件表面曲线切向切入切出，只有沿法线方向走刀时，切入切出点应选在零件轮廓两几何要素的交点上，而且进给过程中要避免停顿。

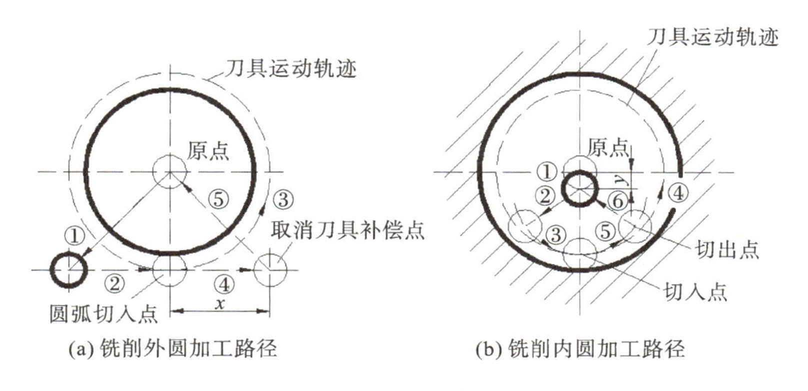

图 3.13　切入切出路线

(3)反向间隙误差。

加工如图 3.14 所示的 4 个孔时，刀具的走刀路线有两种。图 3.14(a)中，由于Ⅳ孔与Ⅰ、Ⅱ、Ⅲ孔的定位方向相反，X 向的反向间隙会使定位误差增加，进而影响Ⅳ孔的位置精度。图 3.14(b)中，当加工完Ⅲ孔后，没有直接在Ⅳ孔处定位，而是多运动了一段距离，然后折回来在Ⅳ孔处定位。这样Ⅰ、Ⅱ、Ⅲ孔与Ⅳ孔的定位方向是一致的，可以避免引入机床运动中的反向间隙误差，保证了Ⅳ孔与各孔之间的孔距精度。如果数控机床带有螺距补偿功能，丝杠螺母副间的间隙能够由数控系统补偿，则不必考虑上述进刀路线。

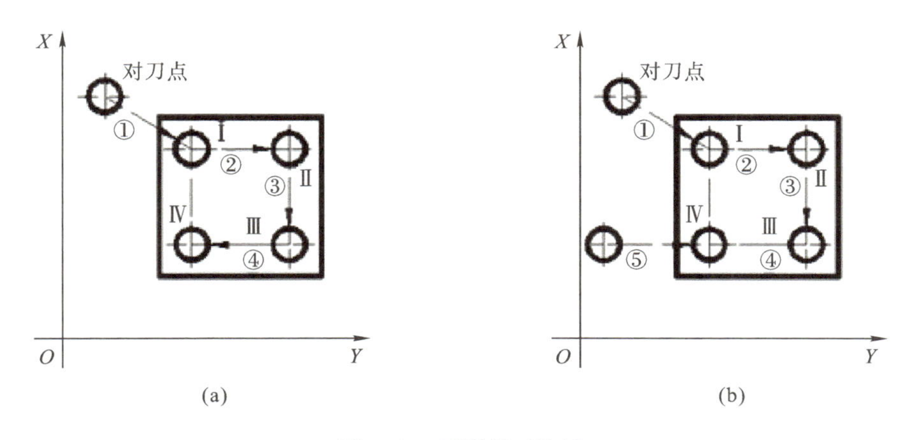

图 3.14　两种进刀路线

4. 数控铣削的刀具补偿功能

1)刀具半径补偿功能

铣刀的刀位点为底表面的中心点，若沿零件的理论轮廓编程，会导致加工轨迹与编程轨迹有一个铣刀半径的偏差，如图 3.15(a)所示。为了削除此偏差，需要引入刀具半径补偿功能，即系统使刀心(刀位点)轨迹整体向特定的方向偏离一个刀具半径，类似于数控车床的刀尖半径补偿功能，如图 3.15(b)所示，以确保加工轨迹与零件轮廓一致。刀具半径补偿功能需配合特定的G指令(G40、G41和G42)来实现。

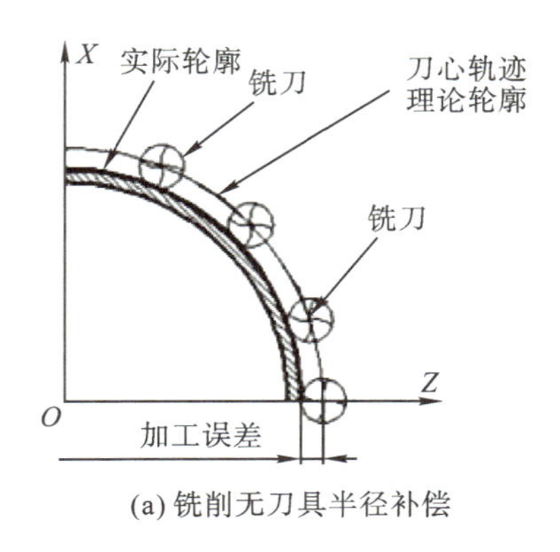

(a) 铣削无刀具半径补偿

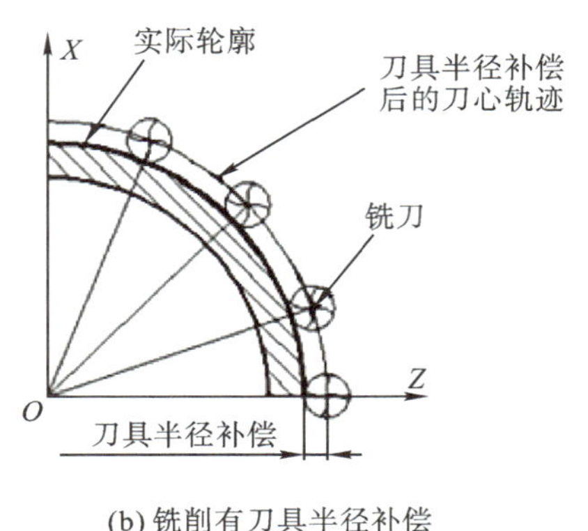

(b) 铣削有刀具半径补偿

图 3.15 刀具半径补偿

2)刀具长度补偿功能

铣削时,编程假想的刀具与实际刀具的形状与安装位置存在偏差,如图 3.16 所示,或者使用多把刀具共用一个工件坐标系加工时,都需要引入刀具长度补偿功能,即事先获得刀具的长度或多把刀具的长度偏差值,系统将此长度偏差值叠加到程序的刀具长度方向的坐标值上,以确保编程轨迹与加工轨迹一致。刀具长度补偿功能也可以使用在刀具长度方向上产生磨损后,引起零件 Z 向尺寸超差的问题上,即在磨损的刀具上引入刀具 Z 向磨损补偿量。刀具长度补偿功能同样需配合特定G指令(G43、G44和G49)来实现。

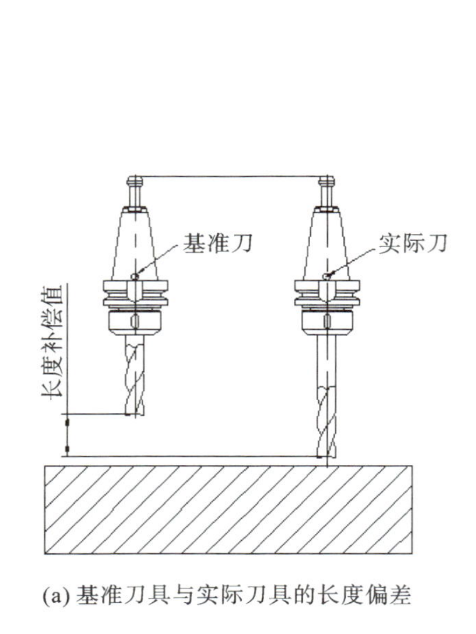

(a) 基准刀具与实际刀具的长度偏差

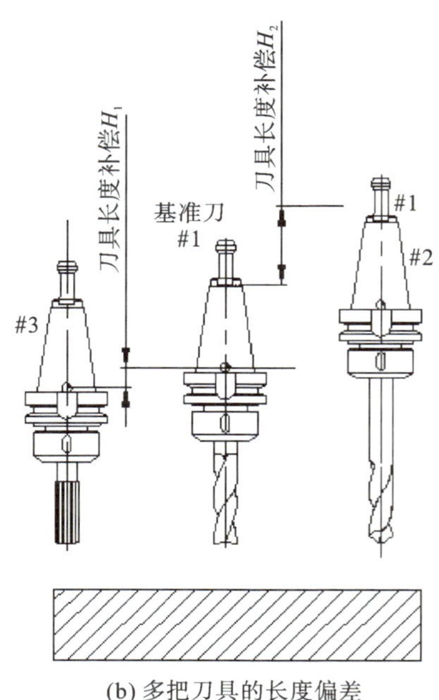

(b) 多把刀具的长度偏差

图 3.16 铣削刀具长度补偿功能

使用数控系统刀具补偿功能需要完成两个工作，一是获取刀具补偿值（半径补偿值、磨损补偿值、长度补偿值、位置偏置值），并存储在系统的刀具补偿存储器中；二是在程序中增加特定的刀具补偿功能指令。

5. 新编程指令

1）刀具半径补偿指令（G41、G42、G40）

前面已介绍了数控铣削的刀具半径补偿功能的原理，与之配合使用的指令是刀具半径补偿指令 G40、G41 和 G42。铣削的刀具半径补偿分左补偿和右补偿两种，其指令功能和格式见表 3－7。

表 3－7 刀具半径补偿指令 G40、G41、G42

项目		
指令格式	G00|G01 G40 X|U(x|u) Y|W(y|w) D(d) F(f); G00|G01 G41 X|U(x|u) Y|W(y|w) D(d) F(f); G00|G01 G42 X|U(x|u) Y|W(y|w) D(d) F(f);	
参数说明	G40	取消刀具半径补偿指令
	G41	刀具半径左补偿指令
	G42	刀具半径右补偿指令
	(d)	刀具半径补偿号（D00～D99），它代表了刀具表中对应的刀具半径补偿值
指令功能	指令 G41、G42、G40 和 D 代码配合使用，实现指定刀具沿编程轮廓向左或向右偏移一个刀具半径值运动，半径值存储于 D 代码所指定的刀补存储单元中。G41、G42 和 G40 是模态指令	
左、右补偿的定义	假设工件静止，从垂直于刀具运动平面的第三轴的正向向负向看，沿刀具前进方向，若刀具位于零件轮廓左边，称为刀具半径左补偿；若刀具位于零件轮廓右边，称为刀具半径右补偿，如下图所示： 刀具旋转方向 在前进方向左侧补偿 补偿量 刀具前进方向 (a) 左补偿 补偿量 刀具旋转方向 在前进方向右侧补偿 刀具前进方向 (b) 右补偿 左、右刀具半径补偿	

续表

左、右补偿的定义	在选择刀具半径补偿方向时，要注意铣削加工的具体内容。如下图所示，两个加工均采用了刀具半径补偿，但由于加工方向不同，因此，最终加工的内容也不同 (a) 引入左补铣削外轮廓 (b) 引入左补铣削内轮廓 刀具半径补偿方向与加工方向的关系
刀补引入方法	刀具半径补偿在整个程序中的应用共分刀补引入（初次加载），刀补方式进行中和刀补解除三个过程。如下图所示，在铣削零件轮廓 *BCDE* 时，*OA* 段为刀补引入段，*FO* 段为刀补取消段。刀具半径补偿引入或取消段的直线长度应大于 1～2 倍刀尖半径值 刀具半径补偿引入方式
注意事项	①G41 或 G42 指令应与指令 G00 和 G01 一起使用。 ②必须在刀具补偿参数设定页面填入该刀具的刀具半径值，则数控装置会自动计算应该移动（偏置）的补偿量。 ③程序中指定了 G41 后，若要指定 G42，则必须先用 G40 取消刀具半径补偿，然后再指定 G42。 ④当刀具半径小于圆角半径时，使用刀具半径补偿将产生过切，数控系统会报警，如下图所示： 圆弧的过切 ⑤当刀具半径大于沟槽时，使用刀具半径补偿将产生过切，数控系统会报警，如下图所示： 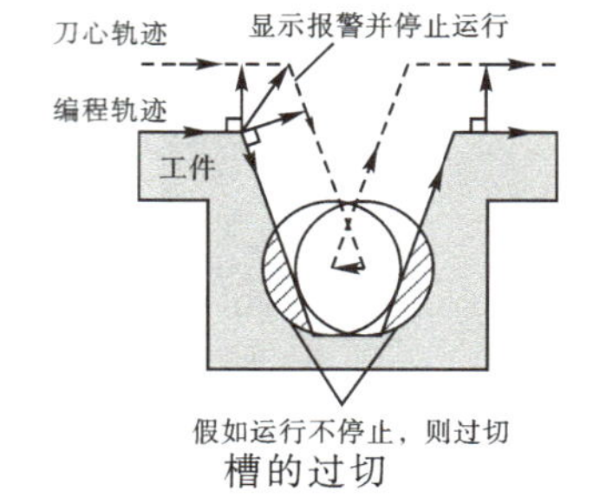 槽的过切

2）刀具长度补偿指令（G43、G44、G49）

前面已介绍了数控铣削的刀具长度补偿功能的原理，与之配合使用的指令是刀具长度补偿指令 G43、G44、G49。铣削的刀具长度补偿有正补偿和负补偿两种，其功能和格式见表 3－8。

表 3－8　刀具长度补偿指令 G43、G44、G49

指令格式	G43 G00|G01 Z(*z*) H(*h*)； G44 G00|G01 Z(*z*) H(*h*)； G49 G00|G01 Z(*z*) H(*h*)；	
参数说明	G43	刀具长度正补偿指令
	G44	刀具长度负补偿指令
	G49	取消刀具长度补偿指令
	(*h*)	刀具长度补偿偏置号（H00～H99），它代表了刀具表中对应的长度补偿值。长度补偿值是编程时的刀具长度和实际使用的刀具长度的差值
指令功能	指令 G43、G44、G49 和 H 代码配合使用，实现指定刀具沿指定坐标轴方向偏移一个长度值，长度值存储于 H 代码所指定的刀补存储单元中。G43、G44 和 G49 是模态指令	
正、负补偿的定义	无论终点坐标是增量坐标还是绝对坐标，执行长度正补偿指令 G43 后，由 H 代码指定的长度补偿值加到指令终点坐标上。执行长度负补偿指令 G44 后，指令终点坐标将减去由 H 代码指定的长度补偿值。设长度补偿值为正值，执行指令 G43 后刀具向＋*Z* 方向移动 *h* 值，执行指令 G44 后刀具向－*Z* 方向移动 *h* 值，如下图所示。若长度补偿值为负值，分别执行指令 G43 和 G44 后的刀具移动方向相反 Z　Z　刀具位置　执行G43 H01语句后刀具的位置　14　G43 H01 H01=14　G44 H01 H01=14　14　执行G44 H01语句后刀具的位置 G43 和 G44 的应用	

续表

注意事项	①G43、G44 可以不与轴移动指令一起使用，如果不指定轴的移动，系统假定指定了不引起移动的移动指令。 ②当由于偏置号改变时，偏置值变为新的刀具长度偏置值，新的刀具长度偏置值不累加到旧的刀具长度偏置值上。 ③偏置号 0 即 H0 的刀具长度偏置值为 0，不能对 H0 设置任何其他的刀具长度偏置值。 ④G49 和 H0 可以用于取消长度补偿

3）换刀指令

加工中心的换刀有机械手换刀和斗笠式刀库换刀两种，机械手换刀可分为选刀和换刀两个动作。选刀是把刀库中特定的刀具调整到换刀位置，换刀是把刀库的刀具调至主轴中。机械手换刀机构可将这两个动作分开进行，也可将选刀动作与机床加工过程重叠进行，即利用切削时间进行选刀。

加工中心通常规定了特定的换刀位置，主轴只有运动到这个位置才能执行换刀动作。换刀前，必须停止主轴。换刀指令为 M06，选刀指令为 T××。

机械手换刀编程有以下两种方法。

方法 1：M06 T01；　　　　选刀和换刀同时进行

方法 2：G01 X Y ZF100 T01；　　　　机床运行的同时选刀

　　M06；　　　　换刀

拓展练习

识读图 3.17 所示的凸块零件图，分析零件的铣削加工工艺，选用合理的指令编写加工程序，并完成零件的数控加工。毛坯：24 mm×24 mm×104 mm 的方料。

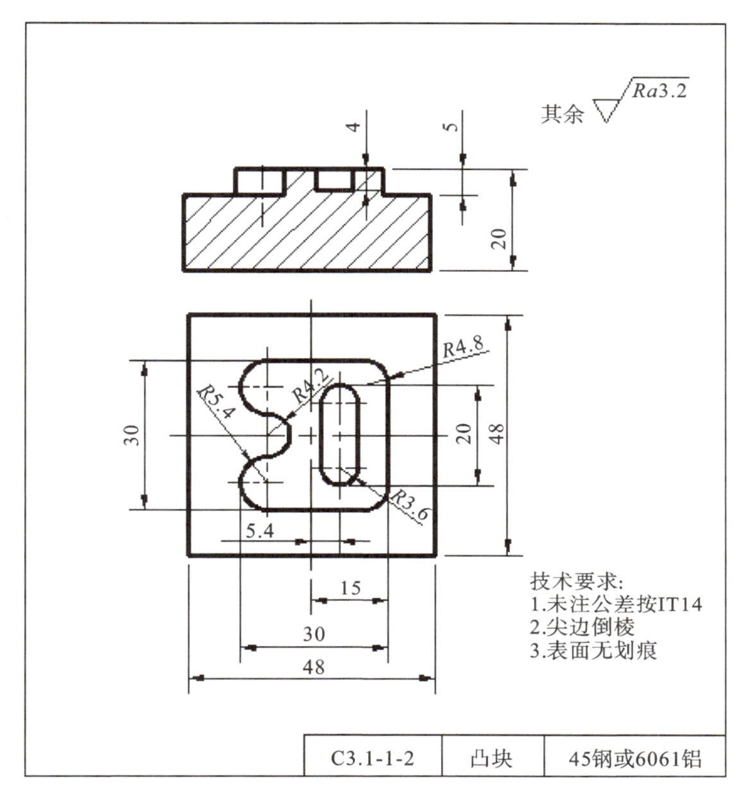

图 3.17　凸块零件图

知识巩固

【单选】(1)铣削加工设置安全高度的目的是______。(　　)

A. 提高效率　　B. 提高质量

C. 避免刀具与工件碰撞　　D. 提高刀具寿命

【单选】(2)平面铣削走刀方式中______的效率高,且加工质量好。(　　)

A. 双向铣削　　B. 单向铣削　　C. 环形铣削

【单选】(3)内外轮廓铣削时,增加切入和切出路线的目的是______。(　　)

A. 提高效率　　B. 提高质量

C. 避免刀具与工件碰撞　　D. 提高刀具寿命

【单选】(4)刀具半径补偿引入或取消段的直线长度应大于______倍刀尖半径值。(　　)

A. 1～2　　B. 3～4　　C. 5～6　　D. 7～8

【单选】(5)G41 或 G42 指令应与指令 G00 和______一起使用。(　　)

A. G02　　B. G03　　C. G90　　D. G01

【单选】(6)在铣槽时，若刀具半径大于沟槽宽度，使用刀具半径补偿将产生______，数控系统会报警。(　　)

A. 欠切　　B. 过切　　C. 正常切削　　D. 飞切

【单选】(7)刀具半径左、右补偿的判断方法：从________看，沿刀具前进方向，若刀具位于零件轮廓左边，称为刀尖半径左补偿；若刀具位于零件轮廓右边，称为刀尖半径右补偿。(　　)

A. 正对刀具运动平面

B. 垂直于刀具运动平面的第三轴的正向向负向

C. 垂直于刀具运动平面的第三轴的负向向正向

D. 背对刀具运动平面

【单选】(8)G17 G00|G01 G43|G44 ______ H(h) F(f)。(　　)

A. X(w)　　B. Y(u)　　C. Z(z)　　D. 均可

【单选】(9)长度补偿值 H01＝－3.5，执行语句 G43 Z10 H01 F250 后，刀具刀位点的实际坐标值为______。(　　)

A. 13.5　　B. 6.5　　C. －3.5　　D. 10

【多选】(10)应用不同的刀具半径补偿值，可以实现______。(　　)

A. 同一把刀具对同一轮廓的多次加工

B. 不同的刀具加工不同的轮廓

C. 同一把刀具对不同轮廓的加工

D. 不同的刀具加工同一轮廓

任务 2　盖板的数控铣削与手工编程

任务描述

分析如图 3.18 中盖板的加工工艺，选用合理的指令编写盖板的数控加工程序，并在数控铣床(加工中心)上完成零件加工。毛坯：100 mm×100 mm×30 mm 的 45 钢或 6061 铝块。

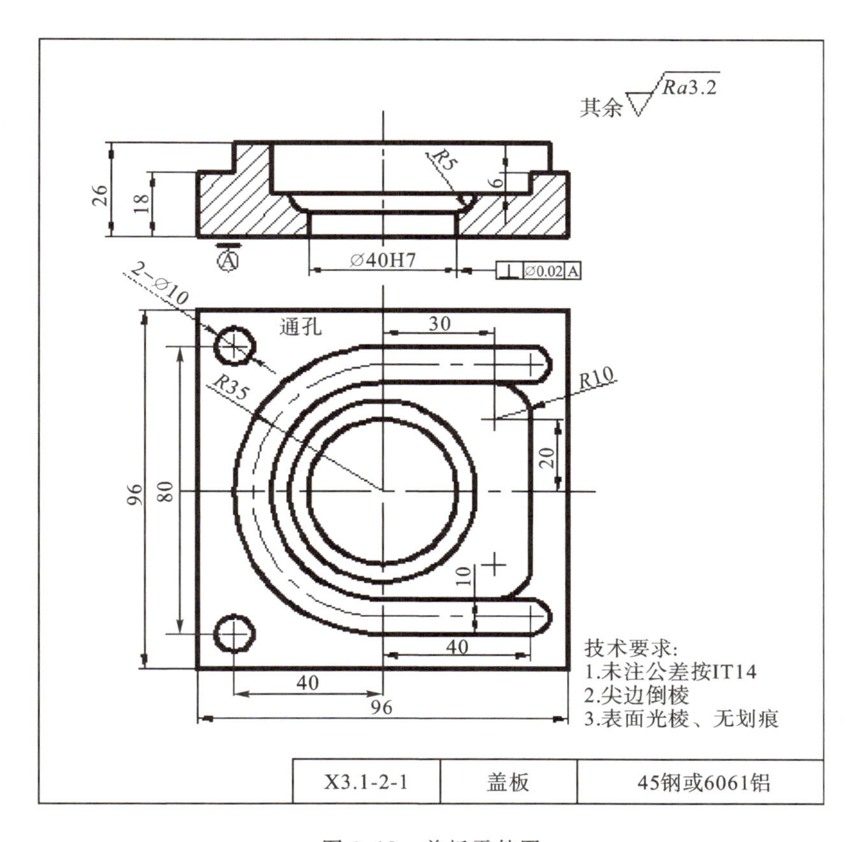

图 3.18 盖板零件图

职业能力目标

(1)能分析具有外形、型腔和孔特征的板状零件的数控铣削工艺。

(2)能使用孔加工固定循环指令(G73、G74、G76、G80、G81、G82、G83、G84、G85、G86、G87、G88、G89、G98、G99)和主-子程序结构等编写数控铣削程序。

(3)在程序调试正确的基础上,能完成板状零件的数控铣削加工。

(4)能自主学习、善于思考、细致工作、精益求精。

任务分析

1. 盖板的加工工艺分析

1)零件图的工艺分析

盖板为板状类结构,主要由外形、凸台、形腔和孔等几何要素组成。零件尺寸精度等级为IT7～IT8,表面粗糙度为 $Ra3.2$ μm。

盖板上⌀40H7 孔与基准面 A 有垂直度要求。在孔加工时,应考虑以基准面 A 为安装基准。

2)编制加工工艺

(1)确定加工方案。根据结构特点,盖板铣削加工要分两道工序加工:铣四方和铣外形。

(2)确定数控车削的装夹方案。盖板为规则的四方件,四方加工和外形加工均采用平口虎钳装夹。

(3)确定工序及内容,编制机械加工工艺过程卡。根据基准先行、刀具集中、先粗后精和先孔后面等工艺设计原则,盖板外形加工工序可拟定两种加工方案。

方案一:先孔后面

钻 2×∅10、∅40H7 的中心孔→钻 2×∅10、∅40H7 的孔→粗铣凸台和型腔→精铣凸台和形腔→粗、精铣型腔 $R5$ 圆弧面→镗∅40H7 孔。

方案二:先面后孔

粗铣凸台→钻 2×∅10、∅40H7 中心孔→钻 2×∅10、∅40H7→粗铣型腔→粗铣∅40H7 孔→精铣凸台和型腔→粗、精铣型腔 $R5$ 圆弧面→镗∅40H7 孔。

两种方案比较,方案一的加工效率更高。因为钻孔比铣削的效率高,同时,预先钻出的孔可以作为后面铣削的下刀孔,利于铣削加工。但是,预先钻出的孔口(特别是小孔)在后面的铣削时常会被堵塞,这是先孔后面的缺点。方案二效率低一些,但可以有效避免小孔堵塞现象的发生。综合比较,方案二的优势更明显。

盖板的加工工序及内容见表 3-9。

表 3-9 机械加工工艺过程卡

<table>
<tr><td rowspan="2">零件名称</td><td rowspan="2">盖板</td><td rowspan="2">机械加工工艺过程卡</td><td>毛坯种类</td><td>方料</td><td>共 1 页</td></tr>
<tr><td>材料</td><td>6061 铝</td><td>第 1 页</td></tr>
<tr><td>工序号</td><td>工序名称</td><td colspan="2">工序内容</td><td>设备</td><td>工艺装备</td></tr>
<tr><td>10</td><td>备料</td><td colspan="2">备料:100 mm×100 mm×30 mm,材料 6061 铝棒料</td><td>—</td><td>—</td></tr>
<tr><td>20</td><td>铣四方</td><td colspan="2">粗、精铣四方外形尺寸至图纸尺寸</td><td>M-V413</td><td>平口虎钳</td></tr>
<tr><td>30</td><td>数铣外形</td><td colspan="2">以基准面 A 为装夹底面,平口虎钳装夹。粗铣凸台和型腔;钻 2×∅10、∅40H7 中心孔;钻 2×∅10、∅40H7;铣∅40H7 孔,精铣凸台和型腔;粗、精铣型腔 R5 圆弧面;镗∅40H7 孔至图纸尺寸</td><td>M-V413</td><td>平口虎钳</td></tr>
</table>

续表

零件名称	盖板	机械加工工艺过程卡		毛坯种类	方料	共 1 页
				材料	6061 铝	第 1 页
工序号	工序名称	工序内容			设备	工艺装备
40	钳	锐边倒棱，去毛刺			钳工台	台虎钳
50	清洗	用清洗剂清洗零件			—	—
60	检验	按图样尺寸检测			—	—
编制		日期		审核	日期	

(4)确定数控铣削刀具，编写刀具卡。盖板数控铣削刀具规格见表 3-10。

表 3-10　数控加工刀具卡

零件名称		盖板	数控加工刀具卡		工序号	30
工序名称		数铣外形			设备型号	M-V413
序号	刀具号	刀具名称	刀具尺寸		补偿量/mm	备注
			直径/mm	刀长/mm		
1	T0101	高速钢中心钻	3	40	—	—
2	T0202	高速钢钻头	10	125	—	—
3	T0303	高速钢钻头	24	350	—	—
4	T0404	高速钢直柄立铣刀	16	92	—	—
5	T0505	高速钢直柄立铣刀	22	104	—	—
6	T0606	高速钢球头直柄铣刀	10	75	—	—
7	T0707	硬质合金镗刀	40	100	—	—
编制		审核	批准		共 1 页	第 1 页

(5)编制数控加工工序卡。制定盖板(N30)数控铣削加工工序(见表 3-11)。

表 3-11　数控加工工序卡

零件名称	盖板	数控加工工序卡	工序号	30	工序名称	铣外形	共 1 张
			毛坯尺寸	100 mm×100 mm×30 mm	材料牌号	6061 铝	第 1 张

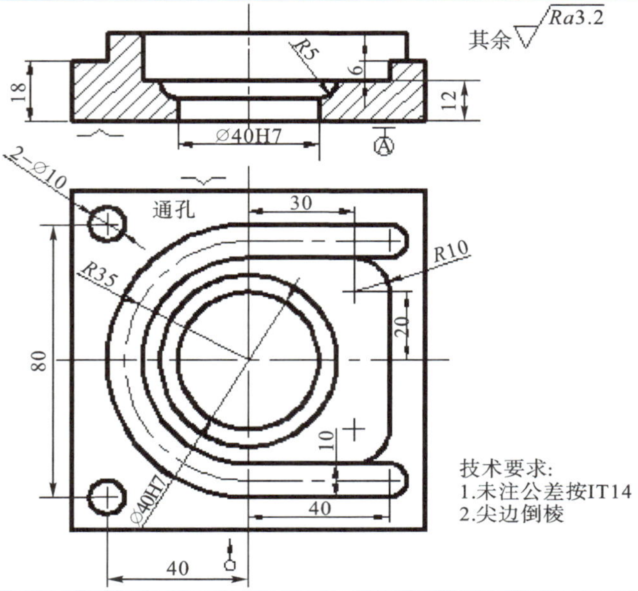

其余 $Ra3.2$

技术要求:
1.未注公差按IT14
2.尖边倒棱

序号	工序内容	刀具号	刀具补偿号	刀具半径补偿号	主轴转速 /(r/min)	切削速度 /(r/mm)	吃刀深度 /mm	量具
1	粗铣凸台	T0505	H5	D5=22.8	2000	500	3.8、2.8	游标卡尺
2	钻 2×∅10、∅40H7 中心孔	T0101	H1	—	1200	100	—	游标卡尺
3	钻 2×∅10、∅40H7 至∅10 mm	T0202	H2	—	2500	250	—	游标卡尺
4	钻∅40H7 孔至∅24 mm	T0303	H3	—	1200	250	—	游标卡尺
5	粗铣型腔，粗铣∅40H7 孔至∅39.2 mm	T0505	H5	D5=22.8	2000	500	3、4.1	游标卡尺
6	粗铣型腔中 $R5$ 的圆弧面	T0404	H4	D12=18 D13=20 D10=22	2500	800	2、1、1	游标卡尺
7	精铣上型腔，精铣∅40H7 孔至∅39.7 mm	T0404	H4	D4=16 D11=16.3	2800	800	0.4	游标卡尺
8	粗铣型腔中 $R5$ 的圆弧面	T0606	H6	D6=10	3500	800	3、1、0.7、0.3	—

续表

序号	工序内容		刀具号	刀具补偿号	刀具半径补偿号	主轴转速/(r/min)	切削速度/(mm/r)	吃刀深度/mm	量具
9	精铣凸台		T0505	H5	D10=22	2500	600	0.4	游标卡尺
10	镗∅40H7 孔		T0707	H8	—	600	100	—	内径千分尺
编制		日期		审核		日期			

2. 盖板（N30）数控铣削加工程序的编写

1)编程前的准备

(1)建立编程坐标系

盖板形体为对称形状，外形数控铣削工序选择上表面∅40H7 孔的中心为编程坐标系原点。

(2)走刀路线设计

①粗铣、精铣凸台。凸台高度 8 mm，粗铣分二层切削，每次下刀量 3.8 mm，底表面和凸台壁均保留 0.4 mm 精铣余量。为了不使边缘产生馈削，粗铣凸台采用逆铣。粗、精铣均采用刀具半径补偿编程，粗铣刀补偿值 D5 为 22.8 mm，精铣刀补偿值 D10 为 22 mm。走刀路线如图 3.19 所示，1(下刀)→2→3→4(抬刀)，5(下刀)→6→7→8→9→10→11→12→13→14→15→16→17→18(抬刀)。

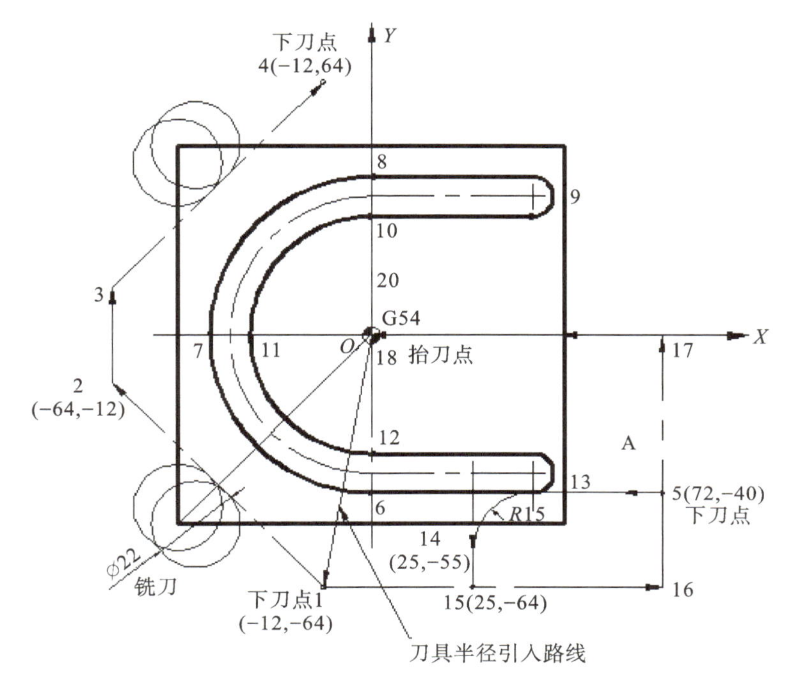

图 3.19 粗、精铣凸台的走刀路线

②粗铣、精铣型腔。型腔深 6 mm，粗铣选用∅22 mm 的立铣刀分两层逆铣，每次下刀量 2.8 mm，底表面和型腔壁均保留 0.4 mm 精铣余量。引入刀具半径补偿编程，刀具补偿值 D5＝22.8 mm。走刀路线如图 3.20(a)所示，*O*(下刀)→1→2→3→4→5→6→1→7→*O*(抬刀)。

精铣型腔选用∅16 mm 的立铣刀，沿两条走刀路线加工顺铣，如图 3.20(b)所示。路线 1：*O*(下刀)→11→12→13→14→11，以刀位点编程。路线 2：11→21→22→23→24→25→26→27→28→22→29→*O*(抬刀)，引入刀具半径补偿，刀具补偿值 D4 为 16 mm。

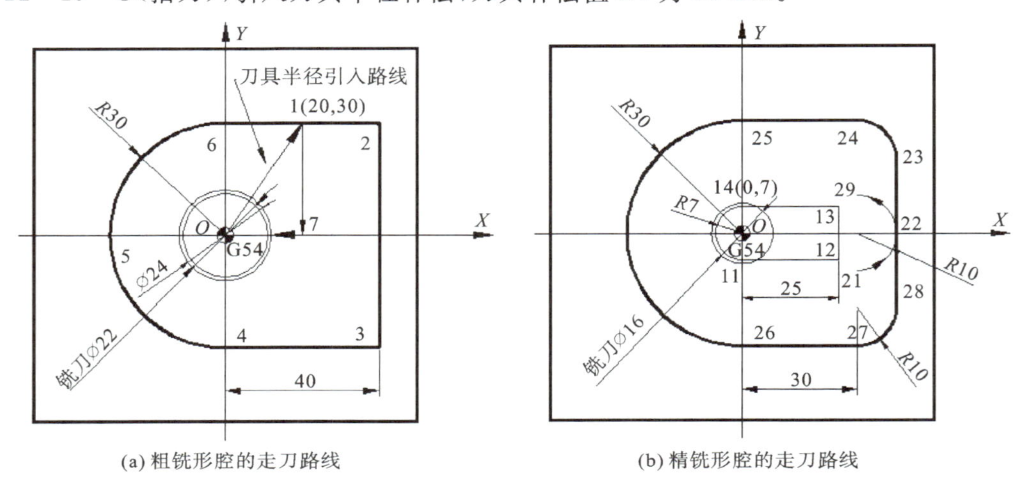

图 3.20　粗、精铣形腔的走刀路线

③粗、精铣∅40H7 孔。粗铣∅40H7 的孔至∅39.2 mm，保留 0.4 mm 精铣余量，孔深 12 mm，粗铣选用∅22 mm 的立铣刀分三次切削，引入刀具半径补偿编程，刀具补偿值 D5＝22.8 mm。

精铣∅40H7 的孔至∅39.7 mm，保留 0.15 mm 的镗孔余量。精铣选用∅16mm 的立铣刀，引入刀具半径补偿编程，刀具补偿值 D11＝16.3 mm。粗、精铣走刀路线如图 3.21 所示，*O*(下刀)→1→顺圆→1→O(抬刀)。

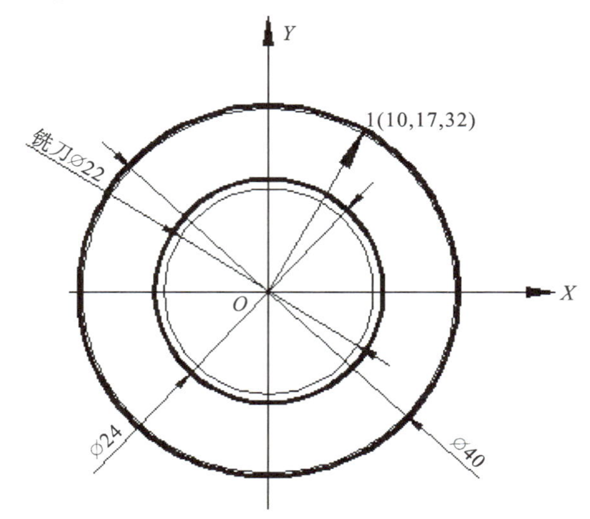

图 3.21　铣∅40H7 孔的走刀路线

④粗、精铣形腔 $R5$ 圆弧面。粗铣型腔 $R5$ 圆弧面选用∅16 mm 的立铣刀，沿 Z 方向分三层切削，每次 X 方向相应调整，吃刀量分别为 2 mm、1 mm、1 mm，以刀位点编程，先切削为阶梯形。精铣型腔 $R5$ 圆弧面采用 $R5$ 球刀，沿 Z 方向分四层切削，吃刀量分别为 3 mm、1 mm、0.7 mm、0.3 mm，以刀位点编程，如图 3.22 所示。

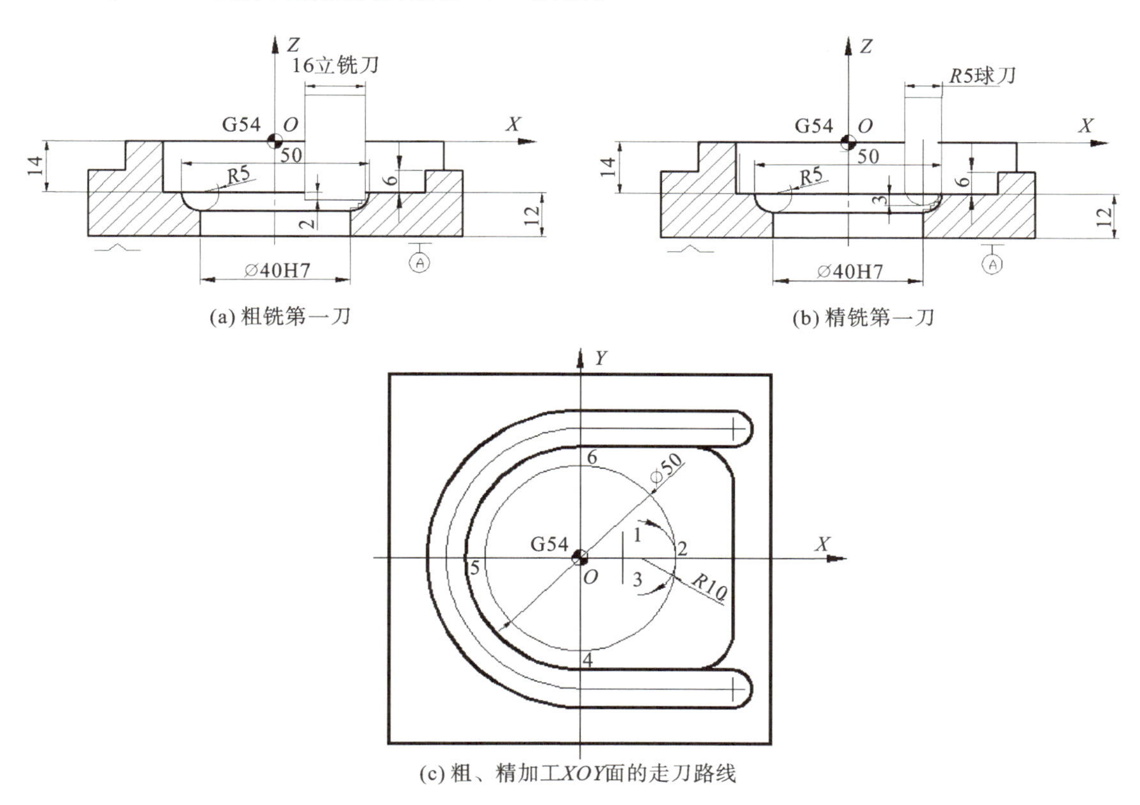

图 3.22　粗、精铣型腔 $R5$ 圆弧面的走刀路线

(3)编写数控加工程序。编写盖板(N30)数控铣削工序的程序单(略)，编写程序如下。

O3121;	主程序
①粗铣凸台。	
M6 T5;	调∅22 mm 立铣刀
G54 G90 G00 X0 Y0;	调用 G54 坐标系，刀具至坐标原点上方
M03 S2000 M08;	
G00 G43 H5 Z50;	引入长度补偿
Z10;	下刀至安全高度
G41 D5 X－12 Y－64;	刀具至 1 点，引入半径补偿 D5＝22.8 mm
G01 Z－3.8 F500;	下刀至－3.8 mm

```
M98 P013122;                          调用粗铣凸台子程序 O3122
G00 G41 D5 X-12 Y-64;                 刀具至1点,引入半径补偿 D5=22.8 mm
G01 Z-7.6 F500;                       下刀至-7.6 mm
M98 P013122;                          调用粗铣凸台子程序 O3122
G49 G00 Z200;                         取消长度补偿
M05;
```

②钻 2×∅10H7、∅40H7 中心孔。

```
M6 T1;                                调∅3 mm 中心钻
M03 S1200;
G00 X0 Y0;
G43 H1 Z50;                           引入长度补偿
G99 G81 X-40 Y40 Z-10.5 R0 F100;      钻第一个调∅10H7 中心孔
X-40 Y-40;                            钻第二个调∅10H7 中心孔
X0 Y0 Z-16.5;                         钻调∅40H7 中心孔
G80 G49 G00 Z200;                     抬刀,取消钻循环和长度补偿
M05;
```

③钻 2×∅10H7、∅40H7 孔至∅10。

```
M6 T2:                                调∅10 mm 钻头
M03 S2500;
G00 X0 Y0;
G43 H2 Z50;                           引入长度补偿
G99 G81 X-40 Y40 Z-28 R0 F250;        钻第一个∅10H7 孔至∅10
X-40 Y-40;                            钻第二个∅10H7 孔至∅10
X0 Y0 Z-28;                           钻∅40H7 孔至∅10
G80 G49 G00 Z200;                     抬刀,取消钻循环和长度补偿
M05;
```

④钻∅40H7 孔至∅24。

```
M6 T4;                                调∅24 mm 钻头
M03 S1500;
G00 X0 Y0;
G43 H4 Z50;                           引入长度补偿
G99 G81 X0 Y0 Z-28 R0 F250;           钻∅40H7 孔至∅24
G80 G49 G00 Z200;
```

```
M05;
```

⑤粗铣型腔、粗铣∅40H7 孔至∅39.2 mm。

```
M6 T5;                  调∅22 mm 立铣刀
M03S2000;
G00 X0 Y0;
G43 H5 Z50;             引入长度补偿
Z0;                     下刀至 Z0
G01 Z-7.6 F500;         下刀至-7.6 mm
M98 P023123;            调用粗铣形腔子程序 O3123 两次
G01 Z-14 F500;          下刀至-14 mm
M98 P033124;            调用铣∅40H7 孔子程序 O3124 三次
G01 Z10 F500;           抬刀至 10 mm
G49 G00 Z200;           取消长度补偿
M05;
```

⑥粗铣型腔 *R*5 圆弧面。

```
M6 T4;                  调∅16 mm 立铣刀
M03 S2800;
G00 X0 Y0;
G43 H4 Z50;             引入长度补偿
Z10;
G01 Z-16 F500;          粗铣第一刀
G01 G42 D12 X15 Y10;    刀具至 1 点,引入刀具半径右补偿 D12=18 mm
M98 P013127;            调用粗铣型腔 R5 圆弧面子程序 O3127
G01 Z-17;               粗铣第二刀
G01 G42 D13 X15 Y10;    刀具至 1 点,引入刀具半径右补偿 D13=20 mm
M98 P013127;            调用粗铣型腔 R5 圆弧面子程序 O3127
G01 Z-18 ;              粗铣第三刀
G01 G42 D10 X15 Y10;    刀具至 1 点,引入刀具半径右补偿 D10=22 mm
M98 P013127;            调用粗铣型腔 R5 圆弧面子程序 O3127
Z10;                    抬刀至 10 mm
G49 G00 Z200;           取消长度补偿
M05;
```

⑦精铣型腔、精铣∅40H7 孔至∅39.7 mm。

```
M6 T4;                        调∅16 mm 立铣刀
M03 S2800;
G00 X0 Y0;
G43 H4 Z50;                   引入长度补偿
Z10;                          下刀至 10 mm
G01 Z-14 F600;                下刀至−14 mm
M98 P013124;                  调用精铣上型腔子程序 O3124
G01 Z-14 F600;                下刀至−19 mm
M98 P033126;                  调用精铣∅40H7 孔子程序 O3126 三次
G01 Z10 F500;                 抬刀至 10 mm
G49 G00 Z200;                 取消长度补偿
M05;
```

⑧精铣型腔 $R5$ 圆弧面。

```
M6 T6;                        调 R5 mm 球刀
M03 S3500;
G00 X0 Y0;
G43 H6 Z50;                   引入长度补偿
Z10;
G01 Z-17 F500;                精铣第一刀
M98 P013128;                  调用精铣型腔 R5 圆弧面子程序 O3128
G01 Z-18 F500;                精铣第二刀
M98 P013128;                  调用精铣型腔 R5 圆弧面子程序 O3128
G01 Z-18.7 F500 ;             精铣第三刀
M98 P013128;                  调用精铣型腔 R5 圆弧面子程序 O3128
G01 Z-19 F500 ;               精铣第四刀
M98 P013128;                  调用精铣型腔 R5 圆弧面子程序 O3128
Z10;                          抬刀至 10 mm
G49 G00 Z200;                 取消长度补偿
M05;
```

⑨精铣凸台。

```
M6 T5;                        调∅22 mm 立铣刀
M03 S2800;
G43 H5 Z50;                   引入长度补偿
```

G00 G41 D10 X－12 Y－64;	刀具至1点，引入半径补偿D10＝22 mm
G01 Z－8 F600;	下刀至－8 mm
M98 P013122;	调用铣凸台子程序O3122
G01 Z10;	抬刀至10 mm
G49 G00 Z200;	取消长度补偿
M05;	

⑩镗∅40H7孔。

M6 T7;	调∅40 mm镗刀
M03 S600;	
G00 X0 Y0;	
G43 H7 Z50;	引入长度补偿
G99 G76 Z－28 R0 Q1 F100;	执行镗孔循环指令G76
G80 G49 G00 Z200;	取消孔循环和长度补偿
M05 M09;	
M30;	

O3122;	粗铣凸台的子程序
G90 G01 X－12 Y－64 F500;	走1→2
Y12;	2→3
X－12 Y64;	3→4
G91 G00 Z25;	相对抬刀25 mm
G90 X72 Y－40;	4→5
G91 Z－25;	相对下刀25 mm
G90 G01 X0 F500;	5→6
G02 Y40 R40;	圆弧
G01 X40;	8→9
G02 Y30 R5;	圆弧
G01 X0;	9→10
G02 Y－30 R30;	圆弧，10→12
G01 X40;	12→13
G02 Y－40 R5;	圆弧
G03 X25 Y－55 R15;	圆弧至14
G01 Y－64;	14→15

```
X72;                          15→16
G40 Y0;                       16→17 ,取消半径补偿
X0;                           17→18
G00 Z25;                      抬刀至 25
M99;

O3123;                        粗铣上型腔的子程序
G91 G01 Z-2.8 F500;           下刀 2.8 mm
G90 G01 G42 D5 X20 Y30;       O→1,引入半径右补偿,D5=22.8 mm
X40;                          1→2
Y-30;                         2→3
X0;                           3→4
G02 Y30 R30;                  圆弧
G01 X21;                      6→1
G40 Y0;                       1→7,取消半径补偿
X0 ;                          7→O
M99;

O3124;                        精铣上型腔的子程序
G90G01 Y-7 F600;              O→11
X25;                          11→12
Y7;                           12→13
X0;                           13→14
G03 Y-7 R7;                   14→11
G01 G41 X30 Y-10 D4;          11→21, 引入半径补偿,D4=16 mm
G03 X40 Y0 R10;               21→22
G01 Y20;                      22→23
G03 X20 Y30 R10;              23→24
G01 X0;                       24→25
G03 Y-30 R30;                 25→26
G01 X30;                      26→27
G03 X40 Y20 R10;              27→28
G01 Y0;                       28→22
```

G03 X30 Y10 R10;	22→29
G01 G40 X0 Y0;	29→O,取消刀具半径补偿
M99;	
O3125;	粗铣∅40H7 孔子程序
G91 G01 Z-4;	下刀 4 mm
G90G01 G42 D5 X10 Y17.32;	O→1,引入半径补偿,D5=22.8 mm
G02 I-10 J-17.32;	圆弧
G40 G01 X0 Y0;	1→O,取消半径补偿
M99;	
O3126;	精铣∅40H7 孔子程序
G91 G01 Z-4;	下刀 4 mm
G90 G01 G42 D11 X10 Y17.32;	O→1,引入半径补偿,D11=16.3 mm
G02 I-10 J-17.32;	圆弧
G40 G01 X0 Y0;	1→O,取消半径补偿
M99;	
O3127;	粗铣型腔 *R*5 圆弧面
G02 X25 Y0 R10;	1→2 圆弧
G02 I-25;	2→4→5→6→2 圆弧
G02 X15 Y-10 R10;	2→3 圆弧
G40 G01 X0 Y0;	刀具至 O 点,取消半径补偿
M99;	
O3128;	精铣型腔 *R*5 圆弧面
G01 G41 D12 X15 Y-10;	刀具至 3 点,引入刀具半径左补偿 D6=10 mm
G03 X25 Y0 R10;	3→2 圆弧
G03 I-25;	2→6→5→4→2 圆弧
G03 X15 Y-10 R10;	2→1 圆弧
G40 G01 X0 Y0;	刀具至 O 点,取消半径补偿
M99;	

3. 盖板的数控铣削加工

盖板的外形数控铣削加工步骤见表 3－12，同学们可以扫码观看现场操作视频。

表 3－12 数控加工步骤

序号	操作内容	视频资源
1	安装工件	盖板的数控仿真加工
2	安装刀具，对刀操作建立工件坐标系，获取刀具长度补偿值	
3	程序录入与仿真加工	
4	自动运行程序，完成零件的加工与检验	盖板的数控铣削加工

相关知识

1. 型腔的铣削工艺

1）粗铣型腔

粗铣型腔一般选用立铣刀，选定型腔中心为下刀点，斜下刀至切削深度，如图 3.23(a)所示，或螺纹式下刀至切削深度，如图 3.23(b)所示。再沿平面一层一层地将余量去除。也可以在型腔的四个角钻下刀或在型腔中心处先钻直径大于铣刀直径的下刀孔，然后立铣刀直线从下刀孔下刀至切削深度，一层一层地将余量去除。每一层的走刀方式同样有双向铣削、单向铣削和环形铣削三种。

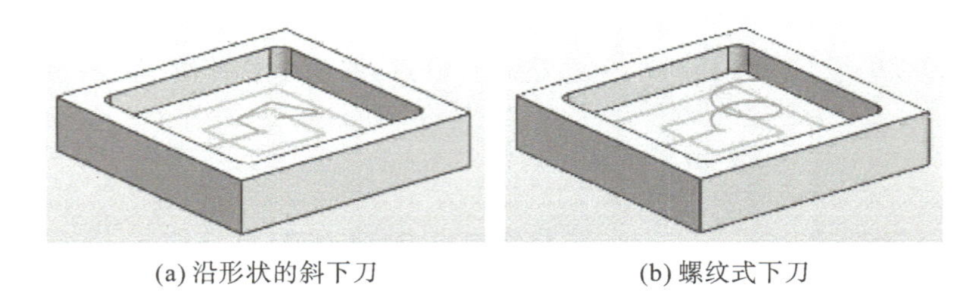

(a) 沿形状的斜下刀　　(b) 螺纹式下刀

图 3.23 型腔的开粗下刀方式

型腔圆角的粗加工不能使用等于圆角半径的铣刀直接切入，铣刀刀具半径一定要小于零件内轮廓的最小曲率半径。解决方法有三种：一是采用一个较小直径的立铣刀过渡，在圆角处铣刀的可编程半径应比刀具半径大 15%，如加工半径为 10 mm 的圆弧，在圆角处铣刀的可编程半径为(10/2)×0.85＝4.25，故刀具选择直径为 8 mm (半径为 4 mm)的立铣刀。二是采用大直径的铣刀，但是不将圆角靠满，而是预留余量，再用小直径刀具做插铣或摆线铣。三是采用插铣加工零件过渡圆角。如图 3.24(a)所示，采用同一小直径的插铣刀进行多次插铣加工，或者如图 3.24(b)所示，采用几把直径由大至小的插铣刀进行多次插铣加工。插铣的步距越小，侧壁的表面质量越接近轮廓铣削。

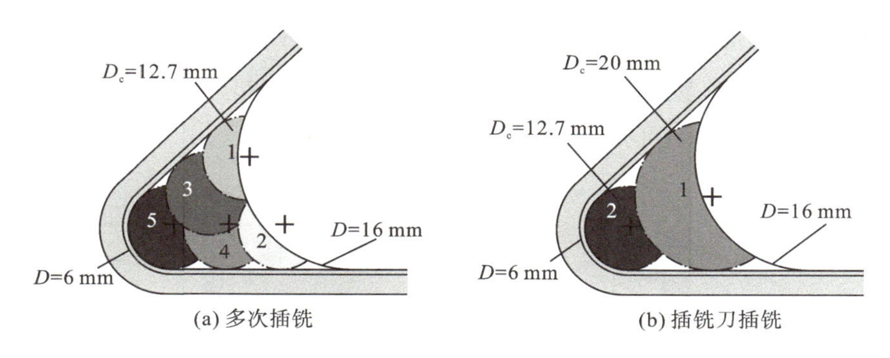

(a) 多次插铣　　(b) 插铣刀插铣

图 3.24　型腔内锐角的粗加工

2)精铣型腔

精铣型腔通常选用平底立铣刀或球头铣刀，采用轮廓铣削法加工，如图 3.25 所示。刀具沿型腔的轮廓环形走刀，一层一层地铣削至指定深度。同样要注意，不能使用大于等于圆角半径的铣刀直接铣削型腔的圆角。

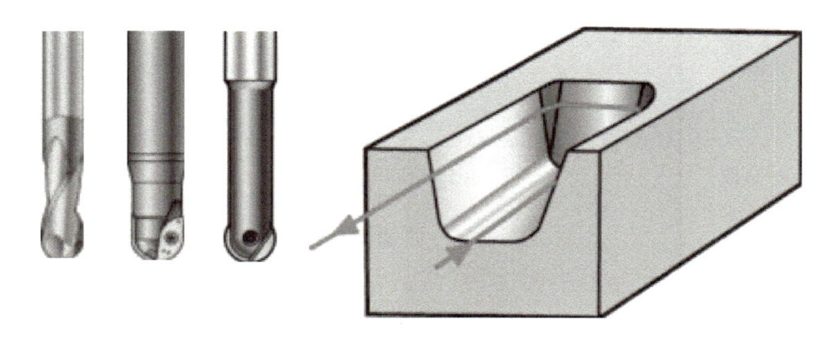

图 3.25　型腔的精加工

2. 曲面的铣削工艺

曲面的铣削分粗加工和精加工。粗铣曲面通常选用立铣刀或牛鼻铣刀进行一次开粗和二次开粗。粗铣曲面需要根据曲面形状、刀具形状和精度要求，以及现有的数控机床的类型，采用不同的铣削加工方法，如两轴半、三轴、四轴及五轴等联动加工。

①曲率半径变化不大且精度要求不高的曲面常使用两轴半的行切法加工。行切法加工时刀具的轨迹是一行一行排列的，行间的距离按零件加工精度的要求确定。如图 3.26(a)所示，沿 X 轴方向分成若干段，球头针灸刀沿 YOZ 面所截的曲线进行铣削，每一段加工完后进给 ΔX，再加工另一相邻 YOZ 面内曲线，如此依次切削即可加工整个曲面。采用行切法加工时，要

根据轮廓表面粗糙度的要求及刀头不干涉相邻表面的原则选取 ΔX。球头刀的刀头半径应选得大一些，以利于散热，但刀头半径应小于内凹曲面的最小曲率半径。

②曲率变化较大和精度要求较高的曲面常采用 X、Y、Z 三坐标联动加工。如图 3.26(b)所示，刀具轨迹是一个 X、Y、Z 三个坐标联动变化的沿曲轮廓的空间螺旋曲线，球头铣刀与曲面轮廓始终保持接触，可获得连续、规则的切削沟纹，残留高度较小，表面加工质量高。

③叶片类的空间曲面常采用四轴或五轴联动控制的多轴机床进行加工，如图 3.26(c)、图 3.26(d)、图 3.26(e)所示，可获得高质量的曲面精度。

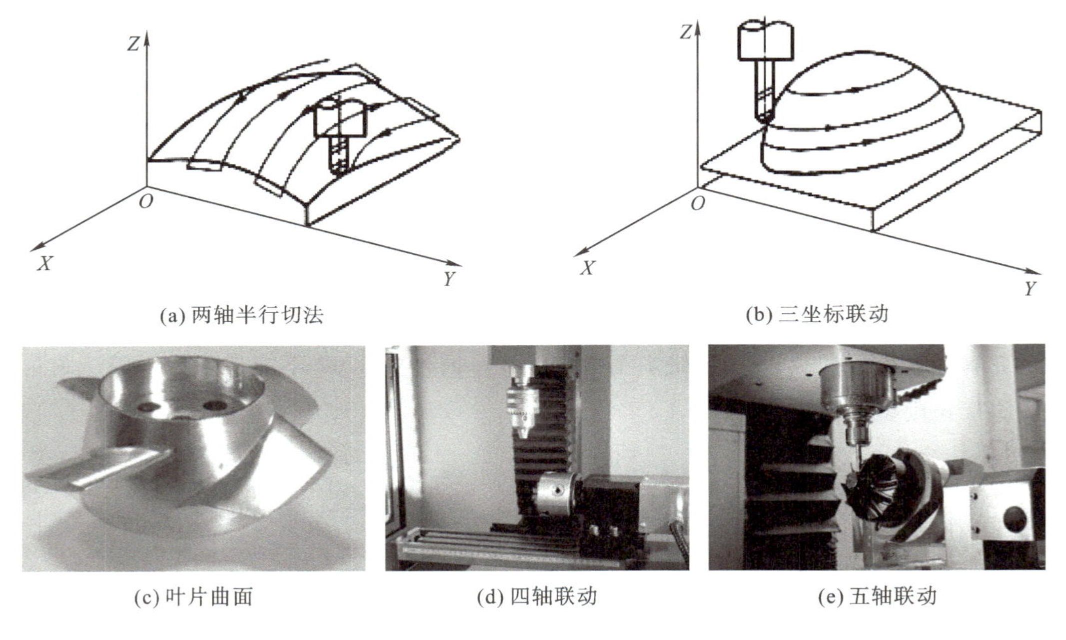

(a) 两轴半行切法　(b) 三坐标联动

(c) 叶片曲面　(d) 四轴联动　(e) 五轴联动

图 3.26　曲面的加工

3. 孔的加工工艺

孔是箱体、支架、盘类零件中常见的几何要素。铣床上能完成的孔加工有钻孔、扩孔、铰孔、锪孔、镗孔、攻螺纹和孔口倒角等。

对于直径大于 30 mm 的已铸出或锻出的毛坯孔，一般采用粗镗→半精镗→孔口倒角→精镗的加工方案，孔径较大的可采用立铣刀粗铣→精铣的加工方案。

对于直径小于 20 mm 的无毛坯孔，通常采用锪平端面→打中心孔→钻孔→扩孔→孔口倒角的加工方案。

对有形状精度要求且直径不大的孔，可采用铰孔为精加工方式。加工方案为：打中心孔→钻→扩孔→铰孔。

对于有位置精度要求的孔，要采用镗孔进行精加工。在钻孔工步前须安排锪平端面和打中心孔工步，孔口倒角安排在半精加工之后、精加工之前，以防孔内产生毛刺。加工方案为锪平端面→打中心孔钻→半精镗→孔口倒角→精镗。

螺纹孔的加工要根据孔径的大小来确定加工方法。一般情况下，加工直径在 M6～M20 的螺纹，采用攻螺纹加工方法。直径在 M6 以下的螺纹，在加工中心上完成基孔加工后，通过其他手段攻螺纹。直径在 M20 以上的螺纹，可采用铣螺纹加工方法。

4. 新指令

FANUC 数控系统开发了适合各类孔加工的固定循环指令。

1)孔加工固定循环指令格式

(1)孔加工的固定循环动作。以立式数控铣床加工为例，钻、镗孔加工的固定循环动作分解如图 3.27 所示。

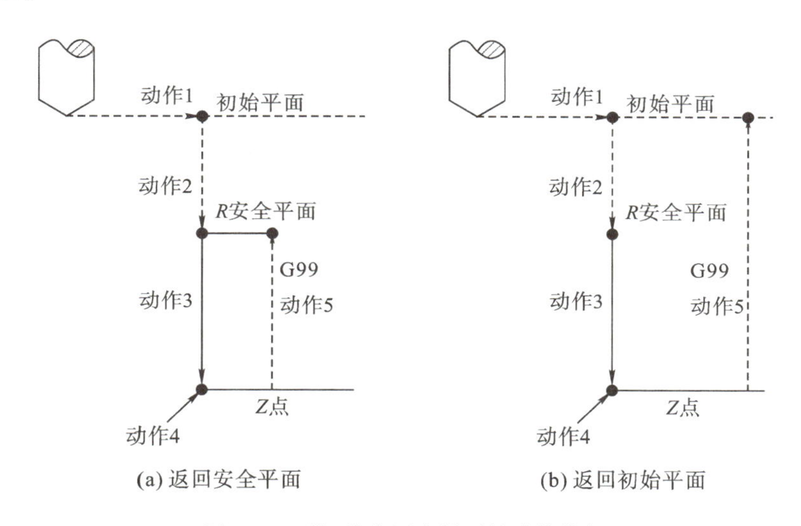

图 3.27　钻、镗孔固定循环的动作分解

①动作 1：刀具在初始高度平面上，快速定位到孔中心位置(由孔中心 X 轴和 Y 轴坐标定位)。

②动作 2：刀具快速下降到靠近工件上表面的安全高度(R 平面)。

③动作 3：刀具以 F 代码指定速度进给工进，进行孔加工(钻、镗、攻丝等)。

④动作 4：刀具在孔底平面做需要的动作。

⑤动作 5：刀具的回退方式，可以退回到安全高度 R 平面，也可以退回到初始高度平面。

(2)指定孔的定位平面和钻孔轴。孔的定位平面由平面选定指令 G17、G18 和 G19 指定，钻孔轴则为未定义定位平面的基本轴(X、Y、Z)。

(3)数据形式。固定循环指令中地址 R(安全平面的位置)与地址 Z(孔底位置)的数据指定与 G90 或 G91 的方式有关。选择 G90 方式时，R 与 Z 一律取其终点坐标值。选择 G91 方式时，R 则指从初始高度平面到 R 安全高度平面点的距离，Z 是指从 R 安全高度平面到孔底平面的距离。

(4)返回某点平面。孔加工完后刀具有不同的回退方式，由指令 G98 或 G99 定义。G98 为返回初始平面高度处，如图 3.27(b)所示。G99 为返回安全平面高度处，如图 3.27(a)所示。在加工孔系时，若还需要继续加工其他孔，则使用 G99 指令回退；若只加工一个孔或全部同类孔都加工完成，或孔间有比较高的障碍需跳跃的时候，则使用 G98 指令回退。选择正确的回退方式，可以节省抬刀时间，提高效率。

(5)孔加工固定循环指令的格式。

指令格式：G90|G91 G99|G98 G73～G89 X(x) Y(y) Z(z) R(r) Q(q) P(p) F(f) K(k)；

固定循环中各地址符的说明见表 3-13。

表 3-13 固定循环指令的地址

指定内容	地址	说明
孔位置坐标数据	(x)、(y)	用增量值或绝对值指定孔位置，轨迹
孔加工数据	(z)	用增量指定从 R 点到孔底的距离，或用绝对值指定孔底的位置。进给速度在动作 3 中变为用 F 代码指定的速度。在动作 5 中根据孔加工方式变为快速回退或以 F 代码指定速度回退
	(r)	用增量值指定从初始平面到 R 点的距离，或用绝对值指定 R 平面的位置。进给速度在动作 2、动作 6 均变为快速进给
	(q)	指定 G73、G83 指令中的每次切入量。在 G76、G87 指令中为横移距离(通常为增量值)
	(p)	指定孔底的暂停时间。时间与指定数值的关系，与 G04 指定的相同
	(f)	指定切削进给的速度
重复次数	(k)	决定动作 1～56 的一系列操作的重复次数。没有指定时，可认为 $k=1$

2)钻孔循环指令 G81

指令格式：G81 X(x) Y(y) Z(z) R(r) F(f) K(k)；

指令 G81 用于钻中心孔及深度较浅的孔。刀具沿 X 轴和 Y 轴定位以后，快速移动到 R 点，然后从 R 点到 Z 点执行钻孔。到孔底后快速退回，退刀位置由 G98 和 G99 决定。

3)带停顿的钻孔循环指令 G82

指令格式:G82 X(x) Y(y) Z(z) R(r) P(p) F(f) K(k);

指令 G82 的动作循环与 G81 相同,只是 G82 指令用于加工盲孔,要在孔底暂停时间 p,以提高孔底精度。

4)高速深孔加工循环指令 G73

指令格式:G73 X(x) Y(y) Z(z) R(r) Q(q) F(f) K(k);

指令 G73 用于深孔加工,其动作循环如图 3.28 所示。刀具沿 X 轴和 Y 轴定位后,快速移动到 R 点,从 R 点切削进给 q 值,然后快速退回 K 值,再向下切削进给 Q 值,再快速退回 k 值,这样,间歇进给直至 Z 点。然后快速退刀,退刀位置由 G98 和 G99 决定。这种间歇进给便于深孔加工时的排屑和冷却,与 G83 比较,退刀量减少,加工效率更高。

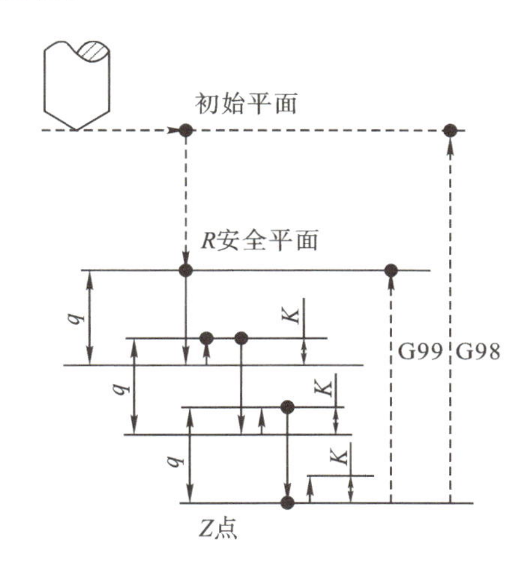

图 3.28 G73 指令动作

5)深孔加工循环指令 G83

指令格式:G83 X(x) Y(y) Z(z) R(r) Q(q) F(f) K(k);

指令 G83 用于小孔、深孔加工的循环,其动作如图 3.29 所示。指令 G83 与 G73 的区别在于,刀具切削进给 q 值,要快速退回到 R 点,再向下快速进给到离上一次切削已加工点相距 d 距离时,转换为切削速度进给 q 值,d 由系统参数确定。指令 G83 更有利于深孔加工时的排屑和冷却,不过其退刀量增大,加工效率更低。

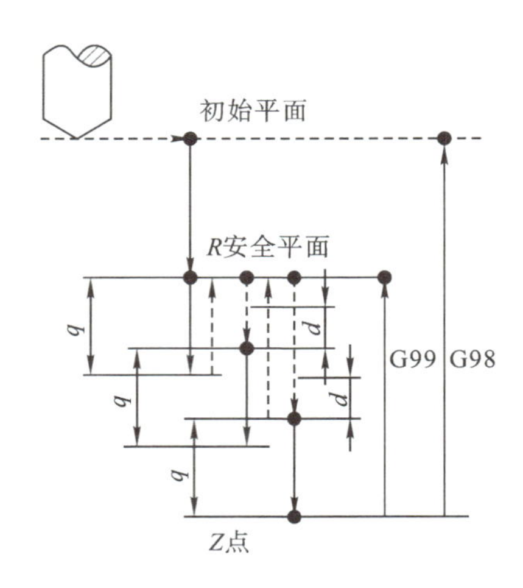

图 3.29　G83 指令动作

6)攻左旋螺纹指令 G74

指令格式:G74 X(x) Y(y) Z(z) R(r) P(p) F(f) K(k);

指令 G74 用于攻左旋螺纹。主轴逆时针旋转执行攻丝,直至刀具到达孔底,退回时为了不破坏螺纹,主轴需要顺时针旋转。进给速度 F=转速×螺距,R 应选在工件表面7 mm以上的地方。攻丝期间,进给倍率操作被忽略,进给暂停指令 G04 不能停止机床,直到回退动作完成。

7) 攻右旋螺纹指令 G84

指令格式:G84 X(x) Y(y) Z(z) R(r) P(p) F(f) K(k);

指令 G84 用于攻右旋螺纹,动作循环与 G74 相同,主轴顺时针旋转执行攻丝,退回时主轴逆时针旋转。

8)精镗循环指令 G76

指令格式:G76 X(x) Y(y) Z(z) R(r) Q(q) F(f) K(k);

指令 G76 用于精镗孔,其动作循环如图 3.30 所示。刀具沿 X 轴和 Y 轴定位后,快速移动到 R 点,然后从 R 点到 Z 点执行镗孔;刀具在孔底定向停止后,向刀尖反方向移动一个距离 q,然后快速退刀,退刀位置由 G98 和 G99 决定。这种带有让刀的退刀不会划伤已加工平面,保证了镗孔精度。

9)背镗孔循环指令 G87

指令格式:G87 X(x) Y(y) Z(z) R(r) Q(q) F(f);

指令 G87 用于精密镗孔,其动作循环如图 3.31 所示。刀具沿 X 轴和 Y 轴定位后,主轴定向停止,刀具以与刀尖相反的方向按 q 值给定的偏移量移动,并快速定位到孔底(Z 点),在这里刀具按原偏置量返回一个 q 值,然后主轴正转,沿 Z 轴向上执行镗孔。镗削完主轴再次定向停止后，刀具再次按原偏置量反向移动一个 q 值，然后主轴向孔的上方快速移动到达初始平面，并按原偏置量返回后主轴正转，继续执行下一个程序段。

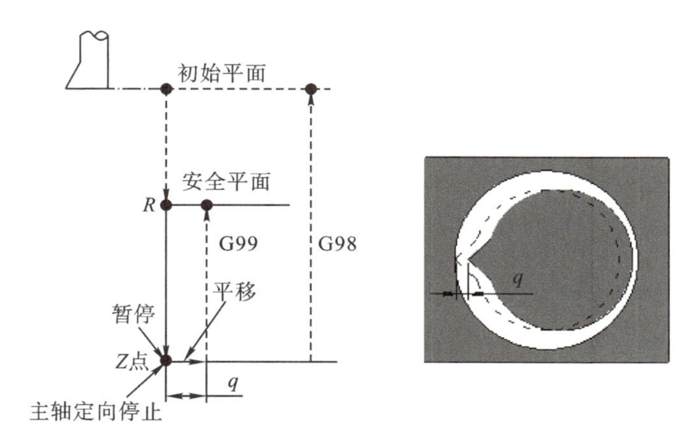

图 3.30　G76 指令动作

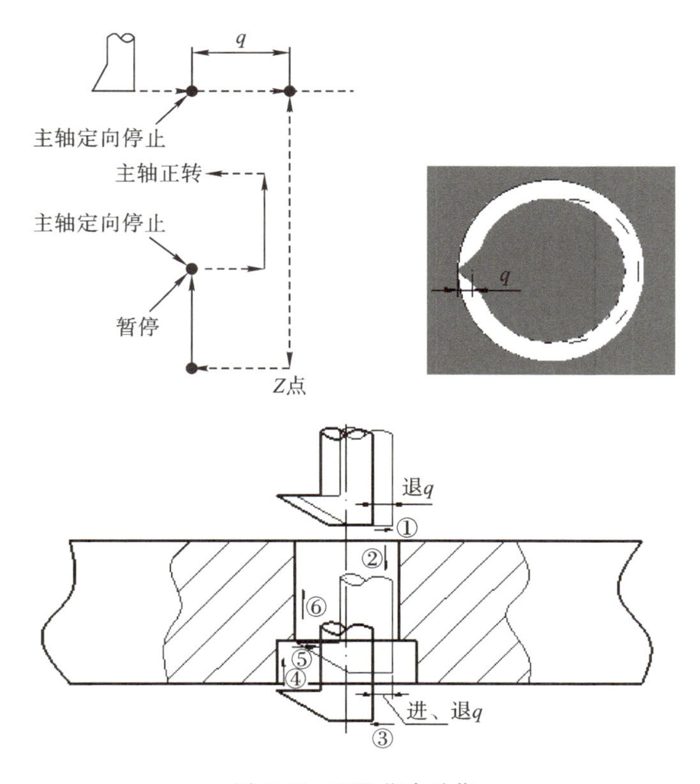

图 3.31　G87 指令动作

10）镗孔循环指令 G85

指令格式：G85　X(x) Y(y) Z(z) R(r) F(f) K(k)；

指令 G85 的动作循环与 G81 相同，该循环用于粗镗孔。其动作为：刀具沿 X 轴和 Y 轴定位以后，快速移动到 R 点，然后从 R 点到 Z 点执行镗孔，到孔底后再以进给速度退回到 R 点。

11）镗孔循环指令 G86

指令格式：G86 X(x) Y(y) Z(z) R(r) F(f) K(k)；

指令 G86 的循环路径与 G85 基本相同，不同之处在于 G86 指令的刀具在孔底实施主轴定向停止，然后快速退回。

演示文稿

孔加工固定循环指令应用的注意事项

12）取消固定循环 G80

指令 G80 用于取消固定循环操作，R 点和 Z 点同时被取消。

5. 主程序与子程序结构

数控程序的结构类型有顺序结构和多层程序嵌套结构两种。多层程序嵌套结构又称为主程序和子程序结构。当零件加工有相同的加工内容时，通常使用多层程序嵌套的程序结构，即把相同加工内容编写为子程序，而控制程序执行顺序的指令编写在主程序中，系统按主程序执行，当主程序执行至调用子程序指令 M98 时，程序跳转执行子程序；子程序执行至返回程序指令 M99 时，程序返回主程序中继续运行，如图 3.32 所示。

主程序可以多次调用同一个或不同的子程序，子程序也可以调用另外的子程序，称为子程序嵌套，子程序调用最多可嵌套 4 级。

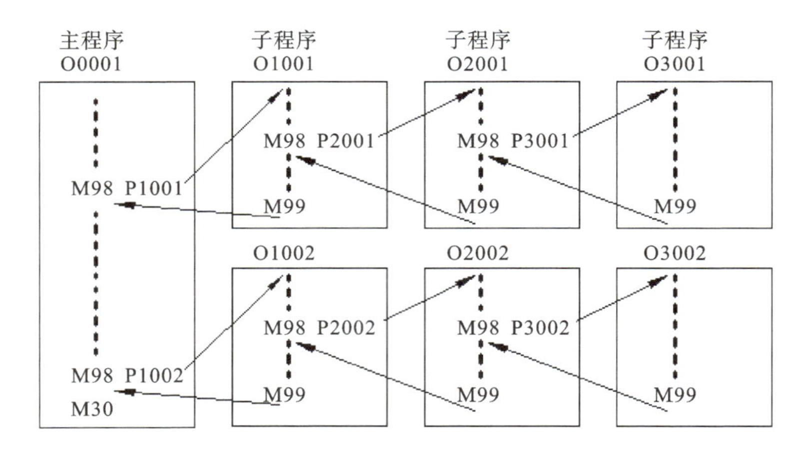

图 3.32 主程序和子程序结构

一个调用指令可以重复调用子程序最多达 9999 次。M98 为调用子程序指令，M99 为子程序结束返回指令。

调用子程序指令格式：M98 PN××××；

式中：　　　N——程序调用次数；

××××——子程序号。

例：M98 P51002；连续调用子程序(子程序号为O1002)5次。

主程序和子程序在编写时，最重要的是提炼出能反复调用的子程序内容。一般在分配主程序和子程序的工作任务时，有两种思路，一种是主程序完成刀具定位，子程序完成刀具的切削加工；另一种是刀具的定位和切削加工均由子程序完成。无论使用哪种思路都要注意绝对编程方法和相对编程方法的灵活使用，否则，可能会导致程序出错。一般来说，子程序要能反复调用，而加工的几何要素又会有位置变化，那么子程序就要采用相对编程法，而主程序则绝对编程和相对编程均可。

拓展练习

识读图3.33所示的泵盖零件图，分析泵盖零件的铣削加工工艺，选用合理的指令编写加工程序，并完成零件的数控加工。毛坯：68 mm×90 mm×18 mm的方料。

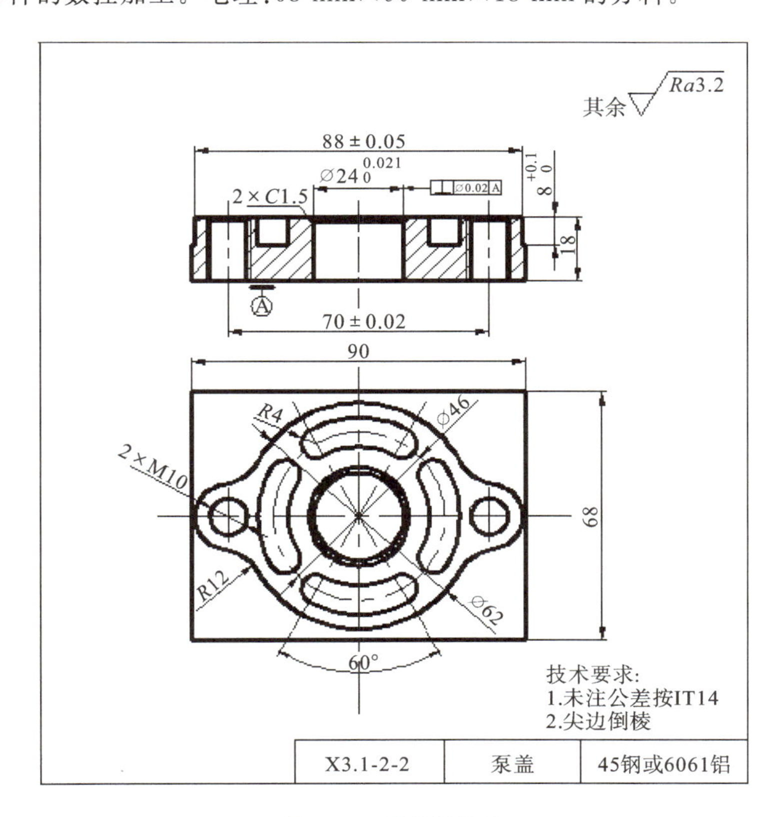

图3.33　泵盖零件图

知识巩固

【单选】(1)孔的精加工方法有铰孔和镗孔,它们的区别在于镗孔更能保证零件的______。(　　)

A. 尺寸精度　　B. 位置精度　　C. 形状精度　　D. 粗糙度

【单选】(2)孔加工固定循环指令中选择 G91 方式时,R 是指从______到安全高度平面的距离,Z 是指从 R 安全高度平面到______的距离。(　　)

A. 初始高度平面、孔表平面　　B. 孔表平面、孔表平面

C. 初始高度平面、孔底平面　　D. 孔表平面、孔底平面

【单选】(3)指定孔加工固定循环指令返回初始平面高度处或安全平面的指令是______。(　　)

A. G81　　B. G90 或 G91　　C. G18 或 G19　　D. G98 或 G99

【单选】(4)孔加工固定循环指令中的 Q 用于指定______。(　　)

A. G81、G82 指令的每次切入量　　B. G73、G83 指令的每次切入量

C. G74、G84 指令的每次切入量　　D. G76、G87 指令的每次切入量

【单选】(5)孔加工固定循环指令中排屑和冷却最好的指令是______。(　　)

A. G73　　B. G81　　C. G82　　D. G83

【单选】(6)在孔底有暂停动作的孔加工固定循环指令是______。(　　)

A. G73　　B. G81　　C. G82　　D. G83

【单选】(7)从子程序返回主程序的指令是______。(　　)

A. M02　　B. M99　　C. M05　　D. M99

【单选】(8)______是深孔加工循环指令 G83 动作。(　　)

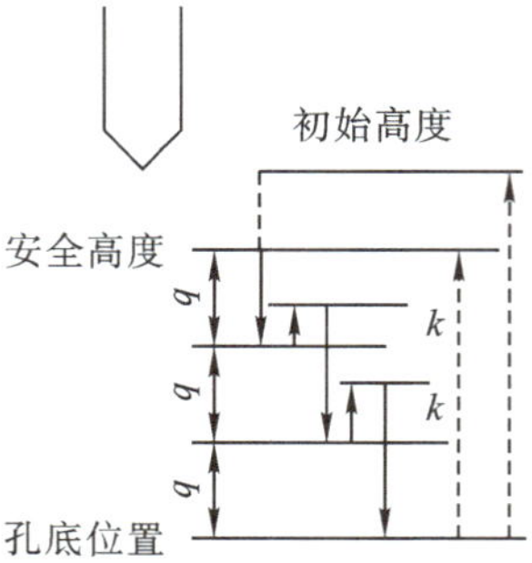

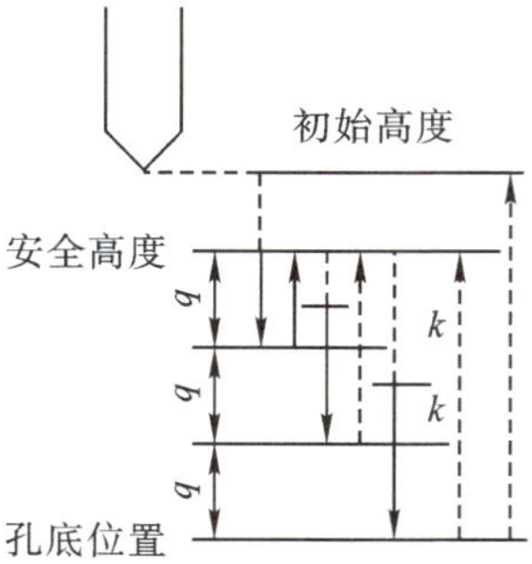

【单选】(9)M20 的螺纹,在铣床上的加工方案是______。(　　)

A. 钻中心孔、钻孔、钻螺纹底孔、攻丝　　B. 钻中心孔、钻孔、攻丝

C. 钻孔、攻丝　　D. 攻丝

【单选】(10)主程序可以多次调用同一个或不同的子程序、子程序也可以调用另外的子程序，称为子程序嵌套，子程序调用最多可嵌套______级。(　　)

A. 4　　B. 3　　C. 2　　D. 1

【单选】(11)在轮廓编程时，通常引入不同的刀具半径补偿值来完成粗、精铣加工，这样，所设计的粗、精加工的起走刀路线______。一般粗、精加工各自的半径补偿值取______mm。(　　)

A. 相同、0.1～0.3 mm　　B. 不相同、0.1～0.3 mm

C. 相同、2～3 mm　　D. 不相同、2～3 mm

项目2 基于UG NX12软件的数控铣削自动编程

任务1 创建UG NX项目

任务描述

创建model_1_1.prt,按下列要求创建模型上表面的粗加工项目,并生成如图3.34所示的平面铣削加工刀路。具体要求如下。

①创建几何体:创建机床坐标系,机床坐标系位置如图3.34所示;创建毛坯几何体,类型为包容体,周边余量距离5 mm;创建部件几何体;创建安全平面,安全平面距离上表面10 mm。

②创建刀具:直径∅20 mm,刀刃数2,刀刃长度50 mm,刀具长度75 mm的平底立铣刀,命名为T01D20。

③创建工序:创建上表面粗加工的"平面铣(PlANAR MILL)"工序。"部件余量"设置0.2 mm,"切削模式"选择"跟随部件","步距"选择"50%刀具直径";"每刀切削深度"设置2.0 mm;"切削角"选择与"XC"夹角"0°";"开放区域"的"进刀方式"选择"直线",主轴转速3000 rpm(rpm即r/min,在UG NX12软件中使用),进给速度400 mmpm(mmpm即mm/min,在UG NX12软件中使用),其他参数合理即可。

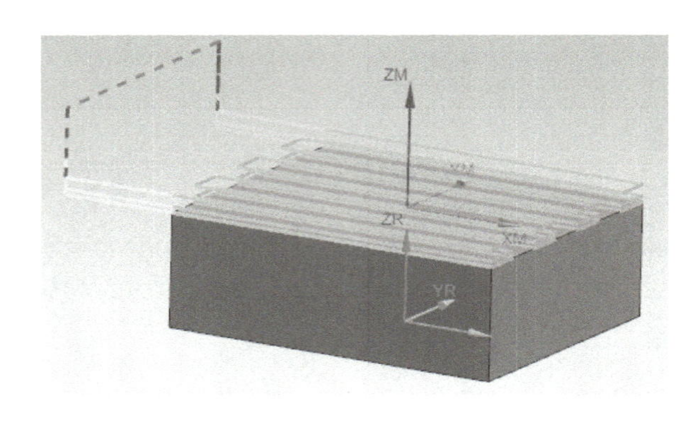

图3.34 加工刀路

职业能力目标

（1）能描述 UG NX12 软件的基本组成和功能。

（2）能描述程序组、几何体组、刀具组、加工方法组的定义。

（3）能完成 UG NX12 加工环境下创建几何体组、刀具组、工序组、程序组等公共选项的基本操作。

（4）能自主学习、善于思考、细致工作、精益求精。

任务分析

1. 进入加工环境

“加工环境”是指实现加工项目过程管理的软件环境。在进行数控编程之前，需首先进入 UG NX12 的“加工环境”。

（1）选择“文件”→“打开”命令，系统弹出如图 3.35 所示“打开”对话框，在“查找范围（I）”下拉目录中选择“文件目录”，在打开的文件列表中选择要加工的 model_1_1.prt 模型文件，单击“确定”按钮，打开模型。

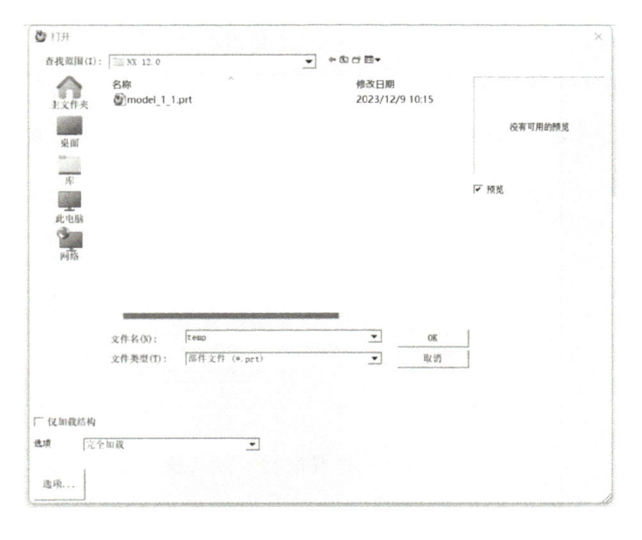

图 3.35　“打开”对话框

(2)单击菜单“应用模块”的“加工”按钮，系统弹出如图 3.36 所示“加工环境”对话框，在对话框的“CAM 会话配置”列表中选择“cam_gener”选项，在“要创建的 CMI 组装”列表框中选择“mill_planar”选项，单击“确定”按钮，系统进入加工环境。

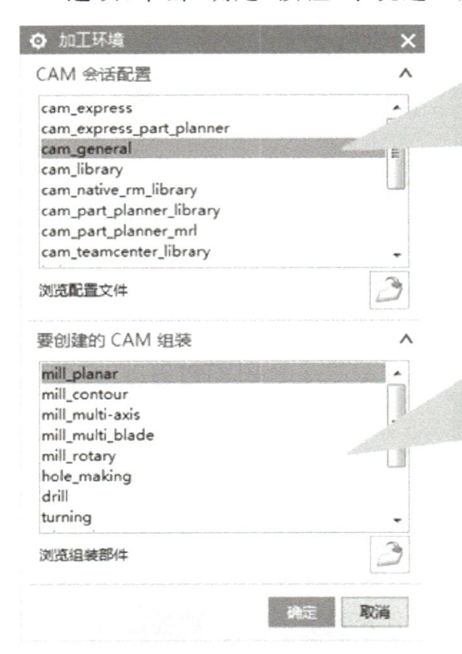

图 3.36 “加工环境”对话框

进入加工环境后，软件进入所选择的操作模板。即在左侧“工序导航器”的“工序导航器-几何”视图窗口中创建一个加工项目，并显示如图 3.37(a)所示的机床坐标系“MCS”图标 MCS。点击机床坐标系“MCS”图标 MCS，在子级显示如图 3.37(b)所示“WORKPIECE”图标。这两个项目之间存在父子级关系，即“MCS”子级的“WORKPIECE”使用父级的机床坐标系。这两个项目之间的父子级关系可以通过拖动图标上下交换。“工序导航器-几何”视图窗口可通过单击“资源选项条”的“工序导航器”按钮，再单击“工序导航器”窗口的“几何”视图图标进入。

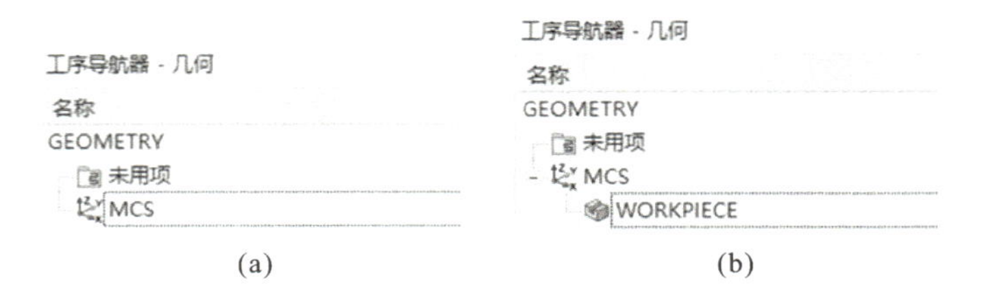

(a) (b)

图 3.37 “工序导航器-几何”视图

2. 创建几何体

创建几何体是定义要加工的几何对象(包括工件几何体、毛坯几何体、切削区域检查几何体、边界几何体、文字加工几何体和铣削几何体等)和指定零件几何体在数控机床上的机床坐标系。几何对象可以在创建工序之前定义,也可以在创建工序过程中指定。区别是在创建工序之前定义的几何体可以被多个工序使用,而在创建工序对话框中定义的几何体只能被该工序使用。

创建几何体的操作路径有 3 种,一是点击下拉菜单 菜单(M)▾→"插入(S)"→"几何体(G)"命令;二是单击工具栏中的"创建几何体"按钮 ;三是选中"工序导航器-几何"窗口中已有的"WORKPIECE"项目,点击鼠标右键,选择"插入"→"几何体"。以上 3 种操作后,系统弹出如图 3.38所示的"创建几何体"对话框。

图 3.38 "创建几何体"对话框

1)创建机床坐标系

系统输出的刀路是基于机床坐标系(MCS),机床坐标系(MCS)的位置决定了工件在机床上的安装方位。在默认状态下,机床坐标系(MCS)和工作坐标系(WCS)是重合的。创建机床坐标系时,要尽可能地将机床坐标系(MCS)、工作坐标系(WCS)和参考坐标系(RCS)统一到同一位置。

①在"创建几何体"对话框中,单击"几何体子类型"区域的"创建机床坐标系"按钮 ,系统弹出如图 3.39 所示的"MCS 铣削"对话框;"工序导航器-几何"视图区显示一个机床坐标系 MCS,如图 3.39(a)所示。双击"工序导航器-几何"视图中"MCS"图标 MCS,系统弹出如图 3.39所示的"MCS 铣削"对话框。

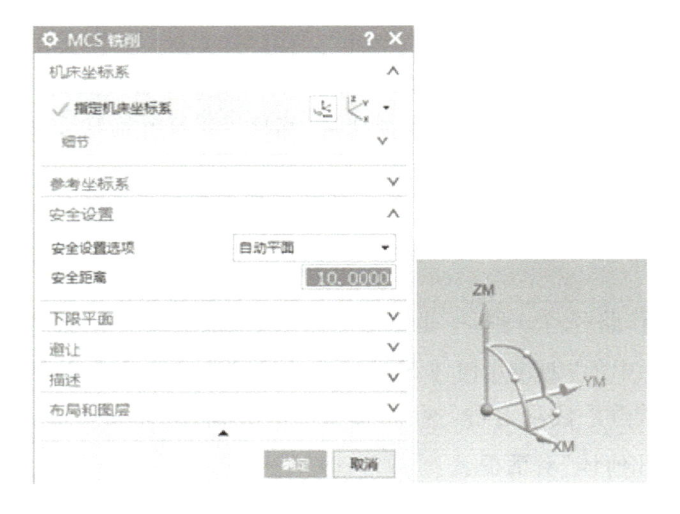

图 3.39 “MCS 铣削”对话框

②在“MCS 铣削”对话框中双击“机床坐标系”区域中的“指定 MCS”右侧按钮 ，系统弹出图 3.40(a)所示的“坐标系”对话框。

演示文稿

“MCS铣削”对话框主要选项和区域的定义

③在“坐标系”对话框中选择第一个下拉列表的“动态”，双击“操控器”区域中“指定方位”右侧按钮 ，系统弹出图 3.40(b)所示的“点”对话框。

④在“点”对话框的“X、Y、Z”文本框中分别输入值“0”“0”“20”，也可以拖动图形窗口中的机床坐标系原点符号至模型相应位置，拖动坐标系的箭头可以移动坐标系，点击坐标系上的小圆点，可以转动坐标轴(注意：创建的机床坐标轴要与工件在机床上放置后的坐标轴一致)，单击“确定”按钮，系统返回至“坐标系”对话框，单击“确定”按钮，系统再次返回到“MCS 铣削”对话框，单击“确定”按钮，创建如图 3.40(c)所示机床坐标系“MCS”。

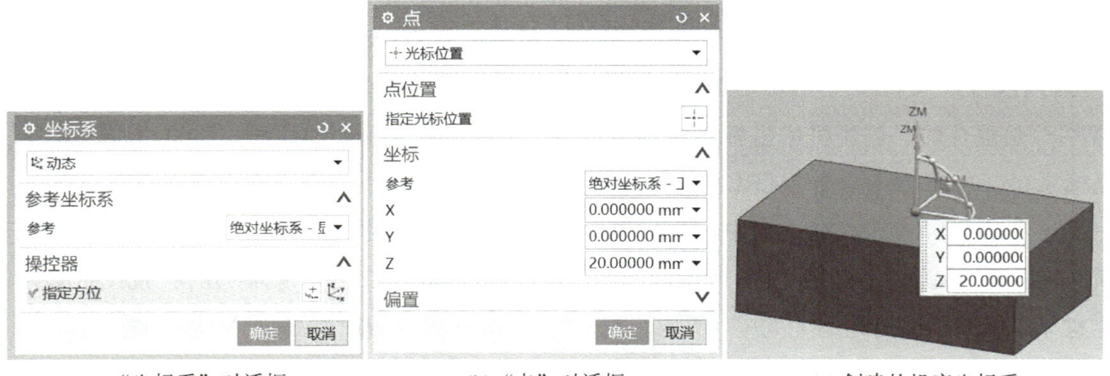

(a) “坐标系” 对话框　　(b) “点” 对话框　　(c) 创建的机床坐标系

图 3.40 创建机床坐标系

2)设置安全平面

安全平面是指刀具退回的初始平面,安全平面可以指定模型表面或直接作为基准平面,再设定安全平面相对于所选基准平面的距离。在“MCS 铣削”对话框中设置安全平面可以避免其后创建多个工序时需重复设置避让参数。

①在“MCS 铣削”对话框中“安全设置”区域的“安全设置选项”下拉列表中,选择“平面”(如果此时“MCS 铣削”对话框已关闭,可双击“工序导航器-几何”中“MCS”选项,系统再次弹出“MCS 铣削”对话框),单击“指定平面”按钮 ,系统弹出图 3.41(a) 所示的“平面”对话框。

②单击“选择平面对象”右侧按钮 ,在图形窗口选取图 4.41(b)所示模型的上表面为基准平面,此时在图形窗口中会出现小箭头,箭头方向应向上,如果箭头方向向下,双击箭头改变方向;在“平面”对话框“偏置”区域的“距离”文本框中输入值“10”。点击按钮 ,可改变安全平面与基准平面的偏置方向。单击“平面”对话框中的“确定”按钮,此时设置好的安全平面如图 3.41(c) 所示。系统返回“MCS 铣削”对话框,单击“确定”按钮,完成安全平面的设置。

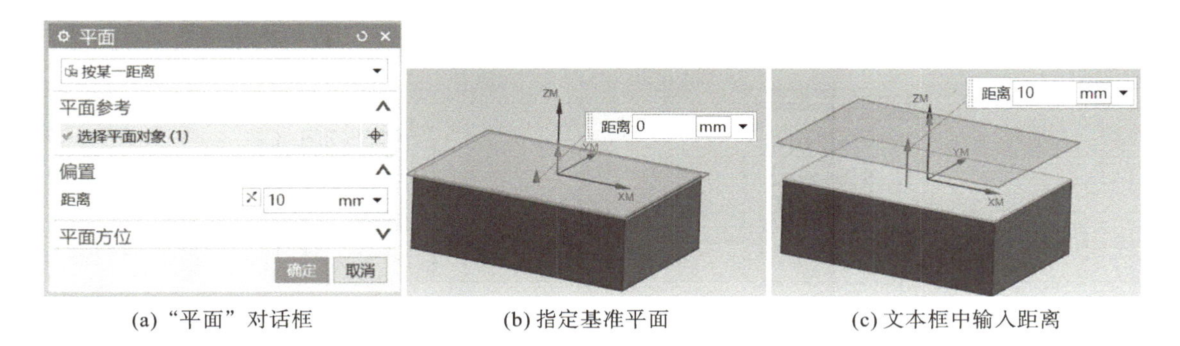

(a) “平面” 对话框　　(b) 指定基准平面　　(c) 文本框中输入距离

图 3.41　设置安全平面

3)创建部件几何体

部件几何体是加工完成后的几何体,即零件的最终形体,一般指图形窗口中的模型。

①在“创建几何体”对话框中,单击“几何体子类型”区域的“创建部件几何体”按钮 ,系统弹出如图 3.42 所示的“工件”对话框。或者双击“工序导航器-几何”视图中“MCS”图标下的“WORKPIECE”,系统弹出如图 3.42 所示的“工件”对话框。

②在“工件”对话框中,单击“指定部件”右侧按钮 ,系统弹出如图 3.43 所示的“部件几何体”对话框。

③在“部件几何体”对话框中,单击“选择对象”右侧按钮 ,选取图形窗口中的模型,单击“确定”。

图 3.42 “工件”对话框

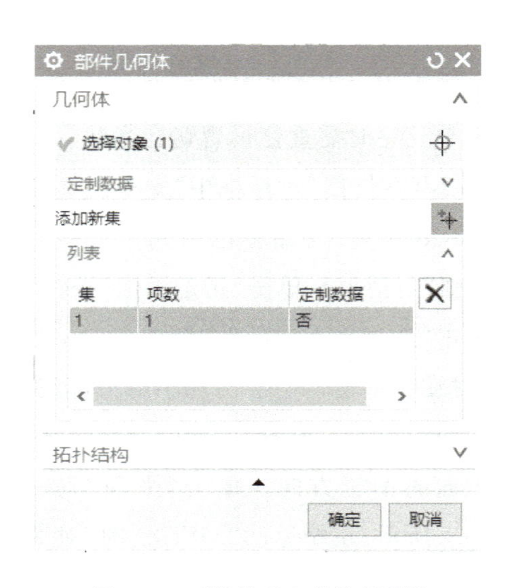

图 3.43 “部件几何体”对话框

4)创建毛坯几何体

毛坯几何体是用于加工零件的原材料的形体。定义毛坯几何体有两种方式,一是根据零件外形特征,选择系统提供的不同毛坯类型,如“几何体”“包容块”“包容圆柱体”“IPW(过程工件)”等,二是通过偏置部件几何体来定义。如果零件毛坯为铸造件,毛坯几何体类型选择部件偏置、包容块和部件轮廓等类型。如果当前工序是基于上一次工序加工的,在选择毛坯几何体的类型时可以选择“IPW(过程工件)”选项。

①在“工件”对话框中,单击“指定毛坯”右侧按钮,系统弹出如图 3.44 所示的“毛坯几何体”对话框。

②在“毛坯几何体”对话框中的几何体下拉列表中选择“包容块”,在“限制”区域的“XM－”“XM＋”“YM－”“YM＋”“ZM－”“ZM＋”的文本框中输入“5.0”,创建如图 3.44 所示毛坯几何体。

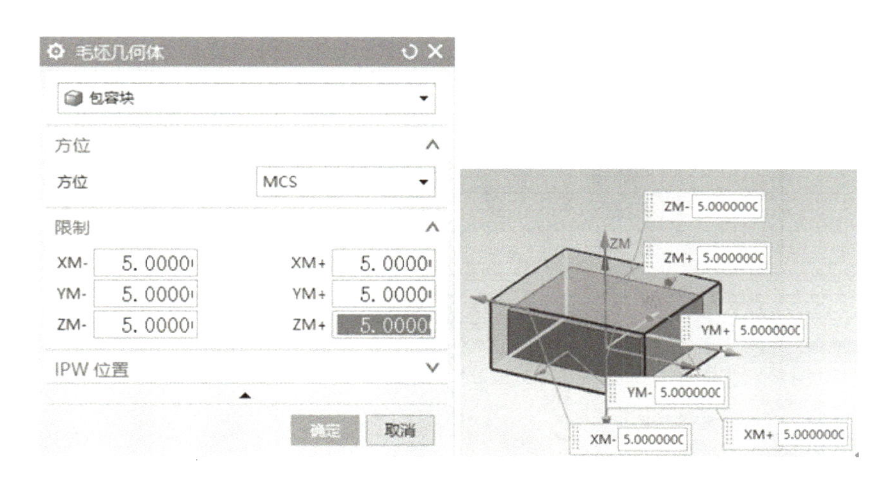

图 3.44 创建毛坯几何体

3. 创建刀具

在创建工序前，必须确定合理的刀具。创建刀具可以自行定义刀具类型及相关参数，也可以从刀具库中选取合适的刀具。

①选中“工序导航器-几何”视图中“WORKPIECE”，单击工具栏中“创建刀具”按钮；或者选中“工序导航器-几何”视图中“WORKPIECE”，单击鼠标右键，选择“插入”→“刀具”；或者点击 菜单(M) ▾→“插入”→“刀具”，系统弹出如图 3.45(a)所示“创建刀具”对话框。

②在“创建刀具”对话框的“类型”下拉列表中选择“mill_planar”；在“刀具子类型”区域单击“MILL”按钮；在“名称”文本框中输入刀具名称“T01D20”，单击“确定”按钮，系统弹出如图 3.45(b)所示“铣刀-5 参数”对话框。

③在“铣刀-5 参数”对话框中按要求设置刀具直径“20”、长度“75”、刀刃长度“50”、刀刃数“2”、刀具号“1”、补偿寄存器“1”和刀具补偿寄存器“1”，此时，设置好的刀具会在图形窗口中显示。

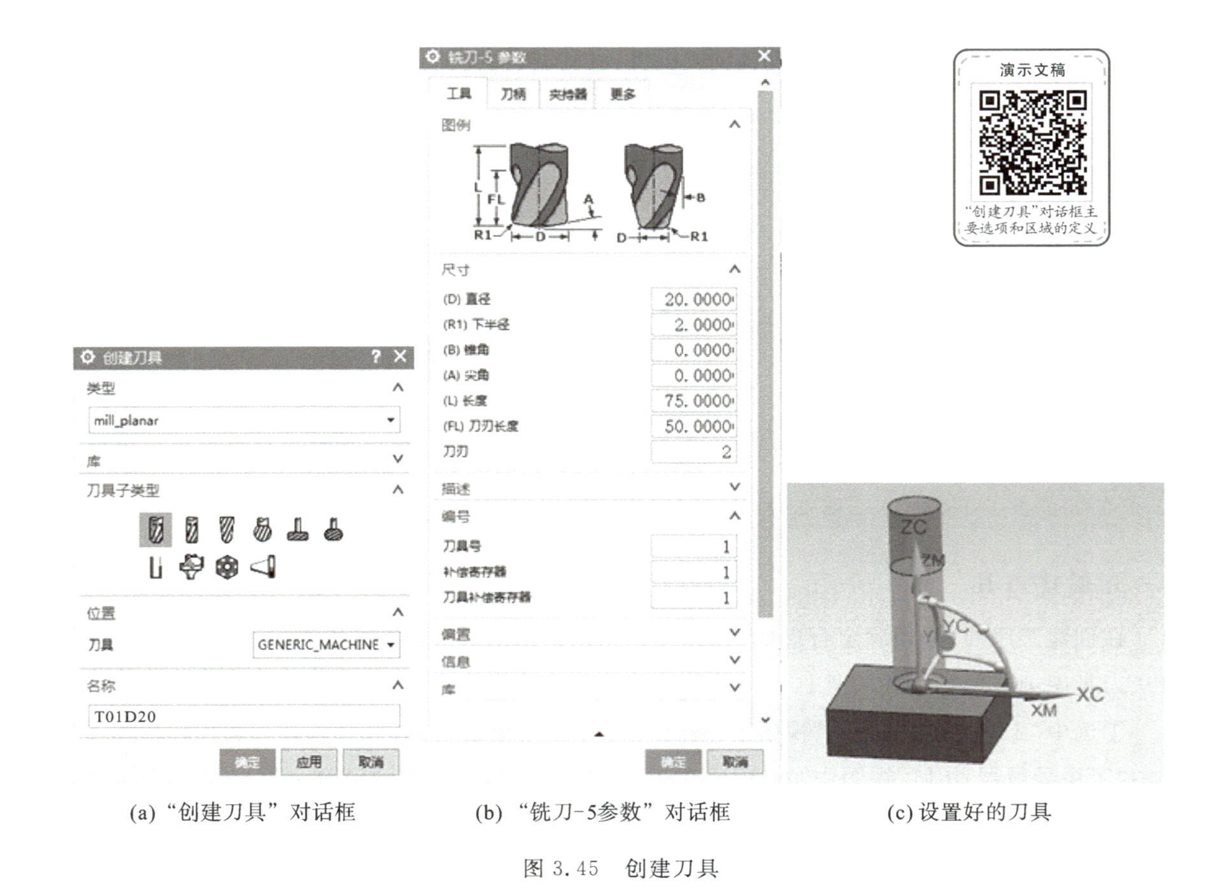

(a)"创建刀具"对话框　　(b)"铣刀-5参数"对话框　　(c)设置好的刀具

图 3.45　创建刀具

4. 创建工序

创建工序就是选择不同的加工方法。不同工序所产生的加工刀具路径、参数形态，以及适用状态有所不同，所以用户需要根据零件图样及工艺状况，选择合理的加工工序。创建工序是按整个加工的顺序来建设参数的，通常以工艺指导书为基准。

①创建工序。选中"工序导航器-几何"视图中"WORKPIECE"，单击工具栏中"创建工序"按钮；或者选中"工序导航器-几何"中"WORKPIECE"，点击鼠标右键，点击"插入"→"工序"；或者点击 菜单(M) ▾→"插入"→"工序"命令，系统均弹出如图 3.46 所示"创建工序"对话框。

在"创建工序"对话框"类型"下拉列表中选择"mill_planar"选项；在"工序子类型"区域中单击"平面铣"按钮 ；在"刀具"列表中选择之前创建的刀具"T01D20(铣刀-5 参数)"(选择刀具也可在"平面铣"对话框的"工具"区域的"刀具"下拉列表中选择)；"方法"列表中选择"MILL_ROUGH"，单击"确定"按钮，系统弹出如图 3.47 所示的"平面铣"对话框。

图 3.46 “创建工序”对话框

图 3.47 “平面铣”对话框

②指定部件边界。平面铣工序通过“指定部件边界”和“指定部件”之间的差值计算需要加工的余量，因此，可以不用设置毛坯。在“平面铣”对话框中，单击“指定部件边界”右侧按钮，系统弹出如图 3.48 所示的 “部件边界”对话框；单击“选择方法”下拉列表，选择“面”，单击“选择面”右侧按钮；在图形窗口中选取模型上表面，在“平面”下拉列表中选择“指定”，双击“指定平面”右侧按钮，系统弹出“平面”对话框，如图 3.49 所示；单击“选择对象”右侧“要定义平面的对象”按钮，在图形窗口中再次选中模型上表面，出现方向箭头，当方向箭头指向上时，在图形区的“距离”文本框中输入“5.0”(如果方向箭头向下，点击箭头可改变指向，或者单击“平面”对话框的“偏置”选项框的“距离”右侧按钮，也可改变箭头方向)，此时指定距离模型上表面 5 mm 的平面为部件边界。系统自动计算加工区域为此部件边界与步骤二指定的部件几何体之间的区域。单击“确定”按钮，系统返回“平面铣”对话框。

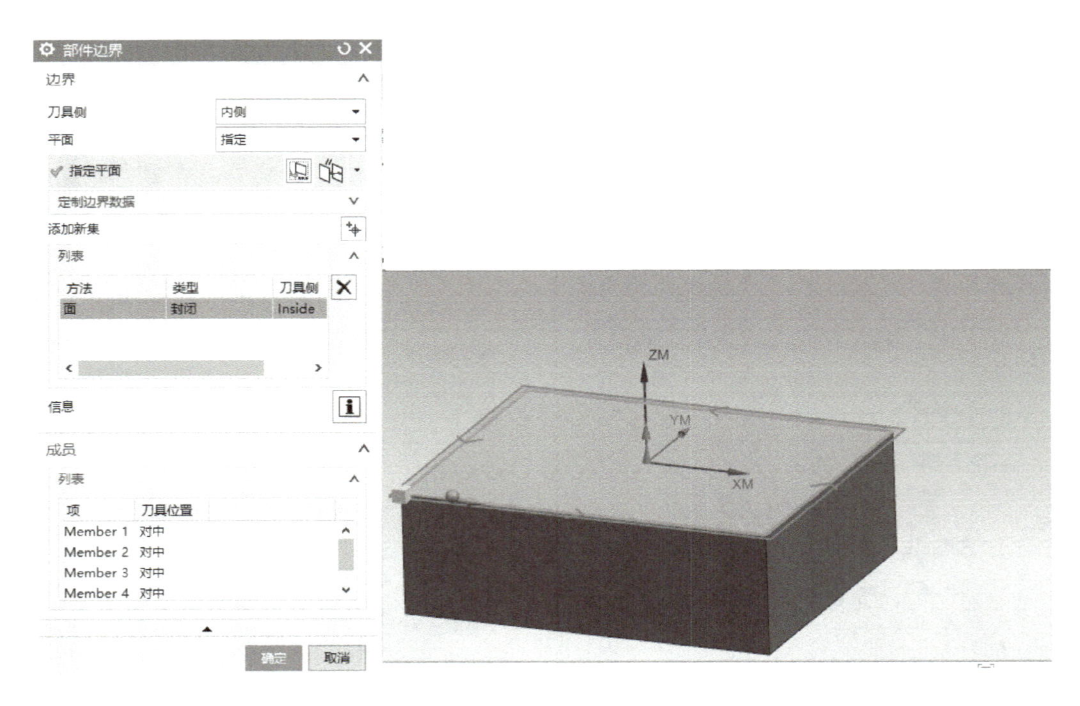

图 3.48 指定部件边界(1)

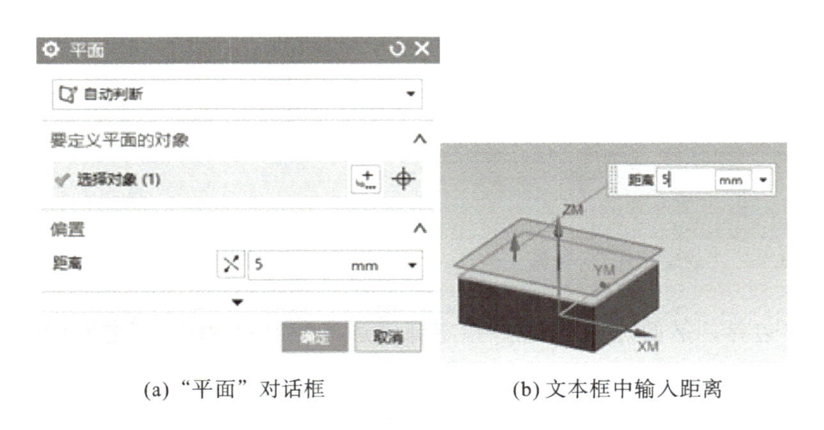

(a) “平面”对话框

(b) 文本框中输入距离

图 3.49 指定部件边界(2)

③指定刀具位置。此时在“部件边界”对话框的“成员”区域的“列表”中，显示已选中面的四条边界线信息。在“刀具侧”下拉列表中选择“内侧”(即加工区域是部件边界面以内的区域)；选中“成员”列表中的第 1 条边界线，在“刀具位置”下拉列表中选择“开”，此时“成员”列表中第 1 条曲线的“刀具位置”栏自动改为“对中”(即刀具中心与边界线对齐)，以此类推，第 2、第 3 和第 4 条边界线的刀具位置均修改为“对中”，如图 3.48 所示。

④指定底面。底面是最终加工到的平面。本工序的底面是模型的上表面。在“平面铣”对话框中，单击“指定底面”右侧按钮 ，系统弹出如图 3.49 所示的“平面”对话框，单击“选择对

象”的“点对话框”按钮，在图形窗口中拾取模型的上表面，单击“确定”按钮。

⑤选择刀具。在“平面铣”对话框的“工具”区域的“刀具”下拉列表中，选择“T01D20(铣刀-5 参数)”(选择刀具可按步骤四(1)中所示方法，在“创建工序”对话框中选择)。

⑥设置刀轨。“平面铣”对话框的“刀轨设置”区域的“切削模式”下拉列表中，选择“往复”；“步距”选择“恒定”，“最大距离”选择“%刀具”，并在文本框中输入“50%”。

单击“切削参数”右侧按钮，系统弹出如图 3.50 所示的“切削参数”对话框；在“余量”选项卡的“最终底面余量”文本框中输入“0.2”，单击“确定”按钮，系统返回“平面铣”对话框。

单击“切削层”右侧按钮，系统弹出如图 3.51 所示“切削层”对话框；在“切削层”对话框中的“每刀切削深度”文本框中输入“2.0”，其他参数默认，单击“确定”按钮，系统返回“平面铣”对话框。

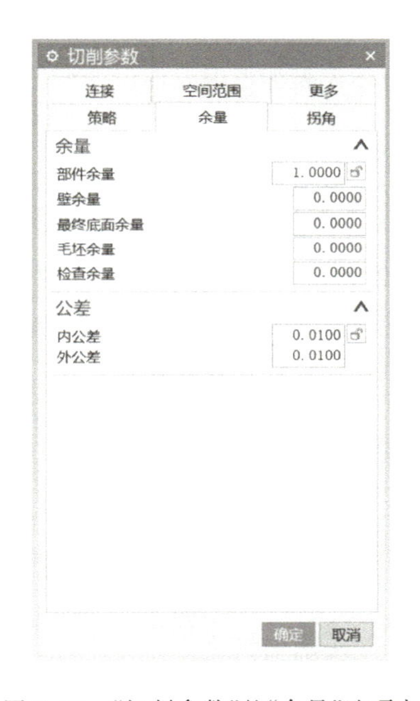

图 3.50 “切削参数”的“余量”选项卡

图 3.51 “切削层”对话框

⑦非切削运动设置。单击“非切削移动”右侧按钮，系统弹出如图 3.52 所示“非切削移动”对话框。“封闭区域”的“进刀类型”选择“与开放区域相同”，单击“确定”按钮，系统返回“平面铣”对话框。

图 3.52 “非切削运动”对话框

⑧设置进给率和速度。在“平面铣”对话框中，单击“进给率和速度”右侧按钮，系统弹出如图 3.53 所示的“进给率和速度”对话框；勾选“主轴速度”复选框，在文本框中输入“3000.0”；在“进给率”区域的“切削”文本框中输入“400.0”，单位选择“mmpm”，其他参数默认。单击“确定”按钮，系统返回“平面铣”对话框。

图 3.53 “进给率和速度”对话框

5. 生成加工刀轨、刀轨可视化及后处理

生成加工刀轨是系统在图形窗口中显示已生成的刀具运动路径。生成加工刀轨有3种操作方法，一是在“工序导航器-几何视图”中，选中需生成刀路轨迹的工序，单击工具栏中的按钮；二是在“工序导航器-几何视图”中，选中需生成刀路轨迹的工序图标，点鼠标右键，在快捷菜单中单击“生成”按钮；三是双击“工序导航器-几何视图”中需生成刀路轨迹的加工工序，打开该工序的对话框，在对话框“操作”区域中单击按钮。

刀轨可视化是指在计算机屏幕上对毛坯进行去除材料的动态模拟。刀轨可视化与生成加工刀轨的操作方法相同，是在工序对话框中的“操作”区域中单击“确认”按钮，系统弹出图3.54所示的“刀轨可视化”对话框。

图3.54 “刀轨可视化”对话框

后处理是用户利用系统提供的后处理器生成数控机床能够识别的 NC 程序。利用后处理构造器(post builder)可建立特定机床定义文件,生成合适的机床 NC 程序。用 NX/Post 进行后置处理时,可在 NX 加工环境下进行,也可在操作系统环境下进行。后处理与生成刀路操作方法相同,单击"后处理"按钮 ,系统弹出如图 3.55 所示"后处理"对话框。在"后处理"对话框的"后处理器"区域中选择对应的机床类型"MLL_3_AXIS","单位"下拉列表中选择"公制/部件",单击"确定"按钮,系统弹出"后处理"警告对话框,单击"确定"按钮,系统弹出如图3.56所示"信息"窗口。系统在当前加工环境下,生成一个后缀名为".prt"的加工代码文件。点击信息窗口左上角"另存为"按钮,可保存加工代码文件。

图 3.55 "后置处理"对话框

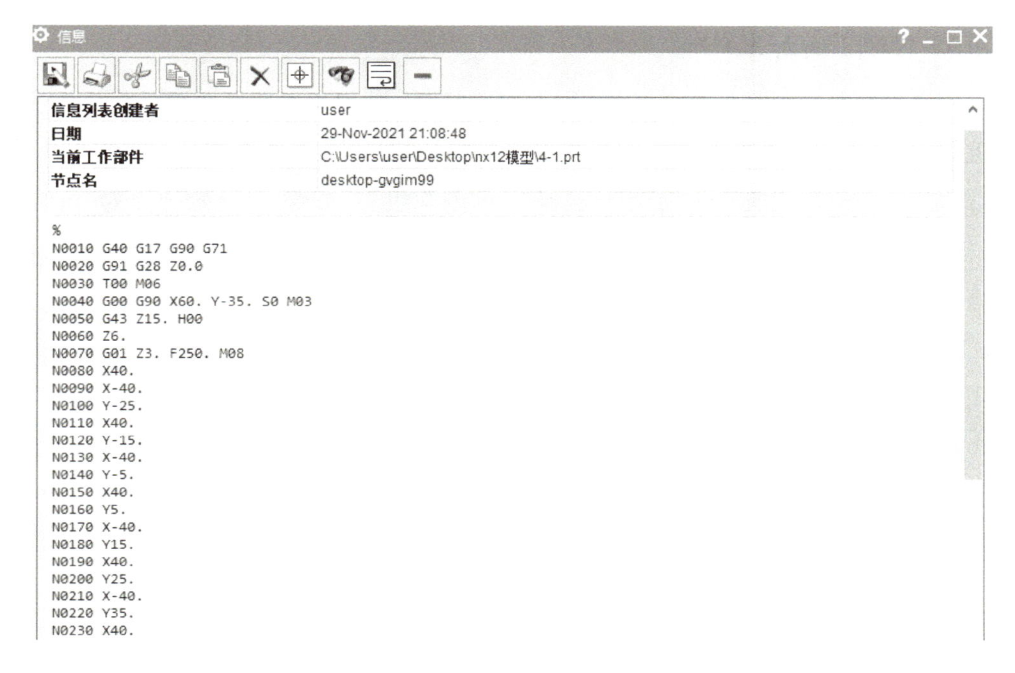

图 3.56 “信息”窗口

相关知识

1. UG NX12 数控加工流程

UG NX12 能够完成模拟数控加工的全过程,如图 3.57 所示。

(1)创建制造模型(包括创建或获取设计模型),并进行工艺分析,制定工艺路线。

(2)进入加工环境。

(3)创建 NC 操作,如创建工序、几何体和刀具等。

(4)生成刀具路径,进行加工仿真。

(5)利用后处理器生成 NC 代码。

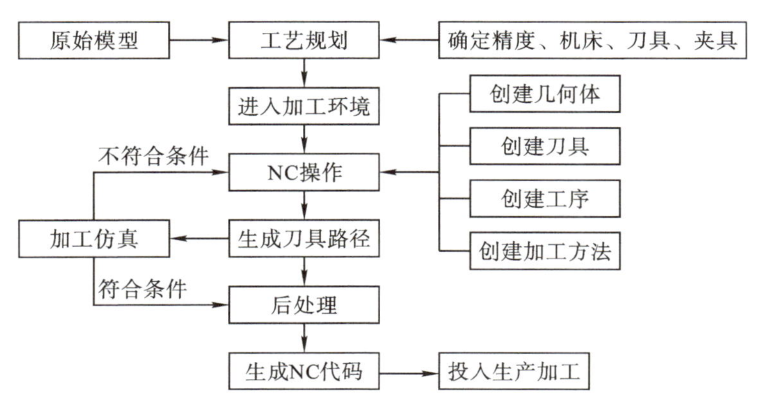

图 3.57 数控编程与加工流程图

2. UG NX12 的加工环境

UG NX12 软件包括设计、加工环境、仿真、管线管理、特定于工艺等环境。

要重新创建本模型的加工项目，需要先删除之前创建的项目，重新进入加工环境。其操作步骤是：选择下拉菜单“工具”→“工序导航器”→“删除组装”命令，在系统弹出的“组装删除确认”对话框中单击“确定”按钮，系统将再次弹出“加工环境”对话框，则可进入新的加工环境，重新选择操作模板，重新进行加工环境的初始化。

“加工环境”对话框中“要创建的 CAM 组装”选项框中各选项的定义如下。

mill_planar：平面铣加工模板。

mill_contour：轮廓铣加工模板。

mill_multi-axis：多轴铣加工模板。

mill_multiblade：多轴铣叶片加工模板。

drill：钻加工模板。

hole_making：孔加工模板。

turning：车加工模板。

wire_edm：电火花线切割加工模板。

probing：探测模板。

solid_tool：整体刀具模板。

machining_knowledge：加工知识模板。

3. 建立和设定“父”参数组

在加工应用中，用户不必在每个操作中分别指定参数，仅需指定一组参数作为共享参数，其指定的参数可以传递给其他组操作。指定参数的这个组称为“父组”，继承参数的组称为“子组”，这就建立了“父子级”关系。UG NX12 建立和设定“父组”参数及其他参数，是通过工序导航器来完成的。如图 3.58 所示的工序导航器中机床坐标系 MCS_MILL 为“父组”，WORKPIECE 为“子组”。

1)工序导航器

工序导航器是一个图形用户界面，用来管理当前“Part”文档的操作及刀具路径，如图 3.58 所示。工序导航器中会显示每个操作的一系列参数，如刀具、方法、余量等，且显示的内容可以由用户自行定义和设置。

名称	刀轨	刀具	时间	几何体	方法	余量
GEOMETRY			03:12:24			
未用项			00:00:00			
MCS_MILL			03:12:24			
WORKPIECE			02:14:09			
CX	✓	D40R5	01:07:59	WORKPIECE	MILL_ROUGH	1.0000
CX_COPY	✓	D20R2	01:05:58	WORKPIECE	MILL_ROUGH	1.0000
EC	✓	D20R2	00:58:03	MCS_MILL	MILL_ROUGH	1.0000

图 3.58　工序导航器

2）四种视图

UG NX12 的工序导航器有四种视图类型，分别是程序顺序视图、机床视图、几何视图和加工方法视图，如图 3.59 所示。

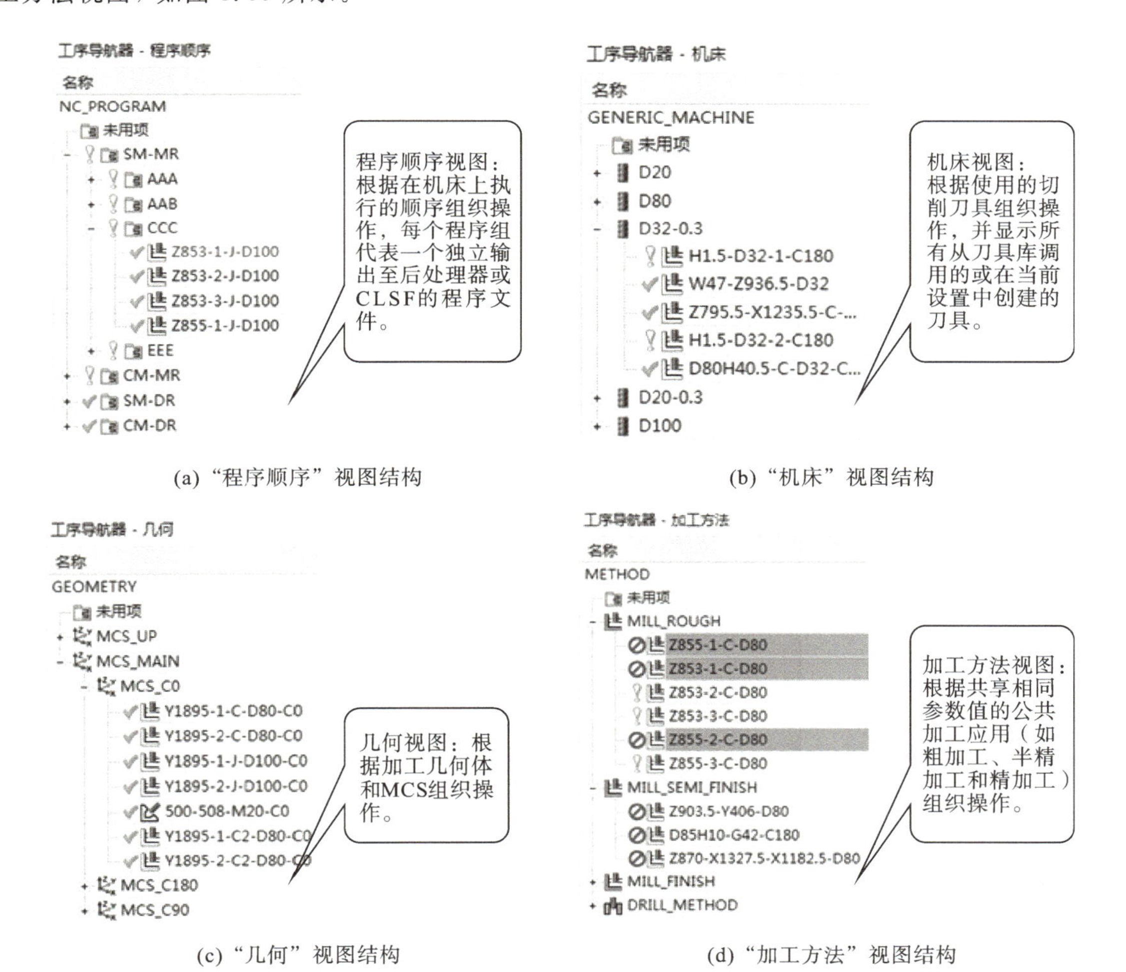

(a)“程序顺序”视图结构　(b)“机床”视图结构

(c)“几何”视图结构　(d)“加工方法”视图结构

图 3.59　工序导航器的四种视图

进入四种视图显示界面有两种路径，一是单击工具栏中相应图标 进入相应视图；二是将光标放置在“工序导航器”窗口界面空白处，单击鼠标右键，系统将弹出图 3.60 所示工序导航器快捷菜单，选择视图的图标，即可进入相应视图。

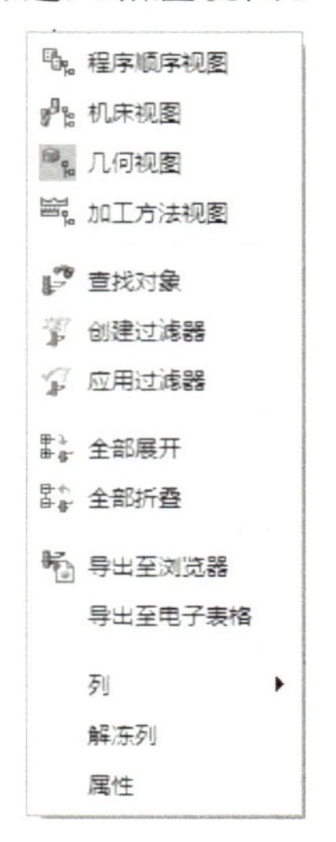

图 3.60　工序导航器快捷菜单

4. 创建程序

程序主要用于排列各加工操作的顺序，也可方便地对各个加工操作进行管理，某种程度上相当于一个文件夹。如一个复杂零件的所有加工操作（包括粗加工、半精加工、精加工等）需要在不同的机床上完成，把在同一机床上加工的操作放置在同一个程序组，就可以直接选取这些操作所在的父节点程序组进行后处理。

创建程序的一般步骤如下。

(1)选择下拉菜单“插入”→“程序”命令；或者单击工具栏中的“创建程序”按钮 ，系统弹出如图 3.61 所示的“创建程序”对话框。

图 3.61　“创建程序”对话框

(2) 在“创建程序”对话框中“类型”下拉列表中选择加工模板(“mill_planar”“mill_contour”“mill_multi_axis”等),在“位置”区域的“程序”下拉列表中选择“NC_PROGRAM”选项,在“名称”后的文本框中输入程序名称,单击“确定”按钮,在系统弹出的“程序”对话框中,单击“确定”按钮,完成程序的创建。

(3)单击工具栏中的“程序顺序视图”按钮 ,工序导航器进入如图 3.59(a)“程序顺序视图”界面。

5. 刀轨管理

可选择工具栏“显示”菜单中的工具对生成的加工刀轨进行一定的操作。各操作工具的定义如下。

显示刀轨:显示生成的刀路。

显示切削移动刀路:显示铣削运动中切削移动刀路。

显示非切削移动:显示铣削运动中非切削移动刀路。

刀轨分析:根据系统分析结果按设置的规定颜色给刀路着色。单击 按钮,系统弹出如图 3.62 所示的“刀轨分析”对话框。在“刀轨分析”对话框中的“范围颜色和限制”区域的“最小值”右侧颜色框和文本框中,可设置刀路与模型不同距离范围内刀路的着色。

⊙显示刀具中心:显示刀具中心刀路。注意球头铣刀的刀具中心刀路与切削刀尖的刀路是不相同的。

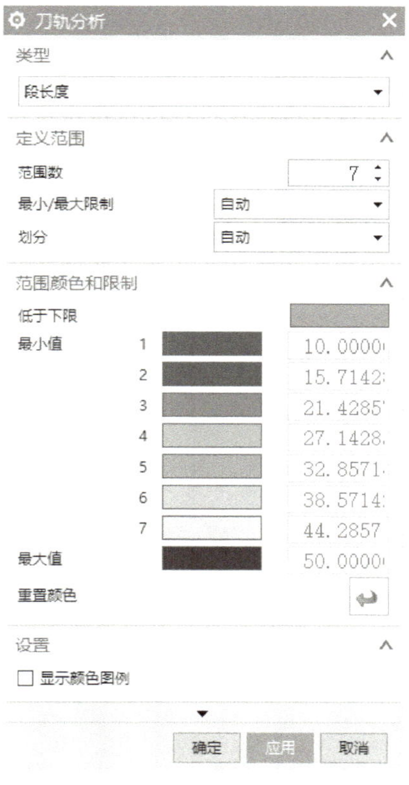

图 3.62 “刀轨分析”对话框

6. 生成车间文档

UG NX12 提供了一个车间文档生成器，它从 NC part 文件中提取对加工车间有用的 CAM 文本和图形信息，包括数控程序中用到的刀具参数清单、加工工序清单、加工方法清单和切削参数清单等。它们可以用文本文件（TEXT）或超文本链接语言（HTML）两种格式输出。操作工、刀具仓库工人或其他需要了解有关信息的人员都可方便地在网上查询使用车间工艺文档，免除了手工撰写工艺文件的麻烦，同时也可以将自己定义的刀具快速加入到刀具库中，供以后使用。

UG CAM 车间工艺文件中包含了零件几何体和材料、控制几何体、加工参数、控制参数、加工次序、机床刀具设置、机床刀具控制事件、后处理命令、刀具参数和刀具轨迹等信息。

单击工具栏中的"车间文档"按钮，系统弹出如图 3.63 所示的"车间文档"对话框。在"车间文档"对话框的"报告格式"区域选择"Operation List Select (HTML/Excel)""Operation List Select(TEXT)""Tool List Select(HTML/Excel)"或"Tool List Select(TEXT)"选项。单击"车间文档"对话框中的"确定"按钮，系统弹出如图 3.64 所示的"信息"对话框，并在当前模型所在的文件夹中生成一个相应的车间文档。

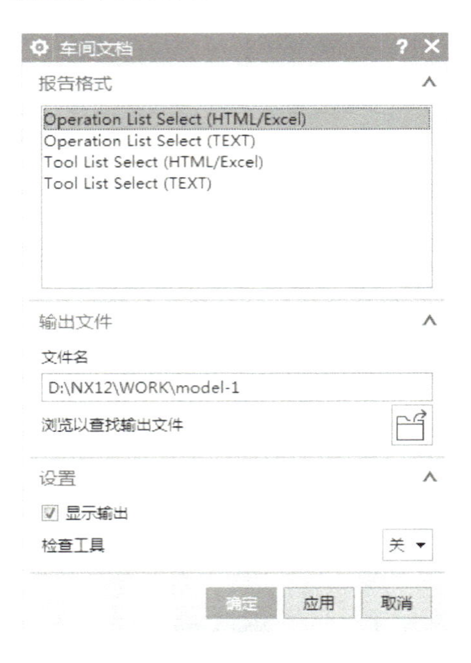

图 3.63 "车间文档"对话框

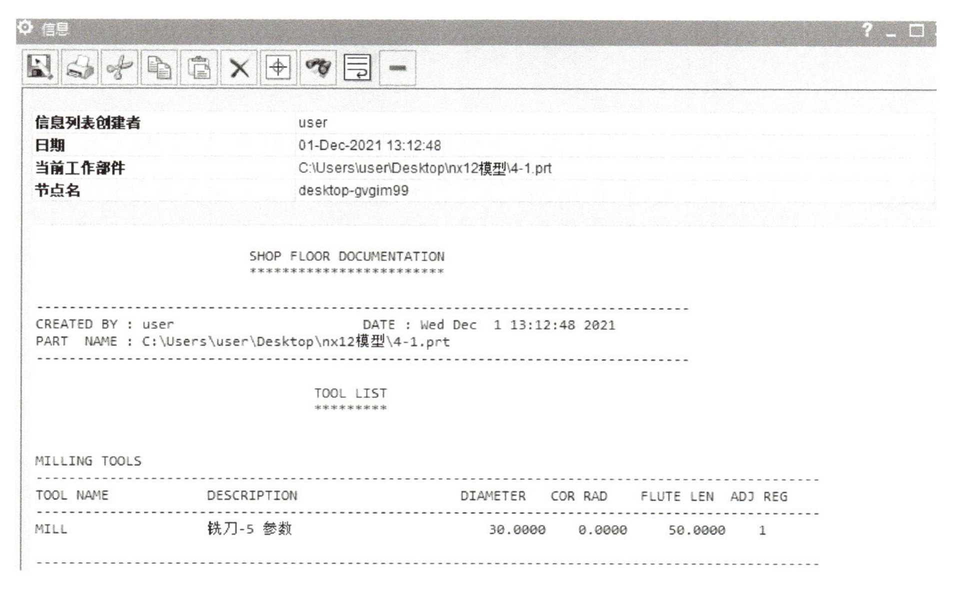

图 3.64 “信息”对话框

7. 输出 CLSF 文件

CLSF 文件又称为刀具位置源文件，是一个可用第三方后置处理程序进行处理的独立文件。它是一个包含标准 APT(advanced packaging tool，高级软件包管理工具)命令的文本文件，其扩展名为“.cls”。

在“工序导航器”中选择要输出 CLSF 文件的工序，然后单击工具栏中的“输出 CLSF”按钮，系统弹出如图 3.65 所示的“CLSF 输出”对话框。在“CLSF 格式”区域中选择系统默认的“CLSF_STANDARD”选项。单击“确定”按钮，系统弹出如图 3.66 所示“信息”对话框，并在当前模型所在的文件夹中生成一个扩展名为“.cls”的 CLSF 文件，该文件可以用记事本打开。

图 3.65 “CLSF 输出”对话框

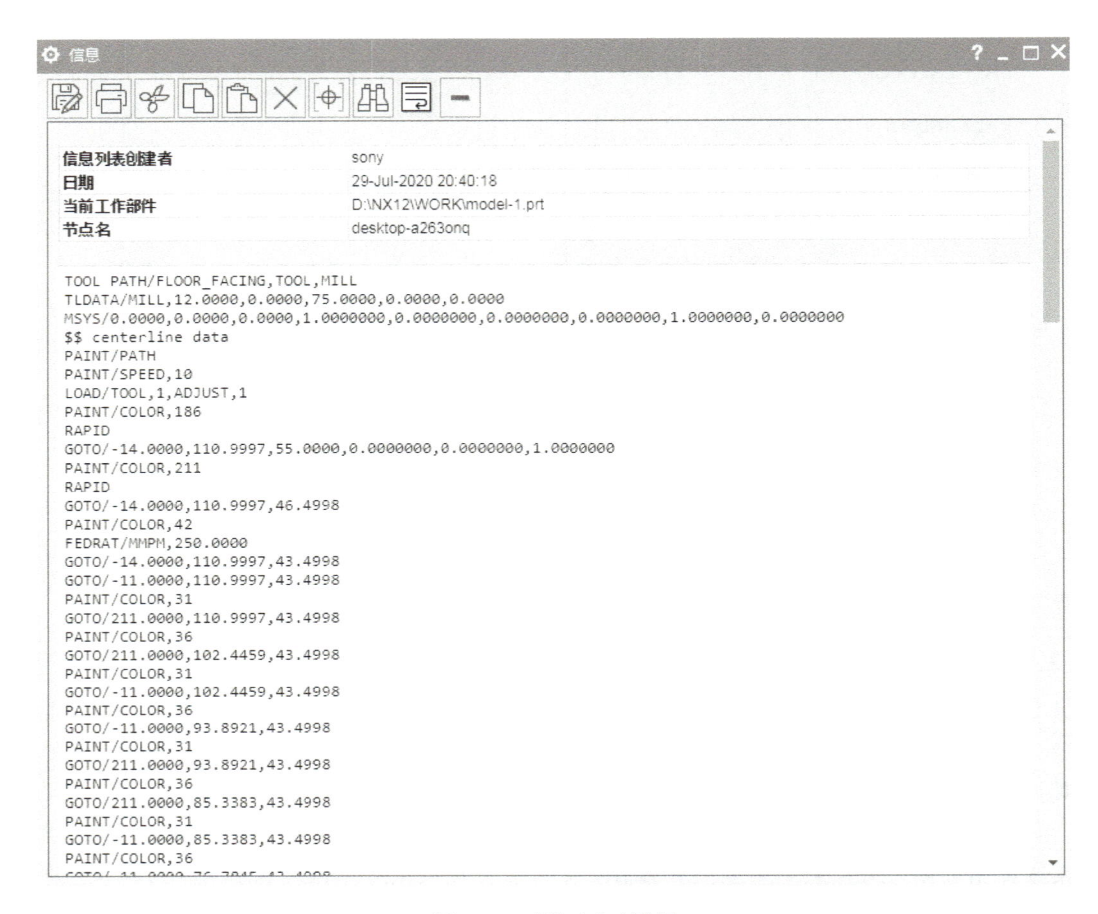

图 3.66 “信息”对话框

拓展练习

创建 model_1_2. prt 文件，按下列要求创建模型上表面的粗加工铣削工序，并生成如图 3.67所示的平面铣削加工刀路。

①创建项目：平面铣，机床坐标系如图所示，周边 5 mm 余量的几何体毛坯。

②创建刀具：创建直径 20 mm，刀刃数 2，刀刃长度 50 mm，刀具长度 75 mm 的平底立铣刀，命名为 T02D20。

③创建工序：创建上表面粗加工的“平面铣(PlANAR_MILL)”工序。设置刀轨：部件余量 0.2 mm，切削模式为跟随周边，步距为 50%刀具直径，切削深度为 2 mm ，主轴转速 4000 r/min，进给速度 400 mm/min，其他参数合理即可。

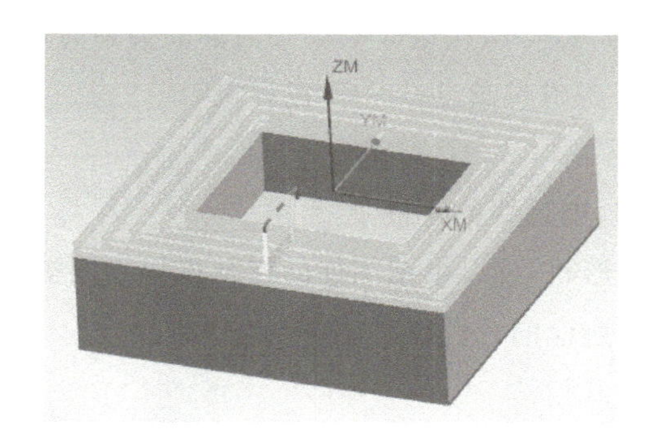

图 3.67 平面铣削加工刀路

知识巩固

【多选】(1) UG NX12 软件包括______、______、______、管线管理、特定于工艺等环境。( )

A. 加工环境　　B. 设计　　C. 工艺设计　　D. 仿真

【多选】(2)工序导航器有 4 个视图,分别是程序顺序视图、______、______、______。( )

A. 几何视图　　B. 机床视图　　C. 加工方法视图　　D. 三视图

【多选】(3)下列关于创建几何体的说法正确的是______。( )

A. 几何体可以在创建工序之前定义,也可以在创建工序过程中指定

B. 在创建工序前定义的加工几何体,以后的工序均可以使用

C. 在创建工序过程中指定的加工几何体在其他工序中同样可以使用

D. 在创建工序过程中指定的加工几何体只能在本工序中使用

【多选】(4)下列关于机床坐标系的说法正确的是______。( )

A. 它是刀路轨迹输出点坐标值的基准坐标系

B. 机床坐标系的位置与工件在机床上的安装位置无关

C. 机床坐标系的位置与工件在机床上的安装位置要一致

D. 在 UG NX 中,机床坐标系就是工作坐标系

【多选】(5)以下______选项卡中可以进行切削参数的设置。( )

A. 策略　　B. 余量　　C. 转换与快速　　D. 空间范围

【多选】(6)创建几何体的操作包括______、______、______、修剪几何体和创建机床坐标系。( )

A. 指定部件几何体　　B. 指定切削参数

C. 指定切削区域检查几何体　　D. 设置毛坯几何体

【多选】(7)若零件毛坯为铸造件，在选择毛坯几何体的类型时可以选择______。(　　)

A. 几何体　　B. 部件偏置　　C. 包容块　　D. 部件轮廓

【单选】(8)部件几何体是______。(　　)

A. 加工完成后的几何体，即最终的零件

B. 用于加工的原材料的形状，可以根据零件的特征选择不同类型的形状

C. 刀具在切削过程中要避让的几何体

D. 刀具在切削过程中的几何体

【单选】(9)毛坯几何体是______。(　　)

A. 加工完成后的几何体，即最终的零件

B. 用于加工的原材料的形状，可以根据零件的特征选择不同类型的形状

C. 刀具在切削过程中要避让的几何体

D. 刀具在切削过程中的几何体

【单选】(10)当前工序是基于上一次工序加工的，在选择毛坯几何体的类型时可以选择______。(　　)

A. 几何体　　B. 部件偏置　　C. IPW　　D. 部件轮廓

任务 2　平面铣编程与加工

任务描述

创建 mode_2_1. prt 文件，创建 NX 项目，选用平面铣加工方法完成如图 3.68 所示模型的数控编程，并生成加工刀路。选择包容体毛坯，四周及上表面余量均为 5.0 mm，底表面余量为 0。

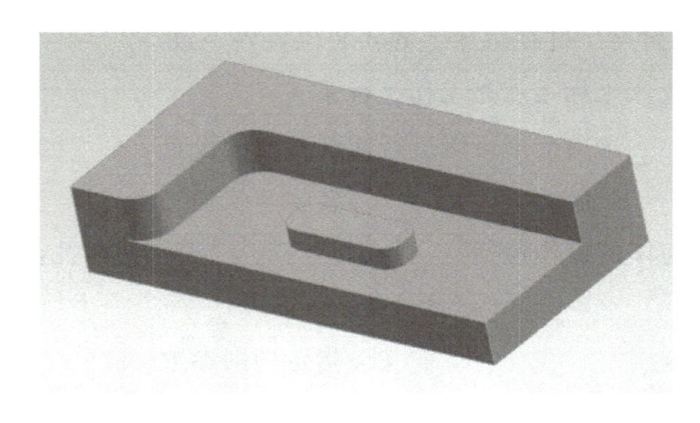

图 3.68　model_2_1. prt 模型

职业能力目标

（1）能描述平面铣的加工原理及常用子类型的应用。

（2）能根据加工对象，选择合理的平面铣子类型。

（3）能制定合理的加工方法，完成零件自动编程，生成合理的刀路，完成仿真加工。

（4）能自主学习、善于思考、细致工作、精益求精。

任务分析

1. 模型的数控工艺分析

根据图 3.68 所示 mode2_1. prt 模型的结构特点，确定模型的数控铣削工序如表3－14 所示。

表 3－14　数控加工工序卡

零件名称	model2_1. prt 模型	数控加工工序卡		工序号	20	工序名称	铣外形	共 1 张
				设备型号	MV－413	材料牌号	6061 铝	第 1 张
序号	工序内容	刀具号	刀具长度补偿号	刀具半径补偿号	主轴转速 /(r/min)	切削速度 /(mm/min)	进给深度 /mm	加工方法
1	上表面粗、精铣	∅20 立铣刀	03	03	4000	500	2	平面铣
2	粗铣开放型腔	∅12 立铣刀	01	01	3000	400	3	平面铣
3	精铣开放型腔内侧壁	∅12 立铣刀	01	01	4000	450	1	精铣壁
4	精铣开放型腔底面	∅12 立铣刀	01	01	4000	450	0. 2	精铣底面
5	精铣型腔内凸台上表面	∅12 立铣刀	01	01	4000	450	1	平面铣
6	粗、精铣外侧壁	∅16 立铣刀	02	02	4000	450	3	平面铣
编制		日期			审核		日期	

2. 编程及生成刀路

1)创建几何体

进入加工环境,创建 NX 项目。创建机床坐标系、部件几何体和毛坯几何体等,如图 3.69 所示。

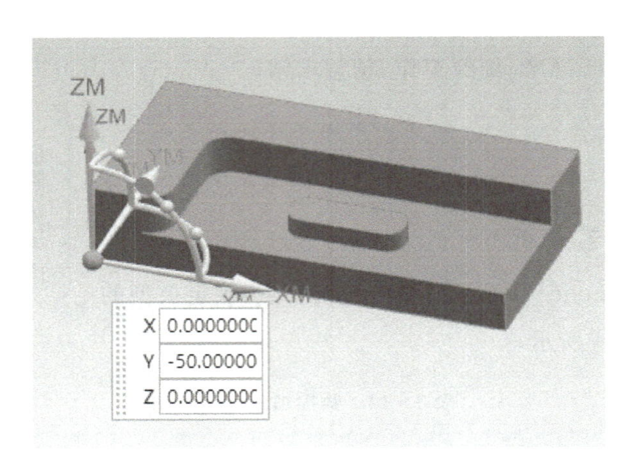

图 3.69 创建几何体

2)创建刀具

在"创建刀具"对话框"类型"下拉列表中选择"mill_planar";在"刀具子类型"区域单击"MILL"按钮,分别创建直径 12 mm、刀具名 T01D12 的立铣刀,直径 16 mm、刀具名 T02D16 的立铣刀和直径 20 mm、刀具名 T03D20 的立铣刀。

3)创建粗铣上表面加工工序——平面铣(PLANAR_MILL)

平面铣(PLANAR_MILL)是平面铣削(MILL_PLANAR)加工大类中的一种子类型。平面铣利用指定的部件边界、指定的毛坯边界和指定的底面来计算切削范围并生成刀路,用于移除垂直于固定轴(即刀轴)的平面切削层中的材料。主要用于零件的基准面、内腔底面和内腔垂直侧壁,以及敞开的外形轮廓等的加工。

(1)创建工序:选中"工序导航器-几何"中"WORKPIECE"选项,点击鼠标右键,选择"插入"→"工序",系统弹出"创建工序"对话框。在"创建工序"对话框"类型"下拉列表中选择"MILL_PLANAR"选项;在"工序子类型"区域中单击"平面铣"按钮,单击"确定"按钮,系统弹出如图 3.70所示 "平面铣"对话框。

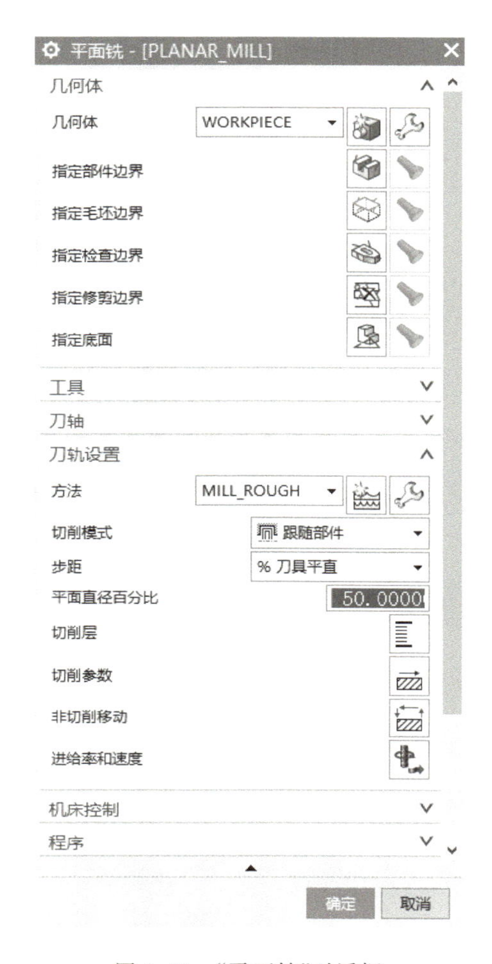

图 3.70　“平面铣”对话框

①选择刀具：在“平面铣”对话框的“刀具”下拉列表中选择 T03D20 刀具。

②指定部件边界：在“平面铣”对话框中，单击“指定部件边界”右侧按钮 ，系统弹出如图 3.71所示的“部件边界”对话框；在“边界”区域中的“选择方法”下拉列表中，单击“选择曲线”右侧按钮 选择“曲线”。在图形窗口中选取模型上表面的四条边界线。

在“部件边界”对话框中选择“边界类型”为“封闭”，“刀具侧”选择“内侧”；分别选中“成员”列表中的第 1、2、3、4 条曲线，在“刀具位置”下拉列表中选择“开”，把“成员”列表中四条边界线的“刀具位置”均修改为“对中”(即刀具的中心与边界对齐)。

在“部件边界”对话框中，“平面”选择“指定”，单击“指定平面”右侧按钮 ；在图形窗口中选取模型的上表面，箭头向上时，在“距离”文本框中输入“5”，如图 3.71 所示。单击“确定”按钮，系统返回“平面铣”对话框。此处指定距离模型上表面 5 mm 的平面为部件边界，系统自动计算加工区域为此部件边界与步骤 1 中指定的部件几何体之间的区域。

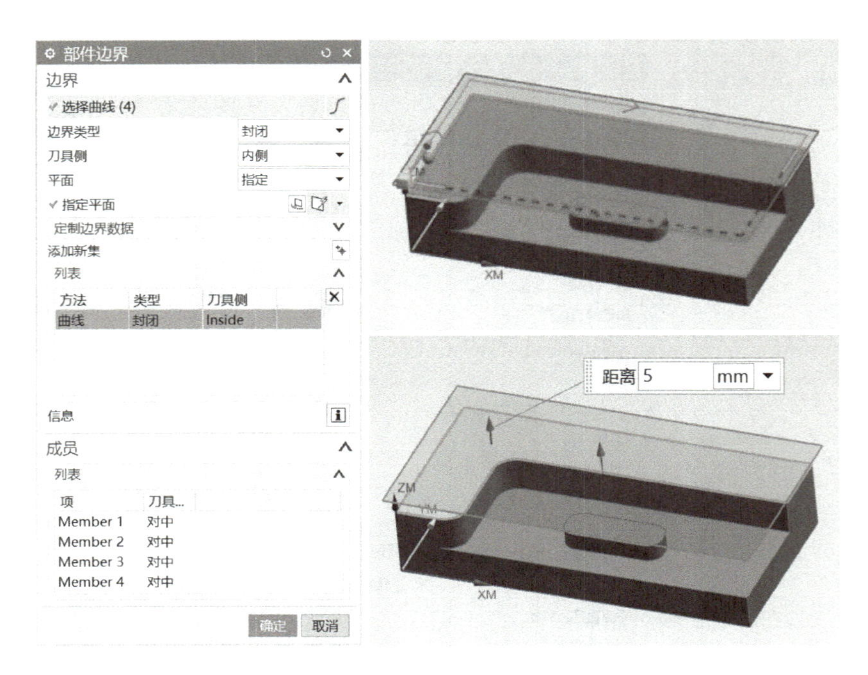

图 3.71　指定部件边界

③指定底面：在“平面铣”对话框中，单击“指定底面”右侧按钮，系统弹出如图 3.72 所示的“平面”对话框；单击“选择平面对象”右侧按钮，在图形窗口中选取模型的上表面，在“距离”文本框中输入“0”，单击“确定”按钮。

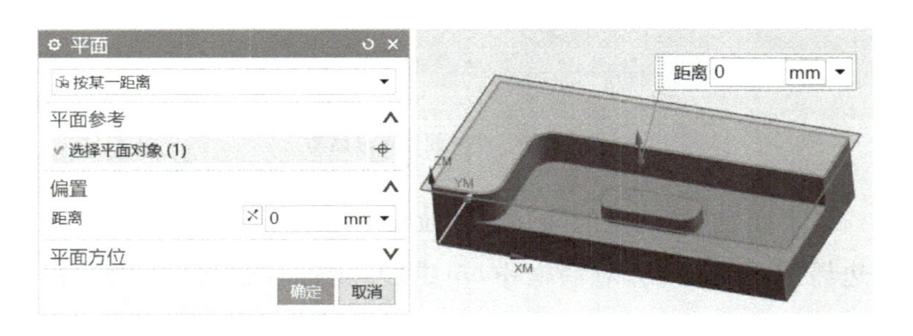

图 3.72　指定底面

④设置刀轨：设置刀轨的内容包括选择切削模式、步距、切削角、切削层、切削参数和非切削参数(如进给率和速度等)。切削模式是加工切削区域的走刀路线方式。平面铣的切削模式有跟随部件、跟随周边、轮廓、标准驱动、单向和往复等方式。在“平面铣”对话框中，“刀轨设置”区域中“切削模式”选择“往复”，“步距”选择“恒定”，“最大距离”选择“%刀具”，文本框中输入“75%”。

⑤设置切削参数：单击“切削参数”右侧按钮，系统弹出“切削参数”对话框；在“余量”选项卡的“最终底面余量”文本框中输入“0.2”(即保留底表面精加工余量 0.2 mm)，单击“确定”按钮，系统返回“平面铣”对话框。

单击“切削层”右侧按钮，系统弹出“切削层”对话框；在“切削层”对话框中的“每刀切削深度”文本框中输入“2.0”（即每刀切削深度为 2 mm），其他参数适中，单击“确定”按钮，系统返回“平面铣”对话框。

⑥设置非切削运动：单击“非切削运动”右侧按钮，系统弹出在“非切削运动”对话框。在“非切削运动”的“进刀”选项卡中“开放区域”的“进刀类型”选择“线型”，封闭区域的“进刀类型”选择“与开放区域相同”。

⑦设置进给率和速度：单击“进给率/速度”右侧按钮，系统弹出“进给率/速度”对话框。主轴速度和进给速度按工序卡中数据设定，其他参数为默认值。

(2)在“平面铣”对话框中，单击按钮，生成上表面的粗加工刀路，如图 3.73(a)所示。

4)创建精铣上表面加工工序——平面铣(PLANAR_MILL)

(1)创建工序：在“工序导航器-几何”视图的“WORKPIECE”下，选中上表面粗铣工序(PLANAR_MILL)，点鼠标右键“复制”；在上表面粗铣工序(PLANAR_MILL)下，点鼠标右键“粘贴”，创建上表面精铣工序(PLANAR_MILL_COPY)。注意：复制创建的 PLANAR_MILL_COPY 工序仍在“WORKPIECE”父组之下。双击新创建的“PLANAR_MILL_COPY”工序，系统再次弹出“平面铣”对话框。

修改切削参数：在“切削参数”对话框中“余量”区域的“最终底面余量”文本框中输入“0.0”；在“切削层”对话框中“类型”下拉列表中选择“仅底面”；主轴速度和进给速度按工序卡中数据设定。

(2)在“平面铣”对话框中，单击按钮，生成上表面的精加工刀路，如图 3.73(b)所示。

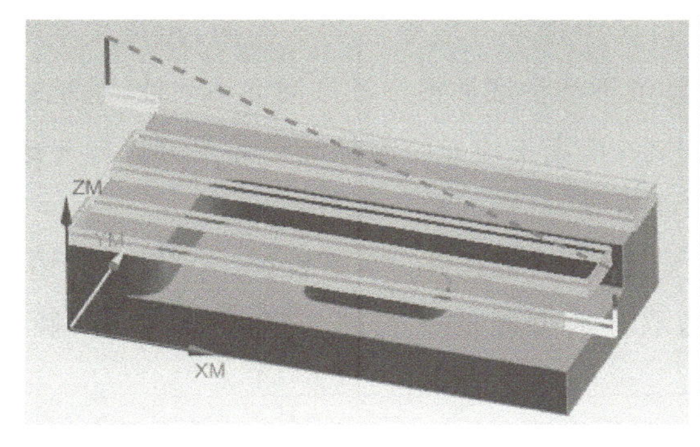

(a) 粗铣上表面加工刀路

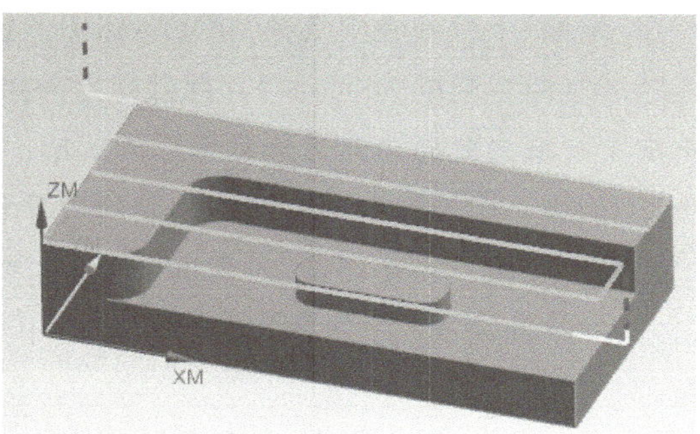

(b) 精铣上表面加工刀路

图 3.73 粗、精铣上表面

5)创建粗铣开放型腔加工工序——平面铣(PLANAR_MILL)

(1)创建工序：在“工序导航器-几何”视图的“WORKPIECE”下，选中上表面精铣工序(PLANAR_MILL_COPY)，点鼠标右键“复制”和“粘贴”，创建粗铣开放型腔加工工序(PLANAR_MILL_COPY1)。注意：复制创建的 PLANAR_MILL_COPY1 工序仍在“WORKPIECE”父组之下。双击“PLANAR_MILL_COPY_1”工序，系统再次弹出“平面铣”对话框。

①设置刀具：在“平面铣”对话框中的“刀具”下拉列表中选择 T01D12 刀具。

②指定部件主边界：开放型腔中有未加工的凸台，切削区域是型腔内边界与凸台外边界之间的区域。在此把尺寸大的型腔内边界称为部件主边界，把尺寸小且不加工的凸台外边界称为岛边界，因此指定部件边界包括指定主边界和指定岛边界。

在“平面铣”对话框中，单击“指定部件边界”右侧按钮，系统弹出“部件边界”对话框；点击“列表”中所有曲线右侧的“删除”按钮，删除之前所选边界。“边界”区域中“选择方法”下拉表中选择“曲线”；单击“选择曲线”右侧按钮，在图形窗口中模型上选取如图 3.74(a)所示的开放型腔下表面的 6 条边界曲线。

在“部件边界”对话框中，“边界类型”选择“封闭”，“刀具侧”选择“内侧”；分别选中“成员”列表中开放型腔的两条开放边(如图 3.74(a)所示中指定的两条边界)，在“刀具位置”下拉列表中选择“开”，修改“成员”列表中这两条曲线的“刀具位置”为“对中”(即刀具的中心与边界对齐)，其余 4 条边界的“刀具位置”保持“相切”。

在“部件边界”对话框中的“平面”下拉列表中选择“指定”，单击“指定平面”右侧按钮；在图形窗口中选取开放型腔的底表面，箭头向上时，在距离文本框中输入“10.0”。此处指定距离开放型腔下表面 10 mm 的上平面为部件主边界，系统自动计算加工区域为此部件边界与指定底面之间的区域。

③添加部件岛边界：添加部件岛边界是指定不加工区域的凸台边界。在“部件边界”对话框中，单击“添加新集”右侧按钮，在图形窗口中选取模型中凸台底面边界线，如图 3.74(b)所示；在“边界”区域的“刀具侧”下拉列表中选择“外侧”(即指定加工边界之外的材料)。

在“平面”下拉列表中选择“指定”，在图形窗口区中选取开放型腔的下表面，距离文本框中输入“5.0”(凸台高度为 5 mm)。此处指定岛边界位于凸台底面沿$+Z$方向 5 mm 处，系统自动计算加工区域为此岛边界之外到底面的区域。注意：指定主边界与添加岛边界要分成两步进行操作，不能在一次操作中同时选中型腔的边界和岛边界，这样的操作无效。

④指定底面：在“平面铣”对话框中，单击“指定底面”右侧按钮，系统弹出“平面”对话框；单击“选择平面对象”按钮，在图形窗口中选取开放型腔的下表面为底表面，单击“确定”按钮。

⑤设置刀轨：“刀轨设置”区域的“切削模式”选择“跟踪周边”；“切削参数”对话框中“策略”选项卡的“刀路方向”选择“向内”(即指定刀路从外部进刀，由外向内加工)；“余量”选项卡的“部件余量”文本框中输入“0.2”(即包括型腔底面、壁和凸台上表面均保留 0.2 mm 余量)。

⑥设置切削参数：“切削层”对话框中“切削深度”选择“恒定”，“公共”文本框中输入“3.0”(每刀切削深度 3 mm)，其他参数适中。

⑦设置非切削移动：在“非切削移动”对话框中“进刀”选项卡的“封闭区域”区域“进刀类型”中选择“与开放区域相同”；“开放区域”区域，“进刀类型”选择“圆弧”，“半径”选择“%刀具”，文本框中输入“70.0”(即进刀的圆弧半径为刀具直径的 70%)；“退刀”选项卡的“进刀类型”选择

“与进刀相同”;“转移/快速”选项卡的“区域内”区域的“转移类型”选择“直接”。主轴速度和进给速度按工序卡中数据设定,其他参数默认。

(2)在“平面铣”对话框中,单击按钮 ,生成开放型腔粗加工刀路,如图 3.74(c)所示。

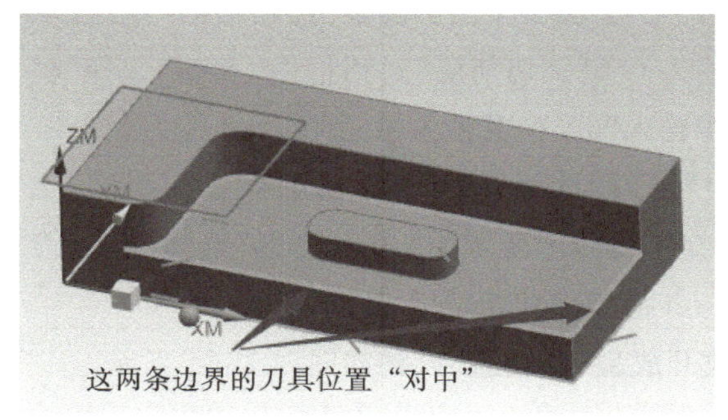

(a) 指定主边界

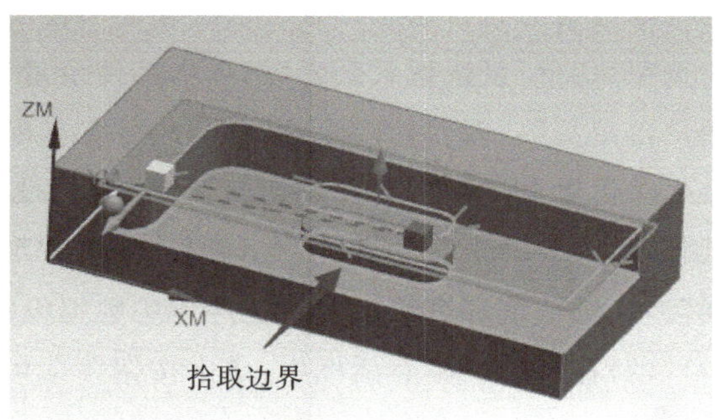

(b) 添加岛屿

(c) 粗铣开放型腔加工刀路

图 3.74 粗铣开放型腔

6)创建精铣开放型腔内侧壁加工工序——精铣壁(FINISH_WALLS_1)

精铣壁(FINISH_FLOOR)是平面铣削(Mill_PLANAR)加工大类中的一种子类型。精铣壁使用“轮廓”切削模式进行直壁的精加工,同时留出底面上的余量。精铣壁需要指定平行于底面的部件边界和指定底面来定义切削层区域。

(1)创建工序:在“创建工序”对话框的“类型”下拉列表中选择“MILL_PLANAR”,在“工序子类型”区域单击“精铣壁”按钮 ,系统弹出如图 3.75(a)所示“精铣壁”对话框。

①设置刀具:在“精铣壁”对话框中,“刀具”下拉列表中选择“T01D12”刀具。

②指定部件边界:在“精铣壁 ”对话框中单击“指定部件边界”按钮 ,系统弹出“部件边界”对话框。在“部件边界”对话框“边界”区域中的“选择方法”下拉列表中选择“曲线”;在图形窗口中选取模型上要加工的侧壁曲线(共 4 条),如图 3.75(b)所示。

在“部件边界”对话框中,“边界类型”选择“开放”,“刀具侧”选择“右”,“成员”列表中 4 条曲线的“刀具位置”为“相切”。在“部件边界”对话框中的“平面”下拉列表中选择“指定”,单击“指定平面”右侧按钮 ,在图形窗口中选取开放型腔的底表面,蓝色箭头向上时,在距离文本框中输入“10.0”(即侧壁切削区域为离底表面 10 mm 处至底表面之间)。

③指定底面:在“精铣壁”对话框中,单击“指定底面”右侧按钮 ,在图形窗口选取模型开放型腔的底表面。

④设置刀轨:“切削模式”选择“轮廓”;在“切削参数”对话框中“策略”选项卡的“壁”区域中勾选“只切壁”复选框;“余量”选项卡部件余量“输入 0.0”;“切削层”对话框中“类型”选择“恒定用户自定义”,“每刀切削深度”的“公共”文本框中输入“0.5”,其他参数适中。

⑤设置非切削移动:“非切削移动”对话框中“进刀”选项卡“开放区域”的“进刀类型”选择“圆弧”,“半径”选择“%刀具”,文本框输入“70.0”;“退刀”区域的“进刀类型”选择“与进刀相同”。主轴速度和进给速度按工序卡中数据设定,其他参数默认。

(2)在“精铣壁”对话框中,单击按钮 ,生成开放型腔内侧壁刀路如图 3.75(c)所示。

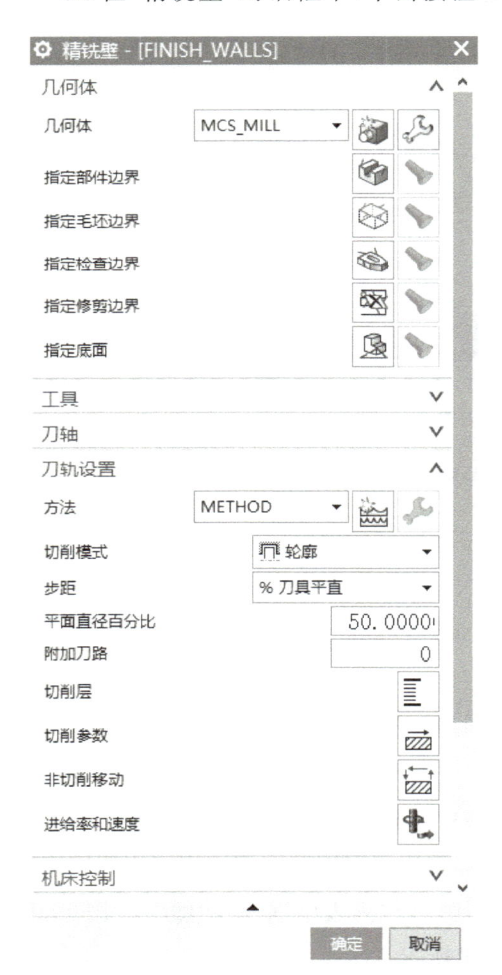

(a) “精铣壁”对话框

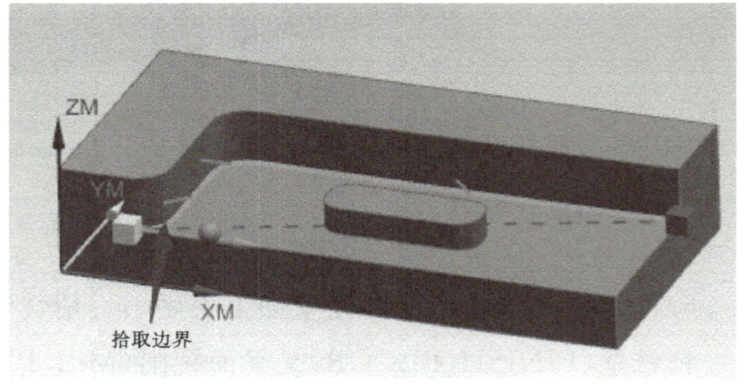

(b) 选取边界

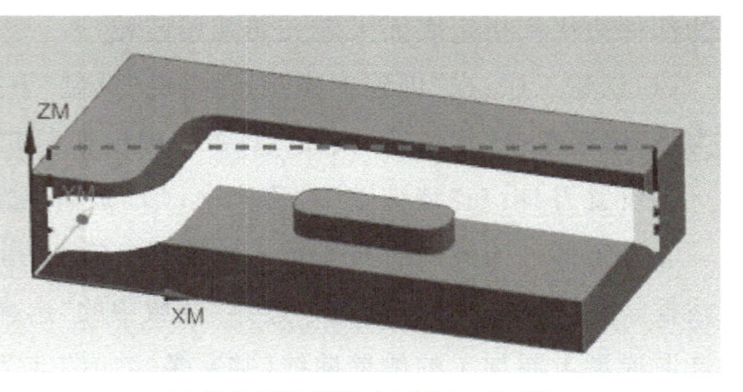

(c) 精铣开放型腔内侧壁加工刀路

图 3.75 精铣开放型腔内侧壁

7)创建精铣开放型腔底面加工工序——精铣底面(FINISH_WALLS)

精铣底面(FINISH_WALLS)是平面铣削(MILL_PLANAR)加工大类中的一种子类型。精铣底面是使用“跟随部件”切削模式来精加工底表面,同时留出壁上的余量。精铣底面需要指定平行于底面的部件边界、毛坯边界和选择底面来定义底部切削层,根据需要编辑部件余量。

(1)创建工序:在“创建工序”对话框的“类型”下拉列表中选择“mill_planar”,在“工序子类型”区域单击“精铣底面”按钮,系统弹出如图3.76(a)所示“精铣壁”对话框。

①设置刀具:在“精铣底面”对话框中的“刀具”下拉列表中选择“T01D12”刀具。

②指定部件边界:在“精铣底面”对话框中,单击“指定部件边界”按钮,系统弹出“部件边界”对话框。在“部件边界”对话框中“边界”区域的“选择方法”下拉列表中选择“曲线”,单击“选择曲线”右侧按钮,在图形窗口中模型上选取开放型腔底表面的6条边界曲线,如图3.76(b)所示。

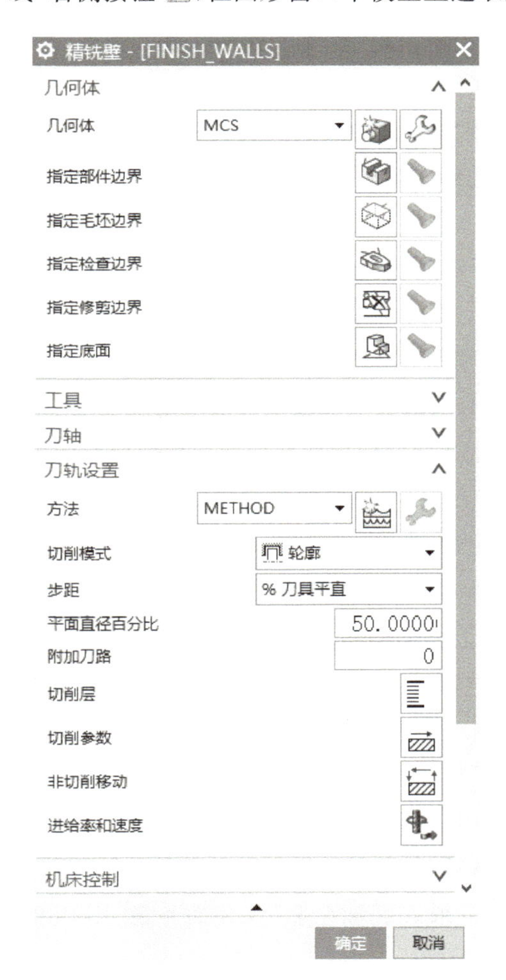

(a)“精铣壁”对话框

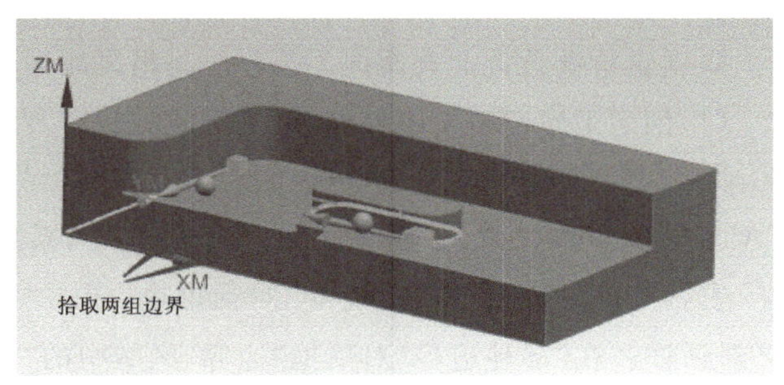

(b)选取主边界和岛屿

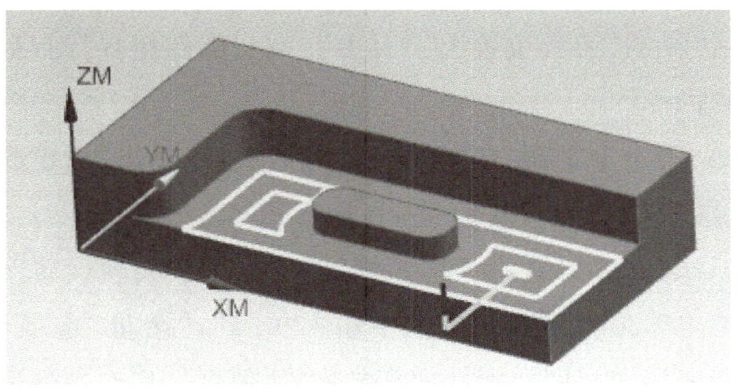

(c)精铣开放型腔底面加工刀路

图3.76　精铣开放型腔底面

在“部件边界”对话框中，“边界类型”选择“封闭”，“刀具侧”选择“内侧”；分别选中“成员”列表中的开放型腔的两条开放边，在“刀具位置”下拉列表中选择“开”，“成员”列表中这两条曲线的“刀具位置”改为“对中”(即刀具的中心与边界对齐)，其余4条边界的“刀具位置”保持“相切”。

③添加岛边界：在“部件边界”对话框中，单击“添加新集”右侧按钮，在图形窗口中选取模型上凸台底表面曲线；在“边界”区域的“刀具侧”下拉列表中选择“外侧”，如图3.76(b)所示。

④指定底面：在“部件边界”对话框中，单击“指定底面”右侧按钮，系统弹出“平面”对话框，在图形窗口中选取开放型腔的下表面，单击“确定”按钮。

⑤设置刀轨：在“精铣底面”对话框中，“刀轨设置”区域的“切削模式”选择“跟踪周边”；“切削参数”对话框中“策略”选项卡的“刀路方向”选择“向内”；“余量”选项卡的“部件余量”文本框中输入“0.0”。“切削层”对话框中“类型”选择“仅底面”，其他参数适中。

⑥设置非切削移动：“非切削移动”对话框中“进刀”选项卡的“封闭区域”的“进刀类型”选择“与开放区域相同”，“开放区域”的“进刀类型”选择“圆弧”，“半径”选择“%刀具”，文本框中输入“70.0”；“退刀选项卡”的“退刀”区域的“进刀类型”选择“与进刀相同”；“转移/快速”选项卡的“区域内”区域的“转移类型”选择“直接”。主轴速度和进给速度按工序卡中的数据设定，其他参数默认。

(2)在“精铣壁”对话框中，单击按钮，生成开放型腔底表面的精加工刀路，如图3.76(c)所示。

8)创建精铣凸台上表面加工工序——精铣底面(FINISH_WALLS)

(1)创建工序：在“工序导航器-几何”视图的“WORKPIECE”下，选中开放型腔底表面工序(FINISH_WALLS)，点鼠标右键“复制”和“粘贴”，创建“精铣凸台上表面”工序(FINISH_WALL_SCOPY)。双击“精铣凸台上表面”工序，系统弹出“精铣壁”对话框。

①指定部件边界：在“精铣壁”对话框中，单击“指定部件边界”按钮，系统弹出“部件边界”对话框。在“部件边界”对话框“边界”区域中的“选择方法”下拉列表中选择“曲线”；单击“选择曲线”右侧按钮，在图形窗口中的模型上选取凸台上表面的边界曲线；修改“成员”列表中各边界的“刀具位置”为“对中”。在“部件边界”对话框中，“边界类型”选择“封闭”，“刀具侧”选择“内侧”。

②指定底面：在“精铣壁”对话框中，单击“指定底面”右侧按钮，系统弹出“平面”对话框；单击“选择对象”按钮，在图形窗口中选取凸台上表面为底面，单击“确定”按钮。

③设置刀轨：在“精铣壁”对话框中，“刀轨设置”区域的“切削模式”选择“往复”；“步距”选择“恒定”，最大距离文本框中输入“0.5”；“余量”选项卡的“最终底面余量”文本框中输入“0.0”。“切削层”对话框中“类型”选择“仅底面”，其他参数适中。

④设置非切削移动：“非切削移动”对话框中“进刀”选项卡的“封闭区域”的“进刀类型”选择“与开放区域相同”，“开放区域”的“进刀类型”选择“圆弧”，“半径”选择“%刀具”，文本框输入“70.0”；“退刀”选项卡中“退刀”区域的“进刀类型”选择“与进刀相同”；“转移/快速”选项卡的

“区域内”区域的“转移类型”选择“直接”。主轴速度和进给速度按工序卡中的数据设定，其他参数默认。

(2)在“精铣底面”对话框中，单击 按钮，生成凸台上表面精加工刀路，如图 3.77 所示。

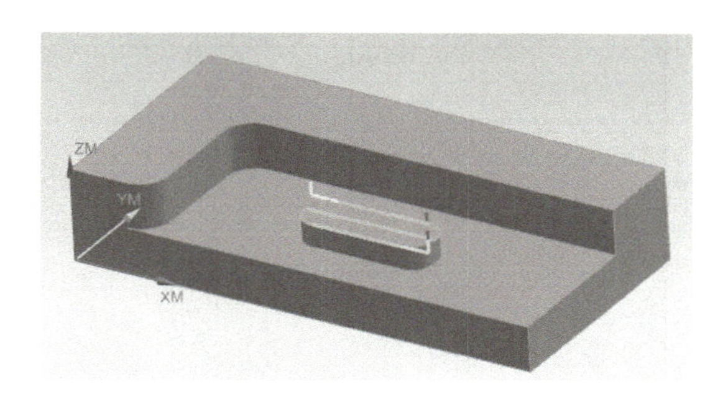

图 3.77 精铣凸台上表面加工刀路

9)创建粗、精铣外侧面加工工序——平面铣(WALL_PROFILING)

(1)创建工序：选中“工序导航器-几何”中“WORKPIECE”，点击鼠标右键，选择“插入”→“工序”，系统弹出“创建工序”对话框；在“创建工序”对话框的“类型”下拉列表中选择“MILL_PLANAR”，在“工序子类型”区域单击“平面铣”按钮 ，系统弹出“平面铣”对话框。

①设置刀具：在“平面铣”对话框“刀具”下拉列表中选择 T02D20 刀具。

②指定部件边界：在“平面铣”对话框中，单击“指定部件边界”右侧按钮 ，系统弹出“部件边界”对话框。在“部件边界”对话框“边界”区域中的“选择方法”下拉列表中选择“曲线”，单击“选择曲线”右侧按钮 ，在图形窗口中模型上选取底表面的 4 条边界曲线。

在“部件边界”对话框中“边界类型”选择“封闭”，“刀具侧”选择“外侧”。在“部件边界”对话框“平面”下拉列表中选择“指定”，单击“指定平面”右侧按钮 ，在图形窗口中选取底表面，箭头向上时，在距离文本框中输入“20.0”。

③指定底面：在“平面铣”对话框中，单击“指定底面”右侧按钮 ，系统弹出“平面”对话框，单击“选择对象”按钮 ，在图形窗口中选取模型的底表面为底面，单击“确定”按钮。

④设置刀轨：在“平面铣”对话框中，“刀轨设置”区域的“切削模式”选择“跟随部件”；在“切削参数”对话框的“策略”选项卡中勾选“添加精加工刀路”复选框，在“刀路数”文本框中输入“2.0”，“步距”文本框中输入“0.2”；“拐角”选项卡“拐角处刀轨形状”下拉列表中选择“延伸”。“切削层”对话框中“类型”选择“恒定”，“每刀切削深度”区域的“公共”文本框中输入“1.0”，其他参数适中。

⑤设置非切削移动：“非切削移动”对话框中“进刀”选项卡的“封闭区域”区域的“进刀类型”选择“与开放区域相同”，“开放区域”区域的“进刀类型”选择“圆弧”，“半径”选择“%刀具”，文本框输入“70.0”；“退刀”选项卡中“退刀”区域的“进刀类型”选择“与进刀相同”；“转移/快速”选项卡的“区域内”区域的“转移类型”选择“直接”。主轴速度和进给速度按工序卡中的数据设定。

(2)在“平面铣”对话框中，单击按钮 ，生成外侧面粗、精加工刀路，如图 3.78 所示。

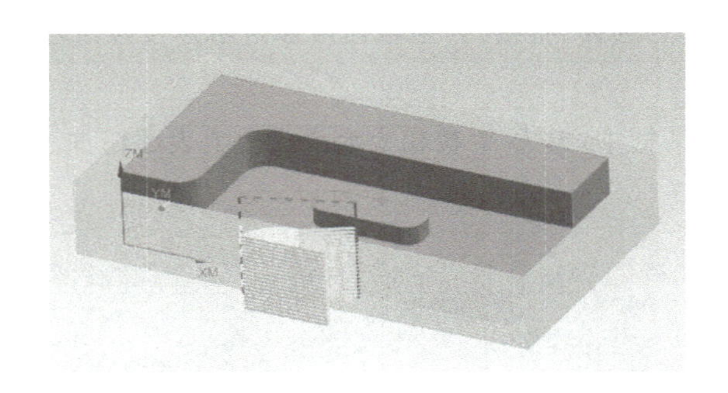

图 3.78　外侧面粗、精加工刀路

相关知识

1. 平面铣削（MILL_PLANAR）及加工子类型

平面铣削(MILL_PLANAR)是一大类加工方法的统称,它包括底壁铣、平面铣、平面轮廓铣、精铣底面、精铣壁和槽铣削等多个加工子类型。平面铣削主要用于移除零件平面层中的材料,如零件的基准面、内腔底面、内腔垂直侧壁、岛屿顶面,以及敞开的外形轮廓等。

平面铣削(MILL_PLANAR)是两轴联动的加工方式,在加工过程中水平方向的 X、Y 两轴联动,而 Z 轴方向只在完成一层加工后进入下一层时才单独运动。其优点在于可以通过边界和不同的材料侧方向,创建任意区域的任一切削深度,因此,它可以不做出完整的造型,而依据2D 图形直接进行刀具路径的生成。要注意的是平面铣削(MILL_PLANAR)是使用部件边界来定义加工区域,而不是使用几何部件。

在“创建工序”对话框的“类型”下拉列表中选择“MILL_lPLANAR”时,其“工序子类型”显示区域将显示出所有平面铣削工序的子类型。“平面铣削”各加工子类型的定义见表 3－15。

表 3－15　“平面铣削”各加工子类型的定义

中文名称	英文名称	图标	定义
底壁铣	FLOOR_WALL		切削壁和底面。选择底面或壁几何体,要移除的材料由切削区域底面和毛坯厚度确定
带 IPW 的底壁铣	FLOOR_WALL_IPW		使用 IPW 切削壁和底面。选择底面或壁几何体,要移除的材料由所选几何体和 IPW 确定
带边界的面铣	FACE_MILLING		以垂直于平面边界定义的区域内的固定刀轴进行切削。选择面、曲线或点,定义与被切削层的刀轴垂直的平面边界
手工面铣	FACE_MILLING_MANUAL		切削垂直于固定刀轴的平面,同时允许向每个包含手切削模式的切削区域指派不同的切削模式

续表

中文名称	英文名称	图标	定义
平面铣	PLANAR_MILL		移除垂直于固定轴的平面切削层中的材料。定义平行于底面的部件边界,选择毛坯边界和底面来定义底部切削层
平面轮廓铣	PLANAR_PROFILE		使用“轮廓”切削模式来生成单刀路和沿部件边界描绘轮廓的多层平面刀路。定义平行于底面的部件边界,选择底面以定义底部切削层
清理拐角	CLEANUP_CORNERS		使用2D过程工件来移除完成之前工序所遗留的材料。部件和毛坯边界定义于Mill_Bnd父级。2D IPW定义切削区域。选择底面来定义底部切削层
精铣底面	FINISH_WALLS		使用“跟随部件”切削模式来精加工底面,同时留出壁上的余量。定义平行于底面的部件边界,选择底面来定义底部切削层。定义毛坯边界,根据需要编辑部件余量
精铣壁	FINISH_FLOOR		使用“轮廓”切削模式来精加工壁,同时留出底面上的余量。定义平行于底面的部件边界,选择底面来定义底部切削层。根据需要定义毛坯边界,根据需要编辑最终底面余量。
槽铣削	FINISH_FLOOR		使用T型刀切削单个线性槽。指定部件和毛坯几何体。通过选择单个平面来指定槽几何体。切削区域可由过程工件确定
孔铣	HOLE_MILLING		使用平面螺旋或螺旋铣削方式加工盲孔或通孔。选择孔几何体或使用已识别的孔特征。根据过程特征的体积确定待除材料量
螺纹铣	THREAD_MILLING		加工孔内螺纹。螺纹参数和几何体信息可以从几何体、螺纹特征或刀具生成,也可以明确指定。刀具的牙型和螺距必须匹配工序中指定的牙型和螺距。需选择孔几何体或使用已识别的孔特征
平面文本	PLANAR_TEXT		加工平面上文字。将制图文本选作几何体来定义刀路。选择底面来定义要加工的面,编程文本深度来确定切削的深度,文本将投影到沿固定刀轴的加工面上

注:IPW(in process workpiece,过程中工件)。

2. 平面铣(PLANAR_MILL)

平面铣(PLANAR_MILL)主要用于移除垂直于固定轴(即刀轴)的平面切削层中的材料,主要由指定的部件边界来控制切削区域,因此指定部件边界很重要。

1)创建几何体

几何体可以创建于 Mill_Bnd 几何体父组中,也可以创建于每道工序中。如果一个部件边界将要被多个加工使用,建议在 Mill_Bnd 几何体父组中指定。当加工内容不同,部件边界不同时,则应在创建各工序的对话框中指定边界。

(1)在 Mill_Bnd 几何体父节点中指定边界。

单击工具栏中“创建几何体”按钮,系统弹出“创建几何体”对话框;单击“创建几何体”对话框“几何体子类型”区域的“Mill_Bnd”按钮,单击“确定”,系统弹出如图 3.79 所示的“铣削边界”对话框。在“铣削边界”对话框中,指定部件边界、毛坯边界、检查边界和修剪边界。

图 3.79 “铣削边界”对话框

(2)在创建工序中创建几何体。

在“平面铣”对话框中,单击“指定部件边界”右侧按钮,系统弹出“指定部件边界”对话框。单击“指定毛坯边界”右侧按钮,系统弹出“毛坯边界”对话框;单击“指定检查边界”右侧按钮,系统弹出“检查边界”对话框;单击“指定修剪边界”右侧按钮,系统弹出“修剪边界”对话框;在相应的对话框中完成各边界的指定。

“平面铣”对话框中关于“几何体”设置的选项定义如下。

指定毛坯边界:指定毛坯几何体的边界。毛坯边界沿刀轴扫掠到底平面,即为毛坯几何体的体积。切削区域体积则等于毛坯几何体体积减去部件几何体体积,如图 3.80(a)所示。

指定底表面:指定切削区域最低的切削层。如图 3.80(a)所示,加工开放型腔需指定的底表面。

指定检查边界：用于定义刀具不能切入的区域。检查边界沿刀轴扫掠到底平面，以确定检查体积，如图 3.80(b)所示。

指定修剪边界：修剪边界用于定义某些区域是否加工。修剪边界沿刀轴扫掠到底平面，以确定修剪体积，如图 3.80(c)所示。

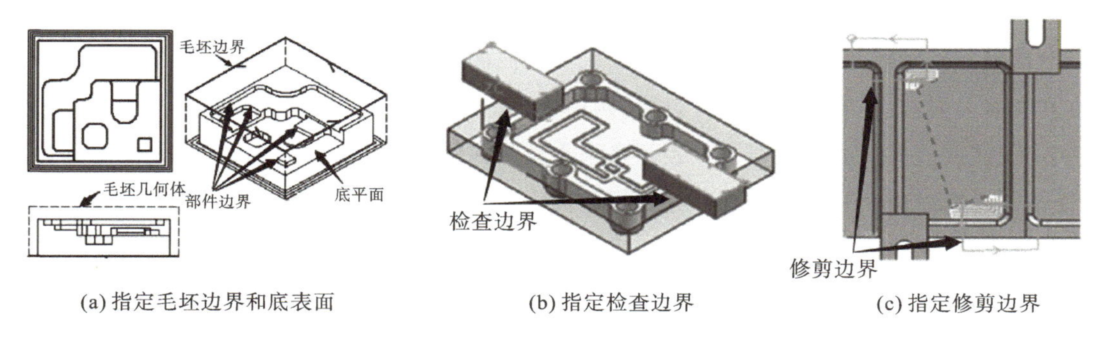

(a) 指定毛坯边界和底表面　　(b) 指定检查边界　　(c) 指定修剪边界

图 3.80　指定边界

指定部件边界：指定部件几何体上需要加工区域的边界。部件边界沿刀轴扫掠到底平面，即为部件体积。对于有岛的边界，需要指定主边界和岛边界，主边界即材料保留侧在外侧，刀具活动范围不能超出主边界。岛边界即材料保留侧在内侧，刀具活动范围不能进入的边界。如图 3.81(a)所示，要加工开放型腔需指定各台阶面的边界为部件边界。

点击指定部件边界按钮，系统弹出“指定部件边界”对话框。“指定部件边界”对话框中各选项的定义如下。

选择方法：指定部件边界的方法有面（）、曲线（）和点（）几种方式。如图 3.81 所示模型的上表面，指定部件边界时分别采用面、曲线和点的选择方法，其选择结果有一定的区别。选定后的部件边界将显示在对话框的“成员”区域列表中。“选择方法”为“曲线”时，对话框出现指定“边界类型”的选项，边界类型有“封闭”和“开放”两个选项，封闭边界与开放边界如图 3.82 所示。

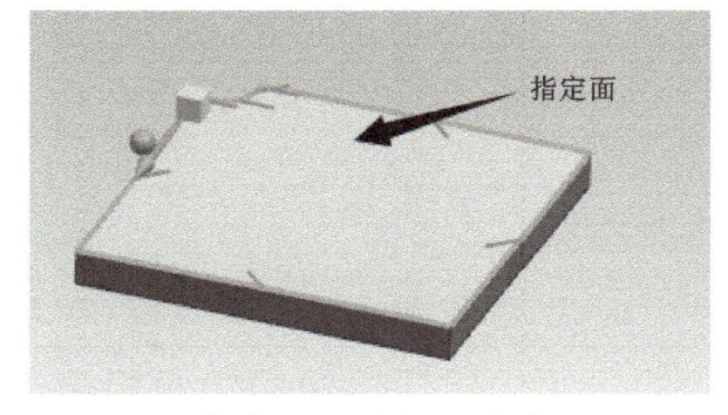

(a) 指定毛坯边界和底表面

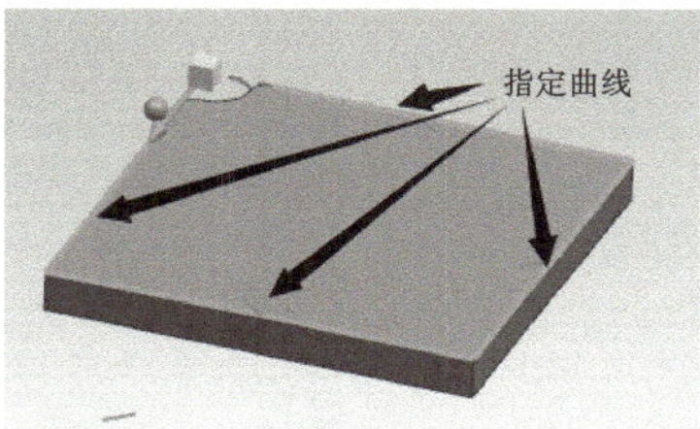

(b) 指定检查边界

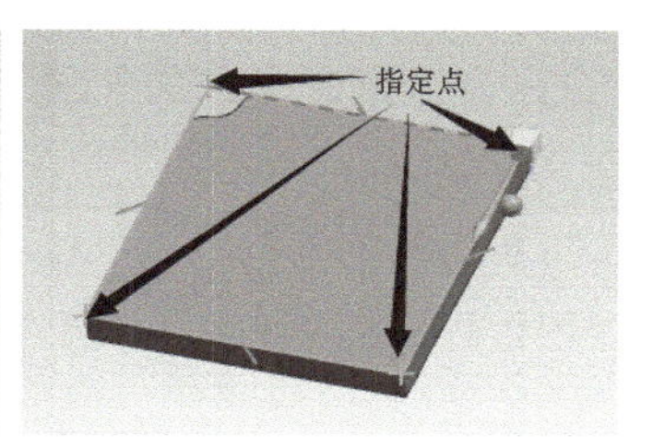

(c) 指定修剪边界

图 3.81　指定部件边界的选择方法

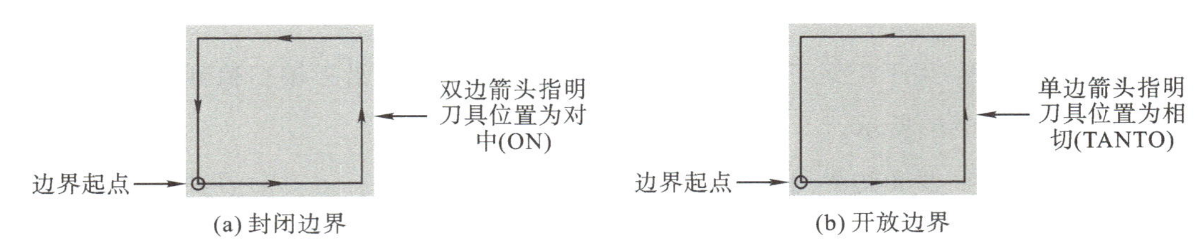

(a) 封闭边界　　(b) 开放边界

图 3.82　边界类型

刀具侧：指定加工区域相对刀具侧的位置，有“内侧”和“外侧”两个选项。如图 2.14 所示模型的上表面切削，刀具侧选择“内侧”，模型四周外表面切削，刀具侧选择“外侧”。

平面：部件边界需要通过指定上表面来定义切削深度，“平面”则是指定上表面的工具。“平面”指定方式有“自动”和“指定”两种方式。若选择“指定”，在此可指定平面，以及平面在所选方向的距离值。

增添新集：单击此按钮，可增添“指定部件边界”，新增的部件边界显示在对话框的“添加新集”区域列表中。

移除：在“添加新集”区域列表中选中任意部件边界，再单击此按钮，可删除已选部件边界。

刀具位置：指定刀具相对于指定边界的位置，有“开放”和“相切”两个选项。“开放”表示刀具中心与边界对齐，“相切”表示刀具与边界相切。

从该成员开始：在“成员”区域列表中选中任意部件边界，再单击此按钮，可修剪或延伸该成员。

2)切削模式

切削模式是控制加工切削区域的走刀方式。平面铣的切削模式有跟随部件、跟随周边、轮廓、标准驱动、单向和往复等方式，如图 3.83 所示。

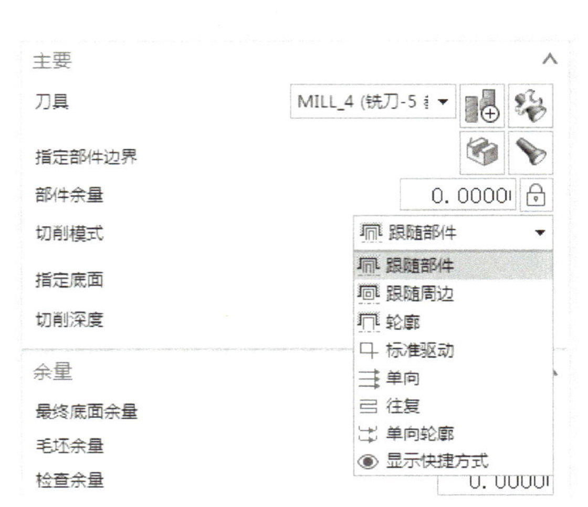

图 3.83　平面铣的切削模式

各切削模式的定义如下。

跟随部件：根据整个零件几何体形状和偏置生成刀轨。刀轨可向内或向外，生成的刀路轨迹如图 3.84(a)所示。由于它可以根据部件外轮廓、岛与型腔的边界生成刀轨，所以无须进行"岛清理"处理。当模型只有一条外轮廓边界时，"跟随部件"和"跟随周边"两种方式都可以，但优选"跟随部件"。

往复：往复创建一系列平行的线性刀路，彼此切削方向相反，但步进方向一致，生成的刀路轨迹如图 3.84(b)所示。

单向：创建一系列沿一个方向切削的线性平行刀路，生成的刀路轨迹如图 3.84(c)所示。

单向轮廓：创建的单向切削模式将跟随两个连续单向刀路间的切削区域的轮廓，生成的刀路轨迹如图 3.84(d)所示。

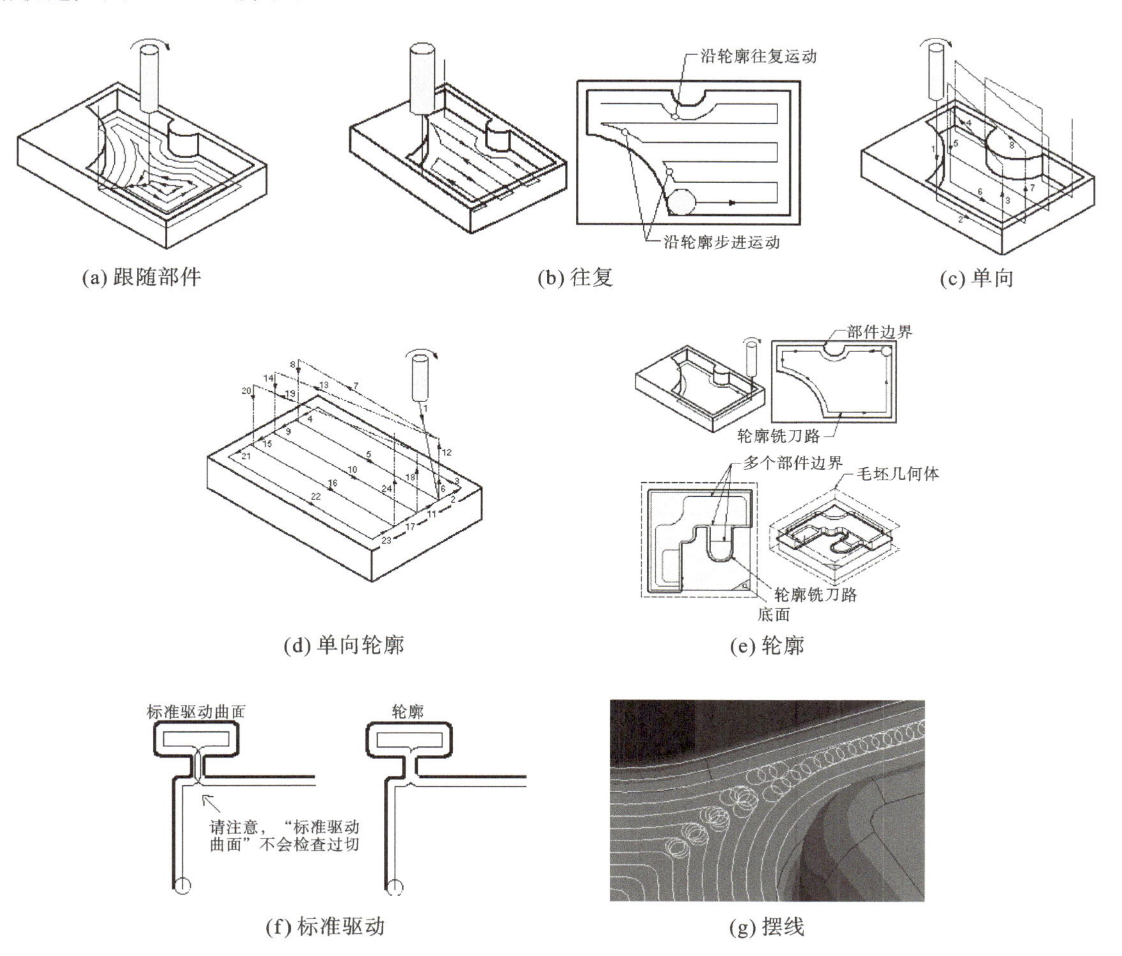

(a) 跟随部件　(b) 往复　(c) 单向

(d) 单向轮廓　(e) 轮廓

(f) 标准驱动　(g) 摆线

图 3.84　切削模式

跟随周边:沿零件几何体和毛坯几何体的最大边界偏置生成刀轨。刀轨可向内或向外,生成的刀路轨迹如图 3.84(d)所示。如果没有选择岛清根,跟随周边将可能在岛的周围留下多余的材料。

轮廓:沿着零件边界创建一条或指定数量的切削刀轨,生成的刀路轨迹如图 3.84(e)所示。

标准驱动:标准驱动(仅限平面铣)是一种轮廓切削方法,它允许刀具准确地沿指定边界运动,从而不需要再应用"轮廓铣"中使用的自动边界修剪功能,生成的刀路轨迹如图 3.84(f)所示。

摆线:摆线切削方式可以避免大吃刀量导致断刀的现象,生成的刀路轨迹如图 3.84(g)所示。

3)切削层

切削层用于控制切削层的深度、位置等参数。"切削层"对话框如图 3.85 所示,单击"类型"区域的下拉列表,显示平面铣切削深度的类型,有恒定、用户定义、仅底面、底面及临界深度、临界深度等方式。

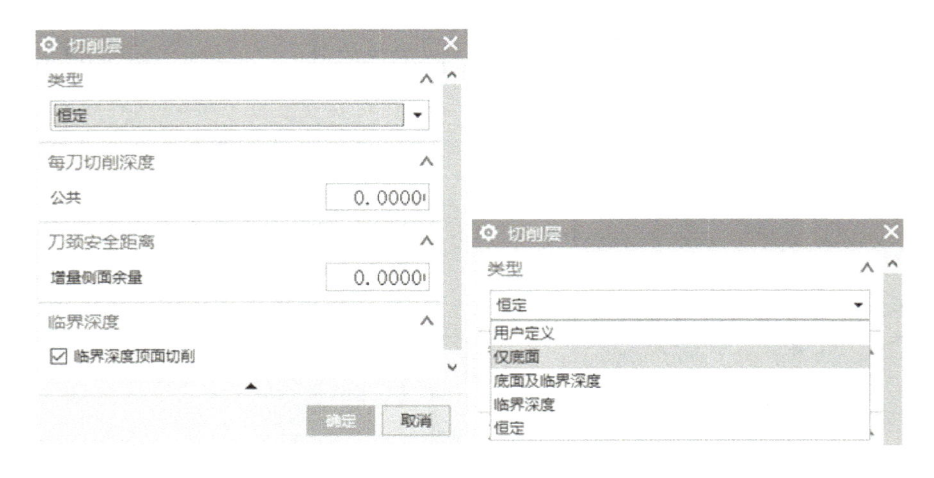

图 3.85 "切削层"对话框

各选项定义如下。

恒定:可在某一恒定深度生成多个切削层。切削深度值在"平面铣"对话框的"刀轨设置"区域的"公共"文本框中输入。

用户定义:通过输入数值来指定切削深度。数值的意义有离顶面的距离和离底面的距离两种。

①离顶面的距离:设定第一切削层距顶面的距离。

②离底面的距离:设定最后切削层距底面的距离。

仅底面:在底平面上生成单个切削层,如图 3.86(a)所示。

底面及临界深度：在底平面上生成单个切削层，接着在每个岛顶部生成一条清理刀轨。清理刀路仅限于每个岛的顶面，且不会切削岛边界的外侧，如图 3.86(b)所示。

临界深度：在每个岛的顶部生成一个平面切削层，接着在底平面生成单个切削层，如图 3.86(c)所示。

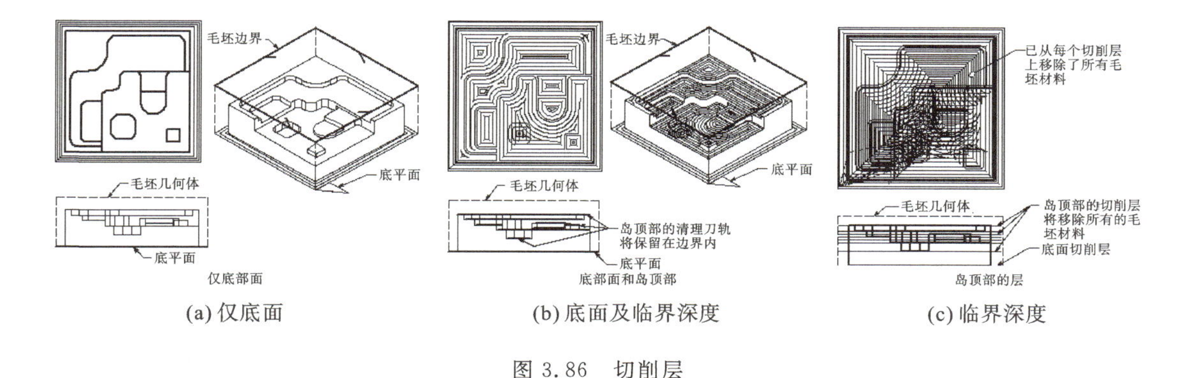

(a) 仅底面　(b) 底面及临界深度　(c) 临界深度

图 3.86 切削层

每刀切削深度：指定每刀切削深度，该值将影响自动生成或单个模式中所有切削范围的每刀最大深度。系统将计算出不超过指定值的相等深度的各切削层。

4）步距

步距是指切削刀路之间的距离。平面铣的“步距”类型有恒定、残余高度、%刀具直径和多重变量等方式，各个方式的定义如下。

恒定：允许在连续的切削刀路间指定固定距离。如果刀路之间的指定距离没有均匀分割区域，系统会减小刀路之间的距离，以便保持恒定步距。如图 3.87(a)所示，用户指定的步距是0.75 mm，但系统将其减小为 0.583 mm，以在宽度为 3.5 mm 的切削区域中保持恒定步距。

残余高度：允许通过指定残余高度（两个刀路间剩余材料的高度），在连续切削刀路间确定固定距离，如图 3.87(b)所示。

%刀具直径：允许通过指定刀具直径的百分比，在连续切削刀路间确定固定距离。如果刀路间距没有均匀分割区域，系统会减小刀路之间的距离，以便保持恒定步距，如图 3.87(c)所示。

多重变量：允许设置一个变化的步距，切削模式不同，多重变量的定义不同。不同切削模式下的多重变量定义如下：

①对于“往复”“单向”和“单向轮廓”等切削模式，多重变量允许建立一个范围值，系统将使用该值来确定步距大小，如图 3.87(d)所示。

②对于“跟随周边”“跟随部件”“轮廓”和“标准驱动”等切削模式，多重变量允许在切削深度方向上指定多个不同的步距大小，以及每个步距大小所对应的刀路数。对话框的第一部分始终对应于距离边界最近的刀路，如图 3.87(e)所示。

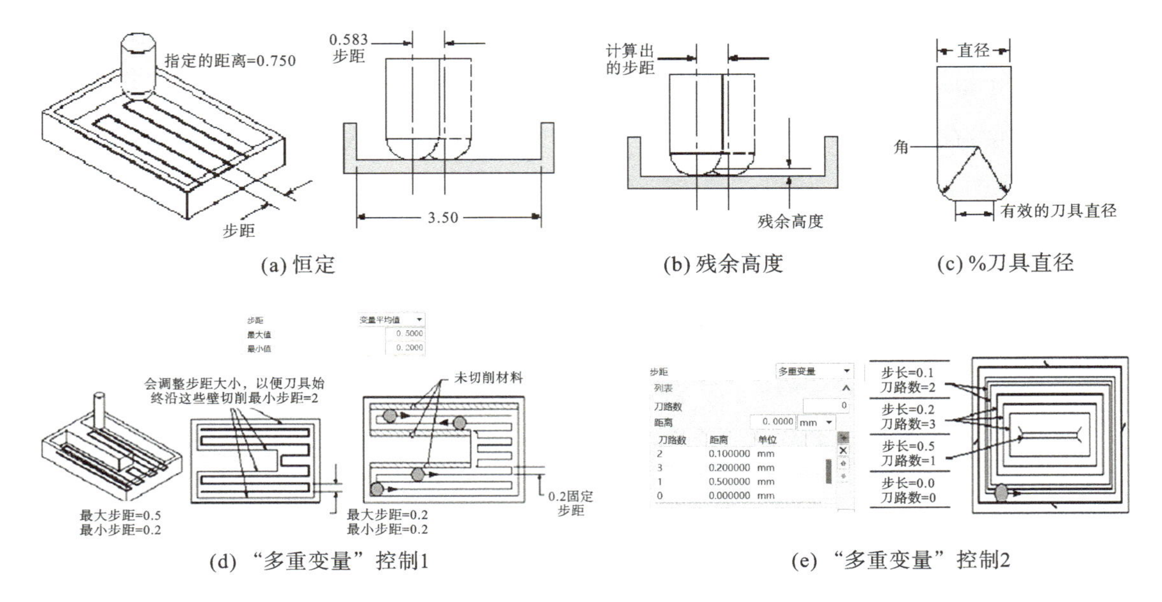

(a) 恒定　(b) 残余高度　(c) %刀具直径

(d) “多重变量”控制1　(e) “多重变量”控制2

图 3.87　步距

5)切削参数

切削参数用于设置与部件材料切削相关的选项,包括切削顺序、策略、余量、连接、拐角和空间范围等选项卡。“切削参数”对话框中各选项卡中相关选项定义如下。

(1)“策略”选项卡。

①切削方向:用于指定刀具的移动方向,定义方式有以下几种。

顺铣和逆铣:根据边界方向和主轴旋转方向来确定切削方向,以满足所需的设置。

跟随边界:按照所选边界成员的方向切削。

边界反向:按照所选边界成员反方向切削。

②切削顺序:处理含有多个区域和多个层的刀轨方法,处理方式有以下几种。

层优先:切削多个区域时,保证各区域的同一深度层同时切削完成后,再移至下一个切削层切削。层优先主要用于加工薄壁腔体,如图 3.88 所示。

深度优先:在移至下一个腔体之前将每个腔体切削至最大深度。

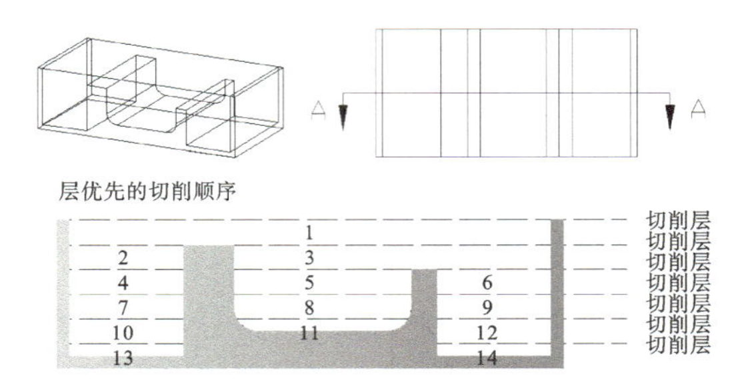

图 3.88　层优先切削顺序

③切削角：用于控制刀轨的方位，此控制仅用于单向、往复和单向轮廓切削模式。控制方式有以下几种。

自动：系统自动生成刀轨方位。

指定：允许指定刀轨方向与+X轴的夹角，如图3.89(a)所示。

最长的边：刀轨方位与最长边界平行，如图3.89(b)所示。

矢量：刀轨方向与指定矢量平行，如图3.89(c)所示。

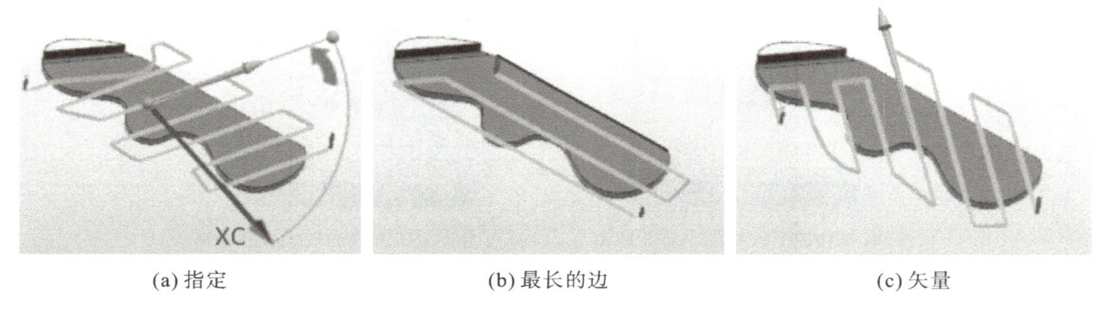

(a) 指定　(b) 最长的边　(c) 矢量

图3.89　切削角

④刀路方向：用于控制沿刀路的执行顺序，有"向内"和"向外"两种。此控制仅用于跟随周边切削模式。

向内：刀路由外向内产生，如图3.90(a)所示。

向外：刀路由内向外产生，如图3.90(b)所示。

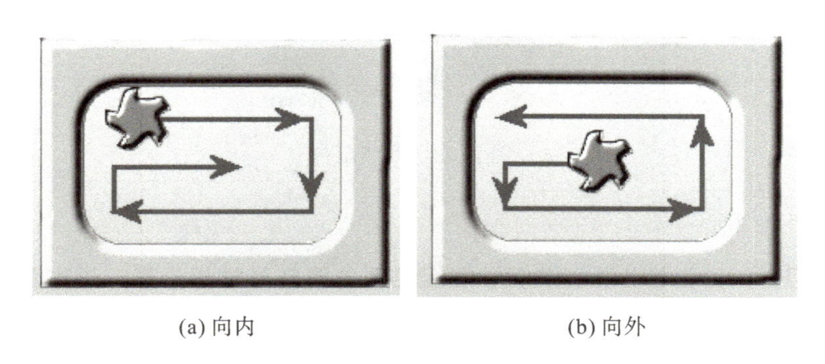

(a) 向内　(b) 向外

图3.90　刀路方向

⑤壁：指定壁或岛周围材料的处理方式。有"岛清根"和"只切削壁"两个方法。

岛清根：在岛的周围增加切削刀路，确保在岛的周围不出现多余的材料，用于跟随周边和单向轮廓等切削模式。

只切削壁：确保在壁的周围不出现多余的材料。

⑥精加工刀路：控制在切削刀路完成后进行的精切削刀路。勾选"添加精加工刀路"复选框

后，可在“刀路数”和“精加工步距”文本框中输入精加工刀路的相应值。精加工刀路仅用于跟随部件、跟随周边、摆线、单向、往复、单向轮廓等切削模式。

⑦合并距离：允许以单个刀轨加工两个或多个面，以减少进刀和退刀数。设置不同的合并距离值，其刀路的区别如图 3.91 所示。

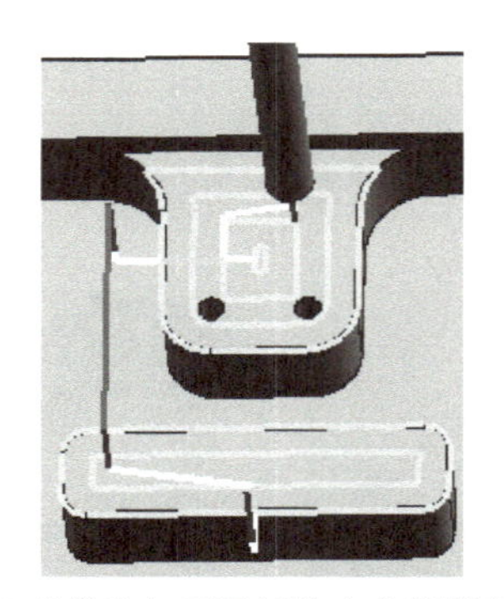

(a) 有单独加工区域的小合并距离

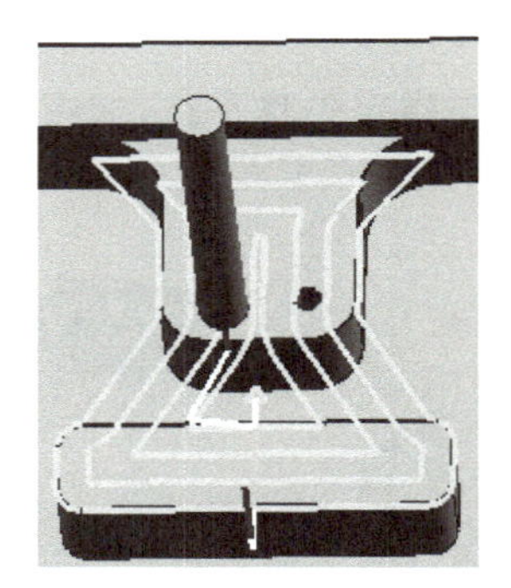

(b) 有组合加工区域的较大合并距离

图 3.91　合并距离

⑧毛坯距离：允许通过设置刀具与部件边界或部件几何体的偏置距离来生成毛坯几何体，以扩大刀路范围，如图 3.92 所示。

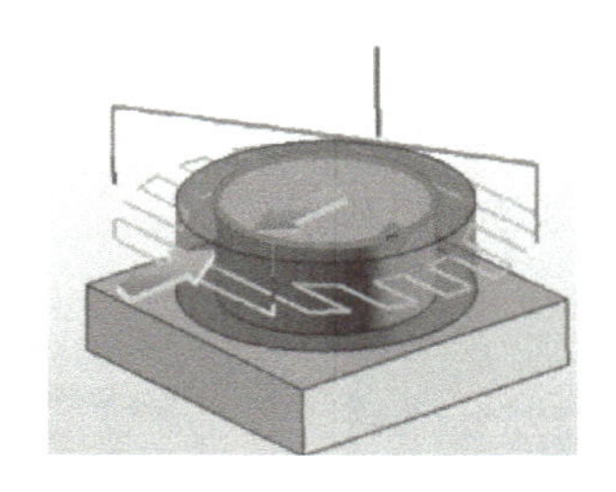

图 3.92　毛坯距离

(2)“余量”选项卡。

余量选项卡用于指定完成当前操作后部件上剩余的材料量和公差。指定余量的方式有“部件余量”“最终底面余量”“毛坯余量”“检查余量”“修剪余量”等。

部件余量：用于指定整体切削区域保留的余量。

最终底面余量：用于指定加工底面保留的余量。

(3)“拐角”选项卡。

拐角选项卡用于设置加工拐角处的处理方式。

①凸角：凸角控制方式有“绕对象滚动”“延伸并修剪”和“延伸”，各种方式的刀路如图 3.93 所示。

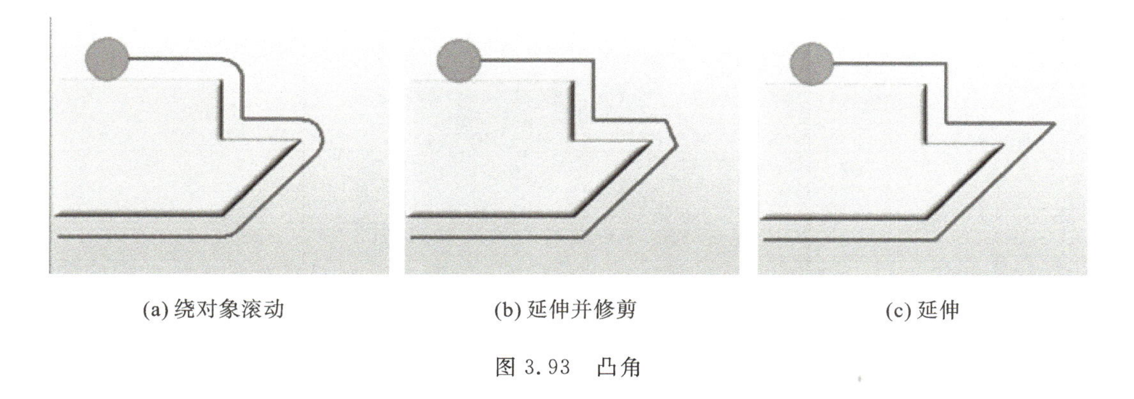

(a) 绕对象滚动　　(b) 延伸并修剪　　(c) 延伸

图 3.93　凸角

②光顺:控制所有刀路,包括刀轨拐角和步进的方式,有无光顺处理的刀路如图 3.94 所示。

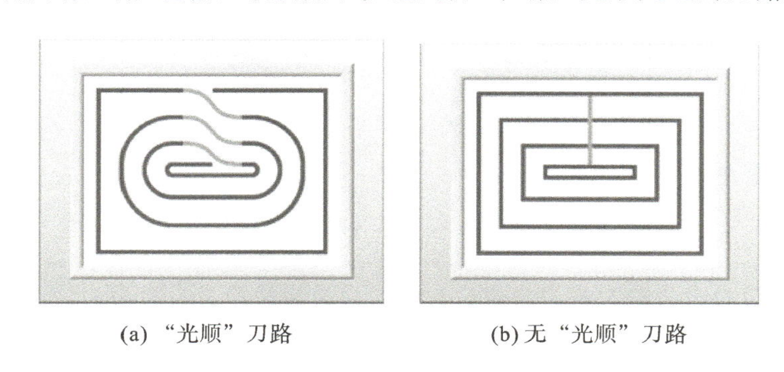

(a) “光顺”刀路　　(b) 无“光顺”刀路

图 3.94　光顺

(4)“连接”选项卡。

①区域排序:用于指定多个加工区域的顺序,软件提供“标准”“优化”“跟随起点”和“跟随预钻点”四种方式,各种方式的刀路如图 3.95 所示。

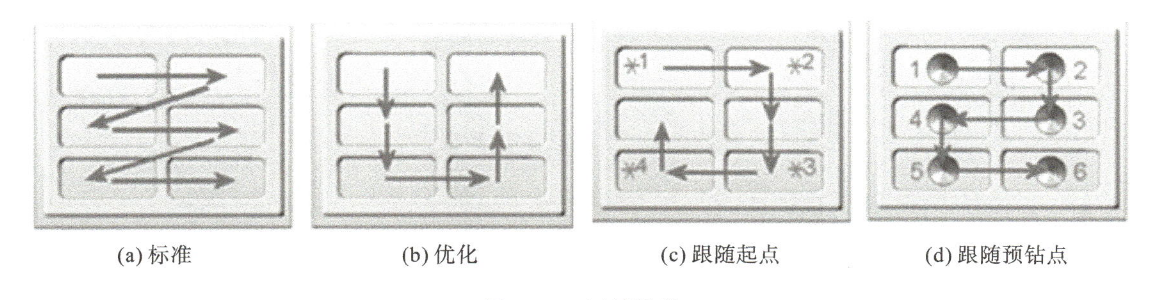

(a) 标准　　(b) 优化　　(c) 跟随起点　　(d) 跟随预钻点

图 3.95　区域排序

②跟随检查几何体:允许确定刀具在遇到“检查”几何体时的运动方式。打开此选项后,刀具将沿“检查”几何体进行切削,如图 3.96 所示。关闭此选项后,将使用指定的避让参数。

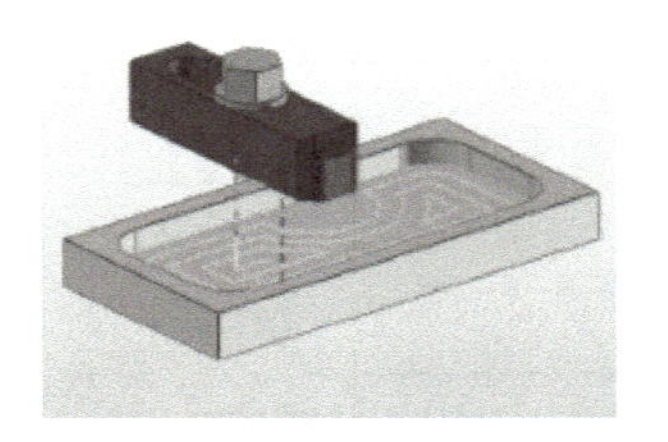

图 3.96　跟随检查几何体

③开放刀路：对开放处刀路的运动控制，有“保持切削方向”和“变换切削方向”两种方式，各方式的刀路如图 3.97 所示。此控制用于跟随部件和轮廓切削模式。

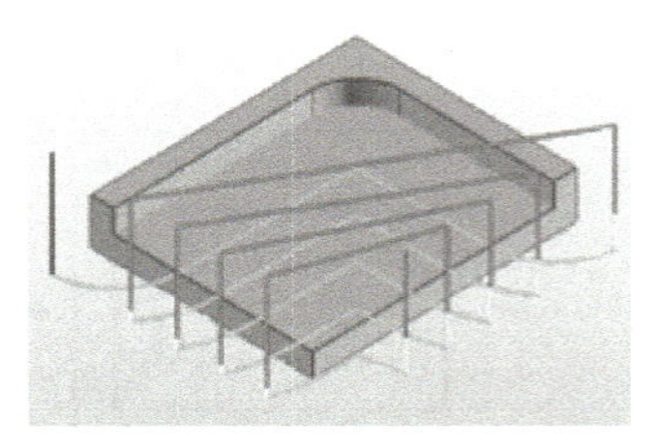

(a) 保持切削方向

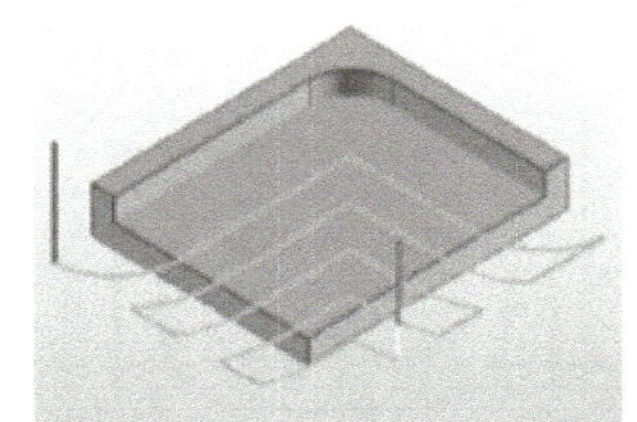

(b) 变换切削方向

图 3.97　开放刀路

④跨空区域运动类型：对跨空区域的运动控制，有“跟随”“切削”和“移刀”等方式，各方式的刀路如图 3.98 所示。此控制用于单向、往复和单向轮廓切削模式。

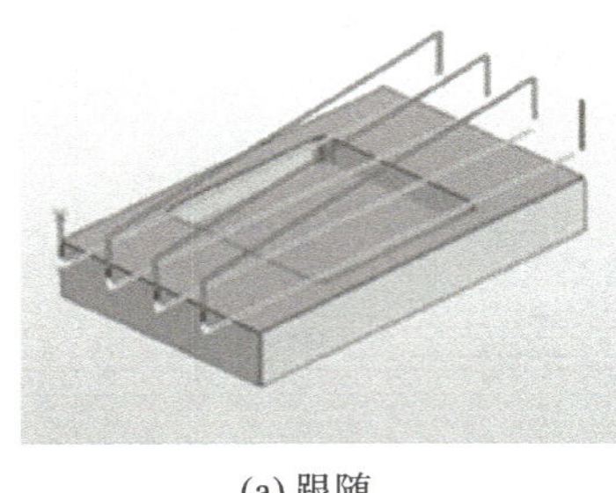

(a) 跟随

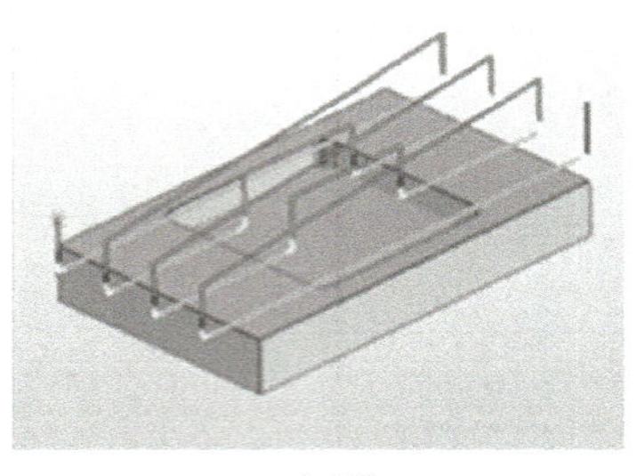

(b) 切削

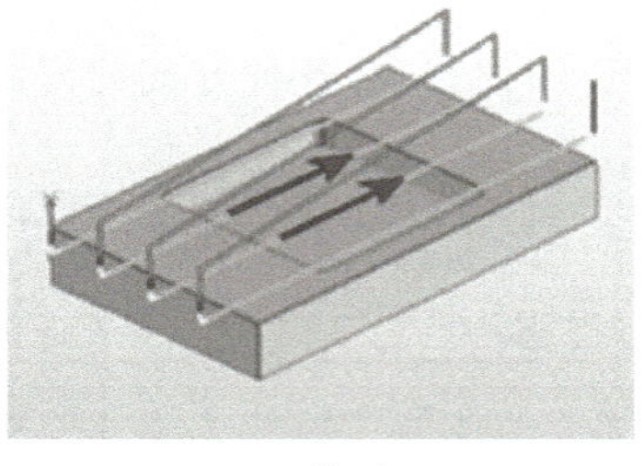

(c) 移刀

图 3.98　跨空区域运动类型

(5)“空间范围”选项卡。

“过程中工件”下拉列表中提供“使用 2D IPW”和“使用参考刀”两种方式。

使用 2D IPW：2D IPW 就是用 2D 表达的过程中的毛坯。对于需要多次开粗的毛坯，在第一次开粗后仍有较多余量，如果第二次开粗选用与第一次开粗相同的毛坯，会生成很多不必要的刀路，造成时间和成本的浪费。因此在第二次开粗、第三次开粗时，选择“使用 2D IPW”选项，即使用上一次开粗后的模型为后面开粗的毛坯，这样可以提高开粗效率。

使用参考刀：允许指定一个参考刀具来定义要加工区域的宽度。选择“使用参考刀具”后，出现如下选项：

①参考刀具：选择一把直径大于当前刀具直径的刀具作为参考刀具，以确定加工范围。

②重叠距离：沿着相切曲面延伸，由“参考刀具直径”定义的区域宽度，如图 3.99 所示。

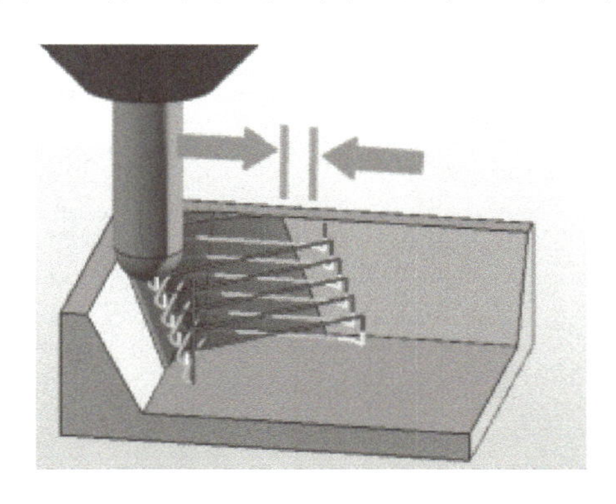

图 3.99　重叠距离

3. 底壁铣（FLOOR_WALL）

底壁铣(FLOOR_WALL)是用于生成侧壁和底面加工的一种平面铣方法。加工区域为侧壁与底面所包含的材料，一般用于零件的粗加工。

在“创建工序”对话框的“类型”下拉列表中选择“mill_planar”，在“工序子类型”区域单击按钮 ，系统弹出如图 3.100 所示的“底壁铣”对话框。

图 3.100 “底壁铣”对话框

1)指定切削区域底面

指定切削区域底面是指定用于定义切削区域的底面。在“底壁铣”对话框中,单击按钮 ,系统弹出如图 3.101 所示“切削区域”对话框。指定切削区域底面的选择方法有面、边两种。

2)指定壁几何体

通过指定环绕切削区域的壁几何体来定义加工区域,可以定义一个壁集或多个壁集。定义多个壁集时,每个集在其最底层均有自己的隐形底面。在“底壁铣”对话框中,单击“指定壁几何体”按钮 ,系统弹出如图 3.102 所示“壁几何体”对话框。

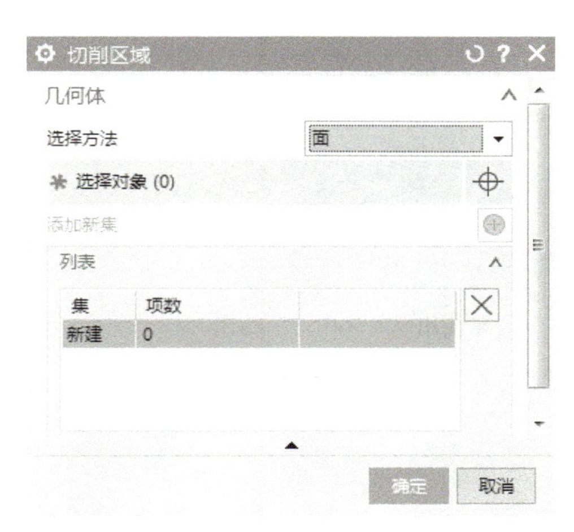

图 3.101　“切削区域”对话框

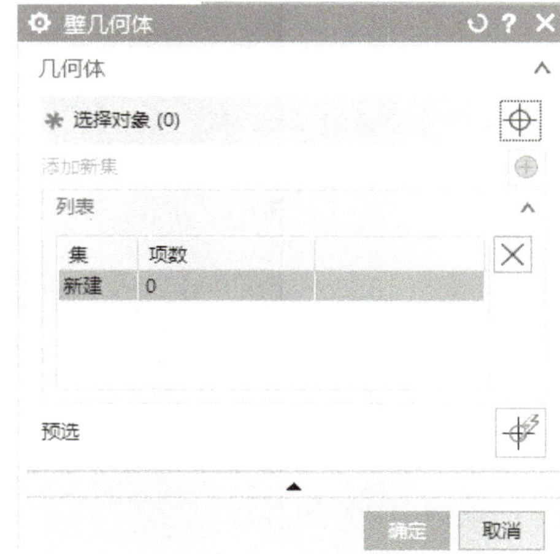

图 3.102　“壁几何体”对话框

3)设置刀轨

底壁铣对于切削层的设置有每刀切削深度、底面毛坯厚度和最终底面余量。

每刀切削深度:指定切削层的最大深度。实际深度将尽可能接近每刀切削深度值,并且不会超过它。

底面毛坯厚度:指定要切削区域的总余量。

最终底面余量:指定底面保留的余量。最终底面余量在参数对话框的余量选项卡中设置。

每个选定面的切削层数的计算方法如下:

切削层数=(底面毛坯厚度－最终底面余量)/ 每刀切削深度

底面毛坯厚度和最终底面余量是以选定面所在平面为基准,沿垂直于面所在平面的刀轴进行测量,如果指定的每刀切削深度未均匀分割要移除的材料,切削数则被舍入。随后重新计算切削深度以均匀地递增移除余量。

Z-深度偏移:当部件底部没有平面可选时,允许通过 *Z* 深度偏置来指定。

4. 切削参数

1)“策略”选项卡

底切:指定当壁上有凸台遮挡底面时,是否允许产生底切。使用“允许底切”功能的刀轨如图 3.103(a)所示,未使用“允许底切”功能的刀轨如图 3.103(b)所示。

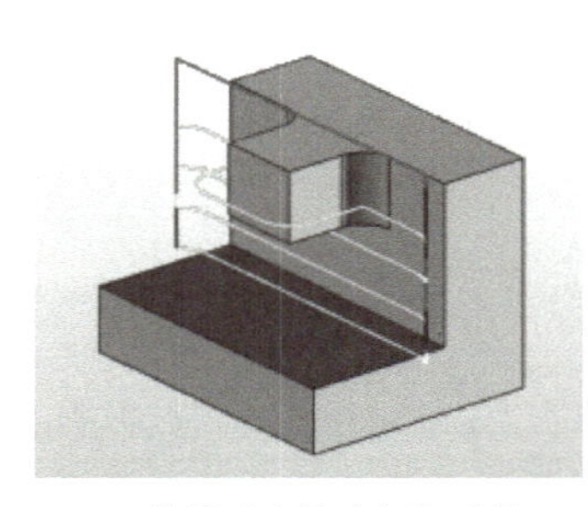

(a) 使用“允许底切”功能

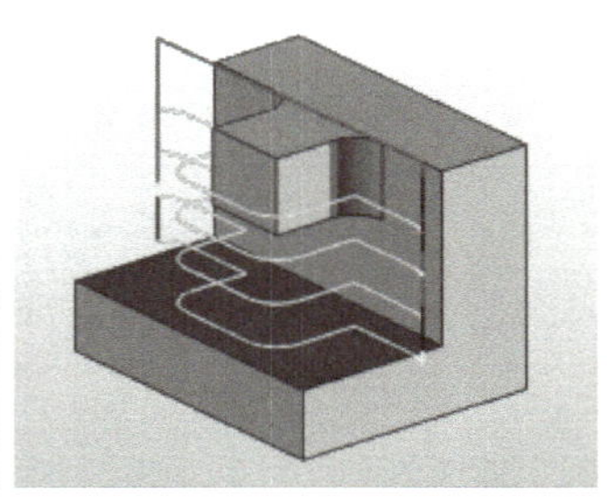

(b) 未使用“允许底切”功能

图 3.103 底切

2)“空间范围”选项卡

(1)毛坯:创建底壁铣和带 IPW 的底壁铣加工子类型时,毛坯定义有“厚度”“毛坯几何体”和“3D IPW”三个选项。

厚度:如果部件中未定义毛坯几何体,则可通过厚度选项指定一个适用于底面和壁的毛坯厚度值。

毛坯几何体:使用工件几何体组中定义的毛坯几何体。

3D IPW:使用同一几何体组中由先前工序产生的毛坯几何体为毛坯,如图 3.104 所示。

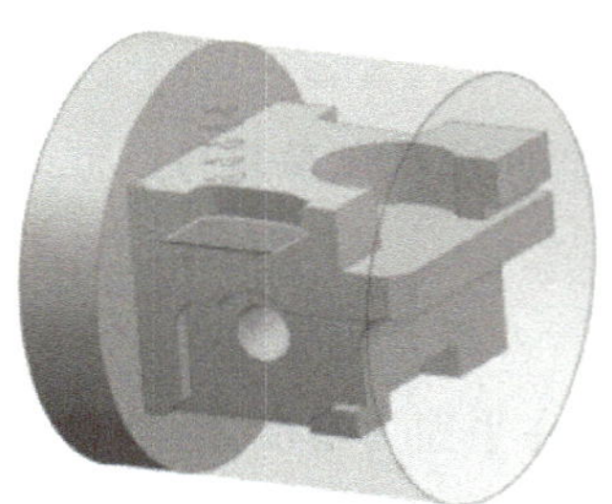

毛坯=毛坯几何体

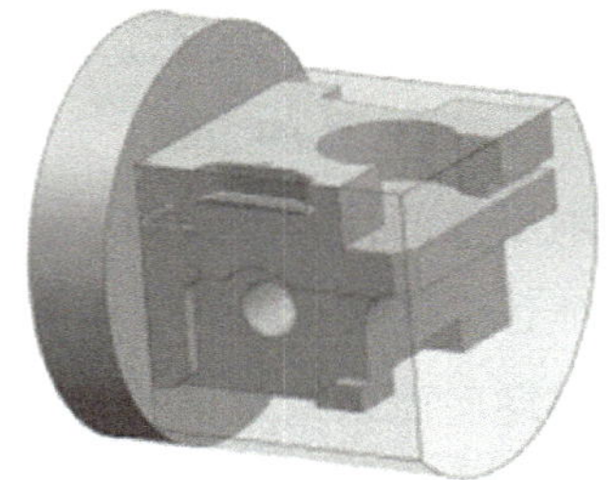

毛坯=3D IPW

图 3.104 空间范围中毛坯的定义

底面毛坯厚度:设置将被移除的可加工区域底面上方毛坯材料的厚度,仅用于底面壁工序中。如果未将工序设置为使用毛坯几何体或 3D IPW,则使用该值。

壁毛坯厚度:设置将被移除的可加工区域壁表面待加工侧毛坯材料的厚度。仅用于底面壁工序中。如果未将工序设置为使用毛坯几何体或 3D IPW,则使用该值。

(2)切削区域:指定切削区域的范围,有“将底面延伸至”“合并距离”“简化形状”和“延伸壁”等方式。

将底面延伸至:指定将底面切削区域刀路延伸到部件轮廓还是毛坯轮廓。

延伸壁:指定刀路是否使用延伸壁功能。未使用延伸壁功能,刀路如图 3.105(a)所示。使用延伸壁功能,刀路一直沿指定壁的方向产生,如图 3.105(b)所示。

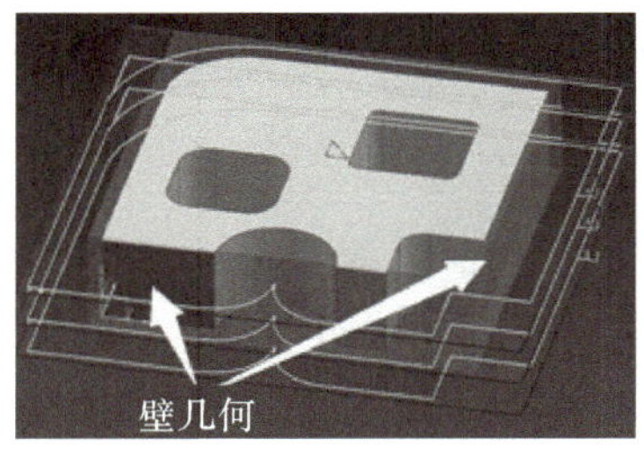

(a) 未使用延伸壁功能

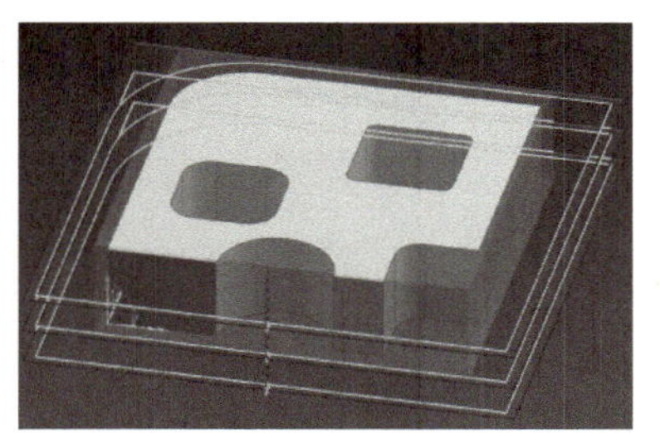

(b) 使用延伸壁功能

图 3.105 延伸壁

精确定位:使用精确定位功能,将以工件的侧壁作为驱动面。由于刀具有圆角半径,不能精确定位到圆角处,将留下等距离的残料,如图 3.106(a)所示。使用精确定位功能,残料会得到很好的解决,如图 3.106(b)所示。

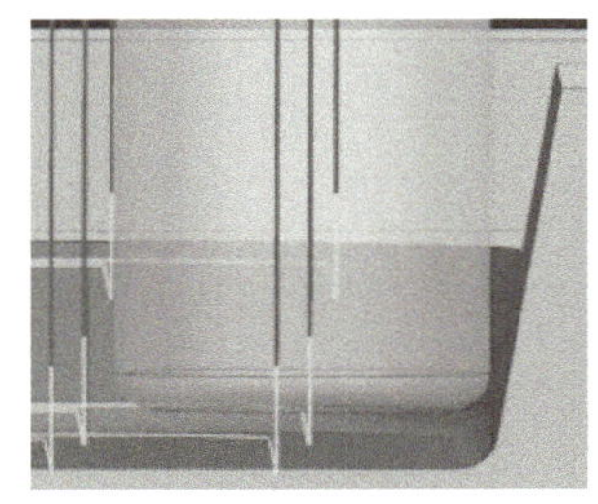

(a) 未使用精确定位功能

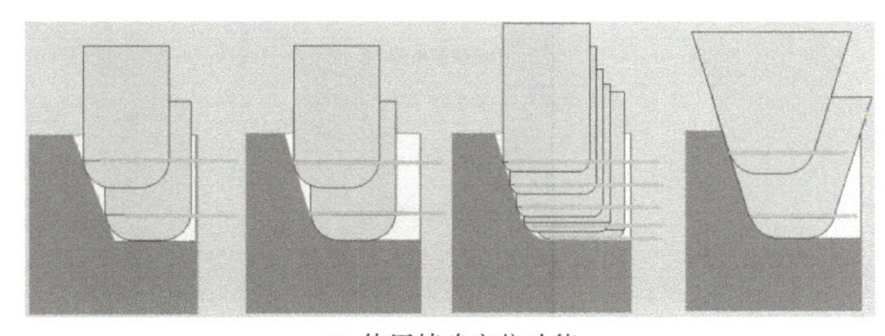

(b) 使用精确定位功能

图 3.106 精确定位

5. 平面文本(Planar Text)

要在零件表面上刻字,则需要生成文字的刀路。刻字通常有两种,一是在平面上刻字,即平面文本(Planar Text),二是在曲面上刻字,即曲面刻字(Contur Text)。平面上的文字有四种生成方法,分别是:通过文本命令创建的文字、注释编辑器创建的文字,用 CAD 软件导入的文字和实体文字。平面上刻字的方法有两种,一是采用前面所学的型腔铣(PLANAR_MILL)完成,二是采用平面文本加工方法完成。使用平面文本刻字的操作方法如下。

在"创建工序"对话框的"类型"下拉列表中选择"mill_planar",在"工序子类型"区域单击按钮 ,系统弹出图 3.107 所示的"平面文本"对话框。

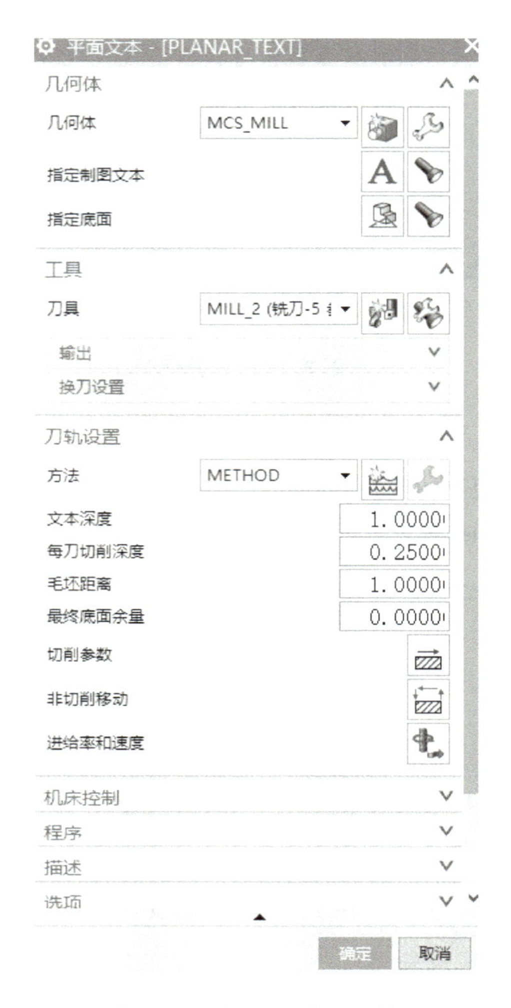

图 3.107 “平面文本”对话框

“平面文本”对话框中各按钮的定义说明如下。

指定制图文本：指定注释编辑器定义或文本命令创建的文字。

指定底面：制图文本沿刀轴投影到定义刀轨的底平面。

文本深度：指定雕刻文本的总深度。

每刀切削深度：指定多重深度操作的切削深度。

毛坯距离：指定离部件几何体多远生成毛坯几何体。

最终底面余量：指定完成刀轨后底面遗留的未切削材料量。

拓展练习

创建 model_2_2. prt 文件，选用平面铣加工方法完成如图 3.108 所示模型的编程，并生成加工刀路。刀具大小自定义，要求刀路整洁均匀，无跳刀。

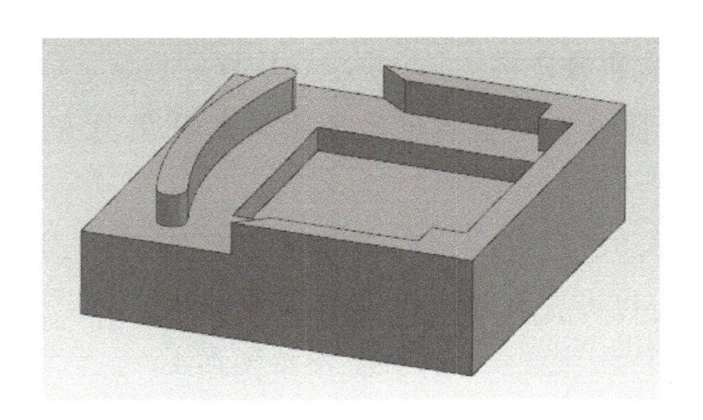

图 3.108　model_2_2. prt 模型

知识巩固

【单选】(1)平面铣多用于加工零件的基准面、内腔的底面、内腔的侧壁等，其特点为：刀轴垂直的底面是平面，且各侧壁与底面______。(　　)

A. 平行　　B. 垂直　　C. 可以是任意方向　　D. 重合

【单选】(2)平面铣中选择了“跟随周边”切削模式时，如果没有选择______，将可能在岛的周围留下多余的材料。(　　)

A. 岛清根　　B. 壁清理　　C. 岛清根和壁清理　　D. 以上都不对

【单选】(3)平面铣中“部件边界”对话框中“刀具侧”的“内侧”选项的定义是______。(　　)

A. 加工边界以内的区域　　B. 加工边界以外的区域

C. 加工边界以内，岛之外的区域　　D. 加工边界以外，岛之内的区域

【单选】(4)平面铣中“部件边界”对话框中“刀具位置”选项卡中“对中”的定义是______。(　　)

A. 刀具中心与边界线对齐　　B. 刀具中心与边界线相切

【单选】(5) 零件的余量在______功能里设定。(　　)

A. 切削层　　B. 切削参数　　C. 非切削移动　　D. 坐标系

【单选】(6) 平面铣中可以通过设定______,使得切削层的范围随着深度的增加而逐渐减少,这样可以有效地减轻刀具的切削压力。(　　)

A. 合并距离　　B. 参考刀具　　C. 毛坯余量　　D. 增量侧面余量

【单选】(7)平面铣中选择______切削模式后,可以通过设定______来实现对轮廓线进行多条刀路的加工。(　　)

A. 跟随周边　精加工刀路　　B. 跟随周边　附加刀路

C. 轮廓加工　附加刀路　　D. 轮廓加工　精加工刀路

【单选】(8)采用平面铣进行开粗后,如果个别角落留有较多的余料,可以通过设置______来避免刀具走空刀的现象。(　　)

A. 参考刀具　　B. 重叠距离　　C. 2D IPW　　D. 合并距离

【单选】(9)底壁铣和带 IPW 的底壁铣的毛坯定义有厚度、毛坯几何体和________ 三个选项。(　　)

A. 2D IPW　　B. 3D IPW　　C. 部件几何体　　D. 壁几何体

【单选】(10)平面铣中可以设置参考刀具,这个功能是在______。(　　)

A. 策略选项卡　　B. 余量选项卡

C. 连接选项卡　　D. 空间范围选项卡

【单选】(11)平面铣中设置切削区域的起点在______选项卡中设置。(　　)

A. 进刀　　B. 退刀　　C. 转移/快速　　D. 起点/钻点

【单选】(12)“策略”选项卡中“切削角”控制功能,仅用于单向、往复、______切削模式中。(　　)

A. 跟随周边　　B. 跟随部件　　C. 单向轮廓　　D. 标准驱动

任务3　型腔轮廓铣编程与加工

任务描述

创建 model_3_1.prt 文件,选用合理的加工方法完成如图 3.109 所示模型外形的数控编程,并生成加工刀路。选择包容体毛坯,$+Z$ 余量为 1.0 mm,其余方向余量为 0 mm。

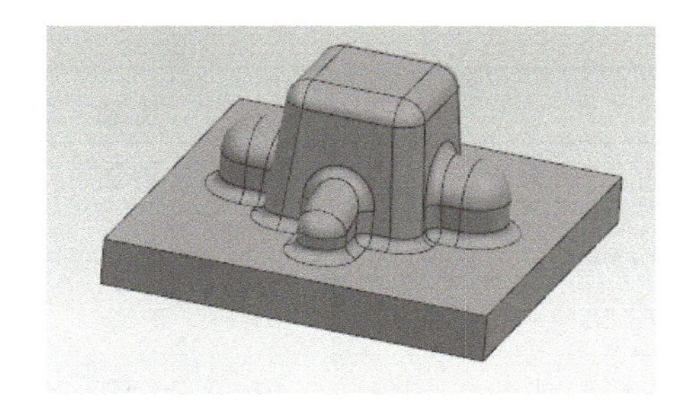

图 3.109　model_3_1.prt 模型

职业能力目标

(1)能描述型腔铣、插铣、深度轮廓铣等加工的原理及特征。

(2)能根据加工对象,合理选择型腔铣、插铣、深度轮廓铣等加工类型。

(3)能制定合理的加工方法完成零件的编程,生成合理的刀路,完成仿真加工。

(4)能自主学习、善于思考、细致工作、精益求精。

任务分析

视频

model_3_1.prt模型的自动编程

视频

model_3_1.prt模型的仿真加工

1. 模型的数控工艺分析

根据图 3.109 所示模型 model_3_1.prt 的结构特点,确定模型的数控加工工序(见表 3-16)。

表 3-16　数控加工工序卡

零件名称	model_3_1.prt 模型	数控加工工序卡		工序号	20	工序名称	铣外形	共 1 张
				设备型号	M-V413	材料牌号	6061 铝	第 1 张
序号	工序内容	刀具号	刀具长度补偿号	刀具半径补偿号	主轴转速/(r/min)	切削速度/(mm/min)	进给深度/mm	加工方法
1	粗铣形体和底板上表面	∅20 立铣刀	01	01	2 800	800	2	型腔铣
2	精铣底上表面和顶面	∅16 立铣刀	02	02	4 200	800	1	底壁铣
3	二次粗铣	∅16 立铣刀	02	02	4 000	850	1	剩余铣
4	半精铣底板以上的形体	∅10 立铣刀	03	03	5 000	1 000	0.2	深度轮廓铣

续表

序号	工序内容	刀具号	刀具长度补偿号	刀具半径补偿号	主轴转速/(r/min)	切削速度/(mm/min)	进给深度/mm	加工方法
5	精铣底板上表面	∅20 立铣刀	01	01	3 500	1 000	0.2	底壁铣
6	精铣形体	∅10 球刀	04	04	3 500	1 000	0.2	深度轮廓铣
7	精铣四周曲面凸台	∅06 球刀	05	05	3 000	800	0.2	区域轮廓铣
编制		日期		审核		日期		

2. 编程及生成刀路

本任务主要介绍模型 model_3_1.prt 数控加工工序 1—6 的操作方法，工序 7（精铣四周曲面凸台）采用区域轮廓铣方法，在任务 4 中详细介绍。

1）进入加工环境，创建 NX 项目，创建几何体

进入加工环境，创建 NX 项目，创建机床坐标系，创建部件几何体，创建毛坯几何体。“毛坯几何体”选择“包容体”，XM－、XM＋、YM－、YM＋、ZM－文本框中输入值“0.0”，“ZM＋”文本框中输入值“1.0”。创建机床坐标系如图 3.110 所示。

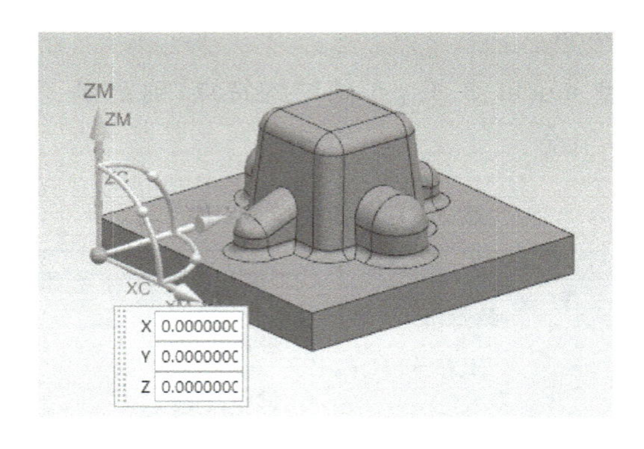

图 3.110 创建机床坐标系

2）创建刀具

在“创建刀具”对话框“类型”下拉列表中选择“mill_contour”；在“刀具子类型”区域单击立铣刀“MILL”按钮，分别创建∅20 mm、刀具名 T01D20 的立铣刀，∅16 mm、刀具名 T02D16 的立铣刀和∅10 mm、刀具名 T03D10 的立铣刀。在“刀具子类型”区域单击球刀“CHAMFER_MILL”按钮，创建∅10 mm、刀具名 T04D10 的球刀。

3）创建粗铣形体和底板上表面工序——型腔铣（CAVITY_MILL）

型腔铣（CAVITY_MILL）是轮廓铣（MILL_CONTOURE）加工大类的一种加工子类型。

型腔铣加工的特点是刀具路径在同一高度内完成一层切削，遇到曲面时将其绕过，下降一个高度进行下一层的切削。系统按照零件在不同深度的截面形状来计算各层的刀路轨迹。型腔铣广泛用于轮廓形状的粗加工，有曲面或斜度的壁和轮廓的模具型腔、型芯、铸造件和锻造件的粗加工，以及直壁或者斜度不大的侧壁的精加工。

(1)创建工序：选中“工序导航器-几何”视图中的“WORKPIECE”，点击鼠标右键，点击“插入(S)”→“工序(G)”，系统弹出“创建工序”对话框。在“创建工序”对话框“类型”下拉列表中选择“轮廓铣”(MILL_CONTOURE)选项，在“工序子类型”区域中单击“型腔铣”(CAVITY_MILL)按钮，单击“确定”按钮，系统弹出如图 3.111 所示的“型腔铣”对话框。

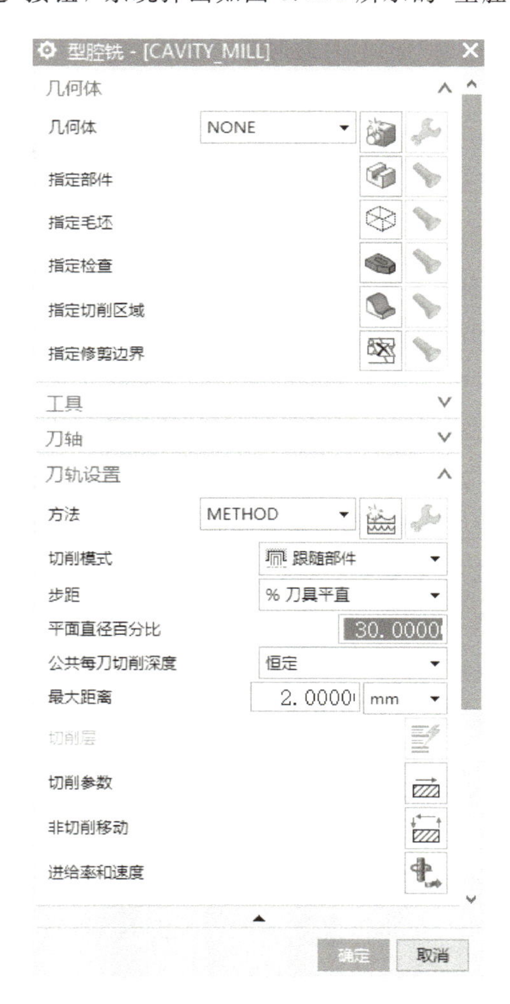

图 3.111　“型腔铣”对话框

①选择刀具：在“型腔铣”对话框中“工具”区域单击“刀具”下拉列表，选择 T01D20 刀具。

②指定部件：单击“指定部件”右侧按钮，在图形窗口选取模型。

③指定切削区域：单击“指定切削区域”右侧按钮，在图形窗口选取模型形体表面和底板

上表面(共 90 个面),单击“确定”。

④设置刀轨:在“切削模式”下拉列表选择“跟随周边”;在“步距”下拉列表选择“%刀具平直”,“平面直径百分比”文本框中输入“50%”;在“公共每刀切削深度”下拉列表选择“恒定”,“最大距离”文本框中输入“4.0”。

⑤设置切削参数:“切削参数”对话框中“余量”选项卡的“余量”区域勾选“使用底面余量与侧面余量一致”复选框,在“部件侧面余量”文本框中输入“2.0”;在“策略”选项卡的“切削”区域的“切削顺序”下拉列表中选择“层优先”,在“延伸路径”区域中勾选“在延展毛坯下切削”复选框。

⑥设置切削层:单击“切削层”选项卡,此时,“切削层”选项卡的“范围定义”区域的列表中显示在模型整个高度(60.0 mm)范围内的切削深度均为 4 mm,“测量开始位置”下拉列表中为“顶层”。单击“添加新集”按钮 ⊕,在“捕捉点”工具中单击“象限点”按钮 ○,在图形窗口中拾取如图 3.112(a)所示模型曲面凸台的最上点,此时,在“范围定义”区域列表中增添一新集(37.474 895),如图 3.112(b)所示。在列表中选中新集(34.474 895),在“每刀切削深度”文本框中输入“4.0”,点击“回车”;在列表中选中原有集(65.0),在“每刀切削深度”文本框中输入“2.0”,点击“回车”。本工序在切削区域的高度范围内设置了两种不同的切削深度,如图 3.112(c)所示。

注意:分层切削不仅可以根据模型外形的特征进行分类切削,以提高加工质量,还可以将分层切削分开建立两道工序。在实际加工中,若一道工序时间较长,加工中刀具的磨损会造成加工不到位,操作人员无法及时发现并作出判断。如果按层创建两道工序,则操作人员可以在第一道工序结束时,观察刀具使用情况,及时调整刀具补偿值,以保证后续的加工质量。

⑦设置非切削移动:“非切削移动”对话框中“进刀”选项卡的“开放区域”的“进刀类型”选择“圆弧”,“半径”选择“%刀具”,文本框输入“70.0”;“退刀”选项卡中“退刀”区域的“进刀类型”选择“与进刀相同”;“转移/快速”选项卡的“区域内”区域的“转移类型”选择“直接”。主轴速度和进给速度按工序卡中数据设定,其他参数默认。

(2)在“型腔铣”对话框中,单击按钮 ,生成粗铣形体和底板上表面刀路。刀路与仿真加工结果如图 3.113 所示。

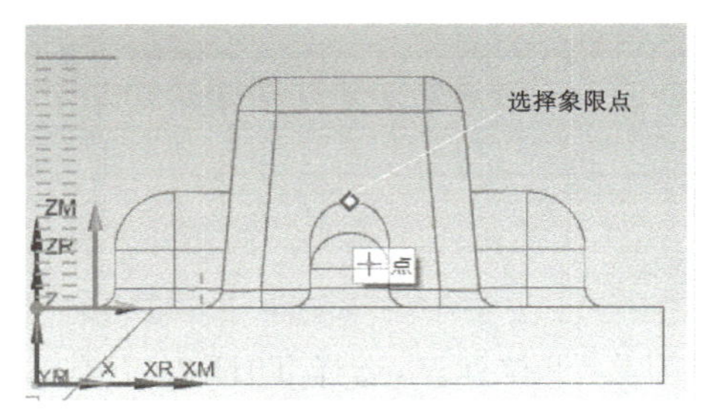

(a) 选取象限点

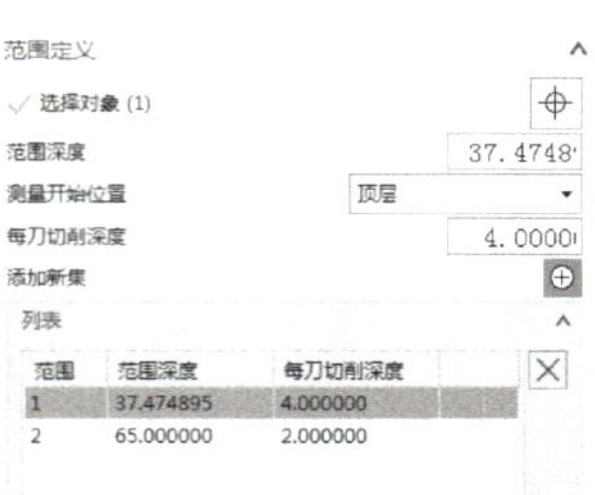

(b) 多种切削深度

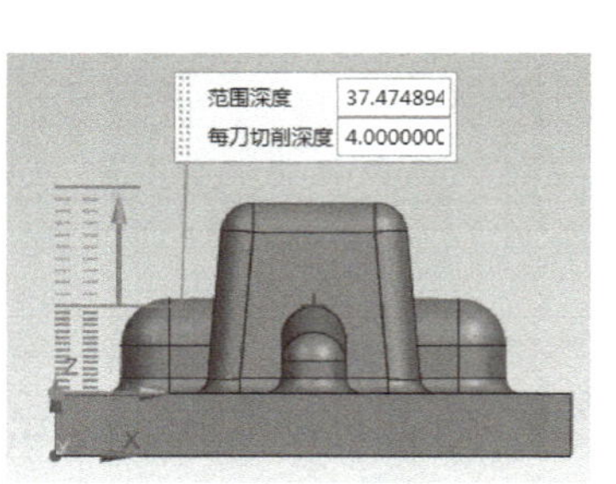

(c) 切削层标志

图 3.112 设置切削深度

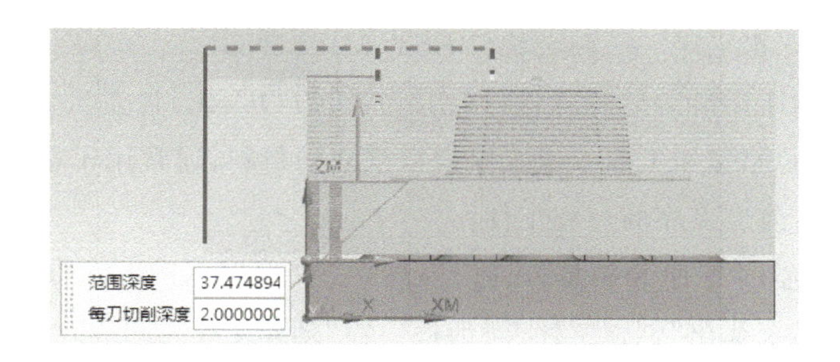

图 3.113 粗铣形体和底板上表面加工刀路

4)创建精铣底板上表面和顶面工序——底壁铣(FLOOR_MILL)

(1)创建工序:选中“工序导航器-几何”视图中的“WORKPIECE”,点鼠标右键,点“插入(S)”→“工序(G)”,系统弹出“创建工序”对话框。在“创建工序”对话框的“类型”下拉列表中选择“mill_planar”,在“工序子类型”区域单击“底壁铣”按钮,系统弹出“底壁铣”对话框。

①选择刀具:在“底壁铣”对话框的“工具”区域单击“刀具”的下拉列表,选择 T02D16 刀具。

②指定切削区域底面:在“底壁铣”对话框中,单击“指定切削区域底面”右侧按钮,系统弹出“切削区域”对话框。单击“选择对象”按钮,在图形窗口中选取模型上表面和底板上表面。

③设置刀轨:“刀轨设置”区域的“切削区域空间范围”选择“底面”;“切削模式”选择“跟随周边”;“步距”选择“恒定”,“最大距离”选择“%刀具直径”,并在文本框中输入“50.0”。

④设置切削参数:在“切削参数”对话框的“余量”选项卡“部件余量”文本框中输入“0.0”;“空间范围”选项卡中“毛坯”下拉列表选择“厚度”。

⑤设置非切削移动:“进刀”选项卡的“开放区域”的“进刀类型”选择“线性”,“封闭区域”的“进刀类型”选择“沿部件斜进刀”;“退刀”选项卡中“退刀”区域的“进刀类型”选择“与进刀相同”。主轴速度和进给速度按工序卡中数据设定,其他参数默认。

(2)在“底壁铣”对话框中,单击按钮,生成精铣底板上表面和顶面刀路,如图 3.114 所示。

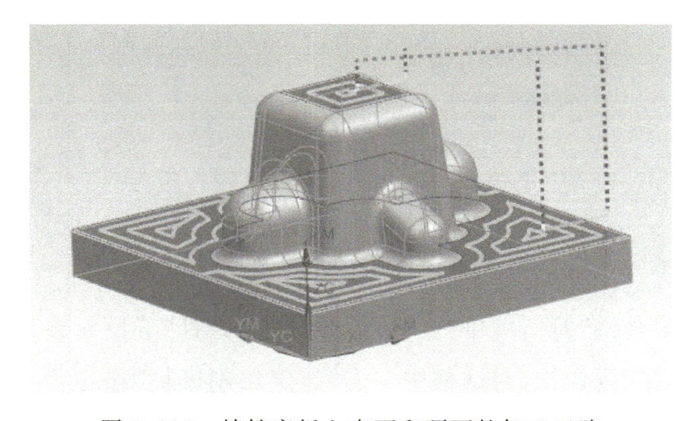

图 3.114 精铣底板上表面和顶面的加工刀路

5）创建外形二次开粗工序——剩余铣（REST_MILLING）

剩余铣（REST_MILLING）是轮廓铣（MILL_CONTOURE）加工大类的一种加工子类型。剩余铣是利用型腔铣的原理加工前一道工序遗留下来的材料，通常用于在型腔铣之后的二次开粗加工，毛坯一般选用前道工序的过程工件。

（1）创建工序。选中“工序导航器-几何”视图中的“WORKPIECE”，点鼠标右键，点“插入（S）”→“工序（G）”，系统弹出“创建工序”对话框。在“创建工序”对话框“类型”下拉列表中选择“轮廓铣”（MILL_CONTOURE）选项，在“工序子类型”区域中单击“剩余铣”按钮，单击“确定”按钮，系统弹出如图 3.115 所示的“剩余铣”对话框。

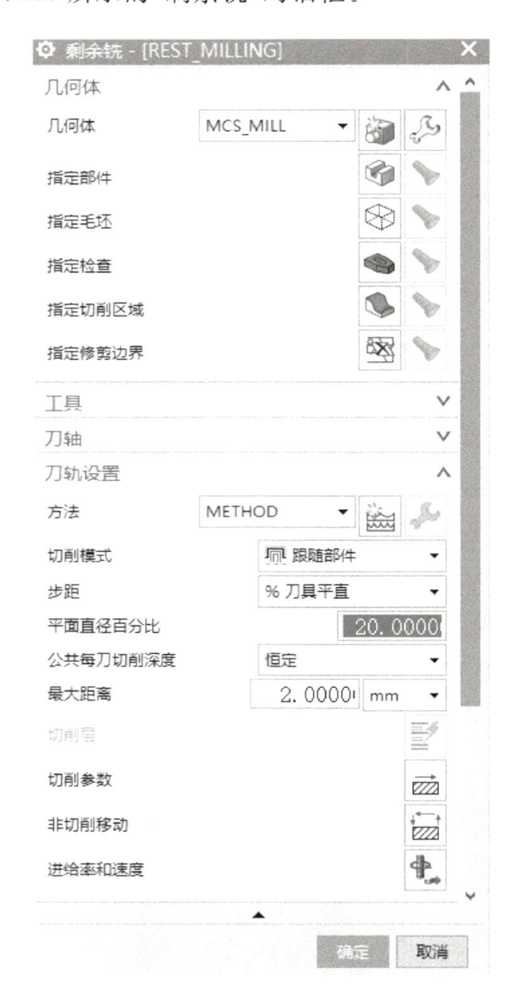

图 3.115 “剩余铣”对话框

①选择刀具：在“剩余铣”对话框中“工具”区域单击“刀具”下拉列表，选择 T02D16 刀具。

②指定切削区域：在“剩余铣”对话框中单击“指定切削区域”按钮，系统弹出“切削区域”对话框；在图形区域的模型上拾取模型表面，如图 3.116(a)所示（共 89 个面）。

③设置刀轨：在“切削模式”下拉列表选择“跟随部件”；在“最大距离”文本框中输入“1.0”。

④设置切削参数：“切削参数”对话框中“余量”选项卡的“余量”区域勾选“使用底面余量与侧面余量一致”复选框，在“部件侧面余量”文本框中输入“0.3”；在“策略”选项卡的“切削”区域的“切削顺序”下拉列表中选择“层优先”；“空间范围”区域的“过程工件”选择“使用基于层的”。

⑤设置非切削移动：“进刀”选项卡的“开放区域”的“进刀类型”选择“圆弧”，“半径”选择“%刀具”，文本框输入“70.0”；“退刀”选项卡中“退刀”区域的“进刀类型”选择“与进刀相同”；“转移/快速”选项卡的“区域内”区域的“转移类型”选择“直接”。主轴速度和进给速度按工序卡中的数据设定，其他参数默认。

(2)在“剩余铣”对话框的“操作”区域中，单击“生成”按钮，生成二次开粗刀路，如图3.116(b)所示。

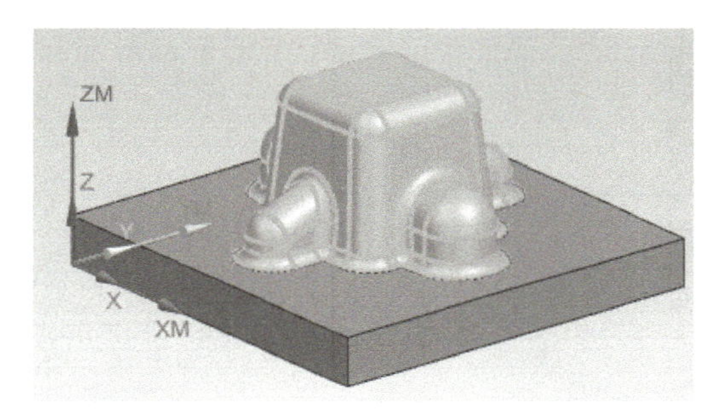

(a)指定切削区域

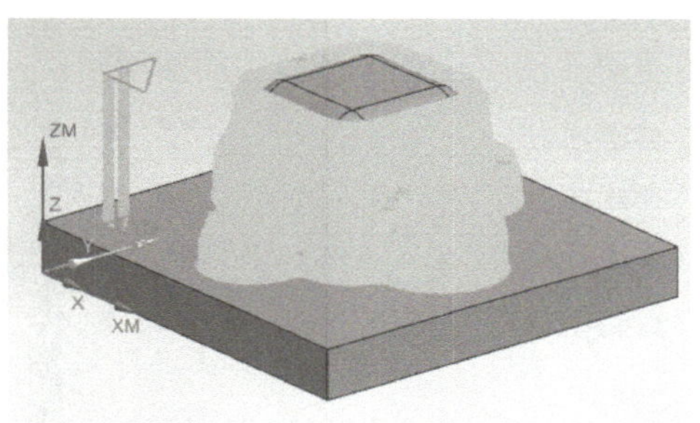

(b)外形二次开粗加工刀路

图3.116 外形二次开粗

6)创建半精铣底板以上的外形工序——深度轮廓铣(ZLEVEL_PROFILE_STEEP)

深度轮廓铣(ZLEVEL_PROFILE_STEEP)是轮廓铣(MILL_CONTOURE)加工大类的一种加工子类型。深度轮廓铣使用垂直于刀轴的平面切削对指定层的壁进行轮廓加工，可以清理各层之间缝隙处的遗留材料。

(1)创建工序：在“工序导航器-几何”视图中，选中“WORKPIECE”，单击鼠标右键，单击“插入(S)”→“工序(G)”，系统弹出“创建工序”对话框。在“创建工序”对话框“类型”下拉列表中选择“mill_contour”选项；在“工序子类型”区域中单击“深度轮廓铣”按钮，单击“确定”按钮，系统弹出如图3.117所示的“深度轮廓铣”对话框。

①选择刀具：在“深度轮廓铣”对话框中“工具”区域单击“刀具”下拉列表，选择T03D10刀具。

②指定切削区域：在“深度轮廓铣”对话框中，单击“指定切削区域”按钮，系统弹出“切削区域”对话框，在图形区域的模型上选取如图3.116(a)所示的表面(共89个面)。

③设置刀轨：“刀轨设置”区域的“陡峭空间范围”下拉列表选择“无”；“最大距离”文本框中

输入“0.2”；勾选“切削参数”的“余量”选项卡中“最终底面余量”复选框，并在“部件侧面余量”文本框中输入“0.15”。

④设置非切削移动：“进刀”选项卡的“开放区域”的“进刀类型”选择“圆弧”，“半径”选择“% 刀具”，文本框输入“70.0”；“退刀”选项卡中“退刀”区域的“进刀类型”选择“与进刀相同”。“转移/快速”选项卡的“区域内”区域的“转移类型”选择“直接”，“区域内”区域的“转移方式”下拉列表中选择“无”，“转移类型”下拉列表中选择“直接”。主轴速度和进给速度按工序卡中的数据设定，其他参数默认。

(2)在“深度轮廓铣”对话框的“操作”区域中，单击“生成”按钮，生成半精铣外形加工刀路，如图 3.118 所示。

图 3.117　“深度轮廓铣”对话框

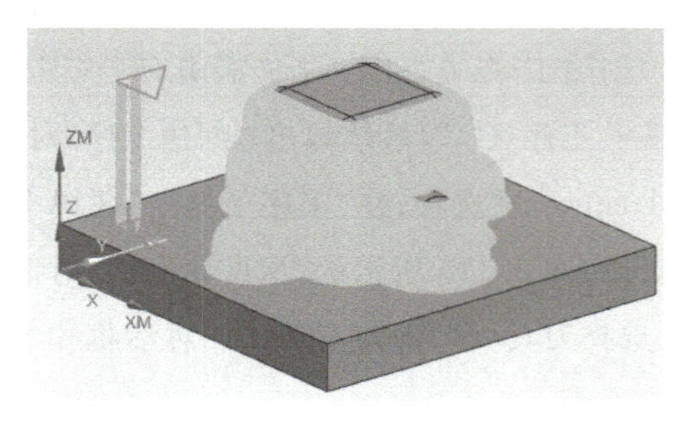

图 3.118　半精铣外形加工刀路

7)创建精铣外形体工序——深度轮廓铣(ZLEVEL_PROFILE_STEEP)

(1)创建工序:在“工序导航器-几何”视图中,选中上一道工序“ZLEVEL_PROFILE_STEEP”,点鼠标右键“复制”和“粘贴”,创建精铣外形体“深度轮廓铣”工序。双击创建的“ZLEVEL_PROFILE_STEEP_COPY”工序,系统再次弹出“深度轮廓铣”对话框。

①选择刀具:在“深度轮廓铣”对话框中“工具”区域的“刀具”下拉列表,选择 T04D10 球刀。

②指定切削区域:在“深度轮廓铣”对话框中,单击“指定切削区域”右侧按钮,系统弹出“切削区域”对话框,单击“选择对象”按钮,在图形区域的模型上选取如图 3.116(a)所示的表面(共 89 个面)。

③设置刀轨:“刀轨设置”区域的“陡峭空间范围”下拉列表选择“无”;“最大距离”文本框中输入“0.2”;“切削参数”的“余量”选项卡中的“使底面和侧面余量” 文本框中输入“0.0”。

④设置非切削移动:与上道工序相同。主轴速度和进给速度按工序卡中数据设定,其他参数默认。

(2)在“深度轮廓铣”对话框的“操作”区域中,单击“生成”按钮,生成精铣底板以上的外形加工刀路。

相关知识

1. 轮廓铣(MILL_CONTOURE)及加工子类型

轮廓铣(MILL_CONTOURE)是一种加工方法的大类统称,它包括型腔铣、插铣、深度轮廓铣、清根、剩余铣、固定轴轮廓铣、曲面轮廓铣、流线驱动铣以及 3D 轮廓加工等多个加工子类型。轮廓铣是利用圆柱形铣刀的周边侧刃对零件轮廓进行切削加工的方法。主要用于各类型腔和曲面的粗、精加工。

本任务主要介绍轮廓铣的型腔铣、插铣、深度轮廓铣、清根、剩余铣等加工子类型,固定轴轮廓铣、曲面轮廓铣和流线驱动铣等加工子类型将在任务 4 中介绍。

在“创建工序”对话框的“类型”下拉列表中选择“mill_contour”时,其“工序子类型”显示区域将显示出所有轮廓铣的子类型。“轮廓铣”部分加工子类型的定义见表 3-17。

表 3-17 “轮廓铣”部分加工子类型的定义

中文名称	英文名称	图标	定义
型腔铣	CAVITY_MILL		通过移除垂直于刀轴的平面层的材料,对轮廓形状进行粗加工
自适应铣	ADAPTIVE_MILLING		在垂直于固定轴的平面切削层作自适应切削的模式,对一定量的材料进行粗加工,同时维持进刀一致

续表

中文名称	英文名称	图标	定义
插铣	PLUNGE_MILLING		通过连续插削运动中刀轴的切削来粗加工轮廓形状
拐角粗加工	CORNER_ROUGH		利用型腔铣切除之前加工中拐角的残留材料
剩余铣	REST_MILLING		利用型腔铣切除前一道工序遗留的残留材料
深度轮廓铣	ZLEVEL _ PROFILE _STEEP		使用垂直于刀轴的平面切削对指定层的壁进行轮廓加工，还可以清理各层之间缝隙的遗留材料

2. 型腔铣（CAVITY_MILL）

型腔铣(CAVIT_YMILL)是通过限定高度值，使刀具一层一层地切削，从而完成型腔和壁等形体加工的方法，是两轴联动类型的加工。型腔铣与平面铣一样，刀具的侧刃加工垂直面，刀具的底面刀刃加工底表面，被加工的型腔越平坦，在型腔壁上残留的余量越多。因此，型腔铣主要用于型腔的开粗、清角、精加工底面和精加工侧面。

1)创建几何体

在“型腔铣”对话框中，单击“指定部件”右侧按钮 ，系统弹出 “部件几何体”对话框；单击“指定毛坯”右侧按钮 ，系统弹出 “毛坯几何体”对话框；单击“指定检查”右侧按钮 ，系统弹出 “检查几何体”对话框；单击“指定修剪边界”右侧按钮 ，系统弹出 “修剪边界”对话框。

“型腔铣”对话框中关于“几何体”设置的选项定义如下。

指定部件：指定代表已加工部件的几何体。

指定毛坯：指定代表要从中切削材料的几何体。

指定检查体：允许指定代表夹具或其他避免加工区域的实体、面、曲线。当刀轨遇到检查曲面时，刀具将退出，直至到达下一个安全的切削位置。

指定切削区域：指定切削区域是指定几何体或特征，以创建此操作要加工的切削区域。切削区域的每个成员必须包括在部件几何体中。指定切削区域之前，必须指定部件。如果不指定部件，系统会使用刀具可以进入的整个已定义部件几何体(部件轮廓)作为切削区域。型腔铣可以不指定切削区域，此时是以指定的毛坯几何体和部件几何体求差的区域作为切削区域。

2）切削模式

切削模式用于控制加工切削区域的走刀方式。型腔铣的切削模式有跟随部件、跟随周边、轮廓、单向、往复和单向轮廓等方式，如图 3.119 所示。

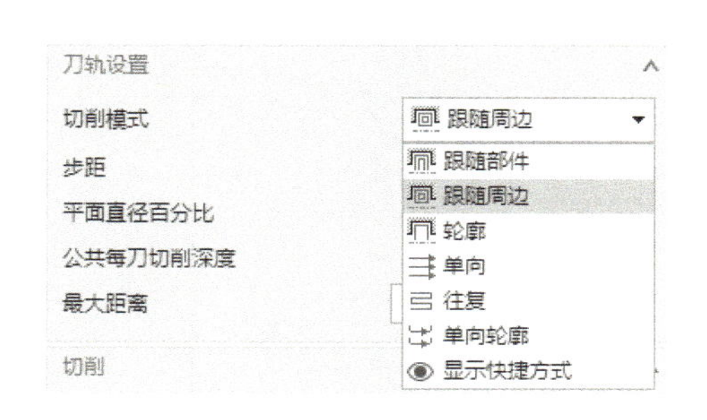

图 3.119 型腔铣的切削模式

单向：创建一系列沿一个方向切削的线性平行刀路，生成的刀路轨迹如图 3.120(a)所示。

单向轮廓：创建的单向切削模式将跟随两个连续单向刀路间的切削区域的轮廓生成刀路轨迹，如图 3.120(b)所示。

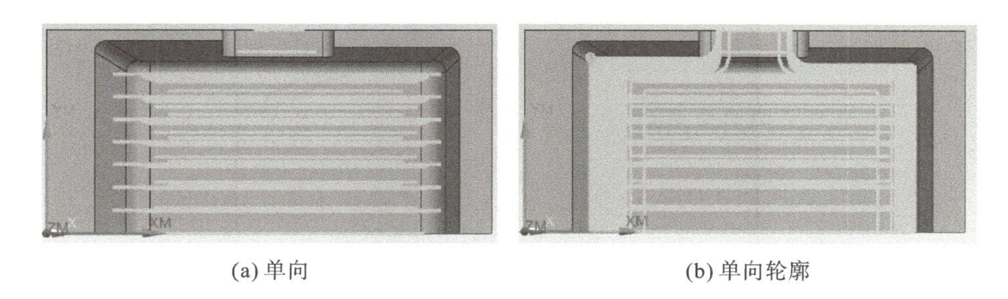

(a) 单向　　(b) 单向轮廓

图 3.120 切削模式

3）切削层

型腔铣的“切削层”对话框如图 3.121(a)所示。打开“切削层”对话框时，在图形显示窗口中会显示如图 3.121(b)所示的切削层标识。大三角形代表范围顶部、范围底部和临界深度，小三角形代表切削深度。

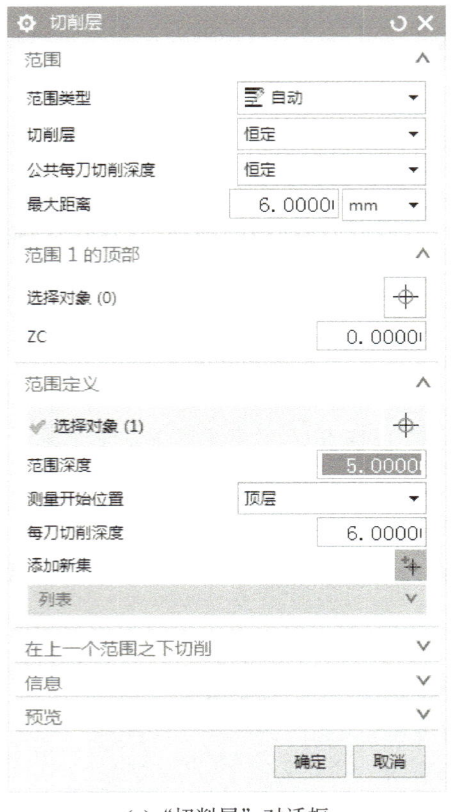

(a)“切削层”对话框

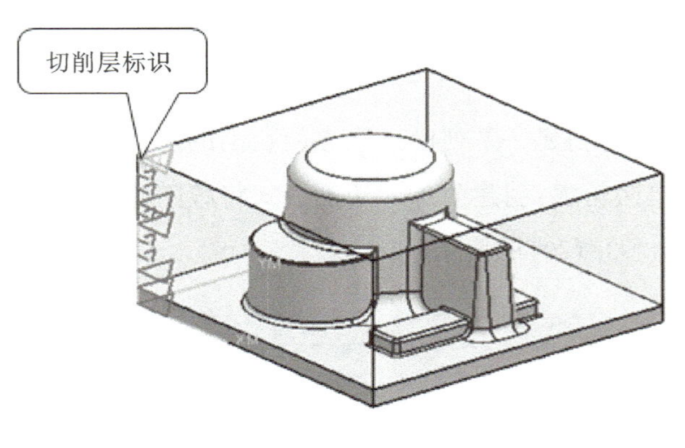

(b) 切削层标识

图 3.121　切削层

“切削层”对话框中各功能的定义如下。

(1)范围类型。

自动:将范围设置为与任何水平平面对齐,这些水平面都是部件的临界深度。

用户定义:通过定义每个新的范围的底平面来创建范围,如图 3.122(a)所示。

单个:根据部件和毛坯几何体设置一个切削范围,如图 3.122(b)所示。

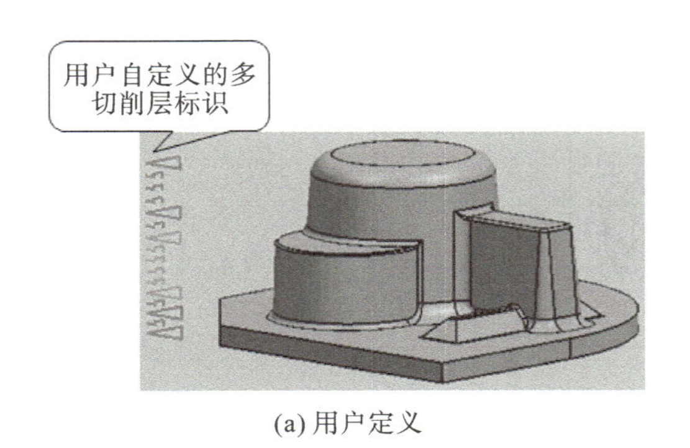

(a) 用户定义

(b) 单个

图 3.122　范围类型

(2)切削层。

恒定:保持切削深度在全部每刀深度值。

仅在范围底部切削:切削深度只在底部范围有效。

(3)公共每刀切削深度。用于控制加工区域内每次切削的深度。

恒定:每刀切削深度保持一致,该值将影响自动生成或单个模式中所有切削范围的每刀最大深度。系统将计算出不超过指定值的相等深度的各切削层。

最大距离文本框:用于设置保持“恒定”切削深度的最大切削深度。

残留高度:由残留高度控制切削层深度。

最大残留高度文本框:用于设置切削层的最大残留高度。

(4)范围 1 的顶部。允许用户指定一个切削区域顶面的位置。

(5)范围定义。

范围深度:指定切削区域的总深度。

测量起始位置:定义“范围深度值”的测量位置,有顶层、当前范围顶部、当前范围底部和 WCS 原点四个选项。

每刀深度:为当前激活范围设定最大切削深度。

添加新集:在当前激活范围的下方添加新加工范围。

(6)在上一个范围之下切削。允许指定最后一层切削层的距离。

距离文本框:用于设置最后一层切削层的距离,如图 3.123 所示。

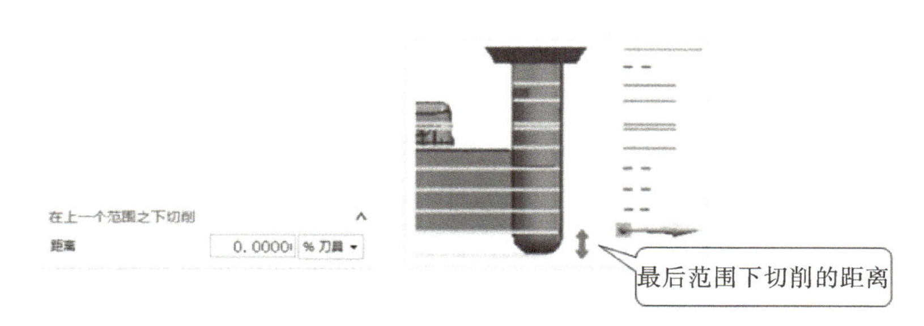

图 3.123　在上一个范围之下切削

4)切削参数

型腔铣的“切削参数”对话框中各选项卡的选项定义如下。

(1)“策略”选项卡。

在边上延伸:使用“在边上延伸”来加工部件周围多余的铸件材料。使用“延伸路径”生成刀路,如图 3.124 所示。

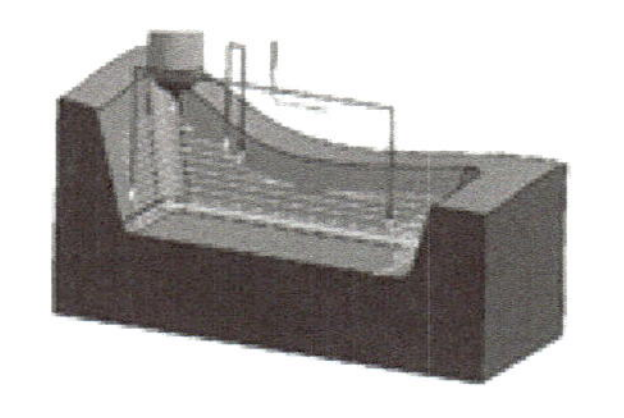

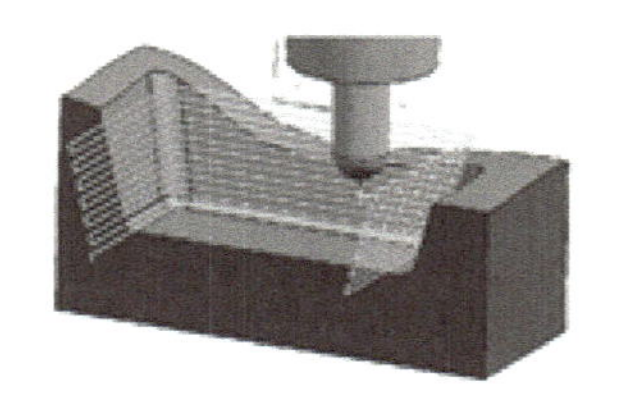

(a) 不延伸时的原始深度加工刀路　　(b) 延伸但没有调整切削层的深度加工刀路

图 3.124　在边上延伸

(2)“空间范围”选项卡。

①过程工件：提供“无”“使用 3D”“使用基于层的毛坯” 等方式。

使用基于层的毛坯：系统使用多个定义的过程工件(IPW)来处理先前操作中剩余的材料，如图 3.125 所示。IPW 必须继承零件和毛坯的信息，操作须在程序组父节点和几何体父节点中按顺序排列，并依次打开“使用基于层的毛坯”选项。

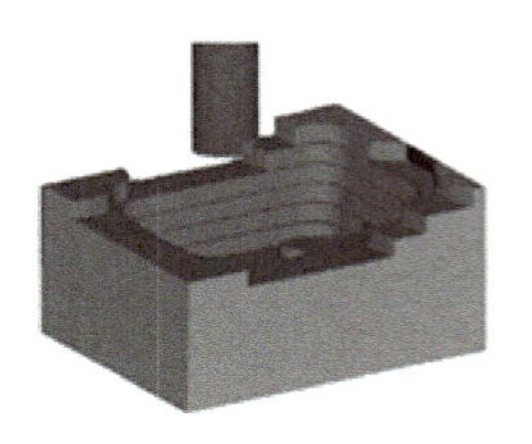

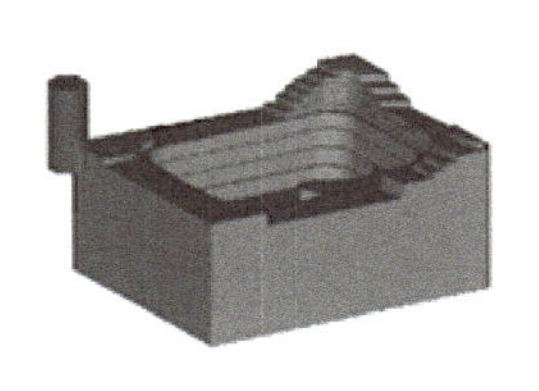

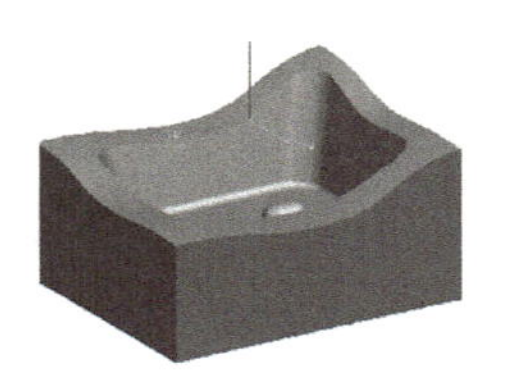

(a) 毛坯　　(b) 前道工序的过程工件　　(c) 基于过程工件的加工　　(d) 成品

图 3.125　使用基于层的毛坯

②碰撞检查：用于对刀具夹持器与工件碰撞的检测。

检查刀具和夹持器：如果系统检测到刀具夹持器和工件间发生碰撞，则不会切削发生碰撞的区域。所有后续的型腔铣操作必须使用“基于层的 IPW”选项，才能移除这些未切削区域。图 3.126(a)所示是没有选中“碰撞检查”中的“检查刀具和夹持器”复选框，且刀具夹持器不与模型碰撞而生成的刀路。图 3.126(b)所示则为选中“检查”中的“检查刀具和夹持器”复选框，且刀具夹持器和工件要发生碰撞生成的刀路。

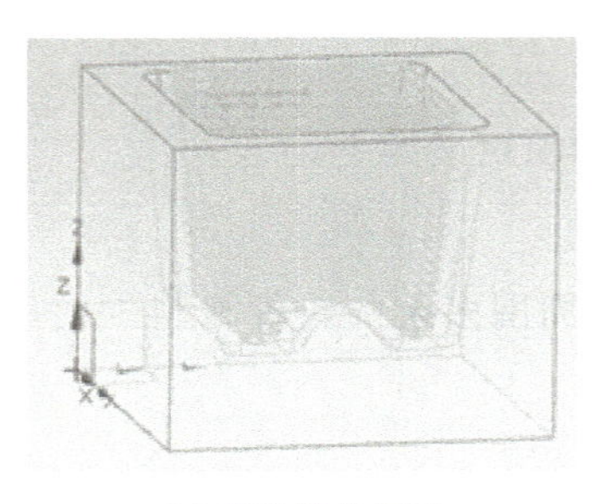

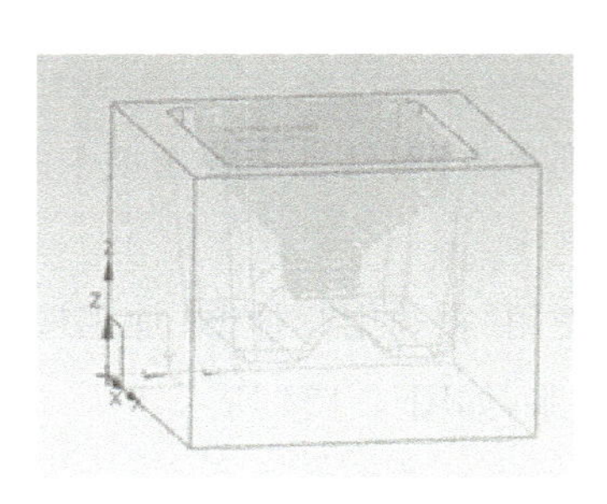

(a) 无碰撞的刀路　　(b) 有碰撞的刀路

图 3.126　检查刀具和夹持器

3. 插铣（PLUNGE_MILLING）

插铣(PLUNGE_MILLING)是一种独特的铣削操作，该操作使刀具竖直连续运动，高效地对毛坯进行粗加工。

插铣加工的径向力较小，可使用细长的刀具，保持较高的切削速度。对于难加工材料的曲面加工、槽加工，以及非常深的区域，刀具悬伸长度较大的加工，插铣的加工效率远远高于常规的层铣削加工。

在“创建工序”对话框的“类型”下拉列表中选择“mill_contour”，在“工序子类型”区域单击按钮 ，系统弹出如图 3.127 所示的“插铣”对话框。

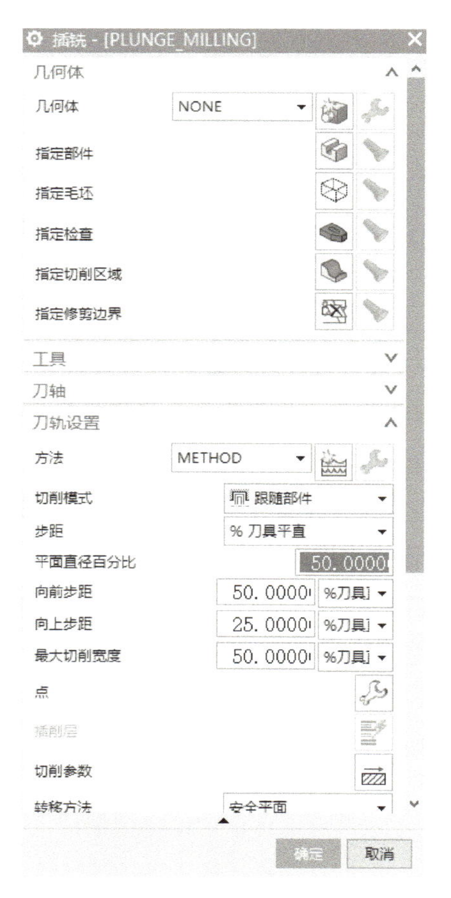

图 3.127　“插铣”对话框

“插铣”对话框中“刀轨设置”各选项的功能定义如下。

向前步距：指定刀具从一次插铣到下一次插铣时向前移动的步长。该步长值可以是刀具直径的百分比值，也可以是指定的步进值。在一些加工中，横向步长或向前步长须小于指定的最大切削宽度。必要时，系统会减小应用的向前步长，以使其在最大切削宽度值内。

向上步距：指切削层之间的最小距离，用于控制插削层的数目。

最大切削宽度：指刀具可切削的最大宽度(俯视刀轴时)，通常由刀具制造商决定。

点 ：用于设置插铣削的进刀点，以及切削区域的起点。

插削层：用来设置插削深度，默认是到工件底部。

转移方法：每次进刀完毕后刀具退刀至设置的平面上，然后进行下一次的进刀。有“安全平面”和“自动”两个选项。

①安全平面：每次都退刀至设置的安全平面高度。

②自动：自动退刀至最低安全高度，即在刀具不过切且不碰撞时，Z 轴的轴向高度和设置的安全距离之和。

退刀距离：设置退刀时刀具的退刀距离。

退刀角：设置退刀时刀具的倾角(切出材料时的刀具倾角)。

4. 深度轮廓铣（ZLEVEL_PROFILE_STEEP）

深度轮廓铣(ZLEVEL_PROFILE_STEEP)是一种能够指定陡峭角度的固定轴铣削加工。在指定了“陡角”后，系统自动追踪零件几何体，检查几何体的陡峭区域，制定追踪形状，识别可加工的切削区域，并在所有的切削层上生成不过切的刀路。深度轮廓铣广泛用于平缓的曲面、陡峭的曲面或者非常陡峭的斜面的半精加工和精加工。

在深度轮廓铣中，除了可以指定几何体外，还可以指定切削区域作为部件几何体的子集。如果没有指定切削区域，则对整个零件进行切削。

在“创建工序”对话框的“类型”下拉列表中选择“mill_contour”，在“工序子类型”区域单击按钮 ，系统弹出如图 3.128 所示的“深度轮廓铣”对话框。

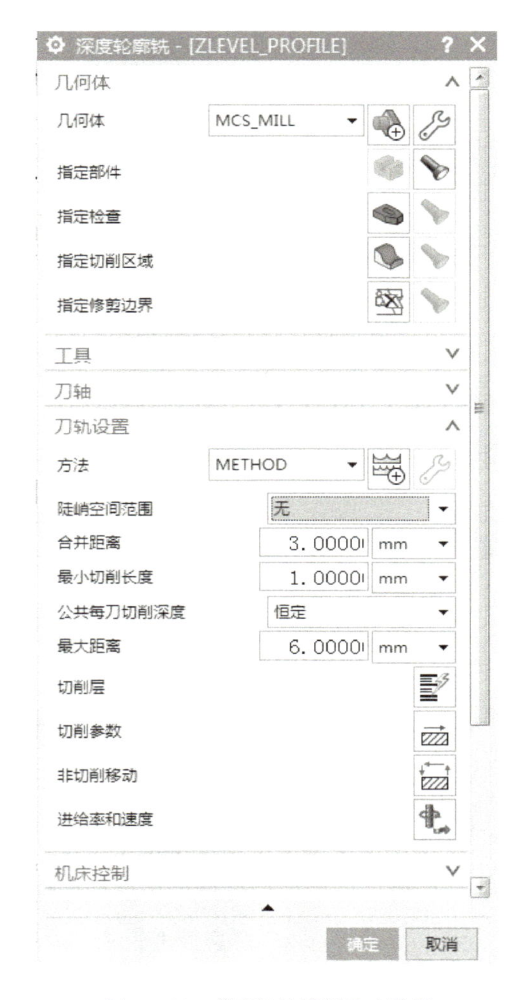

图 3.128　“深度轮廓铣”对话框

“深度轮廓铣”对话框中各选项的功能定义如下。

陡峭空间范围：用于控制指定陡峭区域的刀轨生成。选择“仅陡峭的”选项后，在“角度”文本框中输入角度值，这个角度值称为陡峭角。零件上任意一点的陡峭角是刀轴与该点处法向矢量所形成的夹角。选择“仅陡峭的”选项后，只有陡峭角大于与等于给定角度的区域才能被加工，如图 3.129 所示。

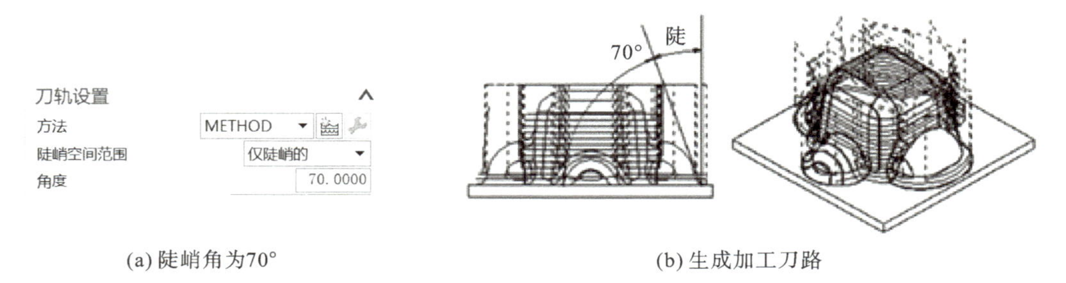

(a) 陡峭角为70°　　(b) 生成加工刀路

图 3.129　陡峭空间范围

合并距离：将小于指定分隔距离的切削移动的结束点连接起来，以消除不必要的刀具退刀。

最短切削长度：消除岛型区域中短的刀具路径段，避免生成过短的刀具路径。

1)切削层

深度轮廓铣的“切削层”较型腔铣多一个“最优化”选项。

最优化层：系统自动在平坦区域增加切削层。选择“恒定”和“优化切削层”两个选项的刀路，分别如图 3.130(a)和图 3.130(b)所示。

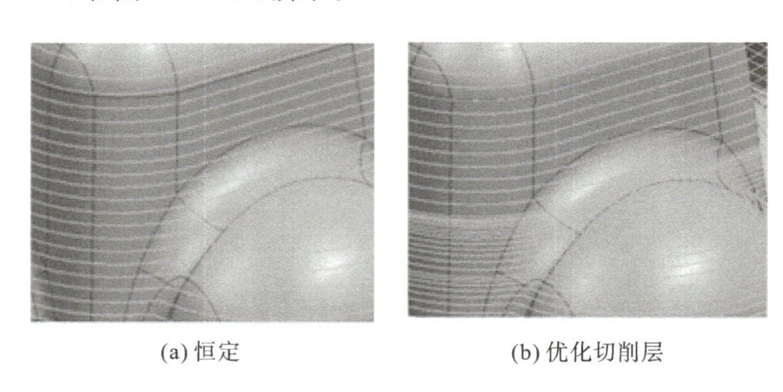

(a) 恒定　　(b) 优化切削层

图 3.130　切削层控制

2)切削参数

深度轮廓铣的“切削参数”与型腔铣不同的是在“连接”选项卡中的功能。

“连接”选项卡中各选项的功能定义如下。

(1)层到层：用于指定刀具从某一层到下一层的转移方式。

直接对部件进刀：直接对部件进刀，刀具将跟随部件，与步距运动相似，如图 3.131(a)所示。

使用转移方法：可切削所有的层而无须抬刀至安全平面，如图 3.131(b)所示。

使用传递方法：使用在“进刀/退刀”对话框中所指定的信息。如图 3.131(c)所示，刀在完成每个刀路后都抬刀至安全平面。

沿部件斜进刀：跟随部件，从一个切削层到下一个切削层，斜削角度为“进刀和退刀”参数中指定的倾斜角度，如图 3.131(d)所示。

沿部件交叉斜进刀：与沿部件斜进刀相似，不同的是在斜削进下一层之前完成每个刀路，如图 3.131(e)所示。

(a) 直接对部件进刀

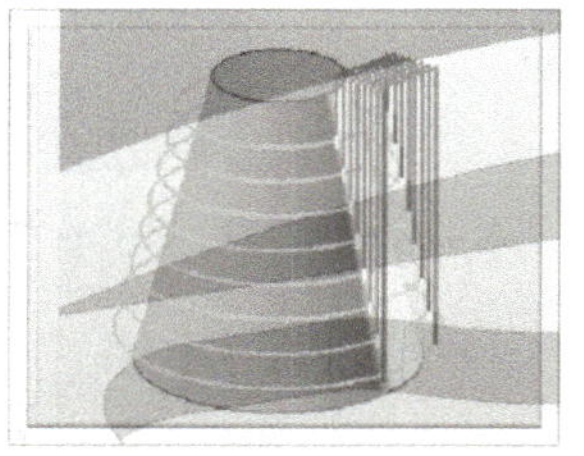

(b) 使用转移方法

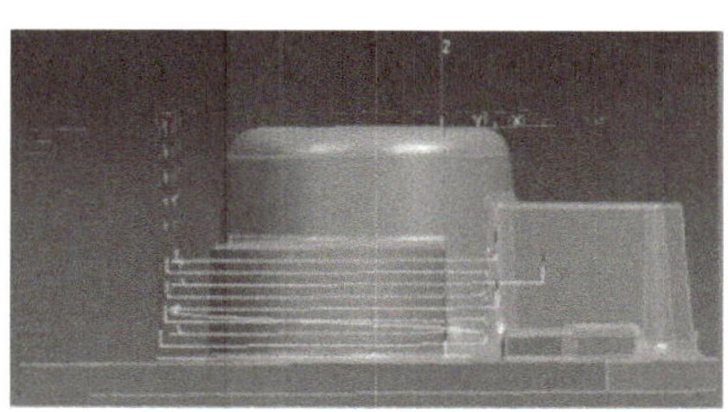

(c) 使用传递方法

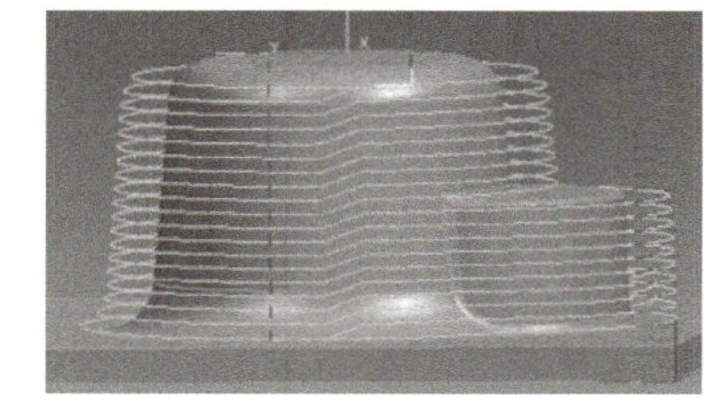

(d) 沿部件斜进刀

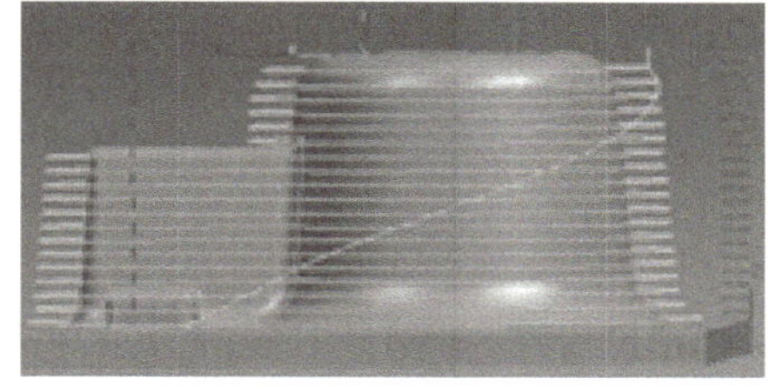

(e) 沿部件交叉斜进刀

图 3.131 层到层

(2)层间切削：允许在深度加工中的切削层间存在间隙时创建额外的切削，如图 3.132 所示。

(a) 使用层间切削

(b) 不使用层间切削

图 3.132 层间切削

(3)短距离移动时的进给：当刀具在切削区域间运动时，如果整个移动距离小于所设定的最大移刀距离，则刀具将沿模型表面切削前行。如果这个距离大于当前设置值，则刀具将退刀、横越、再进刀至下一个切削区域，如图 3.133 所示。

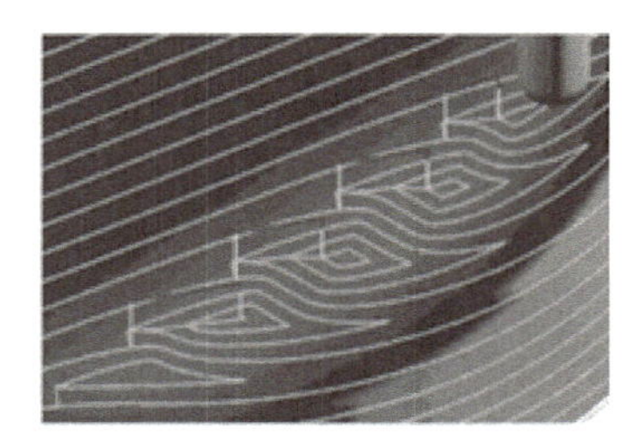

(a) 从下方的深度加工到移动间隙的刀路　(b) 超出最大移刀距离的同一部件

图 3.133　最大移刀距离

5. **剩余铣**（REST_MILLING）

剩余铣(REST_MILLING)是利用型腔铣的原理加工前一道工序遗留下来的材料，通常用于在型腔铣之后的二次开粗加工。剩余铣定义部件几何体和毛坯几何体与型腔铣完全相同。毛坯一般选用前道工序的过程工件，即“过程工件”选择“使用基于层”的毛坯。使用过程工件必须继承零件和毛坯的信息，为此，剩余铣是在程序组父节点和几何体父节点中，排列在型腔铣之后的一道工序。

在“创建工序”对话框的“类型”下拉列表中选择“mill_contour”，在“工序子类型”区域单击按钮 ，系统弹出如图 3.134 所示的“剩余铣”对话框。

如图 3.135(a)所示模型的外形粗加工，若选用型腔铣进行一次开粗，开粗后零件表面残留余量较多，这时，选用剩余铣进行二次开粗。两道工序的刀路与仿真结果如图 3.135(b)和图 3.135(c)所示。为了提高加工效率，一次开粗的型腔铣选用了较大的切削深度。

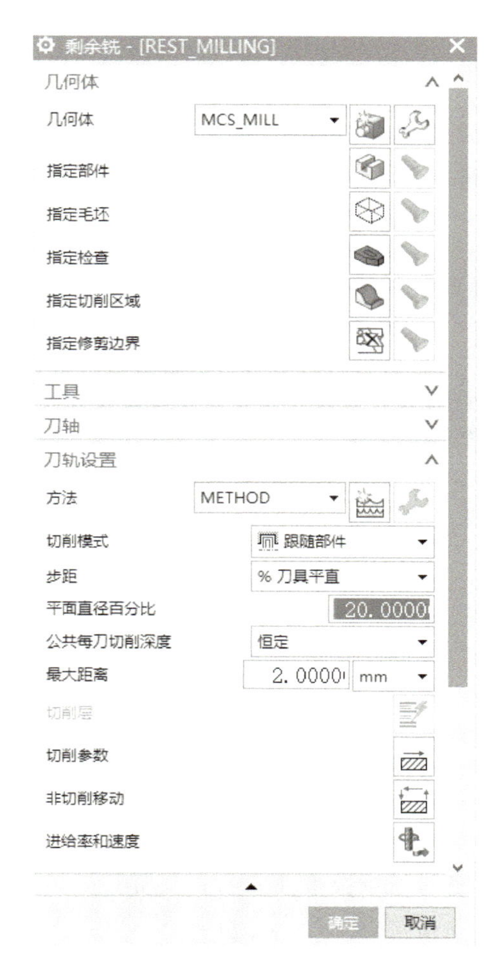

图 3.134　“剩余铣”对话框

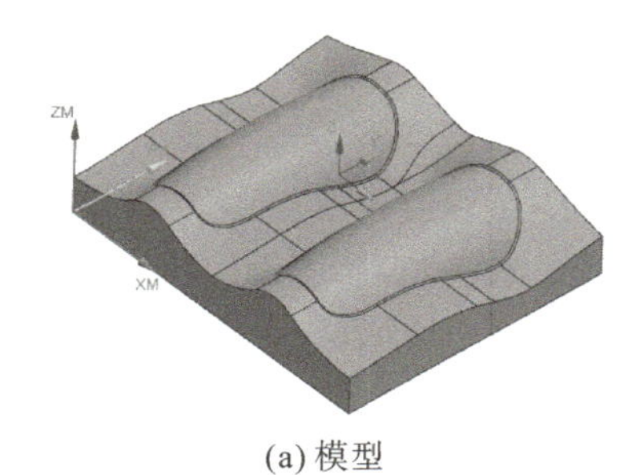

(a) 模型

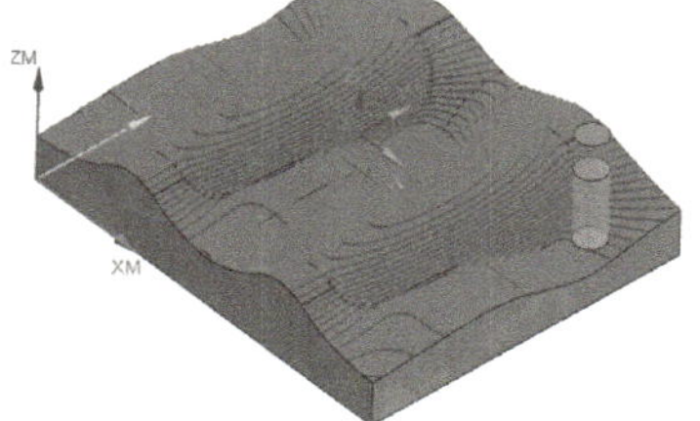

(b) 型腔铣一次开粗仿真加工

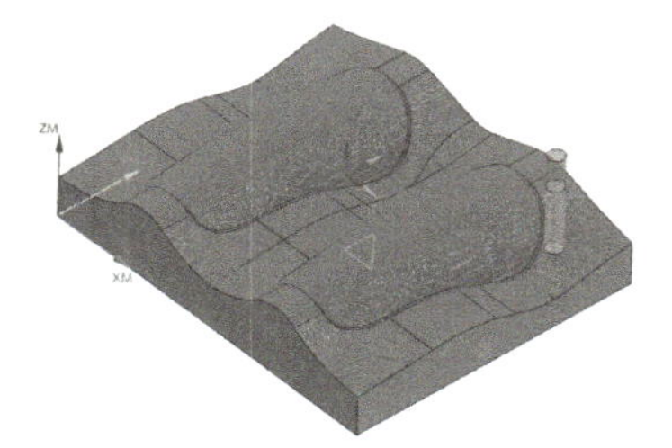

(c) 剩余铣二次开粗仿真加工

图 3.135　剩余铣的应用

拓展练习

选用合理的加工方法完成如图 3.136 所示模型的数控编程,并生成加工刀路。刀具大小自定义,要求刀路整洁均匀,无跳刀。

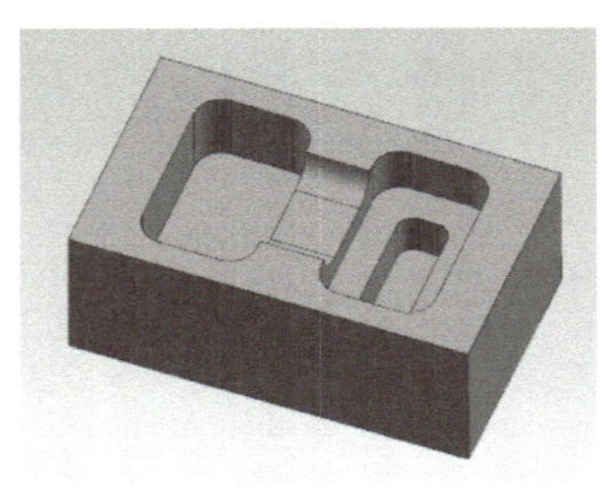

(a) model_3_2.prt模型

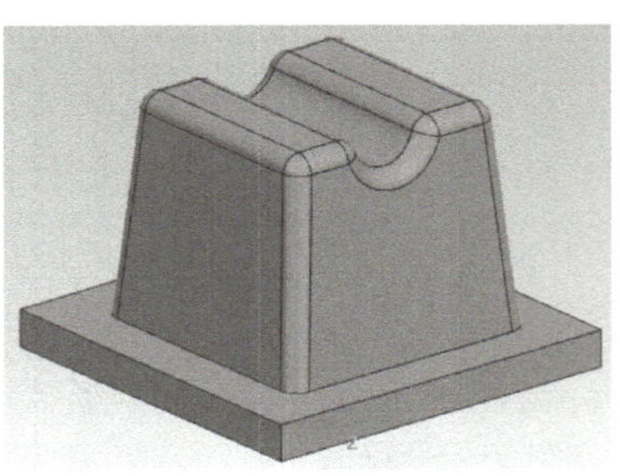

(b) model_3_3.prt模型

图 3.136 型腔轮廓铣削模型

知识巩固

【单选】(1)型腔铣是按照零件在______,计算各层的刀路轨迹。( )

A. 不同深度的截面形状　　B. 不同长度的截面形状

C. 不同宽度的截面形状　　D. 与刀轴垂直的方向上各截面的形状

【单选】(2)型腔铣多用于各种铣削类零件的______加工。( )

A. 精　　B. 半精　　C. 粗　　D. 任意

【单选】(3)零件有多个封闭且深度不同的型腔,在设置型腔铣的切削顺序时,最好选用________。( )

A. 深度优先　　B. 层优先　　C. 区域优先　　D. 面优先

【单选】(4)型腔铣在图形显示窗口中会显示切削层标识,小三角形是______。( )

A. 范围顶部　　B. 范围底部　　C. 临界深度　　D. 切削深度

【单选】(5)剩余铣是利用型腔铣的原理加工前一道工序遗留下来的材料,毛坯一般选用前道工件的过程工件,为此“空间范围“选项卡的“过程工件”应选用______。( )

A. 无　　B. 毛坯几何体

C. 基于层的 IPW　　D. 3D IPW

【单选】(6)采用型腔铣进行开粗后,如果还保留有较多的余料,可选用______加工进行二次开粗。( )

A. 型腔铣　　B. 深度轮廓铣　　C. 插铣　　D. 剩余铣

【单选】(7)深度轮廓加工又称为等高铣,在该操作中通过设定______选项,使得仅加工陡销

角度大于或等于给定角度的区域。(　　)

A. 陡峭空间范围　　B. 仅陡峭的空间范围

C. 合并距离　　D. 最大距离

【单选】(8)通常用球头刀加工比较平滑的曲面时,表面粗糙度的质量不会很高,这是因为______。(　　)

A. 行距不够密　　B. 步距太大

C. 球刀刀刃不太锋利　　D. 球刀尖部的切削速度几乎为零

【单选】(9)型腔铣中,每个切削区域的默认区域起点是______。(　　)

A. 某个直边的中点　　B. 某个拐角点

C. 用户自定义的点　　D. 随机产生的点

【单选】(10)型腔铣可设置多种切削层深度,此操作在切削层的______区域。(　　)

A. 范围　　B. 范围 1 的顶部

C. 范围的定义　　D. 在上一个范围之下切削

【多选】(11)当精加工有一定斜度的壁时,可以选择______操作类型。(　　)

A. 平面铣　　B. 深度轮廓铣

C. 型腔铣　　D. 不包含底的壁加工

【多选】(12)下列关于型腔铣的说法正确的有______。(　　)

A. 型腔铣必须指定切削区域

B. 型腔铣可以不指定切削区域

C. 型腔铣可以不指定部件几何体和毛坯几何体

D. 型腔铣必须指定部件几何体和毛坯几何体

【多选】(13)关于"公共每刀切削深度"的定义正确的有______。(　　)

A. 该值将影响自动生成或单个模式中所有切削范围的每刀最大深度

B. 为当前激活范围设定最大切削深度

C. 系统将计算出不超过指定值的相等深度的各切削层

D. 定义范围深度值的测量方式

【多选】(14)使用 IPW 必须继承零件和毛坯信息,操作须在______和______。(　　)

A. 几何体父节点　　B. 程序组父节点

C. 机床组父节点　　D. 工序组父节点

【多选】(15)深度轮廓铣中的选择"仅陡峭的"选项后,只有陡峭角是______给定角度的区域才能被加工。(　　)

A. 大于　　B. 小于　　C. 任意　　D. 等于

任务4　固定轮廓铣编程与加工

任务描述

创建 model_4_1. prt 文件，选用合理的加工方法完成如图 3.137 所示模型的数控编程，并创建加工刀路。选择圆柱体毛坯，+Z 方向余量为 2.0 mm，其余方向余量为 0。

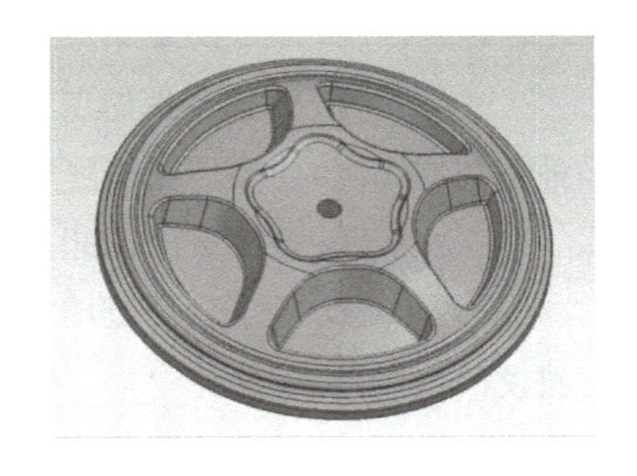

图 3.137　model_4_1. prt 模型

职业能力目标

(1)能描述区域轮廓铣、固定轮廓铣、曲面区域轮廓铣、流线铣、清根等加工的原理及特征。

(2)能根据加工对象，合理选择固定轮廓铣的子类型方法。

(3)能选择合理的加工方法完成零件的编程，创建合理的刀路，完成仿真加工。

(4)能自主学习、善于思考、细致工作、精益求精。

任务分析

1. 任务 3 中 model_3_1. prt 模型工序 N20 中工序 7 的编程

任务 3 中 model_3_1. prt 模型工序 N20 中工序 7 的内容是精铣四边曲面凸台。精铣四边曲面凸台分 4 步完成，其加工方法及操作步骤如下。

1)创建精铣两个矮曲面凸台加工工序——“区域铣削”固定轮廓铣(FIXED_CONTOUR)

固定轮廓铣(FIXED_CONTOUR)是轮廓铣(MILL_CONTOURE)大类中的一种加工子类型。固定轮廓铣由驱动几何产生驱动点，并按投影矢量的方向将驱动点投影到部件几何体上，得到投影点。系统再根据投影点所在部件表面曲率半径和刀具半径等因素，计算出刀具定位点，刀具从一个定位点运动到下一个定位点，如此重复，形成刀路。固定轮廓铣主要用于各类曲面的半精加工和精加工。

固定轮廓铣又可以根据不同的驱动方法而分为多种不同的加工方法。“区域铣削”则是固定轮廓铣大类中的一种加工方法，是以加工面的最大轮廓作为驱动几何体而产生驱动点，并按投影矢量的方向投影到部件几何面上从而创建刀路。“区域铣削”固定轮廓铣只需要指定切削区域，不需要指定驱动几何体。

(1)创建工序：在“工序导航器-几何”视图中，选中“WORKPIECE”，点鼠标右键，点“插入”→“工序”，系统弹出“创建工序”对话框。在“创建工序”对话框“类型”下拉列表中选择“mill_contour”；在“工序子类型”区域中单击“固定轮廓铣”按钮，单击“确定”，系统弹出如图3.138(a)所示“固定轮廓铣”对话框。

①选择刀具：在“固定轮廓铣”对话框中的“刀具”下拉列表中选择刀具名为T05D6的球刀。

②指定切削区域：在“固定轮廓铣”对话框中“几何体”区域，单击“指定切削区域”右侧按钮，系统弹出“切削区域”对话框，在图形窗口选取模型上的曲面，如图3.138(b)所示。

③选择驱动方法：在“固定轮廓铣”对话框中，“驱动方法”区域的“方法”下拉列表选择“区域铣削”，并单击右侧按钮，系统弹出如图3.138(c)所示的“区域铣削驱动方法”对话框。

(a)“固定轮廓铣”对话框

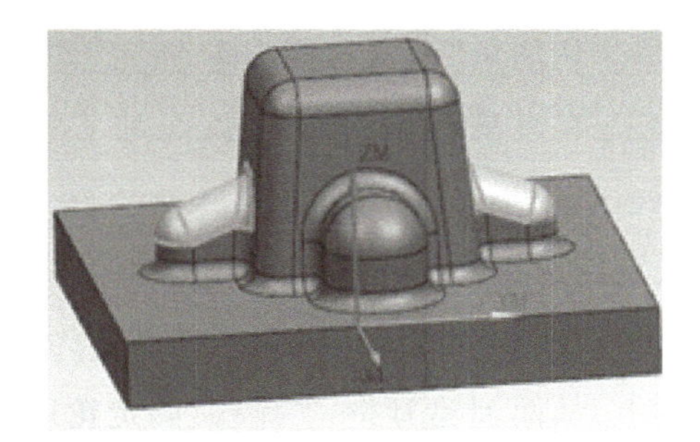

(b)指定切削区域

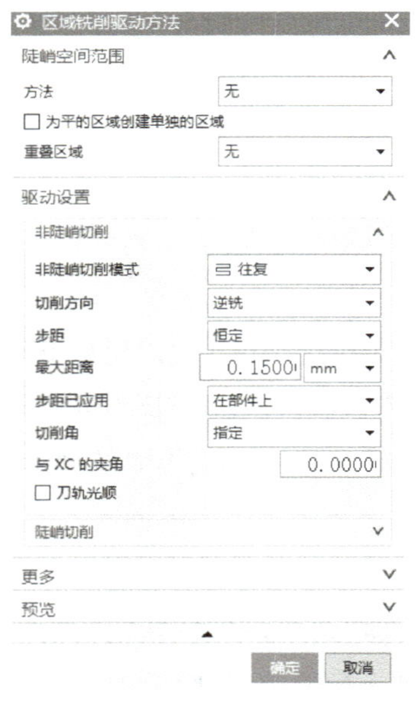

(c)“区域铣削驱动方法”对话框

(d) 创建加工刀路

图 3.138 精铣两个矮凸台

④驱动设置:在“区域铣削驱动方法”对话框中,“切削模式”下拉列表选择“往复”;“步距”下拉列表选择“恒定”,“最大距离”文本框输入“0.15”;“步距已应用”下拉列表中勾选“在部件上”;“切削角”下拉列表选择“指定”,“与 *XC* 轴的夹角”文本框输入“0.0”;其他参数适中。

⑤设置切削参数:在“切削参数”的“余量”选项卡的“部件余量”文本框输入“0.0”;主轴转速和进给速度按工艺卡中参数设置。其他参数适中。

(2)在“固定轮廓铣”对话框中,单击“创建”按钮 ,创建精加工刀路,如图 3.138(d)所示。

2)创建精铣两个高曲面凸台加工工序——“区域铣削”固定轮廓铣(FIXED_CONTOUR)

两个高曲面凸台的精加工方法与两个矮曲面凸台的加工方法相同,只是在“区域铣削驱动方法”对话框中,“切削角”下拉列表选择“指定”,“与 XC 轴的夹角”文本框输入“90.0”。

3)创建精铣单边高凸台过渡圆弧面加工工序——“流线”固定轮廓铣(FIXED_CONTOUR)

“流线”固定轮廓铣同样是固定轮廓铣大类中的一种加工方法,是以流曲线集和交叉曲线集或曲面的任意集合所构成的 2、3 或 4 边的面作为驱动面产生驱动点,并按投影矢量的方向投影到部件几何面上,从而创建刀路。“流线”固定轮廓铣允许选择切削区域面,切削区域边界用于自动创建流曲线集和交叉曲线集。

(1)创建工序:在“工序导航器-几何”视图中,选中“WORKPIECE”,单击鼠标右键,单击“插入”→“工序”,系统弹出“创建工序”对话框。在“创建工序”对话框“类型”下拉列表中选择

“mill_contour”；在“工序子类型”区域中单击“固定轮廓铣”按钮 ，单击“确定”按钮，系统弹出“固定轮廓铣”对话框。

①选择刀具：在“固定轮廓铣”对话框中“刀具”下拉列表中选择刀具名为 T01D6 的球刀。

②指定驱动方法：在“固定轮廓铣”对话框中，“驱动方法”区域的“方法”下拉列表选择“流线”，并单击右侧按钮 ，系统弹出如图 3.139(a)所示“流线驱动方法”对话框。

③指定驱动几何体。

选择流曲线：在“流线驱动方法”对话框的“流曲线”区域，单击“选择曲线”右侧曲线按钮 ；在“曲线规则”下拉列表中选择“单条曲线”，如图 3.139(b)所示；在图形窗口中先选取模型上第一条大圆弧线为流曲线，“列表”中显示已选择“流曲线 1”，再点“添加新集”右侧按钮 ，继续拾取模型上第二条小圆弧线为流曲线，列表中显示已选择“流曲线 2”，如图 3.139(c)所示。注意两条流曲线的方向要一致。

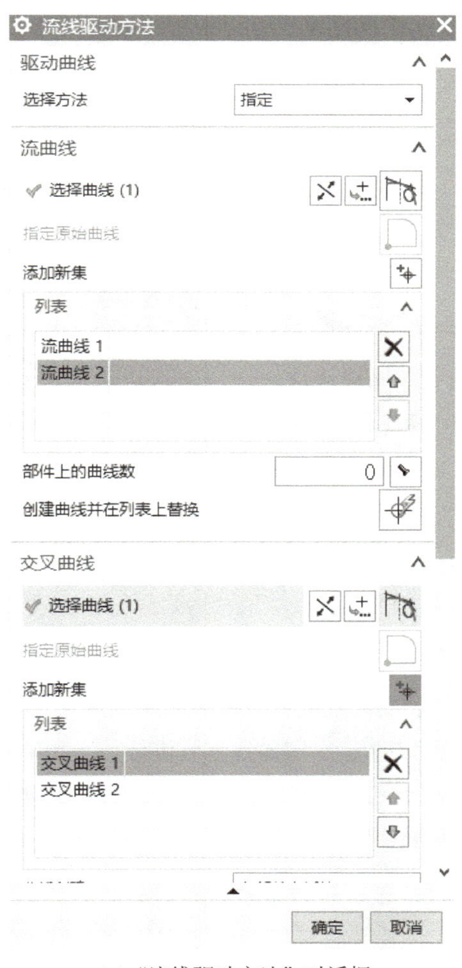

(a)“流线驱动方法”对话框

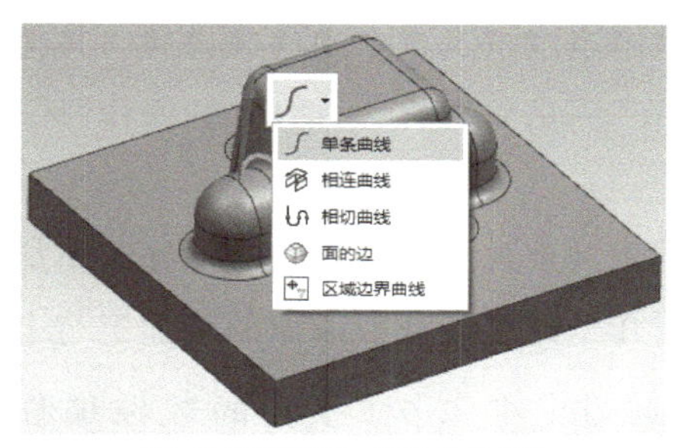

(b) 曲线选取为“单条曲线”

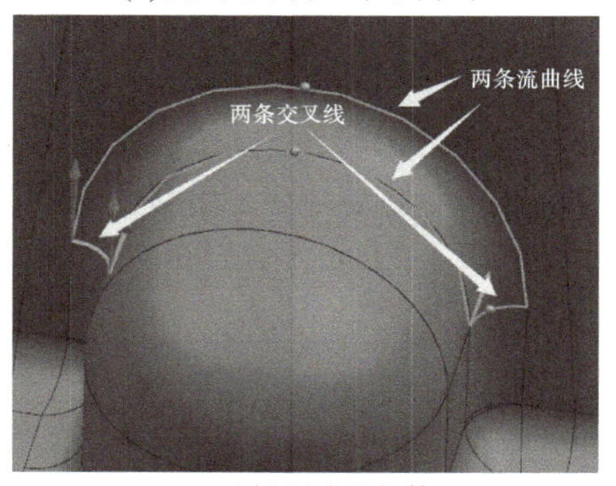

(c) 选择驱动几何体

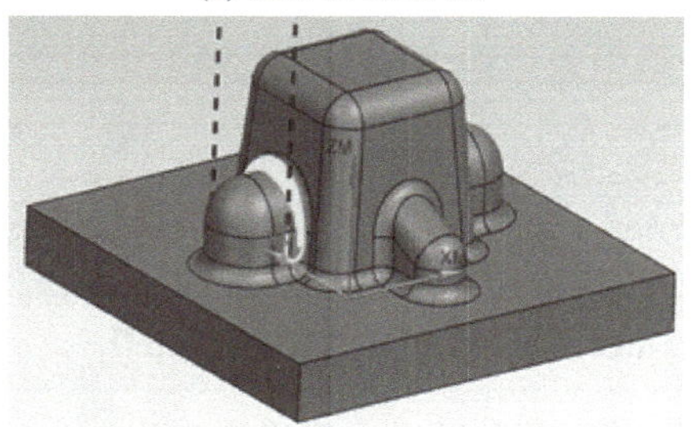

(d) 精铣过度圆弧的加工刀路

图 3.139　精铣过度圆弧

选择交叉线：在“流线驱动方法”对话框的“交叉”区域，单击“选择曲线”右侧曲线按钮 ，“曲线规则”下拉列表中选择“单条曲线”；选取图形窗口中模型上的左边曲线为交叉曲线，如图 3.139(a)所示，“列表”中显示已选择“交叉线 1”；再点“添加新集”右侧按钮，选取模型上的右侧曲线为交叉曲线，“列表”中显示已选择“交叉曲线 2”。注意两条流曲线的方向要一致。

确定切削方向：在“切削方向”区域，单击“指定切削方向”右侧按钮 ，在图形窗口中点击代表切削方向的箭头，按图 3.139(c)所示的方向调整切削方向。

④设置刀轨：在“流线”驱动方法对话框中，“刀具位置”下拉列表选择“相切”；“切削模式”下拉列表选择“往复”；“步距”下拉列表选择“残余高度”，“最大残余高度”文本框中输入“0.005”。

⑤选择刀轴与投影矢量：在“固定轮廓铣”对话框中，“刀轴”区域的“轴”下拉列表选择“＋ZM 轴”；“投影矢量”区域的“矢量”下拉列表选择“刀轴”。

⑥设置切削参数：在“切削参数”的“余量”选项卡的“部件余量”文本框中输入“0.0”。主轴转速和进给速度按工艺卡中参数设置。其他参数默认。

(2)在“固定轮廓铣”对话框的“操作”区域中，单击“创建”按钮 ，创建刀路如图 3.139(d)所示。

4)创建其余几个凸台过渡圆弧面的精加工——“流线”轮廓铣(FIXED_CONTOUR)

其余几个凸台过滤圆弧面的精加工与上道工序操作步骤完全相同。

2. model_4_1.prt 模型的数控编程

根据图 3.137 所示 model_4_1.prt 模型的结构特点，模型加工分两道工序，工序一为数车，车削外形如图 3.140 所示；工序二为数铣，铣削的内容为梅花凹曲面和周边的型腔。数控车削不在此介绍，模型的数控铣削工序如表 3－18 所示。

表 3－18　数控加工工序卡

<table>
<tr><td rowspan="2">零件名称</td><td rowspan="2">model_4_1.prt
模型</td><td rowspan="2">数控加工工序卡</td><td>工序号</td><td>20</td><td>工序名称</td><td>铣外形</td><td colspan="2">共 1 张</td></tr>
<tr><td>设备型号</td><td>M－V413</td><td>材料牌号</td><td>6061 铝</td><td colspan="2">第 1 张</td></tr>
<tr><td>序号</td><td>工序内容</td><td>刀具号</td><td>刀具长度补偿号</td><td>刀具半径补偿号</td><td>主轴转速/(r/min)</td><td>切削速度/(mm/min)</td><td>进给深度/mm</td><td>加工方法</td></tr>
<tr><td>1</td><td>梅花曲面粗加工</td><td>∅16R2 圆角刀</td><td>01</td><td>01</td><td>3 800</td><td>1 200</td><td>1</td><td>型腔铣</td></tr>
<tr><td>2</td><td>周边型腔粗加工</td><td>∅12 立铣刀</td><td>02</td><td>02</td><td>4 000</td><td>1 500</td><td>1</td><td>型腔铣</td></tr>
</table>

续表

序号	工序内容	刀具号	刀具长度补偿号	刀具半径补偿号	主轴转速/(r/min)	切削速度/(mm/min)	进给深度/mm	加工方法
3	梅花曲面精加工	∅12 球铣刀	03	03	3 500	1 200	0.2	引导线驱动固定轮廓
4	周边型腔精加工	∅6 球铣刀	04	04	4 000	1 200	0.3	刀轨变换
编制		日期			审核		日期	

model_4_1.prt 模型的自动编程和仿真加工的方法及操作步骤如下。

1)创建几何体

创建机床坐标系、创建部件几何体、创建毛坯几何体,创建方法见任务 1 中描述。“毛坯几何体”选择“包容圆柱体”,在“ZM+”文本框中输入值“2.0”,其他参数默认。毛坯几何体形状如图 3.141 所示。

图 3.140　车削后零件形状

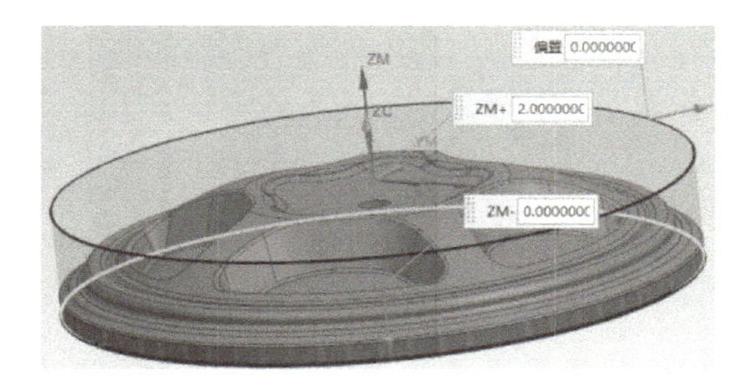

图 3.141　包容圆柱体

2)创建刀具

在“创建刀具”对话框中的“类型”下拉列表中选择“mill_contour”;在“刀具子类型”区域单击“MILL”按钮,分别创建∅16 mm、下半径 2 mm、刀具名 T01D16 的圆鼻刀;∅12 mm、刀具名 T02D12 的立铣刀;∅12 mm、刀具名 T03D12 的球刀;∅6 mm、刀具名 T04D06 的球刀,并设置相关刀具参数。

3)创建粗铣梅花曲面加工工序——型腔铣(CAVITY_MILL)

(1) 创建工序:选中“工序导航器-几何”视图中的“WORKPIECE”,点鼠标右键,点“插入(S)”→“工序(G)”,系统弹出“创建工序”对话框。在“创建工序”对话框“类型”下拉列表中选择“mill_contour”选项;在“工序子类型”区域中单击“型腔铣”按钮,单击“确定”,系统弹出“型腔铣”对话框。

①选择刀具:在“型腔铣”对话框的“工具”区域,单击“刀具”下拉列表,选择名称为 T01D16 的刀具。

②指定切削区域:在“型腔铣”对话框中,单击“指定切削区域”按钮,选取模型上的梅花曲面,如图 3.142(a)所示。

③设置刀轨:在“刀轨设置”区域的“切削模式”下拉列表选择“跟随周边”;“步距”下拉列表选择“恒定”,“最大距离”下拉列表选择“mm”,文本框输入“15.0”;“公共每刀切削深度”下拉列表选择“恒定”,“最大距离”文本框中输入“1.0”。

④设置切削参数:“切削参数”对话框中“策略”选项卡的“部件侧面和底面余量”文本框中输入“0.2”,“延伸路径”区域的“在边上延伸”文本框中输入“2.0”。

⑤设置非切削移动:“非切削移动”对话框中“进刀”选项卡的“进刀类型”选择“螺旋”。

(2)在“型腔铣”对话框中,单击“创建”按钮,创建刀路如图 3.142(b)所示。

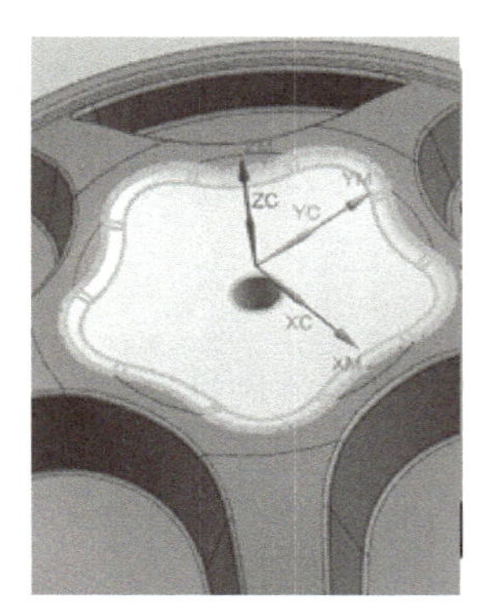

(a) 指定切削区域

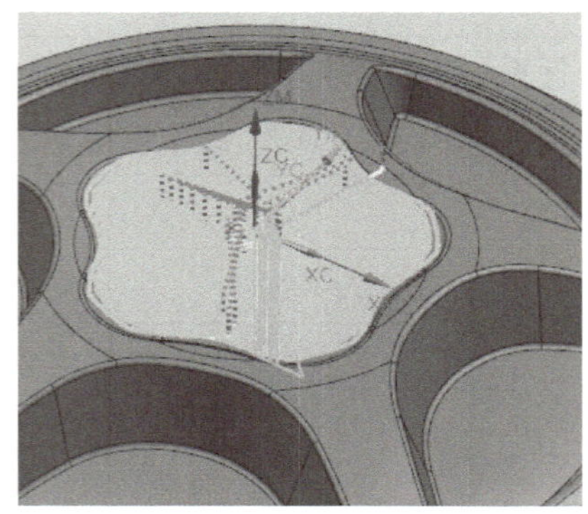

(b) 创建刀路

图 3.142 创建粗铣梅花曲面加工刀路

4)创建粗铣周边型腔加工工序——型腔铣(CAVITY_MILL)

(1)创建工序:在“工序导航器-几何”视图选中上道工序图标,单击鼠标右键“复制”,并“粘贴”在上道工序之下,创建粗铣周边型腔工序“CAVITY_MILL_COPY”。双击“CAVITY_MILL_COPY”图标,系统弹出“型腔铣”对话框。

①选择刀具:在“型腔铣”对话框的“刀具”下拉列表选择刀具名为 T02D12 的球刀。

②指定切削区域:在“型腔铣”对话框中,单击“指定切削区域”按钮,选取部件上如图 3.143(a)所示的区域(1 个独立型腔的曲面)。

③设置刀轨:在“刀轨设置”区域的“切削模式”下拉列表选择“跟随周边”;“步距”下拉列表选择“恒定”,“最大距离”下拉列表选择“mm”,文本框输入“15.0”;“公共每刀切削深度”下拉列表选择“恒定”,“最大距离”文本框输入“1.0”。

④设置切削参数:在“切削参数”对话框的“策略”选项卡的“部件侧面和底面余量”文本框中

输入“0.2”;“延伸路径”区域的“在边上延伸”文本框中输入“2.0”。主轴转速和进给速度按工艺卡中参数设置,其余参数默认。

⑤设置非切削移动:“非切削移动”对话框中“进刀”选项卡的“进刀类型”选择“螺旋”。

(2)在“型腔铣”对话框中,单击“创建”按钮 ,创建刀路,如图 3.143(b)所示。

(a) 指定切削区域

(b) 粗铣周边型腔加工刀路

图 3.143 粗铣周边型腔

5)创建精铣梅花曲面加工工序——“引导曲线”固定轮廓铣(FIXED_CONTOUR)

“引导曲线”固定轮廓铣也是固定轮廓铣中的一种加工方法,它使用球头刀或球面铣刀在切削区域上直接创建刀路而不需要投影,刀路可以按恒定量偏离单一引导曲线,也可以是多个引导曲线之间的变形,用于对包含底切的任意数量曲面的加工。

(1)创建工序:在“工序导航器-几何”视图中,选中“WORKPIECE”,点鼠标右键,点“插入(S)”→“工序(G)”,系统弹出“创建工序”对话框。在“创建工序”对话框“类型”下拉列表中选择“mill_contour”,在“工序子类型”区域中单击“固定轮廓铣”按钮 ,选择“刀具”为“T03D12”,单击“确定”,系统弹出“固定轮廓铣”对话框。

①指定切削区域:在“固定轮廓铣”对话框中,单击“指定切削区域”按钮 ,系统弹出“切削区域”对话框,选取模型上如图 3.144(a)所示的区域为切削区域,单击“确定”。

②指定驱动方法:在“固定轮廓铣”对话框的“驱动方法”区域的“方法”下拉列表中选择“引导曲线”,并单击右侧按钮 ,系统弹出如图 3.144(b)所示的“引导曲线驱动方法”对话框。

③指定驱动几何体:在“引导曲线驱动方法”对话框的“模式类型”下拉列表选择“变形”,并单击“选择曲线”按钮 ,选取图形窗口中所示模型上梅花曲面最外层的曲线为第一条边界驱动曲线;单击“添加新集”按钮 ,再次选取模型上梅花曲面中心孔的圆外为第二条驱动曲线,如图 3.144(b)所示。

④设置刀轨:在“引导曲线驱动方法”对话框中,“切削模式”下拉列表选择“螺旋”,“切削方向”下拉列表选择“沿引导线”,“切削顺序”下拉列表选择“从引导线 1”,“精加工刀路”下拉列表

选择“在起点”,“步距”下拉列表选择“残余高度”,“最大残余高度”文本框中输入“0.1”;“切削排序”下拉列表选择“按道”,并勾选“刀轨光顺”复选框,其他参数适中。

⑤设置切削参数:在“切削参数”的“余量”选项卡的“部件余量”文本框中输入“0.0”。主轴转速和进给速度按工艺卡中参数设置,其他参数默认。

⑥设置非切削移动:“非切削移动”的“进刀”选项卡的“进刀类型”选择“圆弧-平行于刀轴”,“退刀类型”选择“与进刀相同”。

(2)在“固定轮廓铣”对话框中,单击“创建”按钮创建刀路,如图3.144(c)所示。

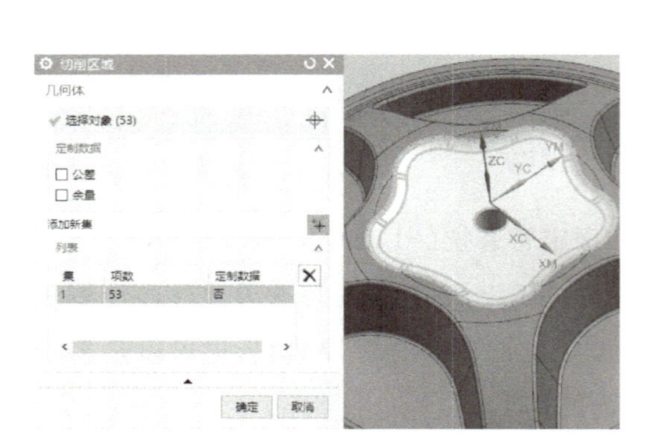

(a) 指定切削区域

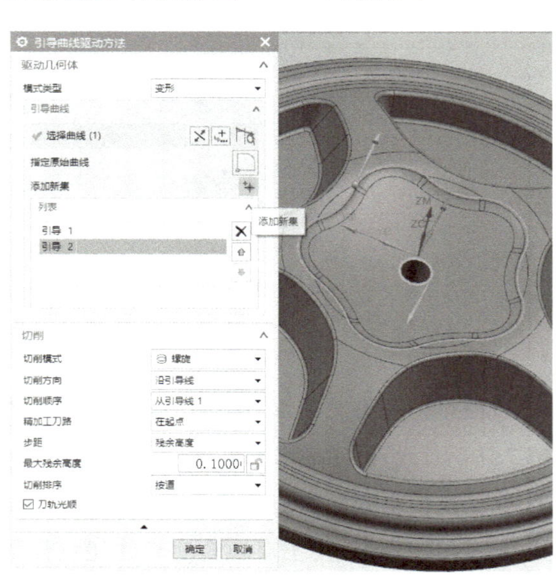

(b) 指定引导曲线

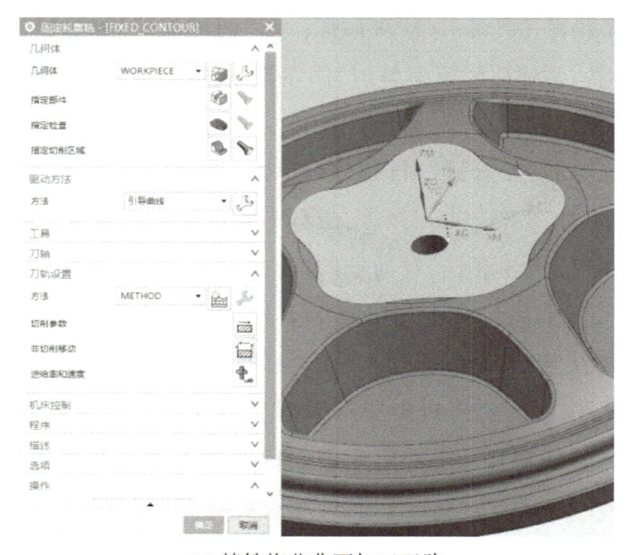

(c) 精铣梅花曲面加工刀路

图3.144 精铣梅花曲面

6)创建精铣周边型腔加工工序——区域轮廓铣(CONTOUR_AREA)

区域轮廓铣(CONTOUR_AREA)是轮廓铣(MILL_CONTOURE)大类中的一种加工子类型。区域轮廓铣使用区域铣驱动方法来加工切削区域中的固定轴曲线轮廓区域,常用于曲面的精加工。

(1)创建工序:在"工序导航器-几何"视图中,选中"WORKPIECE",单击鼠标右键,单击"插入"→"工序",系统弹出"创建工序"对话框。在"创建工序"对话框的"类型"下拉列表选择"mill_contour";在"工序子类型"区域中单击"区域轮廓铣"按钮;选择"刀具"为"T04D6"刀具,单击"确定",系统弹出如图3.145(c)所示"区域轮廓铣"对话框。

①指定切削区域:在"区域轮廓铣"对话框中,单击"指定切削区域"按钮,系统弹出"切削区域"对话框,选取模型上如图3.145(a)所示的曲面为切削区域。

②设置驱动方法:在"区域轮廓铣"对话框中,"驱动方法"区域的"方法"下拉列表选择"区域铣削",单击右侧按钮,系统弹出如图3.145(b)所示的"区域铣削驱动方法"对话框。在"区域铣削驱动方法"对话框"陡峭空间范围"区域的"方法"下拉列表中选择"陡峭和非陡峭","区域排序"下拉列表中选择"自上而下层优先"。

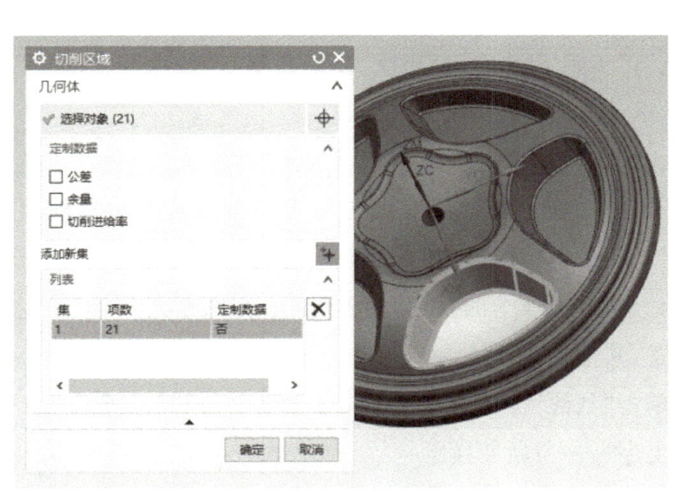

(a) 指定切削区域

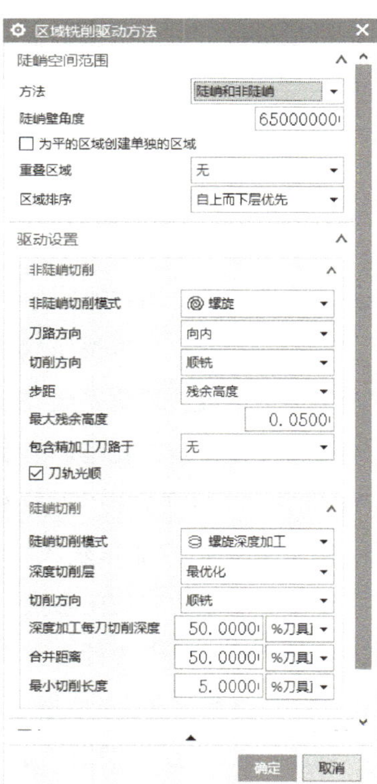

(b) "区域铣削驱动方法"对话框

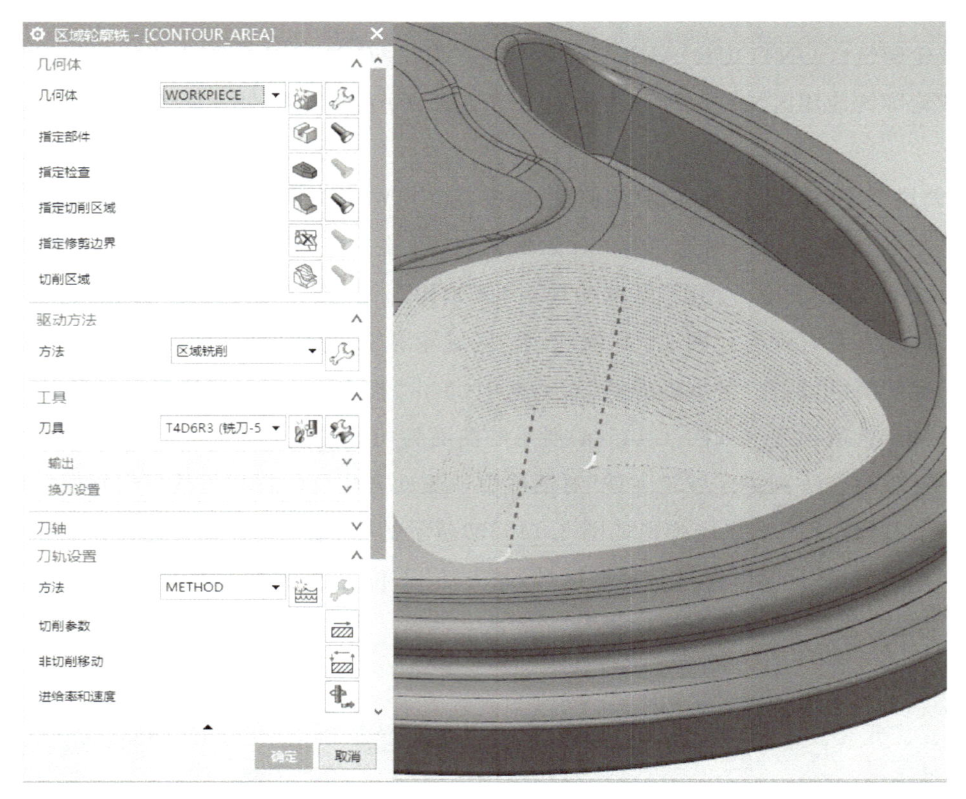

(c)精铣周边型腔加工刀路

图 3.145　精铣周边型腔

③驱动设置非陡峭："非陡峭切削模式"下拉列表选择"螺旋"；"刀路方向"下拉列表选择"向内"；"切削方向"下拉列表选择"顺铣"；"步距"下拉列表选择"残余高度"，"最大残余高度"文本框输入"0.05"；勾选"刀轨光顺"复选框。

④驱动设置陡峭："陡峭切削模式"下拉列表选择"螺旋深度加工"；"深度切削层"下拉列表选择"最优化"；"切削方向"下拉列表选择"顺铣"；"深度加工每刀切削深度"文本框中输入"50%"；"合并距离"文本框输入"50%"；"最小切削长度"文本框中输入"5.0"，其他参数默认。

⑤设置切削参数："切削参数"的"余量"选项卡的"部件余量"文本框中输入"0.0"。主轴转速和进给速度按工艺卡中的参数设置，其他参数默认。

(2)在"区域轮廓铣"对话框中，单击"创建"按钮 ，创建刀路，如图 3.145(c)所示。

7)创建粗铣其余周边型腔加工工序——刀轨变换

创建其余周边型腔粗加工工序采用系统的刀轨变换功能来完成，即对步骤 4 中已创建的单个梅花曲面的粗加工工序 1 刀路进行特定的复制操作。

(1)在"工序导航器-几何"视图中，选中粗铣周边型腔加工工序 CAVITY_MILL_COPY ，单击鼠标右键，选择“对象”→“变换”，系统弹出如图 3.146(a)所示“变换”对话框。

(2)在“变换”对话框的“类型”下拉列表选择“绕点旋转”，单击“变换参数”区域的“指定枢轴点”右侧按钮 ，选取模型的圆心点，“角度法”下拉列表选择“指定”，“角度”文本框输入“72.0”度；在“结果”区域勾选“复制”复选框，“距离/角度分割”文本框输入“1.0”，“非关联副本数” 文本框输入“4.0”，单击“显示结果”按钮 ，可以预览操作结果。单击“确定”，完成其余周边四个型腔的粗加工刀路的复制并创建刀路，如图 3.146(b)所示。

(a) 刀路变换设置

(b) 周边型腔加工刀路

图 3.146　粗铣周边型腔

8)创建精铣其余四周型腔加工工序——刀轨变换

创建其余周边四个型腔的精加工工序，同样采用刀轨变换功能来完成，其操作步骤参照步骤 7。操作完成后的“工序导航器-程序顺序”视图和刀路创建结果如图 3.147 所示。

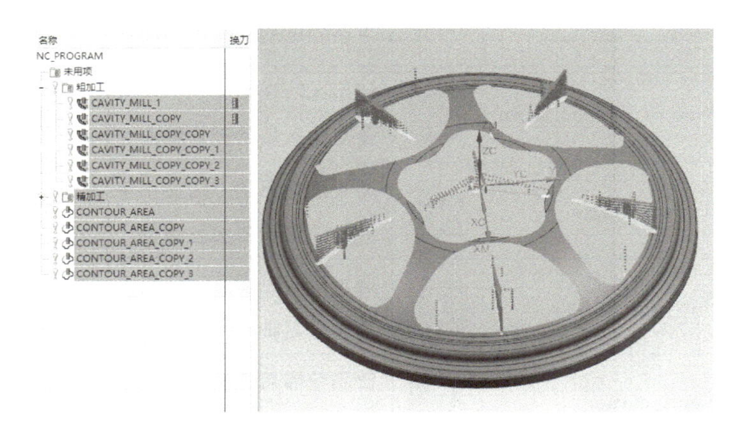

图 3.147　精铣其余周边四个型腔

相关知识

本任务主要介绍轮廓铣的区域轮廓铣、固定轮廓铣、曲面区域轮廓铣、流线铣、清根等加工子类型。各加工子类型的定义如表 3－19 所示。

表 3－19 “轮廓铣”部分子工序类型的定义

中文名称	英文名称	图标	定义
固定轮廓铣	fixed_contour		用于对各种驱动方法、空间范围（曲面）和切削模式的部件或切削区域进行轮廓铣的基础固定轴曲面轮廓铣
固定轴引导曲线铣	flowcut_multiple		常用的精加工工序，用于对包含底切的任意数量曲面的加工。它使用球头刀或球面铣刀在切削区域上直接创建刀路而不需要投影，刀路可以恒定量偏离单一引导曲线，也可以是多个引导曲线之间的变形，刀轴支持 3D 曲线
区域轮廓铣	area_mill		使用区域铣驱动方法来加工切削区域中的固定轴曲线轮廓区域
曲面区域轮廓铣	contour_surface_area		使用曲面区域驱动方法对选定面定义的驱动几何体进行精加工的固定轴曲面轮廓铣
流线	streamline		使用流曲线和交叉曲线来引导切削模式，并遵照驱动几何体形状的固定轴曲面轮廓铣
非陡峭区域轮廓铣	contour _ area _ non _ steep		使用区域铣削驱动方法来切削陡峭度大于特定陡峭壁角度的区域的固定轴曲面轮廓
陡峭区域轮廓铣	contour_areadir_steep		使用区域铣削驱动方法来切削陡峭度小于特定陡峭壁角度的区域的固定轴曲面轮廓
单刀路清根	flowcut_single		通过清根驱动方法使用单刀路精加工或修整拐角和凹部的固定轴曲面轮廓铣
多刀路清根	flowcut_multiple		通过清根驱动方法使用多刀路精加工或修整拐角和凹部的固定轴曲面轮廓铣
深度加工拐角	zlevel_corner		使用轮廓切削模式精加工指定层中前一个刀具无法切削的拐角材料。（必须定义部件几何体和参考刀具）
轮廓文本	contour_text		雕刻轮廓曲面上的文字

1. 固定轮廓铣（fixed contour）

1)固定轮廓铣原理

固定轮廓铣是由驱动几何体产生驱动点,并按投影矢量的方向将驱动点投影到部件几何体上得到投影点,投影点便是刀具与部件几何体的接触点。系统根据接触点位置的部件表面曲率半径、刀具半径等因素,计算得到刀具定位点,无数定位点光滑连接创建刀轨,如图 3.148 所示。

驱动几何体是用来产生驱动点的几何体,驱动几何体可以是点、曲线、曲面,也可以是零件几何体。

驱动点是在驱动几何体上产生,且按投影矢量投影到部件几何体上的点。驱动点可以由整个或部分零件几何体创建,或者由与零件几何体无关的其他几何体产生。选择不同的驱动方法,并设置不同的驱动参数,将获得不同的刀路形式。

投影矢量用于确定驱动点投射到部件几何体上的方法,以及定义刀具接触到的零件表面侧。其中,刀具总是沿投影矢量方向与零件表面的一侧接触。

固定轮廓铣主要用于曲面的半精加工和精加工。在铣削过程中,刀具轴线(即刀轴方向)始终固定且沿“$+ZM$ 轴”方向(即 Z 轴的正方向)。

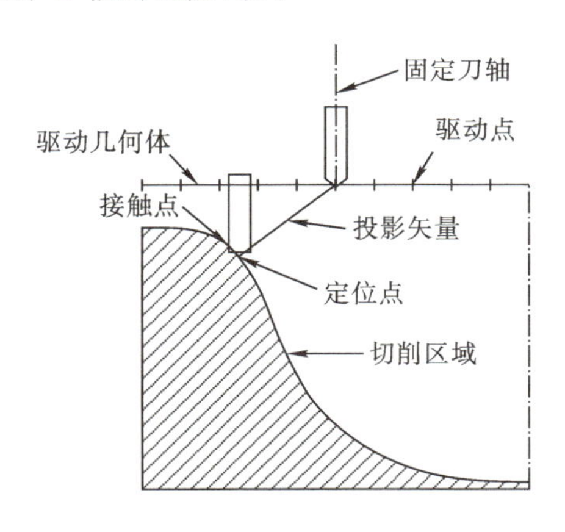

图 3.148　固定轮廓铣原理

2)投影矢量的类型及定义

投影矢量的类型有指定矢量、刀轴、刀轴向上、远离点、朝向点、远离直线、朝向直线、垂直于驱动体和朝向驱动体等,如图 3.149 所示。投影矢量的方向决定了刀具接触部件表面侧的方式,因此,投影矢量的类型不同,其加工面也不同。注意:要避免出现投影矢量平行于刀轴矢量或垂直于部件表面法向的情况。

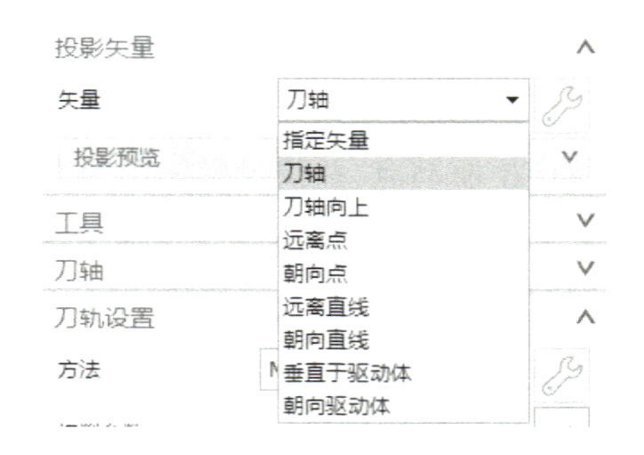

图 3.149　投影矢量的类型

(1)刀轴:根据现有刀轴定义一个投影矢量,投影矢量总是指向刀轴矢量的相反方向。如图 3.150 所示,刀轴方向向上,则投影矢量向下,驱动点从驱动几何体表面向下投影到部件表面上,刀具则按投影矢量方向向下开始接触部件表面,从而产生切削。

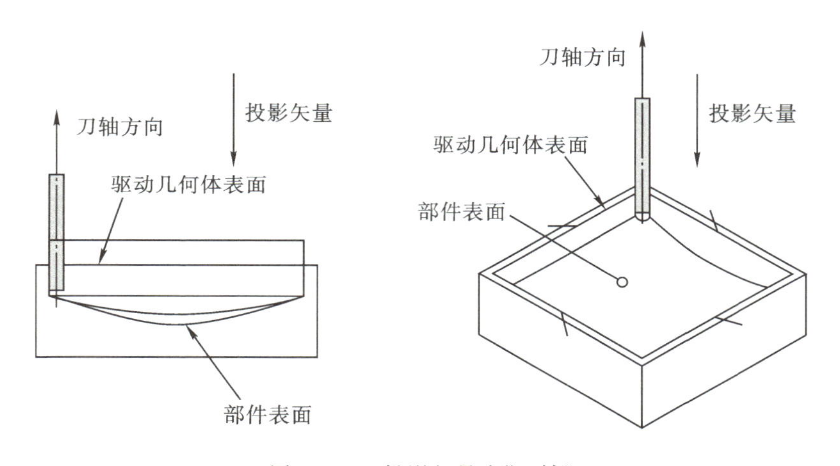

图 3.150　投影矢量为"刀轴"

"投影矢量"选择"刀轴"的应用效果如图 3.151 所示,"刀轴"类型选择"$+ZM$ 轴","投影矢量"选择"刀轴",创建刀路,如图 3.151(a) 所示。如果"刀轴"类型选择"$+XM$ 轴","投影矢量"选择"刀轴",则驱动几何体上的驱动点沿投影矢量在$+XM$方向的投影创建的刀路如图 3.151(b) 所示。

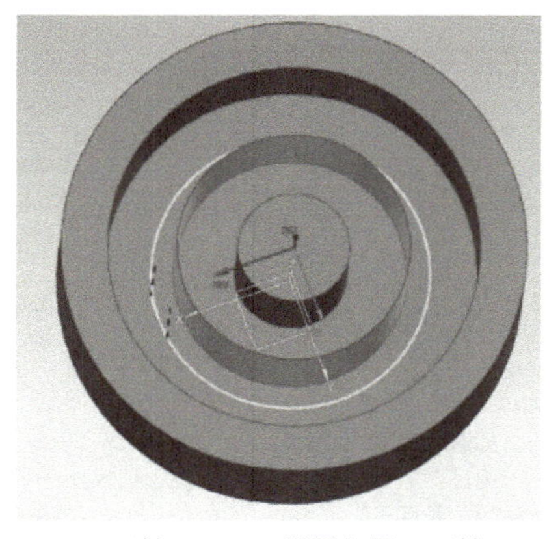

(a) 刀轴：+ZM；投影矢量：刀轴

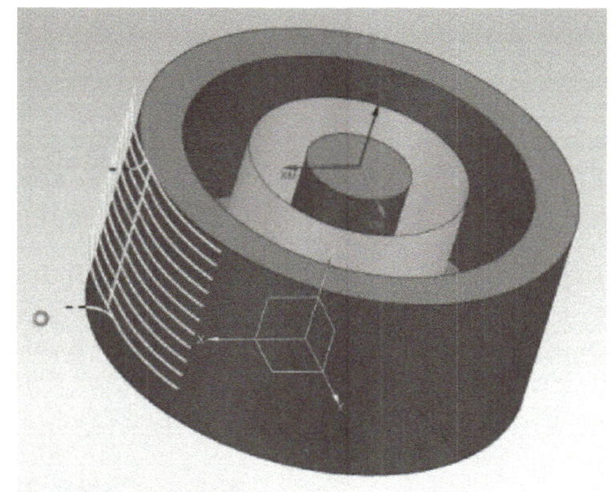

(b) 刀轴：+XM；投影矢量：刀轴

图 3.151　投影矢量“刀轴”的应用

(2)刀轴向上：创建一个沿现有刀轴向上的投影矢量，如图 3.152 所示。“刀轴”选择“+ZM轴”，“投影矢量”选择“刀轴向上”，选择模型的凸缘面(①)为部件几何体，指定底面(②)为边界平面，指定底面边界线(③)为驱动边界(即驱动几何体)，沿刀轴向上投影至凸缘面上创建刀路(④)。

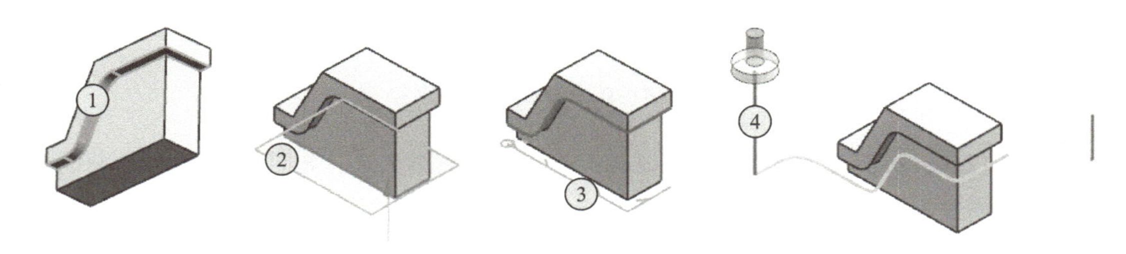

图 3.152　投影矢量“刀轴向上”的应用

(3)远离点：创建从指定的焦点向部件表面延伸的投影矢量。如图 3.153 所示，驱动点按投影矢量相反的方向从驱动几何体曲面投影到部件表面上，形成刀路。投影矢量“远离点”确定了部件内表面为刀具侧，可用于加工焦点在球面中心处的内侧球形曲面(或类似球形曲面)。注意：焦点与部件内表面之间的最小距离必须大于刀具半径。

(4)朝向点：创建从部件表面延伸至指定焦点的投影矢量，如图 3.154 所示。球面同时用作驱动几何体曲面和部件几何体表面，驱动点以零距离从驱动几何体曲面投影到部件表面。投影矢量“朝向点”确定了部件外表面为刀具侧，可用于加工焦点在球中心处的外侧球形的曲面(或类似球形的曲面)。

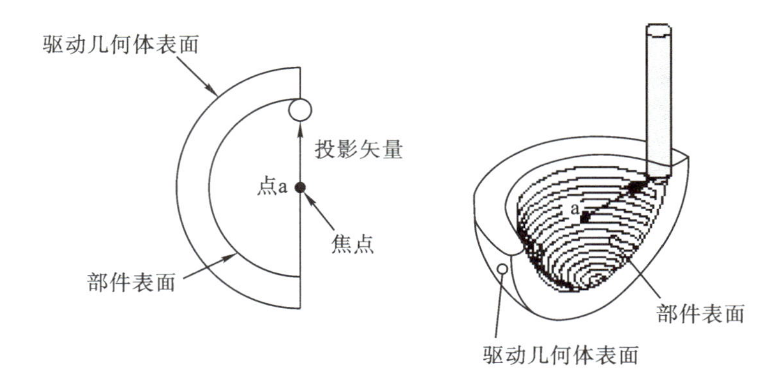

图 3.153　投影矢量为“远离点”

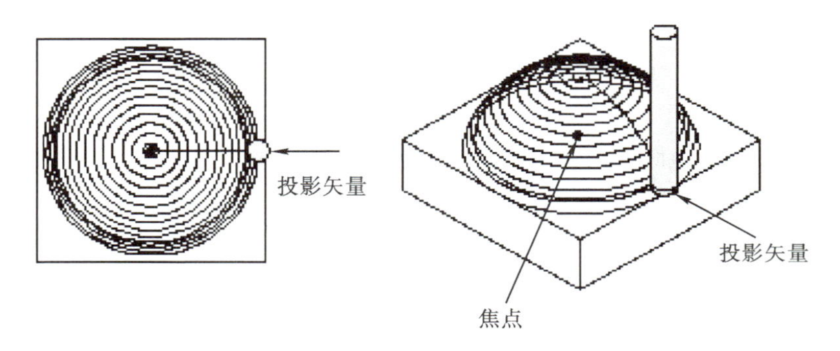

图 3.154　投影矢量为“朝向点”

(5)朝向直线：用于创建从部件表面延伸至指定线的投影矢量。如图 3.155 所示，驱动点沿着向所选聚焦线收敛的直线从驱动几何体曲面投影到部件表面，刀具位置从部件表面的外侧移到中心线。投影矢量“朝向直线”适用于加工外部圆柱面，指定圆柱中心线为朝向线。

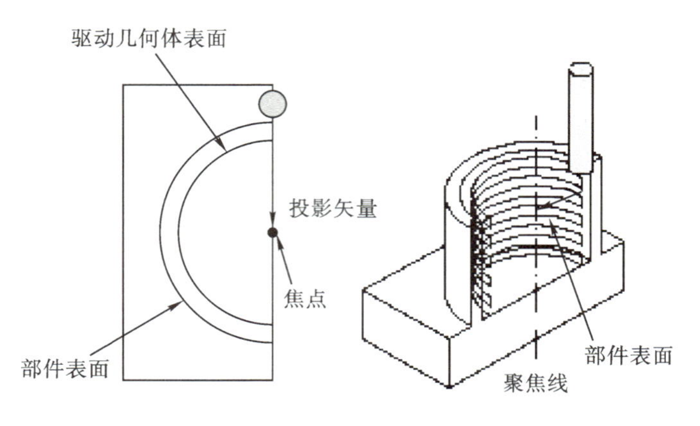

图 3.155　投影矢量“朝向直线”

投影矢量“朝向直线”应用如图 3.156 所示。如果加工外圆体的外表面,“刀轴”选择“$+ZM$方向”,“投影矢量”选择“朝向直线”,指定驱动几何体如图 3.156(a)所示,指定朝向线方向如图 3.156(b)所示,并将其移动至与$+ZM$轴重合,如图 3.156(c)所示,创建刀路如图 3.156(d)所示。如果要加工内圆柱体的外表面,由于在默认的情况下,从外朝向聚焦线投影时,最先接触到的是最外层的圆柱面,这样内圆柱体的外表面被外层的圆柱表面挡往了,此时需要指定内圆柱体的外表面为切削区域,然后,采用同样的驱动方法才可获得内圆柱体外表面的刀路,如图 3.156(d)所示。

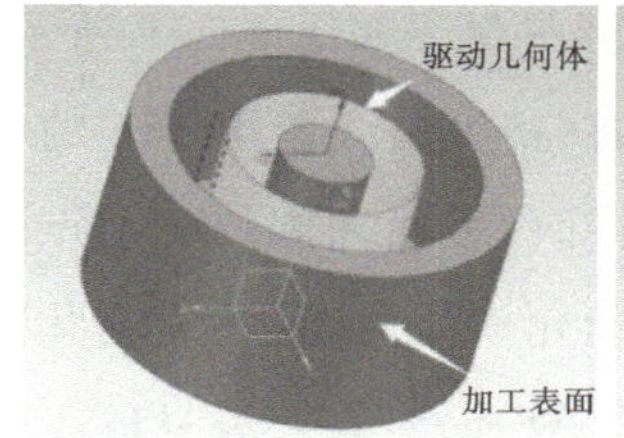

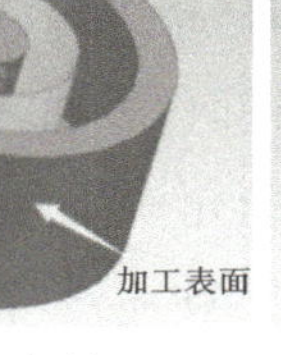

(a) 指定几何体

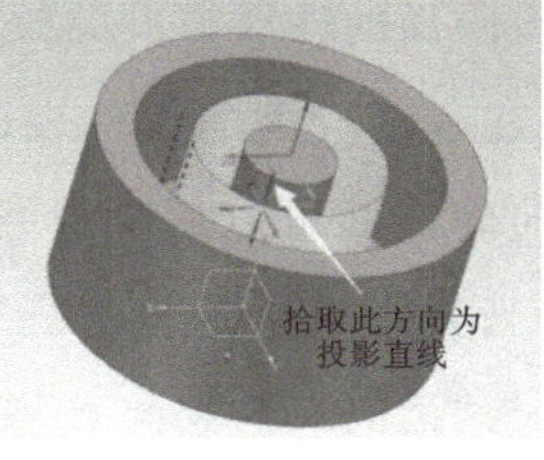

(b) 指定朝向线方位

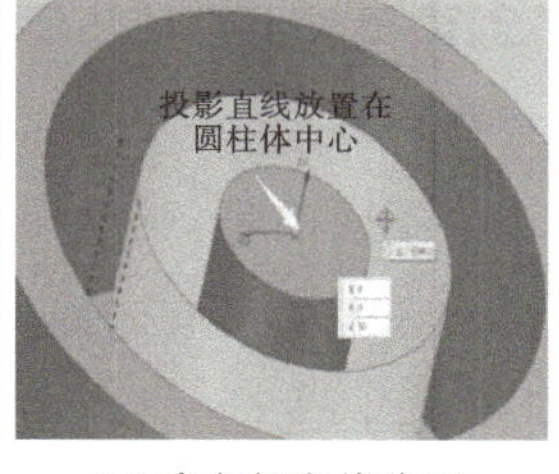

(c) 确定朝向线位置

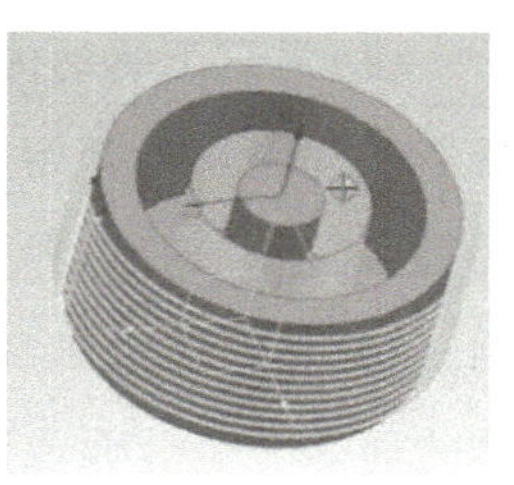

(d) 创建加工刀路

图 3.156 投影矢量“朝向直线”的应用

(6)远离直线:创建从指定的直线延伸至部件表面的投影矢量,如图 3.157 所示。驱动点按投影矢量相反的方向从驱动几何体曲面投影到部件表面上,形成刀路。刀具位置从中心线移到部件表面的内侧。“远离直线”适用于加工内部圆柱面,指定圆柱中心线为朝向线。

注意:聚焦线与部件表面之间的最小距离必须大于刀具半径。

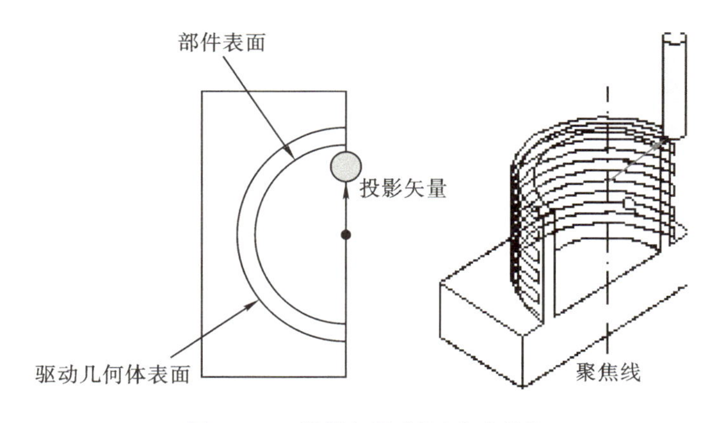

图 3.157 投影矢量为“远离直线”

投影矢量“远离直线”的应用如图 3.158 所示。“刀轴”选择“$+ZM$ 方向”,“投影矢量”选择“远离直线”,选择 3.158(a)所示的直线为朝向线,并将此线移动至与$+ZM$方向重合,此时创建内圆柱外表面的刀路。如果要加工外圆柱面的内表面,则需要指定外圆柱面的内表面为切削区域,如图 3.158(b)所示,创建圆柱面外表面的刀路,如图 3.158(c)所示。

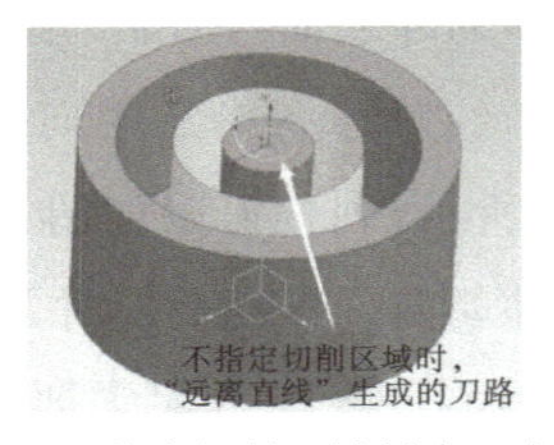

(a) 不指定切削区域创建刀路

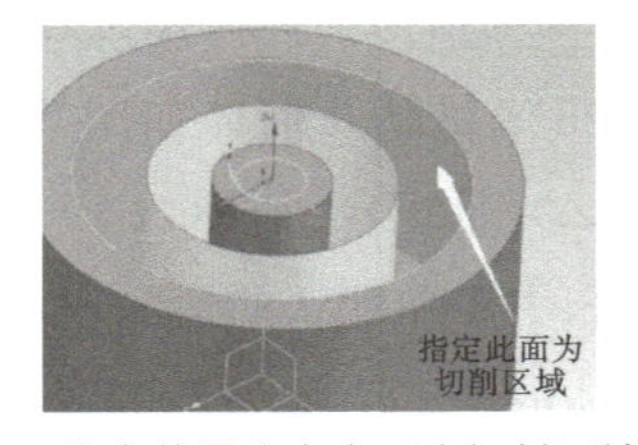

(b) 指定外圆柱内表面为切削区域

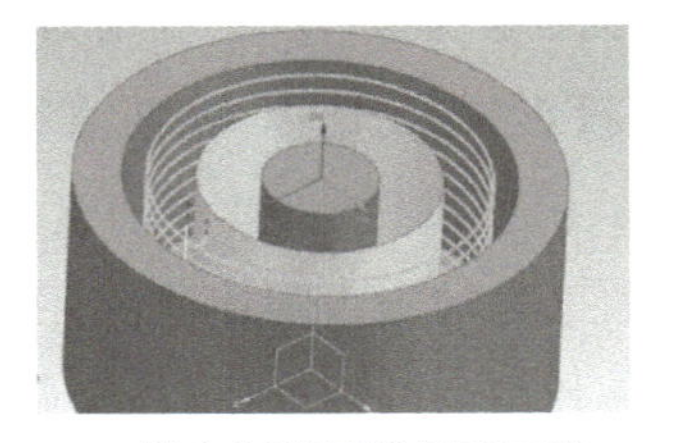

(c) 指定切削区域创建刀路

图 3.158　投影矢量“远离直线”的应用

(7)垂直于驱动体：创建相对于驱动几何体曲面的法线方向的投影矢量。如图 3.159 所示，投影从无限远处开始，将驱动点均匀分布到凸起程度较大的部件表面(相关法线超出 180°的部件表面)上。与“边界”选项不同的是，驱动几何体曲面可以用来包络部件表面周围的驱动点阵列，以便将它们投影到部件表面的所有侧面。当投影矢量垂直于驱动几何体曲面，且驱动几何体曲面是一个球面或圆柱面时，它的工作方式与“远离点”“朝向点”或“朝向线”投影矢量的工作方式一样，这取决于驱动几何体曲面的材料侧。

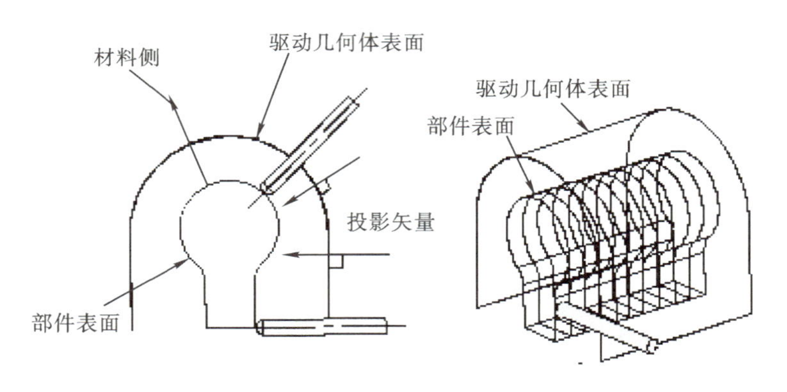

图 3.159　投影矢量为“垂直于驱动体”

投影矢量“垂直于驱动体”的应用如图 3.160 所示。“刀轴”选择“$+ZM$ 方向”，“投影矢量”选择“垂直于驱动体”，指定表面为驱动几何体如图 3.160(a)所示，创建的刀路如图 3.160(b)所示。刀路的一部分由驱动几何体投影至上面的部件几何体表面上创建，另一部分由驱动几何体投影至下面的部件几何体表面上创建。注意：模型下表面的左半部分是无法创建刀路的，即使是选择了下表面为切削区域也无法创建，因为若在此处创建刀路，刀具要发生碰撞。

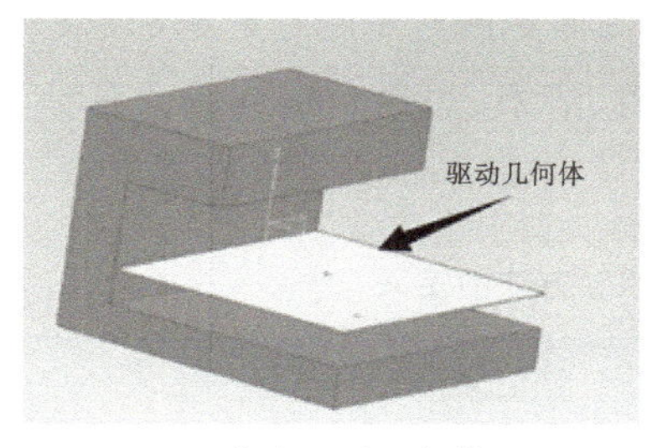

(a) 指定驱动几何体

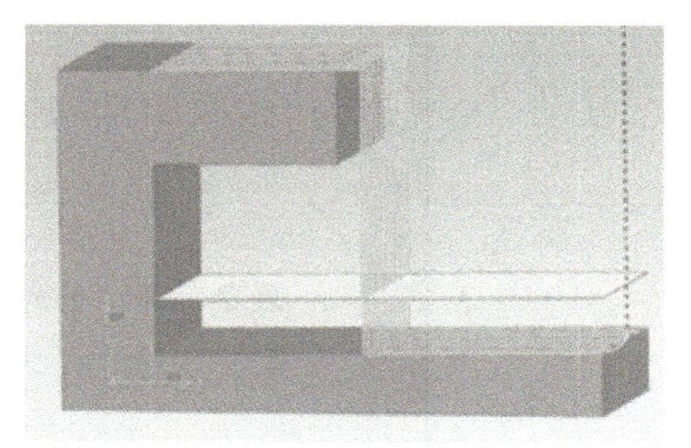

(b) 创建加工刀路

图 3.160 投影矢量“垂直于驱动体”的应用

(8)朝向驱动体:创建相对于驱动几何体曲面的法线方向的投影矢量,与“垂直于驱动体”不同的是驱动几何体曲面位于部件内部,可以是同一个部件表面,投影从驱动几何体曲面当前的位置开始。使用“朝向驱动体”投影矢量是为了避免铣削到非预期的部件几何体,主要用于型腔零件的加工。

投影矢量“朝向驱动体”的应用如图 3.161 所示。“刀轴”选择“+ZM 方向”,“投影矢量”选择“朝向驱动体”,投影到部件几何表面上,创建的刀路如图 3.161(a)所示。下表面的左半部分没有刀路,其原因是在加工零件型腔内表面时,上面的部件要与刀具发生碰撞,这是与“垂直驱动体”不同的地方。此时,可以在“后退距离”文本框中输入一个值,将刀具抬高一定距离,若此值足够大,则创建的刀路如图 3.161(b)所示。

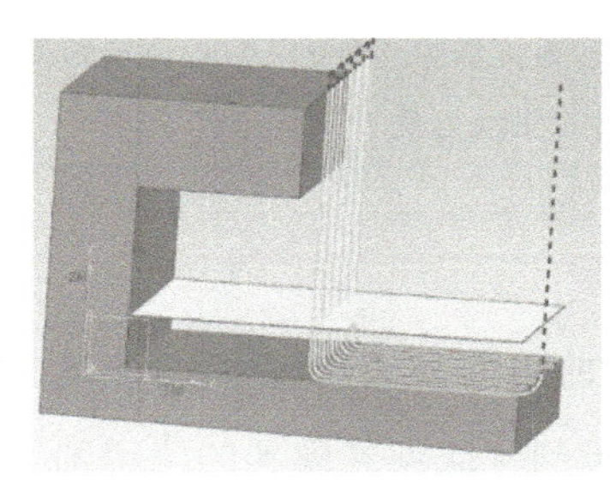

(a) 创建加工刀路

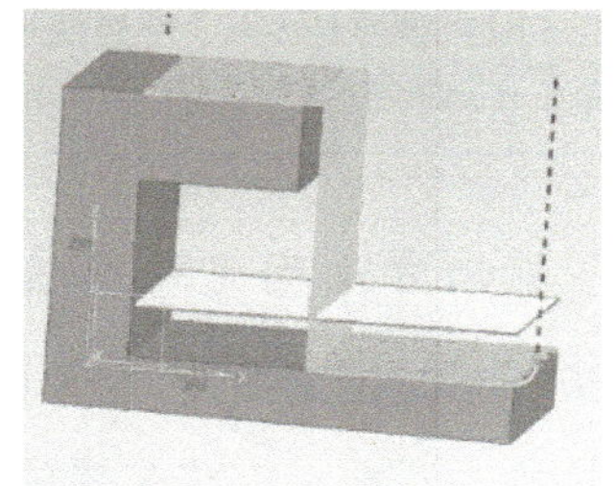

(b) 增加 “后退距离” 创建刀路

图 3.161 投影矢量“朝向驱动体”的应用

3)刀轴

刀轴是指刀具轴线的方向。刀轴类型有“+ZM 轴”“指定矢量”和“动态”三种方法。其中“+ZM 轴”为笛卡儿坐标系的 Z 轴正方向。在固定轮廓铣中(即 3 轴加工)刀轴永远选择“+ZM 轴”,在可变轮廓铣中(即多轴加工)刀轴可选用“指定矢量”和“动态”。

4)驱动方法

驱动方法是指驱动点产生的方法,即用于定义驱动几何体类型的方法。有的驱动方法是在曲线上产生一系列驱动点，有的驱动方法则在一定面积内产生阵列的驱动点。固定轮廓铣的驱动方法有曲线/点驱动、区域驱动、曲面驱动、流线、清根、边界和螺旋等。各种驱动方法的定义如表 3-20 所示。

表 3-20 各种驱动方法的定义

类型	定义
曲线/点	通过指定点、曲线和面的边来定义驱动几何体
螺旋式	定义从指定的中心点向外螺旋展开的驱动点
边界	通过指定边界和环来定义驱动表面
区域铣削	通过指定“切削区域”几何体来定义切削区域，不需要驱动几何体
曲面区域	定义位于“驱动曲面”栅格中的驱动点阵列
刀轨	沿着现有的 CLSF 刀轨定义驱动点，在当前工序中创建类似的“曲面轮廓铣刀轨”
径向切削	使用指定的步距、带宽和切削类型，创建沿给定边界和垂直于给定边界的驱动轨迹
外形轮廓铣	利用刀的侧刃加工倾斜壁
清根	沿部件表面形成的凹角和凹部创建驱动点
文本	选择制图文本作为驱动几何体，并指定要在部件上雕刻文本的深度
用户定义	未定义的驱动方法，允许创建曲面轮廓铣模板工序，而不必指定初始驱动方法。每个用户都可在从模板创建工序时指定相应的驱动方法

2. “曲线/点”驱动方法固定轮廓铣

“曲线/点”驱动方法通过定义曲线、点和面的边为驱动几何体，将驱动几何体映射至部件几何体上创建刀路。“曲线/点”驱动方法主要用于刻字或创建模具的流道加工。曲线可以是开放的或封闭的，连续的或非连续的。当选择点时，会沿指定点之间的线性段创建驱动刀轨。

1)创建工序，设置驱动方法

在“创建工序”对话框的“类型”下拉列表中选择“mill_contour”，在“工序子类型”显示区域单击“固定轮廓铣”按钮 ，在弹出的“固定轮廓铣”对话框中“驱动方法”区域的“方法”下拉列表中选择“曲面/点”，并单击右侧按钮 ，系统弹出如图 3.162 所示的“曲线/点驱动方法”对话框。

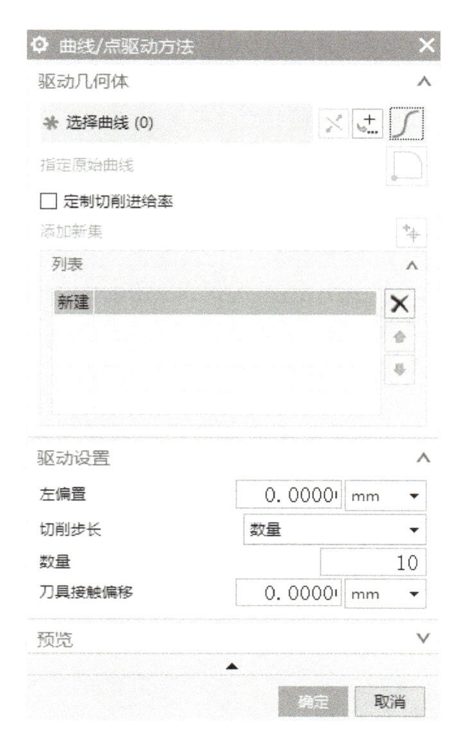

图 3.162　“曲线/点驱动方法”对话框

“曲线/点驱动方法”对话框各选项的定义如下。

选择曲线：通过选择曲线、边或点来指定曲线。

点构造器：可以创建点，并选择点作为独立的流动/交叉实体，或将其用于桥接缝隙。

指定原始曲线：当选择多条形成闭环的曲线或边时，可以指定原点。

左偏置：设置刀具沿部件几何体的边向左的偏离量，输入负值可创建右偏置。使用此功能时，必须选择切削区域。

切削步长：控制驱动曲线上驱动点之间的线性距离，有“数量”和“公差”两个选项。如果未选择部件几何体和切削区域，将设置刀路沿线的点分布。通常情况切削步长选择“公差”。

刀具接触偏移：创建沿曲线切线方向移动刀具的接触点。当使用球头铣刀等非中心切削刀具时，选择此选项，在围绕某个轴进行切削时，就相当于围绕该轴做旋转移动，如图 3.163 所示。

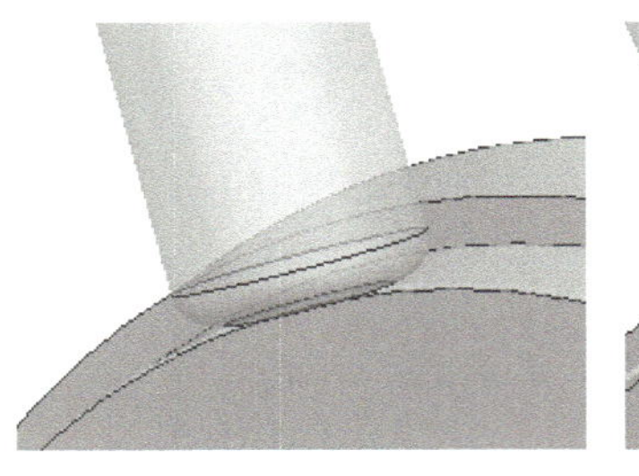

(a) 默认接触点的刀具

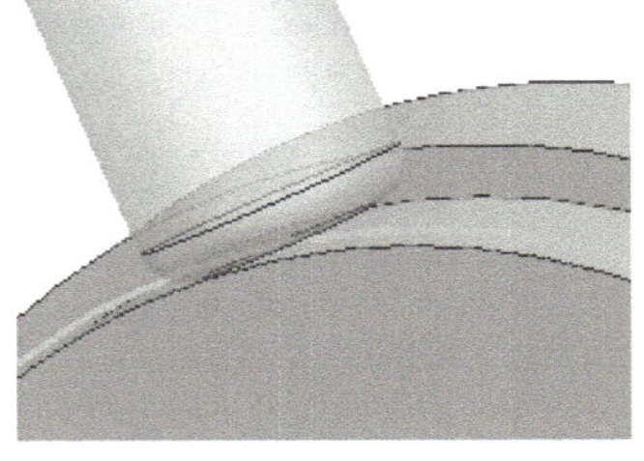

(b) 刀具接触点已偏移

图 3.163 刀具接触偏移

2)指定“曲线”和“边”为驱动几何体

指定“曲线”和“边”为驱动几何体时,刀轨按选择曲线的顺序,从一条曲线或边移动至下一条曲线或边,如图 3.164 所示。对于开放曲线和边,起点由选定的端点决定。对于封闭曲线或边,起点和切削方向由选择线段的顺序决定。此驱动方法可以使用负余量值,此时刀具在低于选定部件面的表面创建刀路。

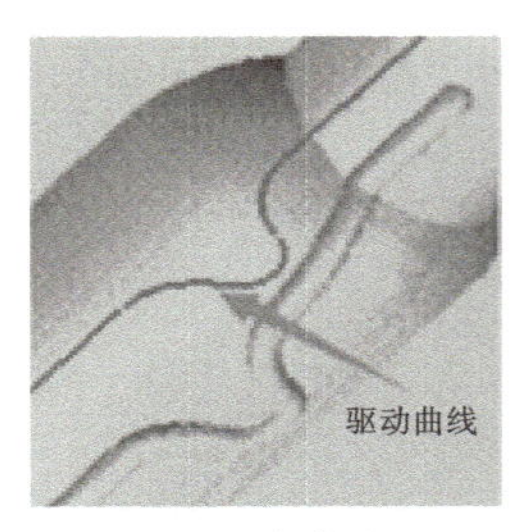

(a) 开放曲线

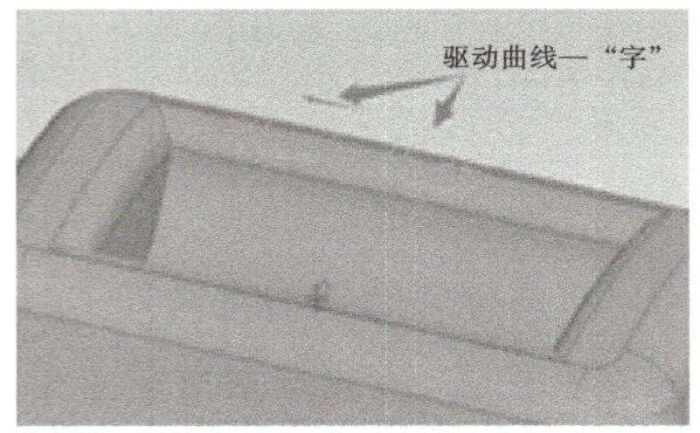

(b) 封闭曲线

图 3.164 “曲线”驱动方法

3)指定“点”为驱动几何体

指定“点”为驱动几何体时,刀轨按选择点的顺序从一个点移至下一个点。可以多次使用同一个点作为序列中的第一个和最后一个点,从而创建封闭刀轨,如图 3.165 所示。如果只指定一个驱动点,或者指定几个驱动点使得部件几何体上只定义一个位置,则不会创建刀轨。

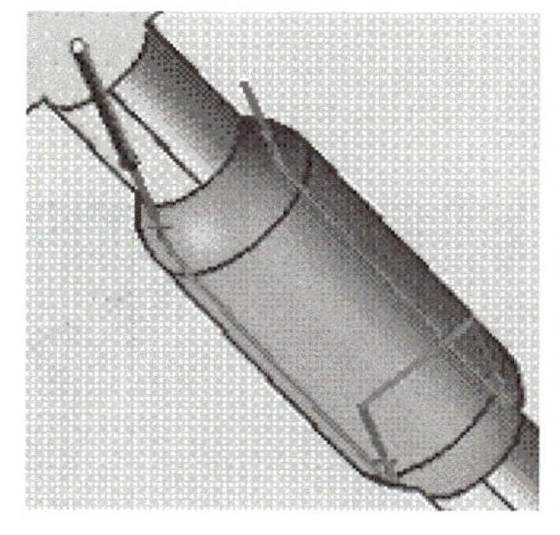
(a) 点驱动的开放刀轨

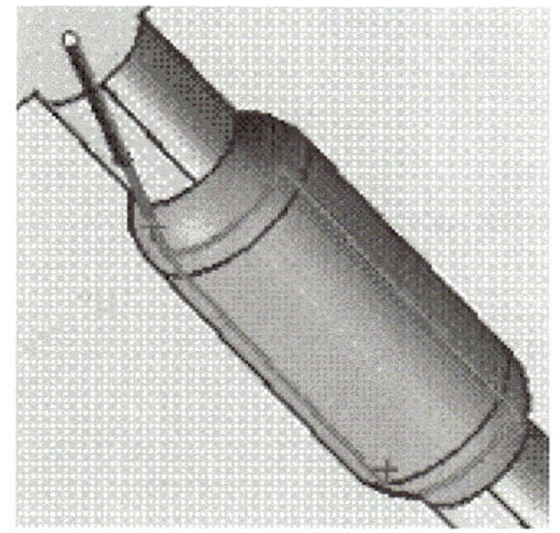
(b) 点驱动的封闭刀轨

图 3.165 “点”驱动方法

3. “区域铣削” 驱动方法固定轮廓铣

“区域铣削”驱动方法是以加工面的最大轮廓作为驱动区域产生驱动点，并按刀轴方向投影到部件几何体上创建刀路。区域铣削只需要指定切削区域，不需要指定驱动几何体。区域铣削适合用于加工各种形状的工件，特别适合用于曲面加工。

(1)创建工序，设置驱动方法。

在“创建工序”对话框的“类型”下拉列表中选择“mill_contour”，在“工序子类型”显示区域单击“固定轮廓铣”按钮，在弹出的“固定轮廓铣”对话框中“驱动方法”区域的“方法”下拉列表中选择“区域铣削”，并单击右侧按钮，系统弹出“区域铣削驱动方法”对话框。

“区域铣削驱动方法”对话框中各选项的定义如下。

陡峭空间范围：根据刀轨的陡峭度限制切削区域。它可用于控制残余高度和避免将刀具插入陡峭曲面上的材料中。有“陡峭和非陡峭”“陡峭”“非陡峭”3 个选项。

陡峭和非陡峭：不区分陡峭，加工整个切削区域。

陡峭：只加工部件表面角度小于陡峭角的切削区域。

非陡峭：只加工部件表面角度大于陡峭角的切削区域。

陡峭角度：用于约束刀轨陡峭的切削区域，陡峭角度是曲面法向与 $+Z$ 轴的夹角。选择“陡峭”，且“陡峭角度”为 65°时，创建的刀路如图 3.166 所示，只加工陡峭角度小于 65°的区域。

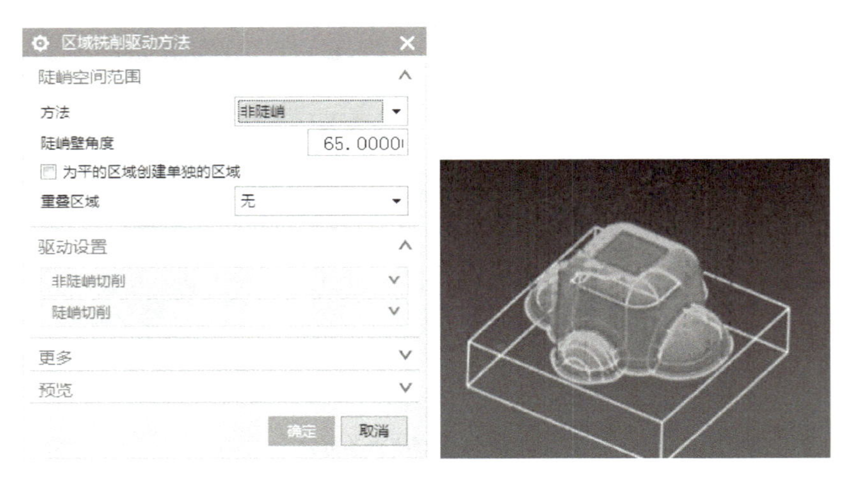

图 3.166　陡峭角度

步距已应用:用于定义测量步距的方式是沿平面还是沿部件,有“在平面上”和“在部件上”两个选项。

在平面上:沿垂直于刀轴的平面测量步距,如图 3.167(a)所示,适合加工非陡峭区域。

在部件上:沿部件表面测量步距,如图 3.167(b)所示,步距沿部件表面是恒定的,适合加工陡峭区域。

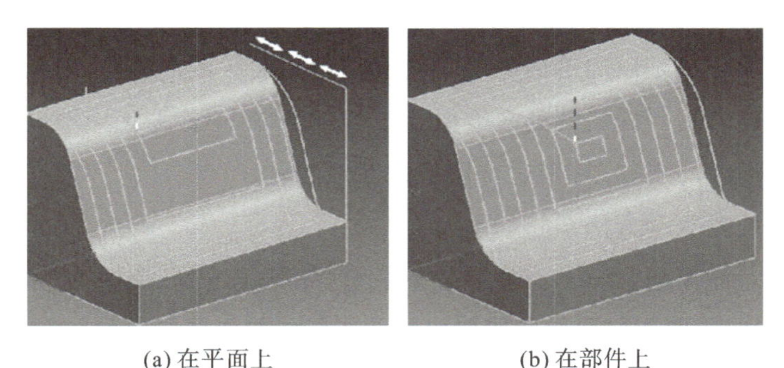

(a) 在平面上　　(b) 在部件上

图 3.167　步距已应用

(2)指定切削区域,切削区域控制。

在“固定轮廓铣”对话框中,单击“指定切削区域”右侧按钮,系统弹出“切削区域”对话框。在图形窗口选取要加工的曲面,单击“确定”按钮,完成指定切削区域。

切削区域控制是在区域铣削方式中使用切削区域几何体命令,把切削区域细分成众多小区域,并且控制切削行为在每个区域之内。使用方法是在“固定轮廓铣”对话框中,单击“切削区域”按钮 ,系统弹出如图 3.168(a)所示的“切削区域”对话框。单击“创建区域列表”右侧按钮 ,列表中出现可细分处理的切削区域,选中要细分的切削区域,如图 3.168(b)所示。系统根据陡峭角度和工序中的碰撞检查设置来细分切削区域,同时在图形窗口中显示细分后的切削区域,如图 3.168(c)所示。

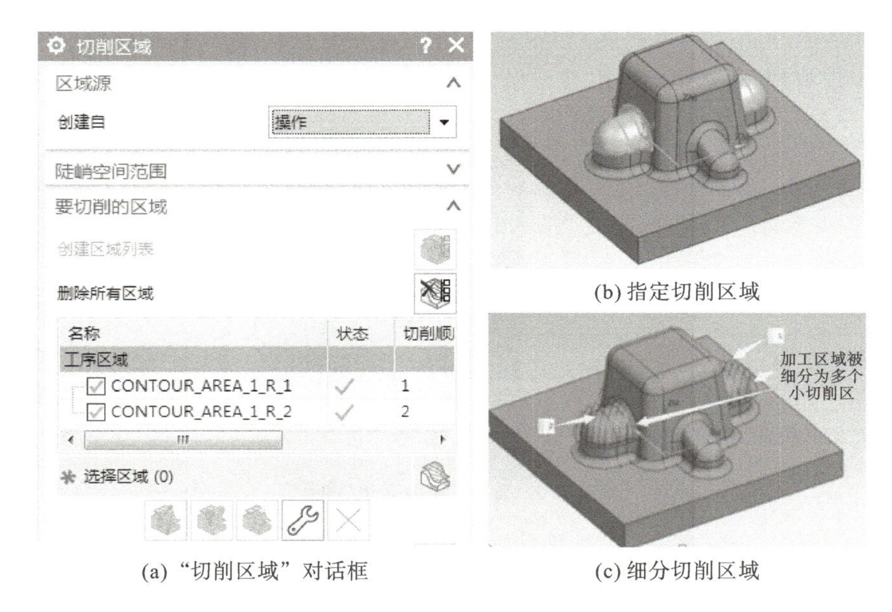

(b) 指定切削区域

(a) “切削区域” 对话框

(c) 细分切削区域

图 3.168 切削区域控制

(3)设置切削参数。

“切削参数”对话框中“多刀路”选项卡如图 3.169 所示,勾选“多重深度切削”复选项,出现“步进方法”。在“步进方法”的下拉列表中有“增量”和“刀路数”两个选项。选择“刀路数”,出现“刀路数”文本框。通过设置“刀路数”可创建多条平行刀路,用于切削一定区域范围内的材料。

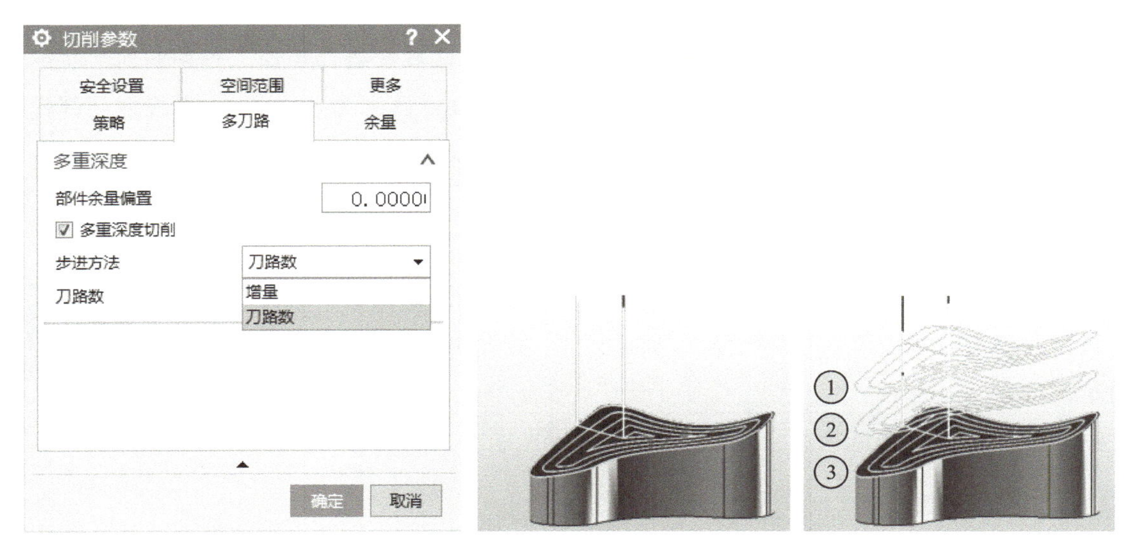

图 3.169 “多刀路”选项卡

(4)清理“跟随周边”的切削。

在区域铣削方式中，“切削模式”为“跟随周边”时，如图 3.170(a)所示，图样中心和图样转角的位置可能会有较大的残余高度，如图 3.170(b)所示。要去除多余的材料，可以在“驱动设置”中勾选“步进清理”复选框，使用“步进清理”后的刀路如图 3.170(c)所示。

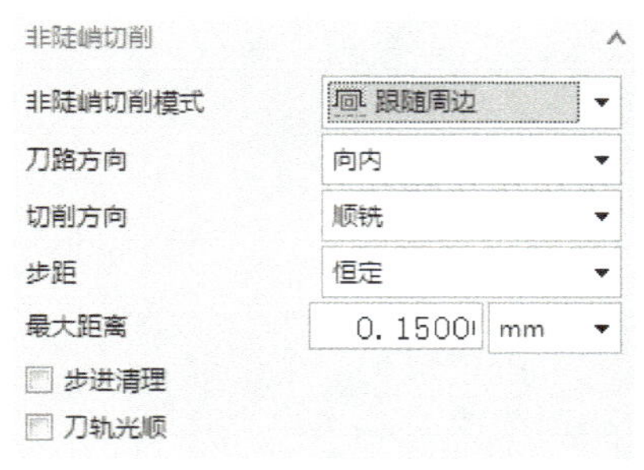

(a) “切削模式” 为 “跟随周边”

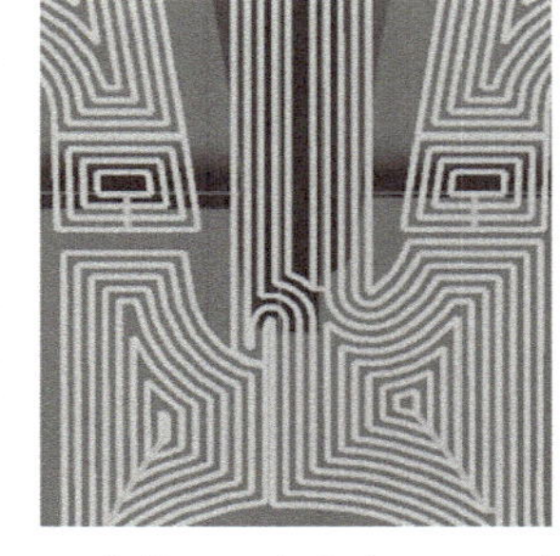
(b) 未使用 “步进清理” 刀路

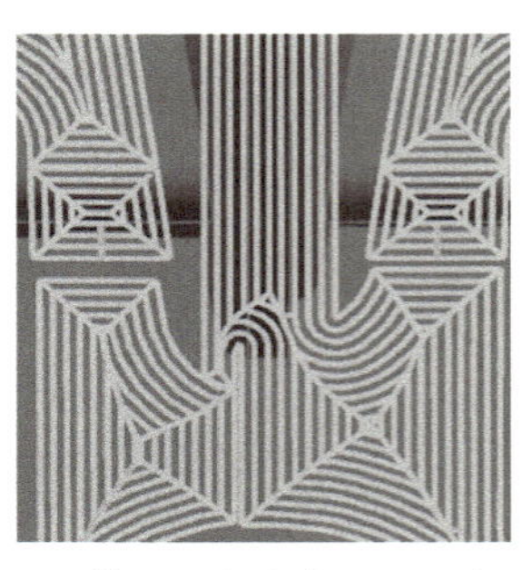
(c) 使用 “步进清理” 刀路

图 3.170 清理“跟随周边”的切削

4. “曲面区域” 驱动方法固定轮廓铣

“曲面区域”驱动方法是定义位于驱动几何体曲面栅格中的驱动点阵列，沿指定的投射矢量将驱动点投射到部件几何体表面上创建刀路。如果没有定义部件几何体，则直接在驱动几何上创建刀路，因此，曲面区域铣必须指定驱动几何体。曲面区域铣适合于加工各种曲面形状的工件。在曲面区域铣削中，通常称驱动几何体上创建的驱动点阵列为一次刀路，而投射到部件几何体表面上创建的刀路称为二次刀路。一次刀路与投影矢量无关，而二次刀路则与投影矢量有关。

(1)创建工序，设置驱动方式。

在“固定轮廓铣”对话框中“驱动方法”区域的“方法”下拉列表中选择“曲面区域”，并单击右侧按钮 ，系统弹出“曲面区域“驱动方法对话框，如图 3.171 所示。

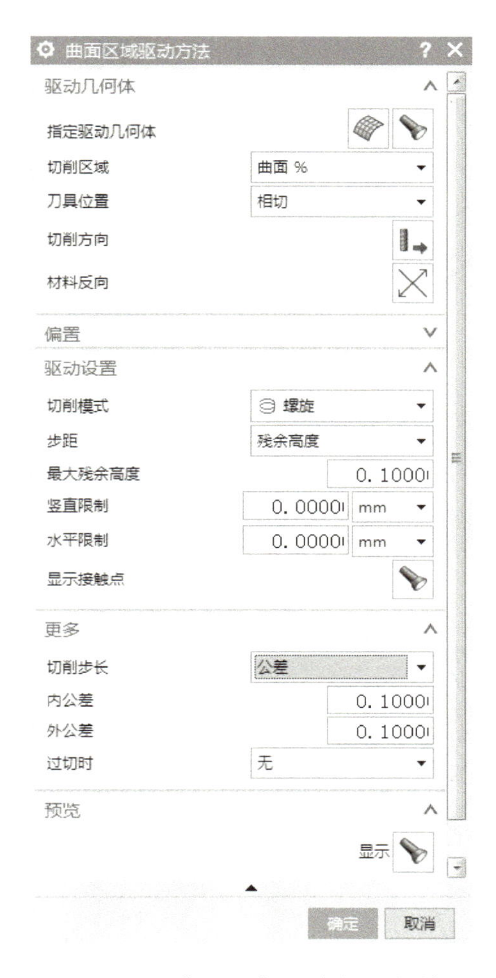

图 3.171　“曲面区域”驱动方法对话框

“曲面区域驱动方法”对话框中各选项的定义如下。

刀具位置:指定刀具位置,以决定系统如何计算部件表面的接触点,有“对中”和“相切”两个选项。

对中:投影驱动点时,定位刀具使其刀尖定位在每个驱动点上。

相切:投影驱动点时,定位刀具使其在每个驱动点上,且相切于驱动曲面。

切削方向:指定第一刀开始的切削方向和象限。单击“切削方向”右侧按钮 ,模型上出现成对的切削方向选择箭头,单击相应箭头,选中方向的箭头上会出现小圆圈,则确定切削方向,如图 3.172 所示。选择不同的切削方向,创建的刀路不同。

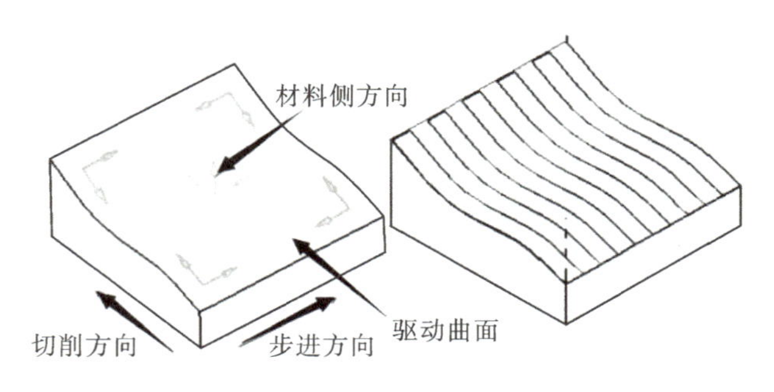

图 3.172 切削方向

材料反向：定义反向于驱动曲面材料侧的方向矢量，此矢量确定刀具沿着驱动轨迹移动时接触到的驱动曲面的一侧（仅限于“曲面区域”驱动方法），如图 3.173 所示。材料侧法向矢量必须指向要移除的材料，并且远离刀具不能碰撞的侧。单击“材料反向”右侧按钮 ，材料方向选择箭头方向发生变化。

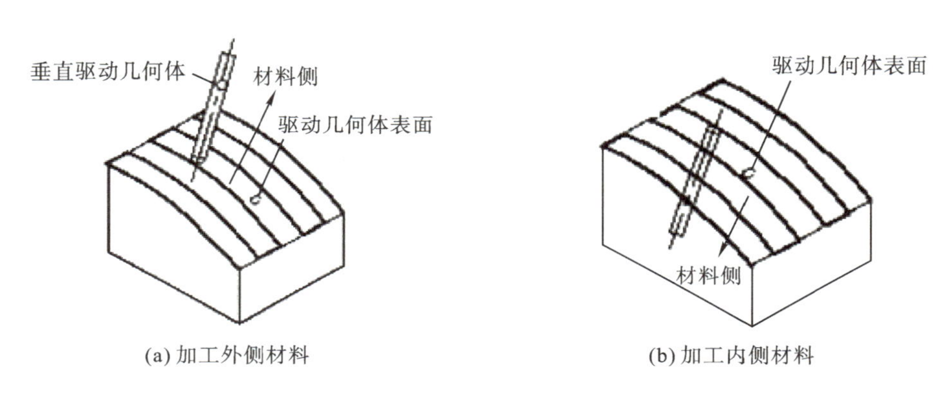

(a) 加工外侧材料　　(b) 加工内侧材料

图 3.173 材料反向

曲面偏置：指定沿曲面法向偏置驱动点的距离。

步距：控制连续切削刀路之间的距离。步距会因所用的切削类型不同有所不同，步距有“残余高度”和“数量”两个选项。

数量：允许指定步距的总数，或者指定步距之间的最大距离。“步距”下拉列表选择“数量”时，出现“步距数”，步距数为 N 时，创建的刀路数也为 N。

残余高度：指定垂直于驱动曲面侧的最大许用残余高度。

(2)指定驱动几何体。

曲面区域铣需要指定驱动几何体，驱动几何体一般为曲面，曲面可以是加工曲面，也可以是辅助面。在“曲面区域”驱动方法对话框中，单击“指定驱动几何体”右侧按钮 ，系统弹出如图 3.174(a)所示的“驱动几何体”对话框，在此指定驱动几何体。

选择加工曲面为驱动几何体时，可以不定义部件几何体，系统将直接在加工曲面（即驱动几何体)上创建刀路。以模型外表面加工选用曲面区域铣为例,如图3.174所示,其驱动几何体曲面的选择步骤如下。

①选择第一组曲面:在“驱动几何体”对话框中,以从上向下的顺序选择模型上的1、2、3面,构成第一组曲面,如图3.174(b)所示。或者以环绕方式选择模型上的1、2、3…8面,构成第一组曲面,如图3.175(a)所示。

②选择其他组曲面:单击“驱动几何体”对话框中“开始下一行”右侧按钮,同样以从上向下的顺序选择如图3.174(c)所示模型上的4、5、6面构成下一组曲面,再继续选择7、8、9面,直至所有表面全部选中。或者单击“开始下一行”右侧按钮,以环绕方式继续选择如图3.175(b)所示模型上的9、10、11…16面构成下一组曲面,直至所有表面全部选中。

注意:指定的每一组驱动几何体曲面的个数和曲面边数,以及选择顺序均要相同,否则系统显示如图3.174(d)所示的提示,指定驱动几何体不成功。

③单击对话框中的“确定”按钮,完成指定驱动几何体。

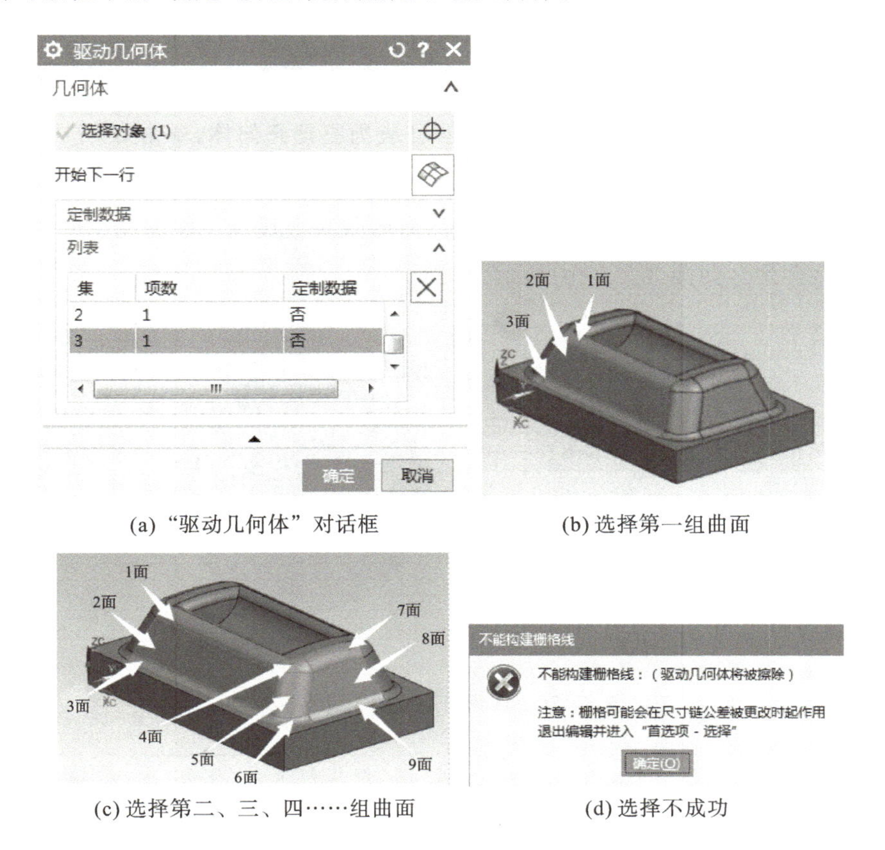

(a) “驱动几何体”对话框　(b) 选择第一组曲面

(c) 选择第二、三、四……组曲面　(d) 选择不成功

图3.174　驱动几何体曲面选择方法(1)

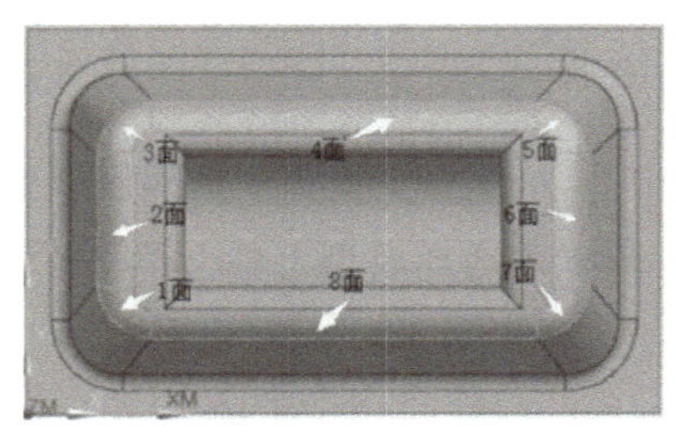

(a) 选择第一组曲面

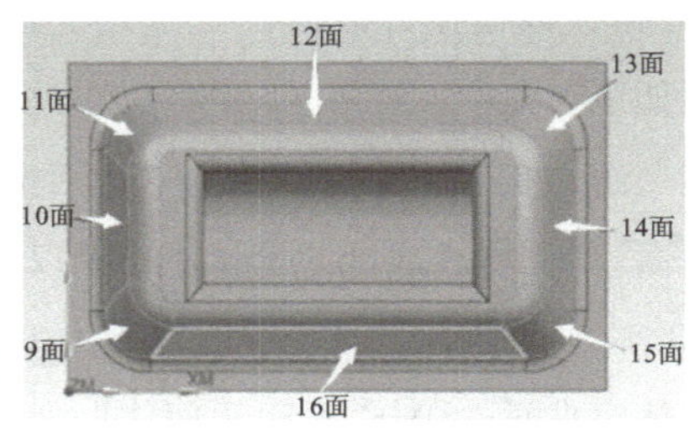

(b) 开始下一行

图 3.175 驱动几何体曲线的选择方法(2)

选择辅助面为驱动几何体时,需要定义部件几何体,系统将驱动几何体曲面栅格中的驱动点阵列,沿指定的投射矢量,投射到部件几何表面上创建刀路。以图 3.176 所示模型中圆柱体内表面(A 面)或圆柱体外表面(B 面)的“曲面区域”轮廓铣为例,其驱动几何体曲面的选择步骤如下。

①绘制辅助面:点击菜单“应用模块”,单击“建模”工具。在建模环境下,绘制如图 3.176(a)所示辅助圆柱面。

②在“驱动几何体”对话框中,选择辅助面圆柱表为驱动几何体,单击“确定”,完成指定驱动几何体。

③单击“预览”区域“显示”按钮 ,在驱动几何体曲面上显示一次刀路(即驱动几何体曲面栅格中的驱动点阵列),如图 3.176(b)所示。

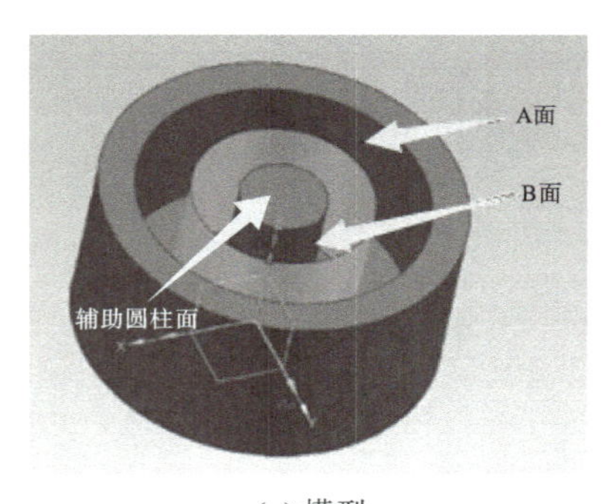

(a) 模型

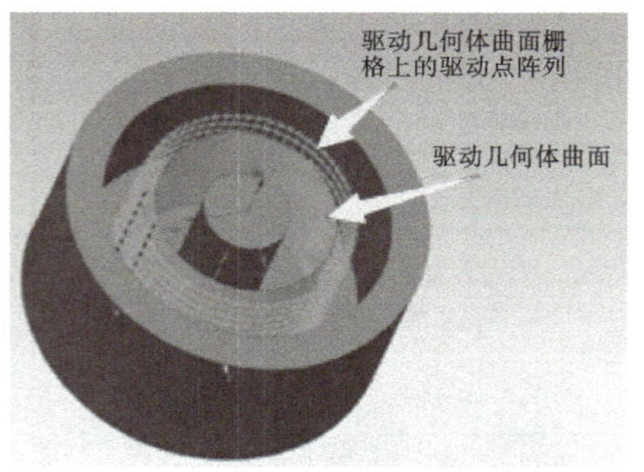

(b) 驱动几何体的驱动点阵列

图 3.176 选择辅助面为驱动几何体

演示文稿

“曲面区域”固定轴轮廓铣应用案例

视频

“曲面区域”固定轴轮廓铣应用案例

5. “边界”驱动方法固定轮廓铣

“边界”驱动方法是通过指定边界或空间范围的环来定义切削区域，切削区域的驱动点按指定的投影矢量方向投影到部件表面而创建刀路，如图 3.177 所示。

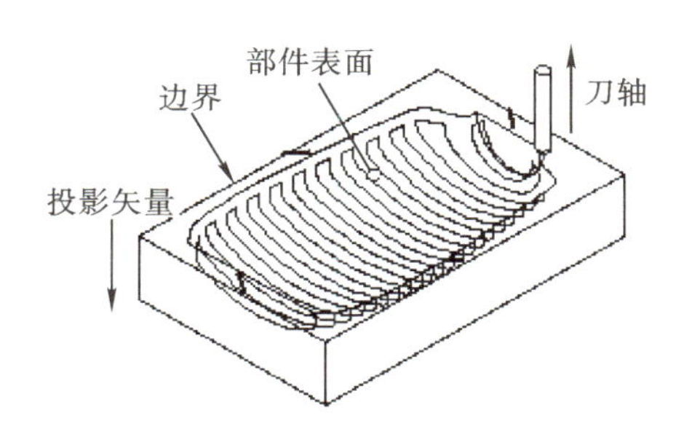

图 3.177 “边界”驱动方法

指定边界是由手工选取边界来定义切削区域，而空间范围的环是由系统自动抓取部件的最大环（或所有的环）来定义切削区域的。边界与部件表面的形状和大小无关，空间范围的环必须与部件表面的边对应。边界可以超出部件表面的大小范围，可以在部件表面内限制一个更小的区域，也可以与部件表面的边重合，如图 3.178 所示。边界超出部件表面的大小范围时，如果超出的距离大于刀具直径，则将会发生“边缘追踪”。

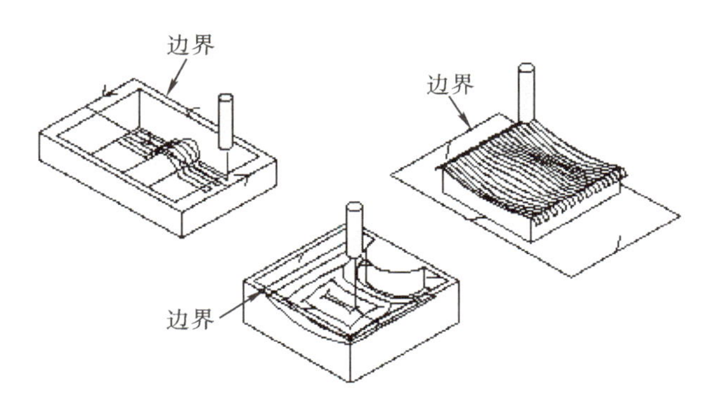

图 3.178 边界的类型

“边界”驱动方法的刀具位置有“对中”“相切”和“接触”三个选项，如图 3.179 所示。其中“接触”是指刀具切削点与边界接触。使用手工指定边界时，刀具位置尽量不要使用“接触”，若刀具位置使用“接触”，则应采用空间范围的环来定义切削区域。同时，当切削区域和外部边缘重合时，也应使用部件空间范围的环来定义切削区域。“边界”驱动方法适用于模型中存在大量片体，此时创建的刀路较完整，且不会有跳刀现象。

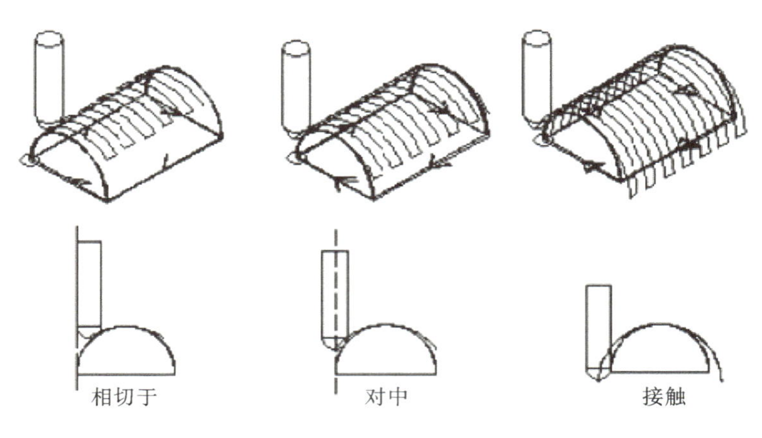

图 3.179 刀具位置

在“固定轮廓铣”对话框中“驱动方法”区域的“方法”下拉列表中选择“边界”，并单击“方法”右侧按钮，系统弹出“边界驱动方法”对话框，如图 3.180 所示。

图 3.180 “边界驱动方法”对话框

“边界驱动方法”对话框各选项的定义如下。

指定驱动几何体：点击按钮，系统弹出“边界几何体”对话框，通过指定边界来定义驱动几何体。指定边界的模式有边界、曲线/边、面和点。注意:使用指定边界来定义切削区域时,“部件空间范围”的下拉列表选择“关”,即不能两种定义切削区域的方法都打开,否则会发生冲突。

边界内(外)公差:仅用于控制边界上的公差。

边界偏置:用于定义刀具中心相对于边界的偏距。通过设置此参数,可实现刀路相对边界的延伸。当刀具位置选择对中时,此选项无意义。

部件空间范围:通过沿着所选部件表面和片体的外部边缘自动创建环来定义切削区域。环类似于边界,但环与边界不同的是:环是在部件表面上直接创建而无须投影。在创建部件空间范围的环时,部件几何体要选择面或者是片体而不能选择实体,因为实体包含多个可能的外部边缘,这个不确定性将会阻止创建环。

切削模式:定义刀具从一个切削刀路移动到下一个切削刀路的方式。

模式中心:用于同心和径向切削模式。模式中心允许交互式或自动定义同心圆弧和径向线切削模式的中心点。指定允许使用“点”功能交互式地定义中心点,则系统自动根据切削区域的形状和大小确定最有效的模式中心位置。

切削角:用于定义平行线切削模式下的旋转角,旋转角是相对于工作坐标系(*WCS*)的 *XC* 轴测量的。选择此选项后,可以通过选择“用户定义”输入一个角度。

6. “流线”驱动方法固定轮廓铣

“流线”驱动方法通过构建一个网格曲面,再以网格曲面上的参数线来产生驱动点投影到曲面从而创建刀路。网格曲面可以由切削区域的边界为流曲线与交叉曲线,或者直接指定流曲线集与交叉曲线集来构成驱动几何体。

“流线”驱动方法可以用曲线、边界来定义驱动几何体,还可以选择有空隙的面,且不受曲面选择时必须相邻接的限制,这与“曲面驱动”方式不同。“流线”驱动方法可以在复杂的曲面上创建相对均匀分布的刀路,与传统的精加工方式相比,流线驱动的刀路更流畅与自然。

“流线”驱动方法允许选择切削区域面。切削区域面用作空间范围几何体,而切削区域边界用于自动创建流曲线集和交叉曲线集。此外,系统将部件几何体置于对投影模块透明的“切削区域”的外部,利于在遮蔽区域创建刀轨。

在“固定轮廓铣”对话框中“驱动方法”区域的“方法”下拉列表中选择“流线”,并单击“方法”右侧按钮 ,系统弹出如图 3.181 所示“流线驱动方法”对话框。

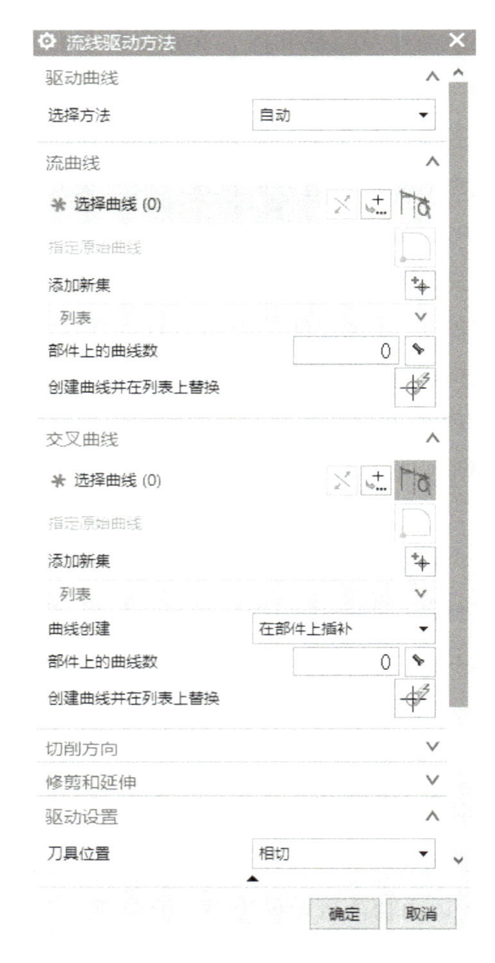

图 3.181 “流线驱动方法”对话框

“流线驱动方法”对话框各选项的定义如下。

“选择方法”为“自动”：系统自动根据切削区域的边界为流曲线与交叉曲线构成驱动面。

“选择方法”为“指定”：用于手工定义驱动面，可更精确地控制刀轨。手工定义时，通过选择流线（A 线）和交叉线（B 线）来定义驱动面，如图 3.182 所示。选择面的边、线框曲线或点来创建任意数目的流曲线和交叉曲线组合。如果未选择交叉线，则系统使用线性段（C 线）将流线的末端连接起来。

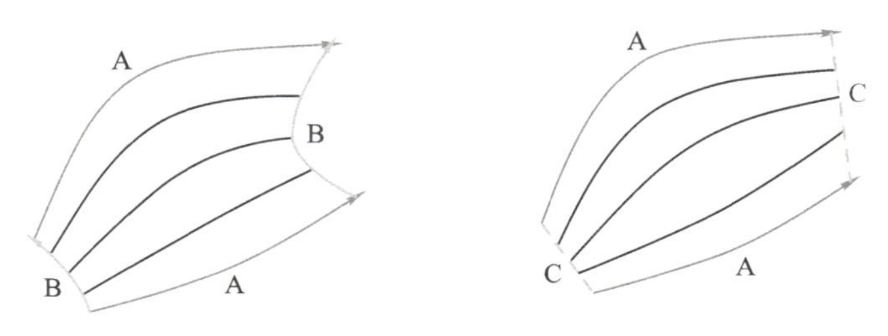

图 3.182 手工定义驱动面

“流线”驱动方法可以仅根据线框完成加工，而不必选择部件几何体。如果选择部件几何体，线框曲线会(沿指定的投影矢量)投影到部件几何体上。如果指定了切削区域，它将起到空间范围的作用。

7. “螺旋”驱动方法固定轮廓铣

“螺旋”驱动方法通过由指定的中心点向外螺旋展开，在垂直于投影矢量且包含中心点的平面上产生驱动点，并沿着投影矢量投影到所选择的部件几何体表面上创建刀路，如图 3.183 所示。“螺旋”驱动方法属于区域加工，适用于加工圆形工件。

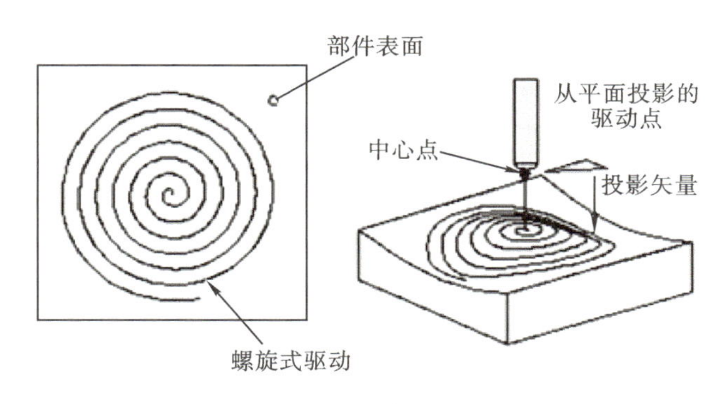

图 3.183 “螺旋”驱动方法

在“固定轴轮廓铣”对话框的“驱动方法”中选择“螺旋式”，系统弹出如图 3.184 所示“螺旋驱动方法”对话框。

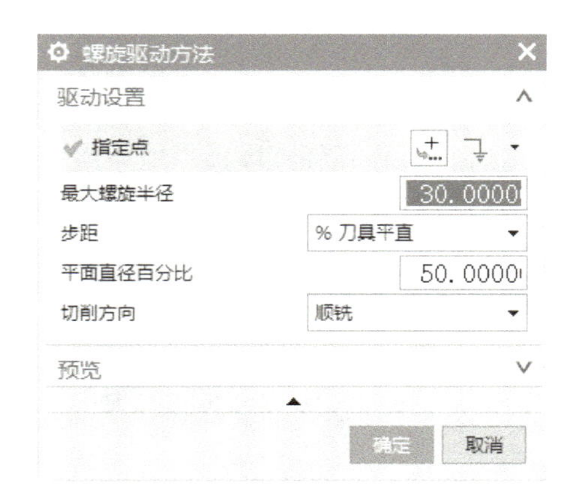

图 3.184 “螺旋驱动方法”对话框

“螺旋驱动方法”对话框各选项的定义如下。

指定点：用于定义螺旋的中心位置，也定义了刀具的开始切削点。如果没有指定螺旋中心点，系统则以绝对坐标原点作为螺旋中心点；如果螺旋中心点不在零件几何表面上，则沿投射矢量投射到零件几何表面上。

最大螺旋半径：用于限制加工区域的范围，从而限制产生驱动点的数目。螺旋半径在垂直于投射矢量的平面内进行测量。如果指定的半径超出了零件几何表面，刀具在不能切削到零件几何表面时，退刀或跨越，直至与零件几何表面接触，再进刀和切削。

步距：用于控制两相邻切削路径间的距离，即切削宽度，可按刀具直径的百分比或绝对距离设置。

8. "清根"驱动方法创建固定轮廓铣

"清根"驱动方法是沿着零件表面的凹角和沟槽创建刀路。清根加工常用于当前道工序使用了较大直径的刀具，而在凹角处留下较多残料时清理残料，也用于半精加工以减缓精加工时转角部位余量偏大带来的不利影响。清根切削一般使用球刀，且刀具半径应小于倒角半径。

在"固定轮廓铣"对话框中"驱动方法"区域的"方法"下拉列表中选择"清根"，并单击"方法"右侧按钮 ，系统弹出如图 3.185 所示"清根驱动方法"对话框。

图 3.185 "清根驱动方法"对话框

"清根驱动方法"对话框各选项的定义如下。

最小切削长度：单位通常选择"mm"，文本框中输入"1"，这样设置清根更干净。

清根类型：清根有"单刀路""多刀路"和"参考刀具偏置"3 种方式。单刀路清根只能创建一条切削刀路，多刀路清根可以产生多条切削刀路，如图 3.186 所示。

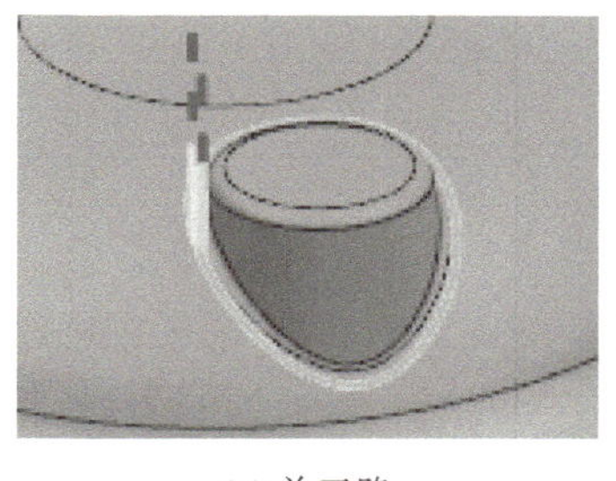

(a) 单刀路

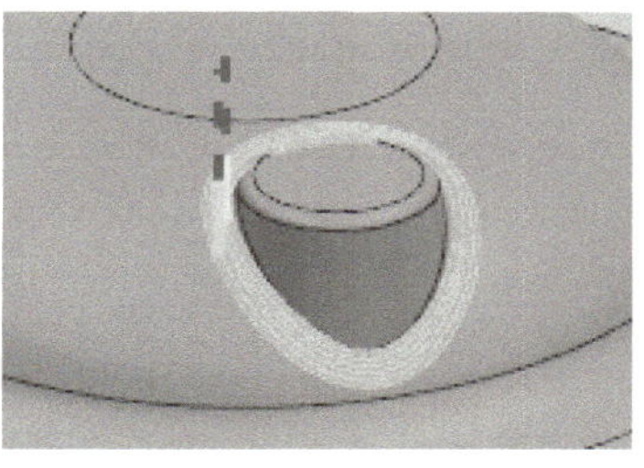

(b) 多刀路

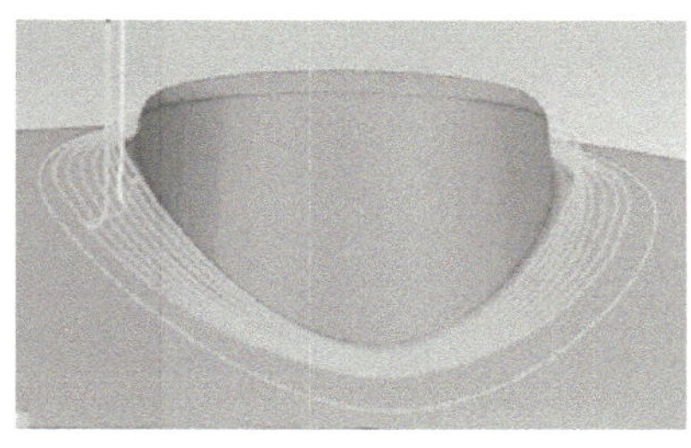

(c) 参考刀具偏置

图 3.186　清根的类型

单刀路：单刀路清根的刀具半径要大于等于圆角半径，如圆角半径有 $R3$、$R5$ 两种，采用 $R3$ 的球刀，只在 $R3$ 圆角处创建刀路；采用 $R5$ 的球刀，则在 $R3$、$R5$ 处同时创建刀路。单刀路清根通常用于加工质量要求不高的工件。

多刀路：多刀路清根需设置“每侧步距数”。“每侧步距数”是向两边偏置刀路的条数，“每侧步距数”为 2，则总清根刀路条数为 5，如图 3.187(a)所示；“步距”用于确定每条刀路间的距离。

参考刀具偏置：选择“参考刀具偏置”清根时，对话框中显示“参考刀具”和“重叠距离”。通常选择模型开粗的刀具为参考刀具。在“陡峭壁角度”文本框中设置陡峭空间范围，在“陡峭切削模式”下拉列表中选择陡峭区域的切削模式，这样，可以对非陡峭区域和陡峭区域设置不同的切削模式，从而获得更为精确的切削加工，如图 3.187(b)所示。

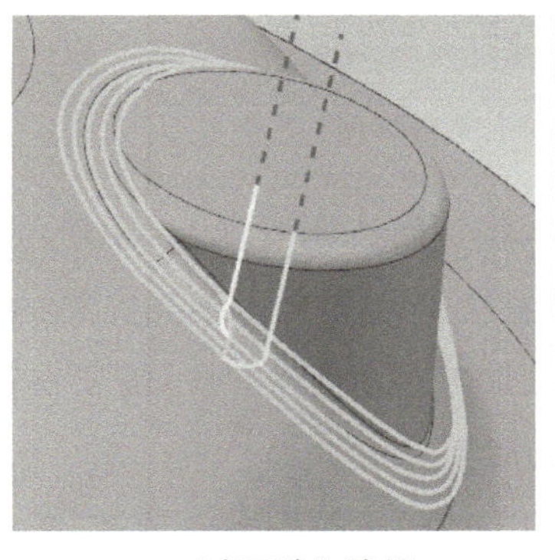

(a) “多刀路” 清根

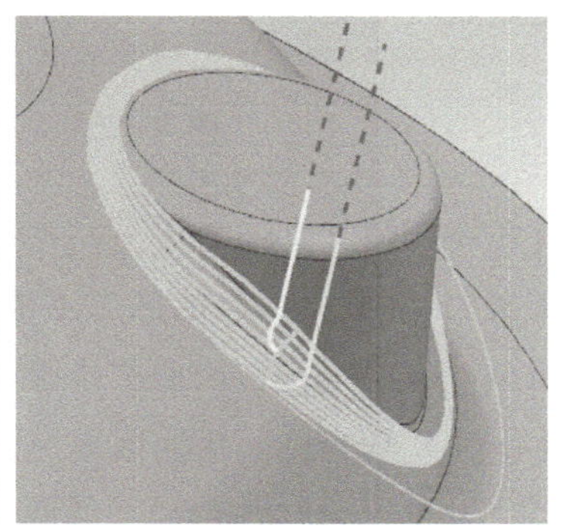

(b) “参考刀具偏置” 清根

图 3.187　清根刀路对比

切削顺序：刀路运行的顺序，有由内向外、由外向内、先陡、后陡、由内向外交替、由外向内交替等。由内向外的顺序如图 3.188(a)所示，后陡顺序如图 3.188(b)所示。

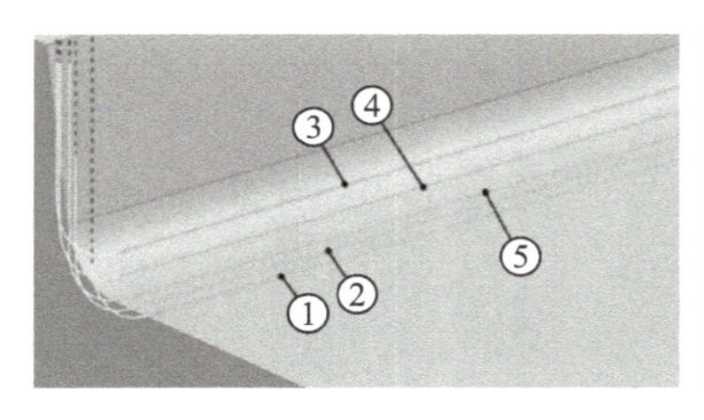

(a)“由外向内”的切削顺序

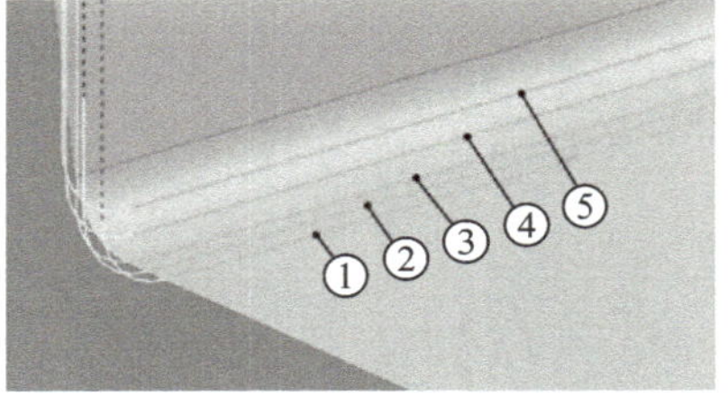

(b)“后陡”的切削顺序

图 3.188　清根切削顺序

9. 曲面文本雕刻（contur text）

在零件加工时经常需要在零件表面雕刻零件号、模具型腔 ID、零件装饰和简单文字等，如图 3.189 所示。通常在曲面上雕刻的文字有三种：通过文本命令创建的文字、注释编辑器创建的文字和实体文字。

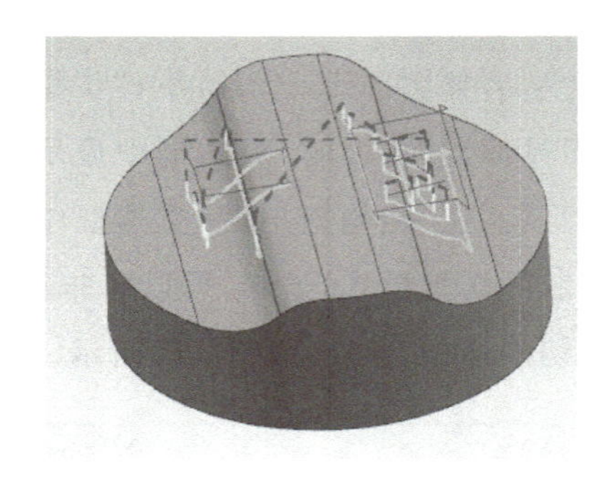

图 3.189　曲面上文本雕刻

文本雕刻一般在零件精加工之后进行。文本雕刻属于阴文雕刻，字形由多个笔划组成，因此刀具的直径不能太大，否则会因有的区域不能被完全切削而得不到完整的字形。同时，由于加工刀具的直径很小，很容易折断，因此文本雕刻加工时切削量要少，需要在转速高达 10 000～30 000 r/min 的高速机或雕刻机上才能以较短的时间完成。

在“固定轮廓铣”对话框的“驱动方法”区域的“方法”下拉列表中选择“文本”，单击“文本”右侧的按钮 ，系统弹出“文本驱动方式”对话框，在此，选取文本的驱动曲线和切削曲面为部件几何体，则可创建文本雕刻的路径。

拓展练习

选用合理的加工方法完成如图 3.190 所示模型的粗加工和精加工的数控编程，并创建加工刀路。刀具大小自定义，要求刀路整洁均匀，无跳刀。

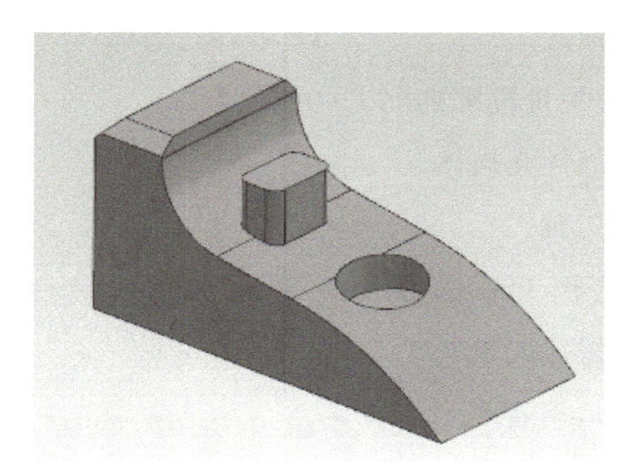
(a) model_4_2.prt模型

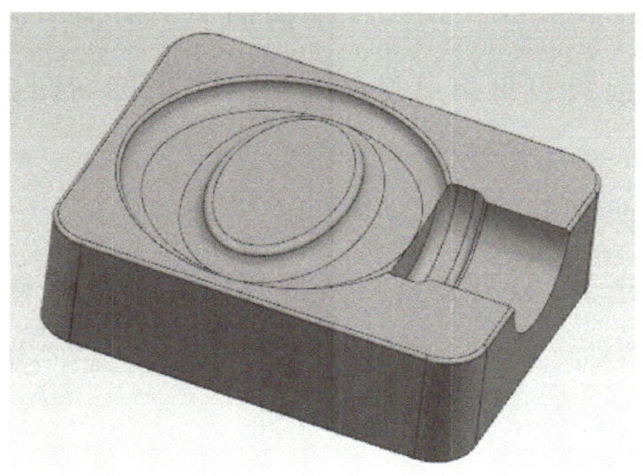
(b) model_4_3.prt模型

图 3.190　固定轮廓铣削编程与加工

知识巩固

【单选】(1)驱动几何体用于产生______。(　　)

A. 驱动点　　B. 投影点　　C. 接触点　　D. 切削点

【单选】(2)关于投射矢量的说法，下列正确的是______。(　　)

A. 只能由驱动曲面向零件表面投射

B. 只能由零件表面向驱动曲面投射

C. 可以由驱动曲面向零件表面投射，或者相反方向投射

【单选】(3)创建从指定的焦点向部件表面延伸的投影矢量，此投影矢量类型为______。(　　)

A. 朝向点　　B. 远离点　　C. 朝向直线　　D. 远离直线

【单选】(4)加工外部圆柱面时，投影矢量可选用______。(　　)

A. 朝向点　　B. 远离点　　C. 朝向直线　　D. 远离直线

【单选】(5)加工焦点在球中心处的外侧球形(或类似球形)曲面时，投影矢量可选用______。(　　)

A. 朝向点　　B. 远离点　　C. 朝向直线　　D. 远离直线

【单选】(6)加工内部圆柱面时，投影矢量可选用______。(　　)

A. 朝向点　　B. 远离点　　C. 朝向直线　　D. 远离直线

【单选】(7)______投影矢量用于型腔零件加工，驱动曲面位于部件内部，驱动曲面可以是同一个部件表面，投影从驱动曲面当前的位置开始。(　　)

A. 垂直驱动体　　B. 朝向驱动体

【多选】(8)驱动几何体可以是______。(　　)

A. 点　　B. 曲面　　C. 曲线　　D. 零件几何体

【多选】(9)驱动点是从______产生的，按投影矢量投影到______上的点。(　　)

A. 驱动几何体　　B. 部件几何体

C. 投影矢量　　D. 刀轴

【多选】(10)当矢量与目标曲面不平行的情况下，尽量选用______投影矢量。(　　)

A. 刀轴　　B. 指定矢量

C. 远离点　　D. 远离直线

【多选】(11)当单一矢量与所有曲面形成的角度不是足够大，而采用组合曲面时，可使用______这些选项。(　　)

A. 刀轴　　B. 远离直线、朝向直线

C. 远离点、朝向点　　D. 指定矢量

【多选】(12)当定义了驱动几何的法线方向，并且驱动的法线方向变化非常平滑时，可使用______这些选项。(　　)

A. 远离点、朝向点　　B. 远离直线、朝向直线

C. 朝向驱动体　　D. 垂直于驱动体

任务 5　钻孔编程与加工

任务描述

创建 model_5_1. prt 文件，选用合理的加工方法完成如图 3.191 所示模型的数控编程，并生成铣削加工刀路。选择矩形毛坯，周边余量均为 0。

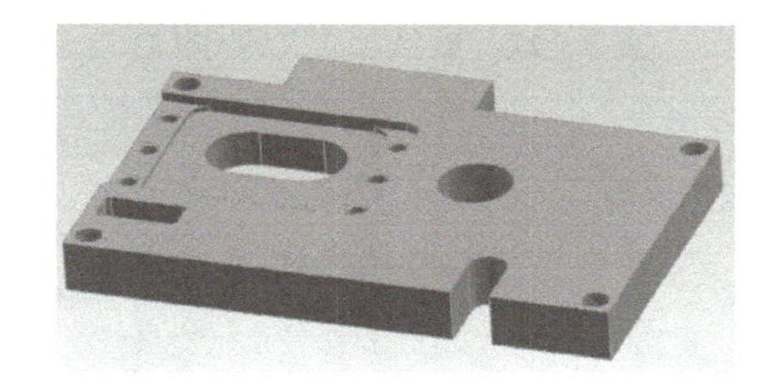

图 3.191　model_5_1.prt 模型

职业能力目标

（1）能描述孔加工的原理，及常用子类型的应用。

（2）能根据加工对象，选择合理的孔加工子类型。

（3）能选择合理的加工方法完成零件自动编程，生成合理的刀路，完成仿真加工。

（4）能自主学习、善于思考、细致工作、精益求精。

任务分析

1. 模型的数控工艺设计

根据图 3.191 所示模型的结构特点，分两道工序完成模型的铣削。工序一内容为铣削模型的外形凸台，工序二的内容为铣削上表面形状与开口槽。模型的数控加工工序卡见表 3-21、表 3-22。

表 3-21　数控加工工序卡(1)

零件名称	model_5_1.prt 模型	数控加工工序卡	工序号	20	工序名称	铣外形	共 2 张	
			设备型号	M-V413	材料牌号	6061 铝	第 1 张	
序号	工序内容	刀具号	刀具长度补偿号	刀具半径补偿号	主轴转速/(r/min)	切削速度/(mm/min)	进给深度/mm	加工方法
1	铣凸台左、右缺口(侧壁保留 0.2 mm 余量)	⌀12 立铣刀	01	01	4 000	800	2	底壁铣
2	精铣凸台右缺口侧壁	⌀12 立铣刀	01	01	4 500	500	0.2	平面轮廓铣
3	精铣凸台左缺口侧壁	⌀12 立铣刀	01	01	4 500	500	0.2	平面轮廓铣
编制		日期			审核		日期	

表 3-22 数控加工工序卡(2)

零件名称	model_5_1.prt 模型	数控加工工序卡	工序号	30	工序名称	铣外形	共 2 张	
			设备型号	M-V413	材料牌号	6061 铝	第 2 张	
序号	工序内容	刀具号	刀具长度补偿号	刀具半径补偿号	主轴转速/(r/min)	切削速度/(mm/min)	进给深度/mm	加工方法
1	粗、精铣开口槽	∅6 立铣刀	01	01	4 000	600	2	平面铣
2	铣孔	∅10 立铣刀	02	02	4 000	800	1	平面铣
3	粗铣开口方槽	∅10 立铣刀	02	02	4 000	800	2	平面铣
4	粗铣方型腔	∅10 立铣刀	02	02	4 000	800	1	平面铣
5	铣腰形槽	∅10 立铣刀	02	02	4 000	800	2	平面铣
6	粗铣小方槽	∅4 立铣刀	03	03	3 500	500	1.5	平面铣
7	钻四周∅5 孔的中心孔	∅3 中心钻	04	04	1 500	100	3	定心钻
8	钻 6 个 M5 螺纹孔的中心孔	∅2 中心钻	05	05	1 500	100	2	定心钻
9	钻四周∅5 孔	∅4.9 钻头	06	06	1 500	200	—	钻孔
10	钻 6 个 M5 螺纹底孔	∅4.2 钻头	07	07	1 500	200	—	钻孔
11	精铣开口方槽	∅4 立铣刀	03	03	4 500	500	0.2	平面铣
12	精铣方型腔	∅4 立铣刀	03	03	4 500	500	0.2	平面铣
13	精铣小方槽	∅4 立铣刀	03	03	4 500	500	0.2	平面铣
14	6 个 M5 螺纹底孔口倒角	∅5 倒角刀	08	08	1 500	150	—	定心钻
15	攻 6 个 M5 螺纹孔	M5 丝锥	09	09	500	375	—	攻丝
编制		日期			审核		日期	

2. 编程及生成刀路

1)铣外形(工序 N20)

(1)创建部件几何体。“毛坯几何体”选择“矩形体毛坯”,周边余量均为 0,机床坐标系如图 3.192 所示。

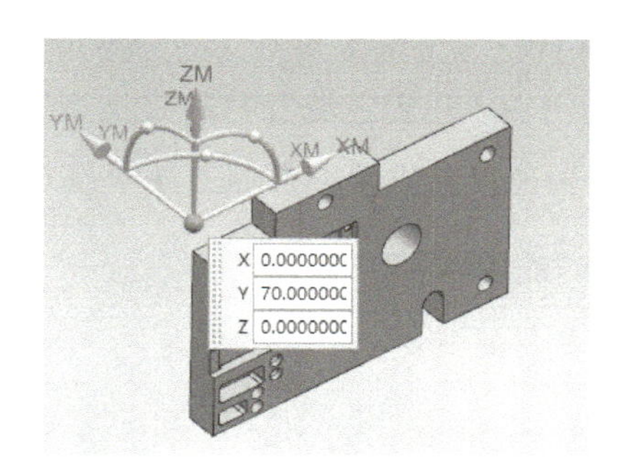

图 3.192 创建“机床坐标系”

(2)创建刀具。在“创建刀具”对话框“类型”下拉列表中选择“mill_planar”;在“刀具子类型”区域单击“MILL”按钮 ,创建∅12 mm、下半径 0.2 mm、刀具名 T01D12 立铣刀。

(3)创建铣凸台左、右缺口工序(保留侧壁 0.2 mm 余量)——“底壁铣”(FLOOR_WALL)。

①创建工序:在“mill_planar”的“工序子类型”区域中单击“底壁铣”按钮 ,单击“确定”按钮，系统弹出“底壁铣”对话框。

②设置刀具:在“底壁铣”对话框中的“刀具”下拉列表中选择 T01D12 刀具。

③指定部件:在“底壁铣”对话框中,单击“指定部件”右侧按钮 ,系统弹出“部件几何体”对话框,在图形窗口中搜取模型。

④指定切削区底面:单击“指定切削区底面”右侧按钮 ,系统弹出“切削区域”对话框;“选择方法”选择“面”,在图形窗口中选取模型凸台左右缺口底表面,如图 3.193 所示,单击“确定”按钮。

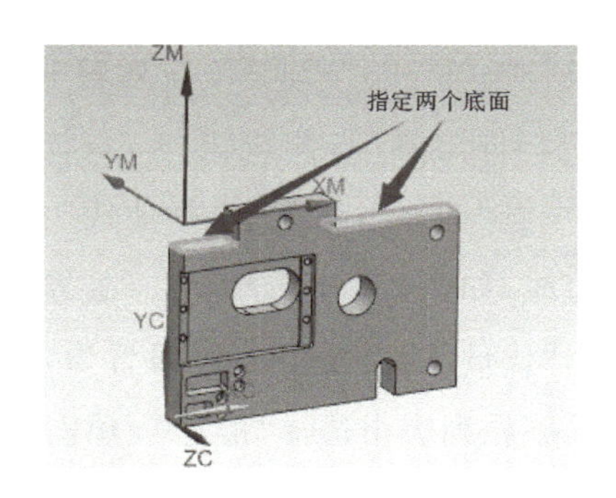

图 3.193 指定切削区域底面

⑤设置刀轨:“切削区域空间范围”选择“底面”;“切削模式”选择“ 往复”;“步距”选择“变量平均值”;“底面毛坯厚度”文本框中输入“10.0”,“每刀切削深度”文本框中输入“2.0”。

“切削参数”的“余量”选项卡的“壁余量”文本框中输入“0.2”;“策略”选项卡的“切削”区域的“切削角”对话框中选择“双向矢量”,在图形窗口中显示如图 3.194 所示坐标系图标,点击“X

轴”，显示平行于 X 轴的双箭头图标，文本框中输入“0.0”，点击“确定”。

“非切削运动”的“进刀”选项卡中“开放区域”的“进刀类型”选择“线型”，封闭区域“进刀类型”选择“与开放区域相同”。主轴速度与进给率参照工序卡设定，其他参数默认。

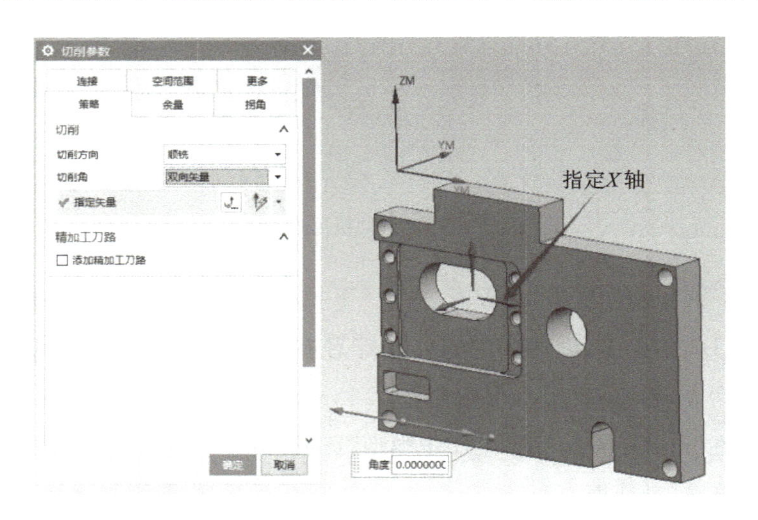

图 3.194 “策略”中切削角的设置

⑥在“底壁铣”对话框中，单击按钮，生成凸台左右缺口粗铣加工刀路，如图 5.7(a)所示。

(4)创建凸台右缺口侧壁精铣加工工序——“平面轮廓铣”(PLANAR_PROFILE)。

①创建工序：在“mill_planar”的“工序子类型”区域单击“平面轮廓铣”按钮，系统弹出“平面轮廓铣”对话框。

②选择刀具：在“平面轮廓铣”对话框中，“刀具”下拉列表中选择“T01D12”刀具。

③指定部件边界：单击“指定部件边界”右侧按钮，系统弹出“部件边界”对话框；在“边界”区域中“选择方法”下拉列表中选“曲线”，单击“选择曲线”右侧按钮，在图形窗口中的模型上选取凸台右缺口侧壁根部直线，如图 3.195(a)所示。在“部件边界”对话框中，“边界类型”选择“开放”，“刀具侧”选择“右”，“成员”的“刀具位置”设置为“相切”。

在“部件边界”对话框“平面”下拉列表中选择“指定”，单击“指定平面”右侧按钮，在图形窗口区中选取如图 3.195(b)所示模型凸台右缺口底面，箭头向上时，在“距离”文本框中输入“10.0”，单击“确定”。

④指定底面：单击“指定底面”右侧按钮，系统弹出“平面”对话框；单击“选择对象”按钮，在图形窗口中选取凸台右缺口底面，单击“确定”按钮。

⑤设置刀轨：“切削深度”选择“恒定”，“公共”文本框中输入“5.0”。“切削参数”的“余量”选项卡的“部件余量”文本框中输入“0.0”。“非切削运动”的“进刀”选项卡中“开放区域”的“进刀

类型"选择"线型",封闭区域的"进刀类型"选择"与开放区域相同"。主轴速度与进给率参照工序卡设定,其他参数默认。

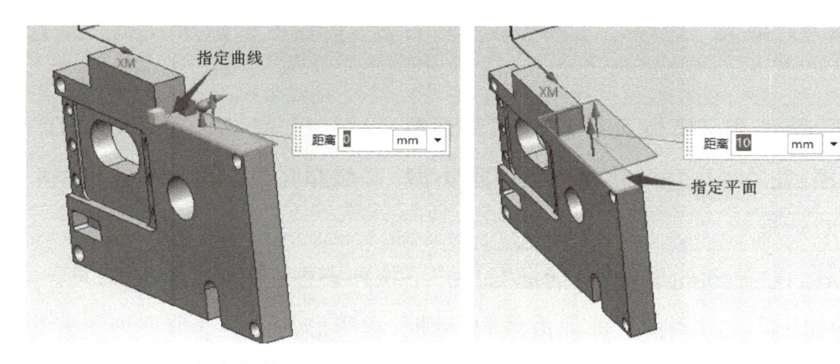

(a) 指定部件边界　　(b) 指定平面

图 3.195　指定部件边界

⑥在"平面轮廓铣"对话框中,单击按钮,生成凸台右缺口侧壁精加工刀路,如图 3.195(b)所示。

(5)创建凸台左缺口侧壁精铣加工工序——"平面轮廓铣"(PLANAR_PROFILE)。

凸台左缺口侧壁精铣加工方法与右侧壁的加工方法相同,操作方法略。生成凸台左缺口侧壁精加工刀路如图 3.196(c)所示。

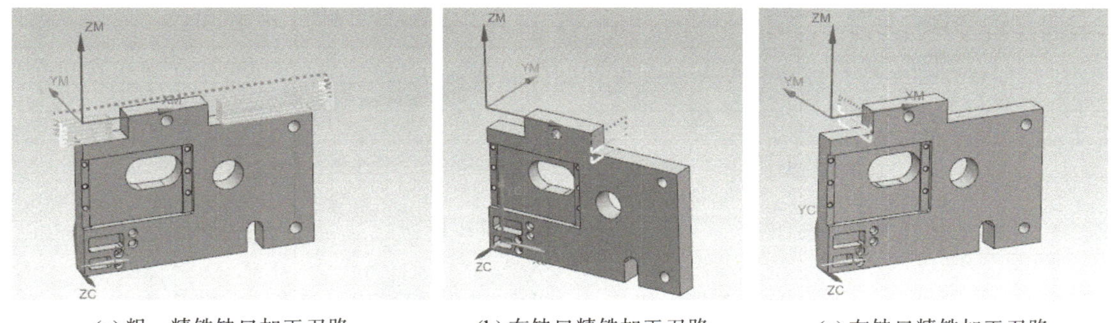

(a) 粗、精铣缺口加工刀路　　(b) 右缺口精铣加工刀路　　(c) 左缺口精铣加工刀路

图 3.196　模型外形凸台缺口加工刀路

2)铣形状(工序 N30)

(1)创建几何体。"毛几何体"选择"包容体",周边余量均为 0,机床坐标系如图 3.197 所示,创建方法略。

(2)创建刀具。

在"创建刀具"对话框"类型"下拉列表中选择"mill_planar",分别创建∅6 mm、刀具名 T01D06 立铣刀,∅10 mm、刀具名 T02D10 立铣刀和∅4 mm、刀具名 T03D04 立铣刀。

在“创建刀具”对话框“类型”下拉列表中选择“hole_making”，分别创建∅3 mm、刀具名为T04D03的中心钻，∅2 mm、刀具名为T05D02的中心钻，∅4.9 mm、刀具名为T06D4.9的钻头，∅4.2 mm、刀具名为T07D4.2的钻头，刀具名为T08D05的倒角刀和刀具名为T09M5的丝锥。

(3)创建粗、精铣开口槽加工工序——“平面轮廓铣”(PLANAR_PROFILE)。

①创建工序：在“mill_planar”的“工序子类型”区域单击“平面铣轮廓”按钮，系统弹出“平面轮廓铣”对话框。

②设置刀具：在“平面轮廓铣”对话框“刀具”下拉列表中选择T01D06刀具。

③指定部件边界：打开“指定部件边界”对话框，在图形窗口中选取底面上开口槽的轮廓线，如图3.197(a)；“边界类型”选择“开放”，“刀具侧”选择“右”；“成员”的“刀具位置”设置为“相切”。

在“部件边界”对话框中“平面”下拉列表中选择“指定”，单击“指定平面”右侧按钮，在图形窗口区选取模型底表面，箭头向上时，在“距离”文本框中输入“10.0”，如图3.197(b)所示，单击“确定”。

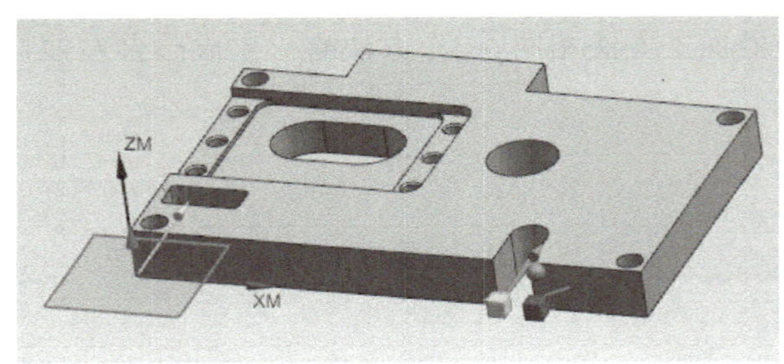

(a) 指定部件边界

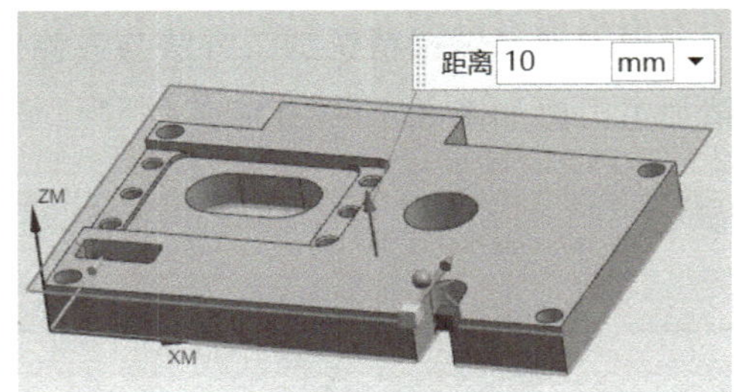

(b) 指定平面

图3.197 指定部件边界

④指定底面：单击“指定底面”右侧按钮，系统弹出“平面”对话框，在图形窗口中选取模型底表面，单击“确定”按钮。

⑤设置刀轨：“切削深度”选择“恒定”，“公共”文本框中输入“2.0”。“切削参数”的“余量”选项卡中“部件余量”文本框中输入“0.2”。“非切削运动”的“进刀”选项卡中“开放区域”的“进刀类型”选择“线型”，“封闭区域”的“进刀类型”选择“与开放区域相同”。主轴速度与进给率参照工序卡设定，其他参数默认。

⑥在“平面轮廓铣”对话框中，单击按钮，生成开口槽粗加工刀路，如图3.198(a)所示。

⑦创建精铣工序：选中“工序导航器-几何”中“粗铣开口槽”工序图标，点击鼠标右键，复制、粘贴，创建“精铣开口槽”工序。双击“精铣开口槽”工序图标，系统弹出“平面轮廓铣”对话框。

⑧设置刀轨："切削参数"的"余量"选项卡中"部件余量"的文本框中输入"0.0"。主轴速度与进给率参照工序卡设定，其他参数默认。

⑨在"平面轮廓铣"对话框中，单击按钮，生成开口槽精加工刀路，如图 3.198(b)所示。

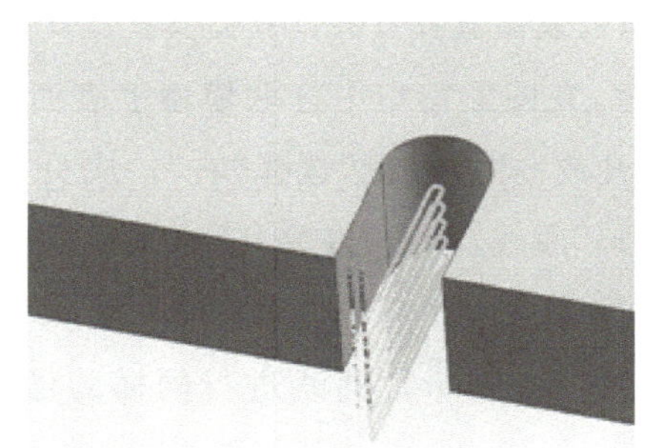

(a) 粗开口槽加工刀路

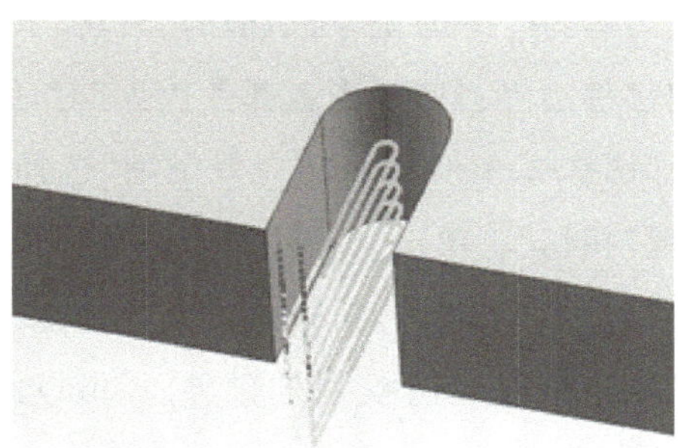

(b) 精开口槽加工刀路

图 3.198　粗、精开口槽加工刀路

(4)创建铣孔加工工序——"孔铣"(HOLE_MILLING)。

①创建铣孔工序：在"mill_planar"的"工序子类型"区域单击"孔铣"按钮，系统弹出"孔铣"对话框。

②设置刀具：在"孔铣"对话框中的"刀具"下拉列表中选择 T02D10 刀具。

③指定特征几何体：单击"指定特征几何体"右侧按钮，系统弹出"特征几何体"对话框，在图形窗口中选取∅13.5 mm 的孔几何特征，如图 3.199(a)所示。"切削参数"区域的"部件侧面余量"文本框中输入"0.0"，单击"确定"。

④设置刀轨："切削模式"选择"螺旋"，"每转深度"选择"距离"，"螺距"文本框中输入"1.0"，"轴向步距"选择"刀路数"，"刀路数"文本框中输入"1"，"非切削运动"的"进刀"选项卡中"进刀类型"选择"螺旋"，主轴速度与进给率参照工序卡设定，其他参数默认。

⑤在"孔铣"对话框中，单击按钮，生成铣孔加工刀路，如图 3.199(b)所示。

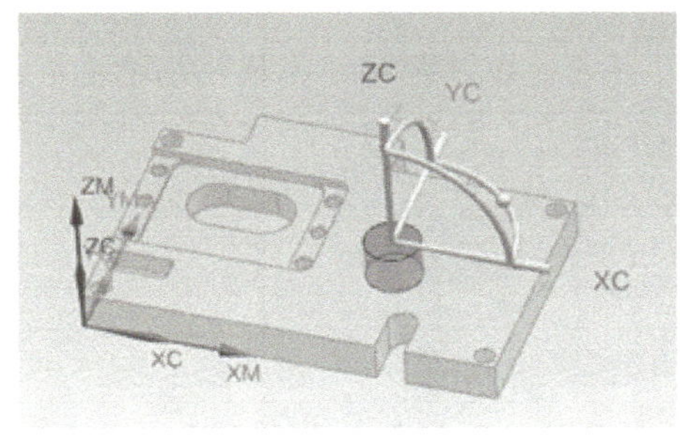

(a) 指定孔特征

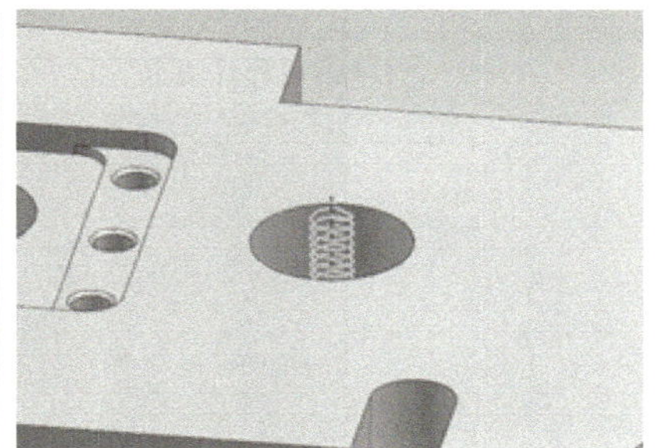

(b) 铣孔加工刀路

图 3.199　铣孔加工

(5)创建粗铣开口方槽加工工序——“平面铣”(PLANAR_MILL)。

①创建工序:在“mill_planar”的“工序子类型”区域单击“平面铣”按钮，系统弹出“平面铣”对话框。

②设置刀具:在“平面铣”对话框的“刀具”下拉列表中选择 T02D10 刀具。

③指定部件边界:打开“指定部件边界”对话框,在图形窗口中选取模型上表面开口方槽 5 条轮廓线,如图 3.200(a)所示;“边界类型”选择“开放”,“刀具侧”选择“右”;“成员”列表中“刀具位置”设置“相切”。单击“成员”列表中“Member1”曲线,单击“修剪/延伸成员”右侧按钮，系统弹出“修剪/延伸成员”对话框,如图 3.200(b)所示,在“距离”文本框中输入“50”(刀具直径的 50%,使刀路沿此线向模型外延伸 5 mm)。对“Member5”曲线进行同样的延伸操作,如图 3.200(c)所示。

在“部件边界”对话框“平面”下拉列表中选择“指定”,单击“指定平面”右侧按钮，在图形窗口中选取模型上表面,箭头向上时,在“距离”文本框中输入“10.0”,单击“确定”。

④指定底面:单击“指定底面”右侧按钮，系统弹出“平面”对话框,在图形窗口中选取如图 3.200(d)所示箭头指定的表面,单击“确定”按钮。

⑤设置刀轨:“切削模式”选择“跟随部件”,“步距”选择“%刀具平直”;“切削层”的“每刀切削深度”区域的“公共”文本框中输入“2.0”;“切削参数”的“余量”选项卡的“部件余量”文本框中输入“0.2”;“非切削运动”的“开放区域”的“进刀类型”选择“线型”,“封闭区域”的“进刀类型”选择“螺旋”;主轴速度与进给率参照工序卡设定,其他参数默认。

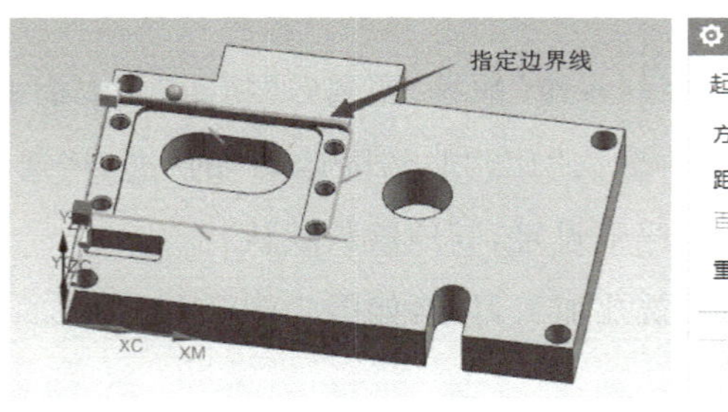

(a) 指定部件边界

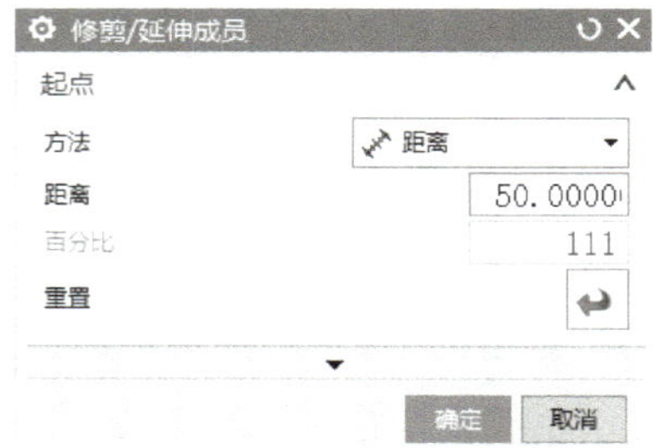

(b) “修剪/延伸成员”对话框

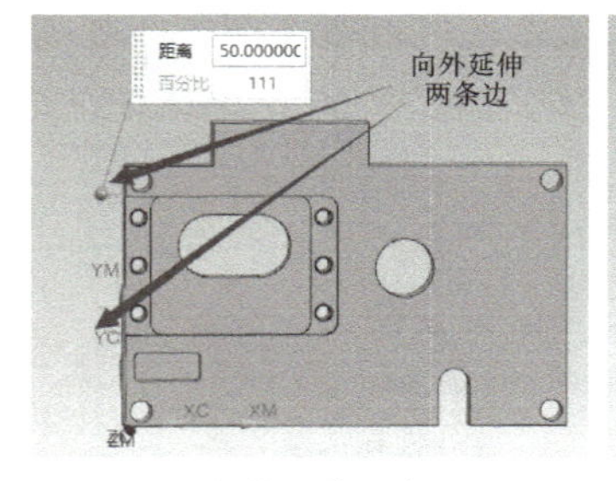

(c) 向外延伸两条边

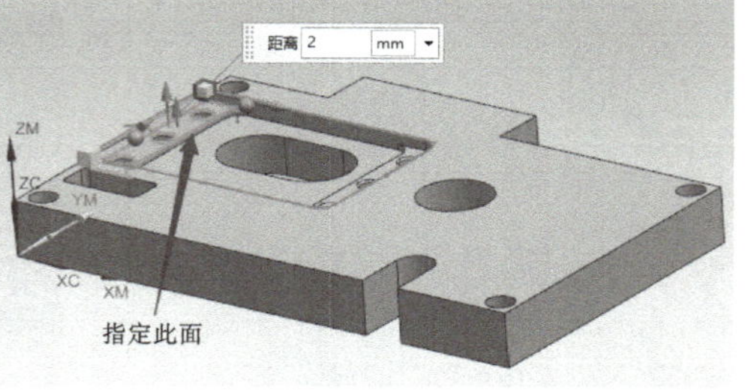

(d) 指定平面

图 3.200　粗铣开口方槽加工

⑥在“平面铣”对话框中，单击按钮 ，生成开口方槽粗加工刀路，如图 3.201 所示。

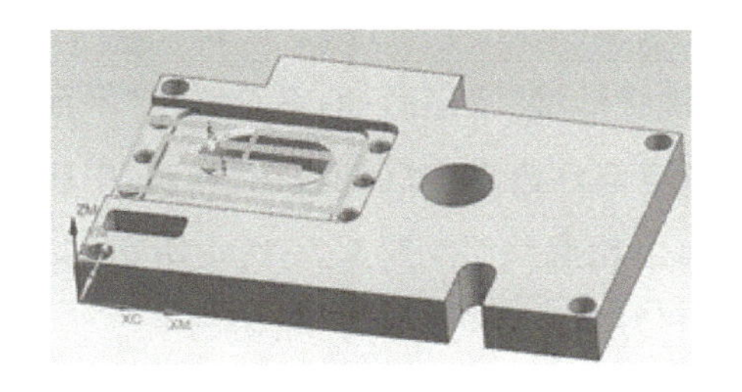

图 3.201 粗铣开口方槽加工刀路

(6)创建粗铣方形型腔加工工序——“平面铣”(PLANAR_MILL)。

①创建工序：选中“工序导航器-几何”中“粗铣开口方槽”工序图标，点鼠标右键复制，在粗铣开口方槽工序下粘贴，创建“粗铣方型腔”工序。双击“粗铣方型腔”工序图标，系统弹出“平面铣”对话框。

②指定部件边界：打开“指定部件边界”对话框，在“列表”中删除原有的几何要素，在图形窗口中选取模型上方型腔底表面周边轮廓线，也可以拾取底表面，不过要在列表中删除中间腰型槽的边界线；“边界类型”选择“封闭”，“刀具侧”选择“内侧”；“成员”列表中“刀具位置”显示“相切”。

在“部件边界”对话框中“平面”下拉列表中选择“指定”，单击“指定平面”右侧按钮 ，在图形窗口区中选取模型上方型腔底表面，箭头向上时，在“距离”文本框中输入“1.0”，单击“确定”。

③指定底面：单击“指定底面”右侧按钮 ，系统弹出“平面”对话框，在图形窗口中选取模型上方型腔底表面，单击“确定”按钮。

④设置刀轨：“切削模式”选择“跟随部件”，“步距”选择“%刀具平直”；在“切削参数”的“策略”选项卡中，勾选“添加工精加工刀路”复选框，“刀路数”文本框中输入“1”；在“切削参数”的“余量”选项卡的“部件余量”文本框中输入“0.2”；“切削层”的“每刀切削深度”区域的“公共”文本框中输入“2.0”；“非切削运动”的“封闭区域”的“进刀类型”选择“螺旋”；主轴速度与进给率参照工序卡设定，其他参数默认。

⑤在“平面铣”对话框中，单击按钮 ，生成方形型腔粗加工刀路，如图 3.202 所示。

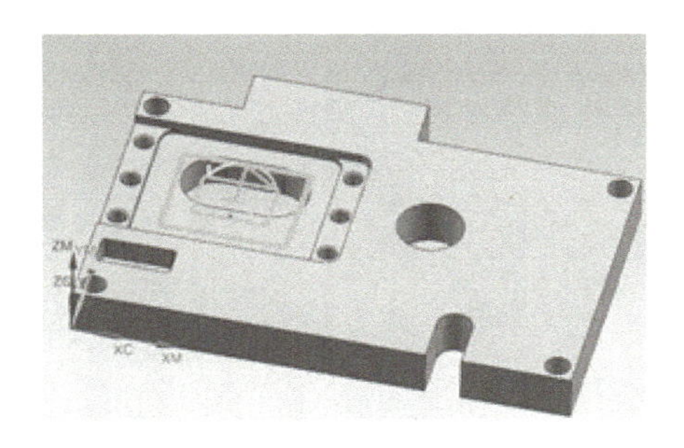

图 3.202 精铣方型腔刀路

(7)创建铣腰形槽加工工序——“平面铣”(PLANAR_MILL)。

①创建工序:选中“工序导航器-几何”中“粗铣方型腔”工序图标,点鼠标右键,复制和粘贴,创建“铣腰形槽”工序。双击“铣腰形槽”工序图标,系统弹出“平面铣”对话框。

②指定部件边界:打开“指定部件边界”对话框,在“列表”中删除原有的几何要素,在图形窗口中选取模型方型腔腰形槽周边轮廓线,如图 3.203(a)所示;“边界类型”选择“封闭”,“刀具侧”选择“内侧”;“成员”列表中“刀具位置”显示为“相切”。

在“部件边界”对话框中“平面”下拉列表中选择“指定”,单击“指定平面”右侧按钮,在图形窗口中选取模型腰形槽上表面,如图 3.203(b)所示,箭头向上时,在“距离”文本框中输入“0”,单击“确定”,返回“平面铣”对话框。

③指定底面:单击“指定底面”右侧按钮,系统弹出“平面”对话框,在图形窗口中选取模型最底面,如图 3.203(c)所示,双击箭头使其向下,并在“平面”对话框的“偏置”区域的“距离”文本框中输入“1.0”(向下增加铣削 1 mm),单击“确定”按钮。

④设置刀轨:“切削模式”选择“跟随部件”,“步距”选择“%刀具平直”;在“切削参数”的“策略”选项卡中,勾选“添加工精加工刀路”复选框,“刀路数”文本框中输入“1”;在“切削层”的“每刀切削深度”区域的“公共”文本框中输入“2.0”;在“切削参数”的“部件余量”文本框中输入“0.0”。“非切削运动”的“封闭区域”的“进刀类型”选择“螺旋”。主轴速度与进给率参照工序卡设定,其他参数默认。

⑤在“平面铣”对话框中,单击按钮,生成铣腰形槽加工刀路,如图 3.203(d)和图 3.203(e)所示。

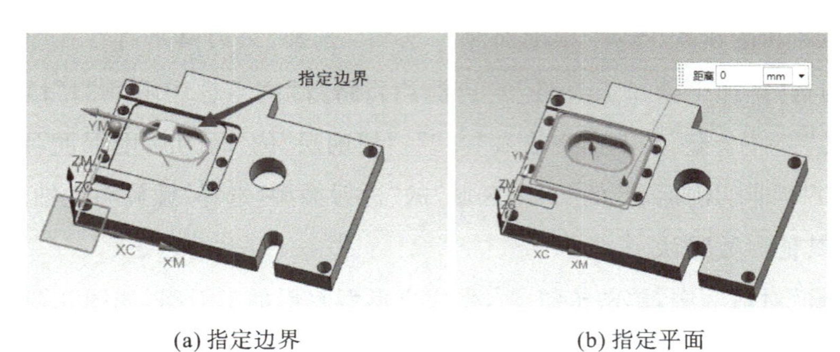

(a) 指定边界 (b) 指定平面

(c) 指定底表面

(d) 铣腰型槽加工刀路(1)

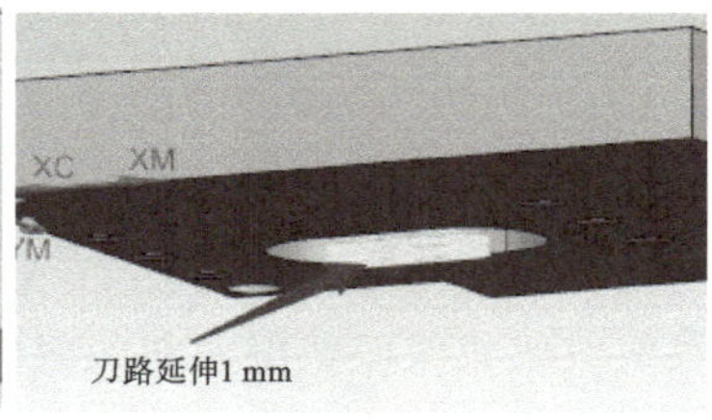

(e) 铣腰型槽加工刀路(2)

图 3.203 铣腰形槽加工

(8)创建粗铣小方槽加工工序——“平面铣”(PLANAR_MILL)。

①创建工序:在“mill_planar”的“工序子类型”区域单击“平面铣”按钮,系统弹出“平面铣”对话框。

②设置刀具:在“平面铣”对话框的“刀具”下拉列表中选择 T03D04 刀具。

③指定部件边界:打开“指定部件边界”对话框,在图形窗口中选取模型上小方槽周边轮廓线;“边界类型”选择“封闭”,“刀具侧”选择“内侧”;“成员”列表中“刀具位置”设置为“相切”;在“部件边界”对话框的“平面”下拉列表中选择“指定”,单击“指定平面”右侧按钮,在图形窗口中选取模型上表面,箭头向上时,在距离文本框中输入“0.0”,单击“确定”。

④指定底面:单击“指定底面”右侧按钮,系统弹出“平面”对话框,在图形窗口中拾取模型上小方槽底面,单击“确定”按钮。

⑤设置刀轨:“切削模式”选择“跟随部件”,“步距”选择“%刀具平直”;“切削参数”的“策略”选项卡中,勾选“添加工精加工刀路”复选框,“刀路数”文本框中输入“1”;“切削层”的“每刀切削深度”区域的“公共”文本框中输入“1.5”;“切削参数”的“部件余量”文本框中输入“0.2”,“非切削运动”的“封闭区域”的“进刀类型”选择“螺旋”;主轴速度与进给率参照工序卡设定,其他参数默认。

⑥在“平面铣”对话框中,单击按钮,生成小方槽粗加工刀路,如图 3.204 所示。

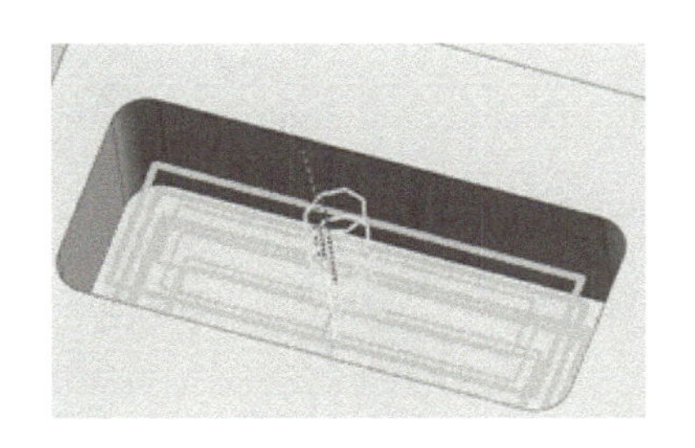

图 3.204 精铣小方槽刀路

(9)创建钻四周∅5 mm 孔的中心孔工序——定心钻(SPOT_DRILLING)。

①创建工序:在“创建工序”对话框的“类型”下拉列表中选择“hole_making”,在“工序子类型”区域单击按钮,系统弹出如图 3.205 所示的“定心钻”对话框。

②设置刀具:在“定心钻”对话框的“工具”区域单击“刀具”下拉列表,选择名称为 T04D03 的定心钻。

③指定特征几何体:在“定心钻”对话框中,单击“指定特征几何体”右侧按钮,系统弹出如图 3.206 所示的“特征几何体”对话框。在模型上选取要加工的周边 4 个通孔几何特征,“优化”下拉列表选择“最短距离”。

图 3.205 “定心钻”对话框

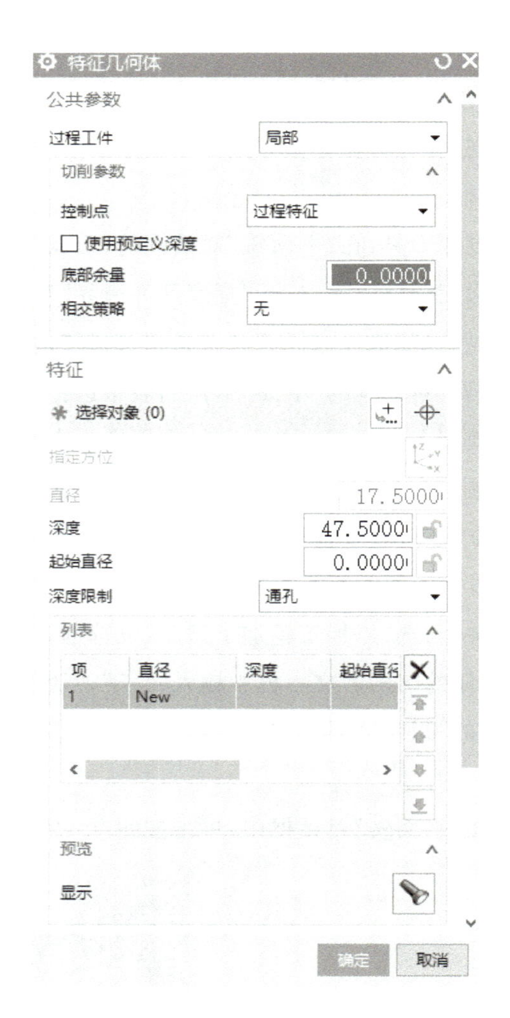

图 3.206 “特征几何体”对话框

④设置刀轨：在“定心钻”对话框的“运动输出”下拉列表中选择“机床加工周期”，“循环”下拉列表中选择“钻”。“切削参数”的“策略”选项卡的“顶偏置”下拉列表中选择“距离”，在“距离”文本框中输入“3.0”，“Rapto 偏置”文本框中输入“0.0”，“底偏置”文本框中输入“0.0”。“非切削移动”的“退刀类型”下拉列表中选择“最小安全距离”；“转移/快速”选项卡的“安全设置选项”下拉列表中选择“平面”，单击“指定平面”右侧按钮 ，系统弹出“平面”对话框，在模型上选取模型上表面，并输入向上偏置距离“10.0”，作为安全平面；“转移类型”下拉列表选择“*Z* 向最低安全距离”，在“安全距离”文本框输入“5.0”。主轴速度与进给率参照工序卡设定，其他参数默认。

⑤在“定心钻”对话框中，单击按钮 ，生成钻四周 ∅5 mm 孔的中心孔刀路，如图 3.207(a)所示。

(10)创建钻6个M5螺纹孔的中心孔工序——定心钻(SPOT_DRILLING)。

①创建工序:选中“工序导航器-几何”中“钻四周孔的中心孔”工序图标,点击鼠标右键,复制和粘贴,创建“钻6个螺纹孔中心孔”工序。双击“钻6个螺纹孔中心孔”工序图标,系统弹出“定心钻”对话框。

②设置刀具:在“定心钻”对话框的“工具”区域“刀具”下拉列表中选择名称为T05D02的定心钻。

③指定特征几何体:在“定心钻”对话框中,单击“指定特征几何体”右侧按钮,系统弹出“特征几何体”对话框,在模型上选取6个螺纹孔几何特征。勾选“切削参数”区域“使用预定义深度”复选框,在“深度”文本框中输入“1.5”。主轴速度与进给率参照工序卡设定,其他参数默认。

④在“定心钻”对话框中,单击按钮,生成钻6个M5螺纹孔的中心孔刀路,如图3.207(b)所示。

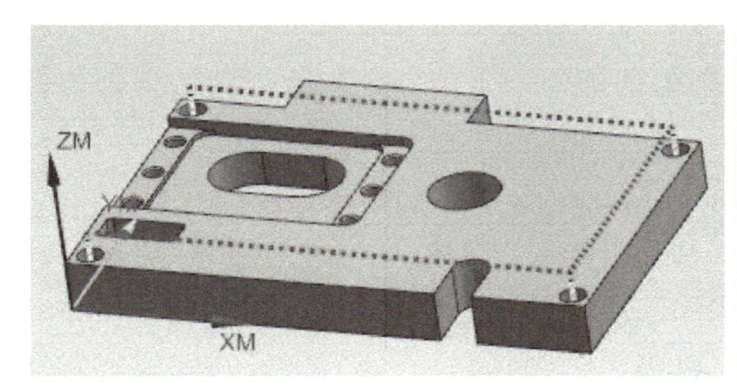

(a) 钻四周孔中心孔刀路

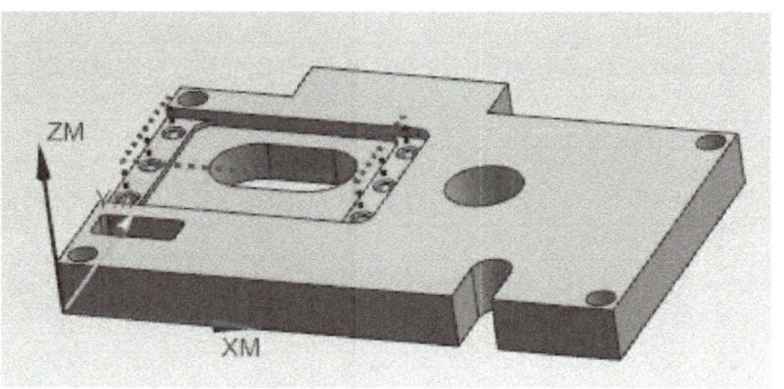

(b) 钻6个螺纹孔中心孔加工刀路

图3.207 钻中心孔刀路

(11)创建钻四周∅5 mm孔的工序——钻孔(DRILLING)。

①创建工序:在“创建工序”对话框的“类型”下拉列表中选择“hole_making”,在“工序子类型”区域单击按钮,系统弹出如图3.208所示的“钻孔”对话框。

②设置刀具:在“钻孔”对话框中,“工具”区域单击“刀具”下拉列表中选择名称为T06D4.9的钻头。

③指定特征几何体:在“定心钻”对话框中,单击“指定特征几何体”右侧按钮,系统弹出“特征几何体”对话框。在模型上选取要加工的周边4个∅5 mm通孔几何特征。

④设置刀轨:在“定心钻”对话框的“运动输出”下拉列表中选择“机床加工周期”,“循环”下拉列表选择“钻、深孔”。“切削参数”的“策略”选项卡的“顶偏置”下拉列表中选择“距离”,在“距离”文本框中输入“3.0”,“Rapto偏置”文本框中输入“0.0”,“底偏置”文本框中输入“2.5”。在“非切削移动”的“退刀类型”下拉列表中选择“最小安全距离”;“转移/快速”选项卡的“安全设置选项”下拉

列表选择“平面”，单击“指定平面”右侧按钮 ，系统弹出“平面”对话框，在模型上选取模型上表面，并输入向上偏置距离“10.0”，作为安全平面；“转移类型”下拉列表选择“Z 向最低安全距离”，在“安全距离”文本框中输入“5.0”。主轴速度与进给率参照工序卡设定，其他参数默认。

图 3.208 “钻孔”对话框

⑤在“钻孔”对话框中，单击按钮 ，生成钻四周∅5 mm 孔的刀路。

(12)创建钻 6 个 M5 螺纹底孔的工序——钻孔(DRILLING)。

①创建工序：选中“工序导航器-几何”中“钻四周∅5mm 孔”工序图标，点击鼠标右键，复制和粘贴，创建钻 6 个 M5 螺纹底孔工序。双击“钻 6 个 M5 螺纹底孔”工序图标，系统弹出“钻孔”对话框。

②设置刀具：在“钻孔”对话框的“工具”区域单击“刀具”下拉列表，选择名称为 T07D4.2 的钻头。

③指定特征几何体：在“定心钻”对话框中，单击“指定特征几何体”右侧按钮 ，系统弹出“特征几何体”对话框。在模型上选取要加工的 6 个 M5 螺纹孔几何特征。主轴速度与进给率

参照工序卡设定，其他参数默认。

④在“钻孔”对话框中，单击按钮 ，生成钻 6 个 M5 螺纹底孔刀路。

(13)创建精铣开口方槽加工工序——“平面铣”(PLANAR_MILL)。

①创建工序：选中“工序导航器-几何”中“粗铣开口方槽”工序的图标，点击鼠标右键，复制和粘贴，创建精铣开口方槽工序。双击“精铣开口方槽”工序图标，系统弹出“平面铣”对话框。

②设置刀具：在“平面铣”对话框的“刀具”下拉列表中选择 T03D04 刀具。

③设置刀轨：“切削模式”选择“轮廓”，“步距”选择“%刀具平直”；在“切削层”的“每刀切削深度”区域的“公共”文本框中输入“1.0”；在“切削参数”的“余量”选项卡中“部件余量”文本框中输入“0.0”。主轴速度与进给率参照工序卡设定，其他参数默认。

④在“平面铣”对话框中，单击按钮 ，生成精铣开口方槽加工刀路，如图 3.209 所示。

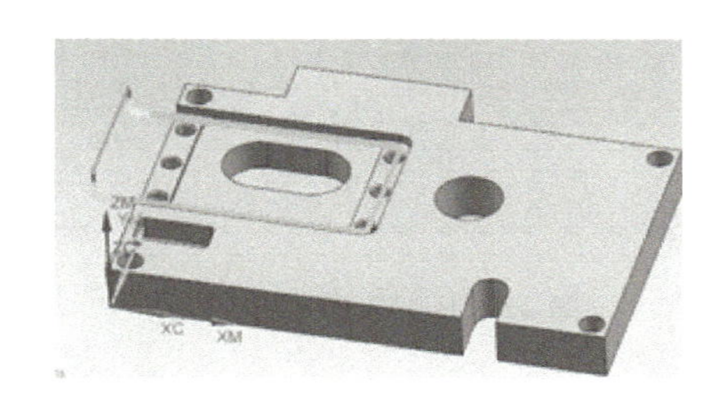

图 3.209　精铣开口方槽加工刀路

(14)创建精铣方型腔加工工序——“平面铣”(PLANAR_MILL)。

①创建工序：选中“工序导航器-几何”中“粗铣方型腔”工序图标，点击鼠标右键，复制和粘贴，创建“精铣方型腔”工序。双击“精铣方型腔”工序图标，系统弹出“平面铣”对话框。

选择刀具：在“平面铣”对话框的“刀具”下拉列表中选择 T03D04 刀具。

设置刀轨：“切削模式”选择“轮廓”；“切削参数”的 “部件余量”文本框中输入“0.0”；“非切削运动”的“封闭区域”的“进刀类型”选择“螺旋”。主轴速度与进给率参照工序卡设定，其他参数默认。

②在“平面铣”对话框中，单击按钮 ，生成精铣方型腔加工刀路，如图 3.210 所示。

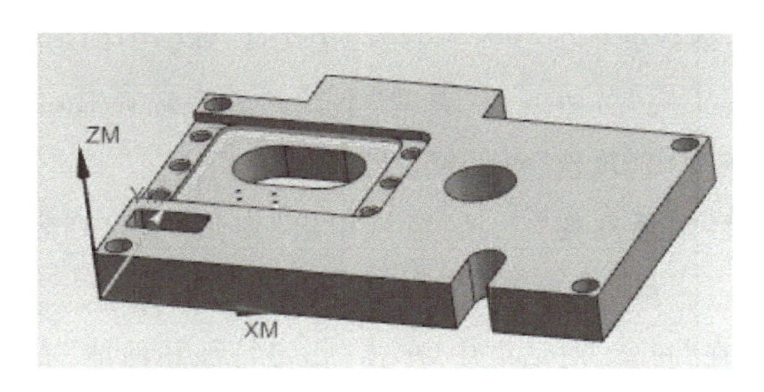

图 3.210　精铣方型腔加工刀路

(15)创建精铣小方槽加工工序——“平面铣”(PLANAR_MILL)。

①创建精铣工序:选中“工序导航器-几何”中“粗铣小方槽”工序图标,点击鼠标右键,复制和粘贴,创建精铣小方槽工序。双击“精铣小方槽”工序图标,系统弹出“平面铣”对话框。

②设置刀具:在“平面铣”对话框的“刀具”下拉列表中选择 T03D04 刀具。

③设置刀轨:“切削模式”选择“轮廓”;“切削参数”的“部件余量”文本框中输入“0.0”;“切削层”的“每刀切削深度”区域的“公共”文本框中输入“1.5”;“非切削运动”的“封闭区域”的“进刀类型”选择“螺旋”。主轴速度与进给率参照工序卡设定,其他参数默认。

④在“平面铣”对话框中,单击按钮,生成精铣小方槽加工刀路,如图 3.211 所示。

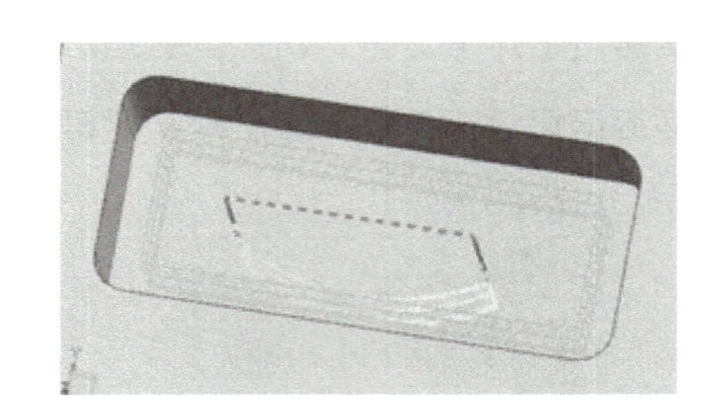

图 3.211 精铣小方槽刀路

(16)创建 6 个 M5 螺纹孔孔口倒角工序——定心钻(SPOT_DRILLING)。

①创建工序:选中“工序导航器-几何”中“钻四周孔的中心孔”工序图标,点击鼠标右键,复制和粘贴,创建 6 个螺纹孔孔口倒角工序。双击“6 个螺纹孔孔口倒角”工序图标,系统弹出“定心钻”对话框。

②设置刀具:在“定心钻”对话框的“工具”区域单击“刀具”下拉列表,选择名称为 T08D05 的倒角刀。

③指定特征几何体:在“定心钻”对话框中,单击“指定特征几何体”右侧按钮,系统弹出“特征几何体”对话框。在模型上选取要加工的 6 个 M5 螺纹孔孔口锥面几何特征。单击“中心孔”区域的“深度”文本框右侧“锁”图标,使其处于打开状态,在“深度”文本框中输入“2.4”。

④在“定心钻”对话框中,单击按钮,生成钻 6 个 M5 螺纹孔孔口倒角刀路。

(17)创建攻 6 个 M5 螺纹孔的工序——攻丝(THREAD_MILLING)。

①创建工序:在“创建工序”对话框的“类型”下拉列表中选择“hole_making”,在“工序子类型”区域单击按钮,系统弹出“攻丝”对话框。

②设置刀具:在“攻丝”对话框的“工具”区域单击“刀具”下拉列表,选择名称为 T09M5 的丝锥。

③指定特征几何体:在“攻丝”对话框中,单击“指定特征几何体”右侧按钮,系统弹出“特征几何体”对话框。在模型上选取要加工的 6 个 M5 螺纹孔几何特征。在“牙型和螺距”区域的

"螺距"文本框中输入"0.75",主轴速度与进给率参照工序卡设定,其他参数默认。

④在"攻丝"对话框中,单击按钮 ,生成攻 6 个 M5 螺纹孔刀路。

相关知识

1. 孔加工及子类型

孔加工(hole making)也被称为点加工,包括钻孔、攻螺纹、镗孔、钻埋头孔和扩孔等。UG NX12 系统提供"单步移动"和"循环"两种孔加工方式。如果使用循环加工,需要指定循环参数,UG NX12 系统输出如同发那科系统的孔循环加工指令 G81、G82、G83 等。如果使用单步移动,UG NX12 系统则以直线插补指令 G01 完成加工,不输出循环指令。UG NX12 的孔加工要求模型上必须有孔的特征,即必须要有孔形体,而不能仅是一个点的特征。

在"创建工序"对话框的"类型"下拉列表中选择"hole_making"时,其"工序子类型"显示区域将显示出所有孔加工的子类型。孔加工的子类型可以在这里选择,也可以在某个具体钻孔子类型的对话框中的"循环"类型中选择一项。

"创建工序"对话框中"工序子类型"区域按钮代表的加工方法说明如表 3-23 所示。

表 3-23 "工序子类型"按钮说明表

中文含义	英文	图标	说明
定心钻	SPOT_DRILLING		对选定的孔几何体或使用根据特征类型分组的已识别特征手动定心钻孔
钻孔	DRILLING		对选定的孔几何体或使用根据特征类型分组的已识别特征手动钻孔
钻深孔	DEEP_HOLE_DRILLING		对选定的孔几何体或使用根据特征类型分组的已识别特征手动钻深孔
钻埋头孔	COUNTER_SINKING		对选定的孔几何体或使用根据特征类型分组的已识别特征手动钻埋头孔
背面埋头钻孔	BACK_COUNTER_SINKING		对选定的孔几何体或使用根据特征类型分组的已识别特征手动钻埋头孔
攻丝	TAPPING		对选定的孔几何体或使用根据特征类型分组的已识别特征手动攻丝
孔铣	HOLE_MILL		使用平面螺旋或螺旋切削模式来加工盲孔和通孔

续表

中文含义	英　文	图标	说　明
孔倒斜铣	HOLE_CHAMFER_MILLING		使用圆弧走刀模式进行孔口倒斜角
顺序钻	SEQUENTIAL_DRILLING		钻孔工序可以对选定的断孔几何体或使用根据特征类型分组的已识别中断特征手动钻孔
凸台铣	BOSS_MILLING		使用平面螺旋或螺旋切削模式来加工圆柱台
螺纹铣	THREAD_MILLING		加工孔内螺纹。螺纹参数和几何信息可以从几何体、螺纹特征或刀具产生，也可以明确指定。刀具的牙型和螺距必须匹配工序中指定的牙型和螺距
凸台螺纹铣	BOSS_THREAD_MILLING		加工圆柱台螺纹。螺纹参数和几何信息可以从几何体、螺纹凸台特征或刀具产生，也可以明确指定。刀具的牙型和螺距必须匹配工序中指定的牙型和螺距
径向槽铣	RADIAL_GROOVE_MILLING		使用圆弧模式加工径向槽。选择径向槽几何体或使用已识别的径向槽特征。推荐用于通过 T 型刀加工一个或多个径向槽

2. 钻孔（DRILLING）

钻孔(DRILLING)是刀具先快速移动到指定的加工位置上，再以切削进给速度加工到指定的深度，最后以退刀速度退回的孔加工。如果使用加工循环，系统则以循环参数中定义的进给速度代替切削进给速度，刀具钻削至孔的最深处后，可按要求停驻一定时间，最后以退刀速度或快进速度回到安全位置。如果指定了多个加工位置，刀具再以相同的运动方式加工其他位置的孔。

1)指定特征几何体

在“创建工序”对话框的“类型”下拉列表中选择“hole_making”，在“工序子类型”区域单击按键 ，系统弹出 “钻孔”对话框。单击指定特征几何体右侧按钮 ，系统弹出“特征几何体”对话框。

“特征几何体”对话框中各选项的定义如下。

控制点：设置切削参数的参考点，有“过程特征”和“加工特征”两个选项。

使用预定义深度：勾选“使用预定义深度”选项，可在“深度”文本框中输入钻孔的深度值。钻孔的深度也可以在“特征”区域的“深度”文本框中选择“用户自定义”后，手动输入值。

底部余量：允许孔底保留余量。

选择对象：指定要加工的一个或者多个孔几何体特征。一是直接点击模型上的孔特征，二是双击“选择对象”右侧按钮，系统弹出“点”对话框，选择“点”或输入“点坐标”，点“确定”。指定具体一个孔特征后，自动生成孔直径、深度、起始直径等参数；单击“深度”文本框右侧按钮，按钮状态变为，此时可手动修改相关数值。

起始直径：显示孔特征原有的直径值。

深度限制：显示所指定孔是盲孔还是通孔。

反向：指定孔几何特征后，系统会生成孔的坐标系，点击“反向”按钮，孔几何体特征坐标系 Z 轴反向。

列表：用于显示已指定的孔几何体特征。在此，可以添加孔几何体特征或删除孔几何体特征。

优化：对所选择的多个孔几何体特征之间的过渡刀路进行优化。优化方式包括最接近、最短刀轨和主方向三种，选择最接近或最短刀轨时，需要单击“重新排序列表”右侧按钮，功能才能生效。

反序列表：用于指定加工多个孔几何特征的加工排列顺序与选择顺序相反。

2)设置刀轨

设置钻孔的刀轨时需选择运动输出方式和循环方式。

(1)运动输出方式。

运动输出：指定系统加工采用的具体方法，即单步移动加工或循环加工。运动输出有机床加工周期和单步移动两个选项，机床加工周期就是指循环加工。

机床加工周期：系统采用循环加工方式钻孔，输出循环指令，如发那科系统的G81、G82、G83、G73、G84等指令，或西门子系统的CYCLE81、CYCLE82、CYCLE83、CYCLE84等指令。

单步移动：系统不输出循环指令，采用G01指令完成孔加工。

(2)循环方式。

循环：系统提供不同的钻孔方式，有钻、深钻、断屑钻、攻丝等循环类型。单击“循环”下拉列表，系统显示循环类型。这里的“循环”类型选项与钻孔工序对话框中的钻孔子类型选项效果一样。当“运动输出”选择“机床加工周期”时，循环类型如图3.212(a)所示；当运动输出选择“单步移动”时，循环类型如图3.212(b)所示。

(a) 机床加工周期　(b) 单步移动

图 3.212　运动输出

①"钻一般孔"：刀具以快进速度移动到孔几何体特征上方的安全点上，然后，以循环进给速度钻削到要求的孔深，刀具再以退刀进给速度退回到安全点。如果有多个孔加工，刀具再以快进速度移动到下一个加工点位上的安全点，开始下一个点位的循环。

②"钻深孔"：在每一个钻削位置上产生一个啄钻循环，类似于发那科系统的钻孔指令 G83。

③"钻深孔，断屑"：在每一个钻削位置上产生一个断屑钻循环。断屑钻循环类似于啄钻循环，所不同的是在每一个钻削深度增量之后，刀具不是退回到孔外的安全点上，而是退回到在当前切削深度之上的一个由步进安全距离指定的点位(这样可以将切屑拉断)，类似发那科系统的钻孔指令 G73。

④"钻，攻丝"：刀具以切削进给速度进给到最终的切削深度，主轴反转并以切削进给速度退回到操作安全点，刀具以快进速度移动到下一个加工点位上的安全点，开始下一个点位的循环。

⑤"钻，镗"：刀具以切削进给速度进给到孔的最终切削深度之后，以切削进给速度退回到孔外，再以快进速度移动到下一个加工点位的循环。

3)循环参数

"运动输出"选择"机床加工周期"，"循环"选择"钻、深孔"，单击"循环"右侧按钮 ，系统弹出如图 3.213 所示的"循环参数"对话框，在此环境下，设置钻孔加工的循环参数。

"循环参数"对话框中各选项的定义如下。

"活动"复选框：指钻孔在孔底时刀具是否需要开启驻留模式。

驻留模式：驻留模式有"开""关""秒""转"等选项。选择"秒""转"时，窗口出现"驻留"文本框，可在文本框中输入驻留的时间或转数。

深度增量：指定每一次下刀的切削深度，深度增量相当于发那科系统钻孔指令 G83、G73 的深度增量(即 Q 值)。深度增量有恒定、多重变量、精确和用户定义几个选项。

恒定:深度增量根据最大距离文本框中的值计算平均值得到。当“深度增量”选择“恒定”时,窗口出现“最大距离”文本框,在此输入值。此时实际生成的 Q 值并不等于最大距离值,系统进行了平均计算后输出某值。

精确:深度增量等于输入的固定值。当“深度增量”选择“精确”时,窗口出现“距离”文本框,在此输入值。此时实践生成的 Q 值就等于“距离”文本框中的值。

多重变量:多重变量仅用于“运动输出“为“单步移动”的方式,选择“多重变量”时,窗口出现“刀路数”和“距离”文本框,以及刀路数和距离的显示列表。在此可设置指定刀路数下的特征步进值,也可以添加和删除设置。

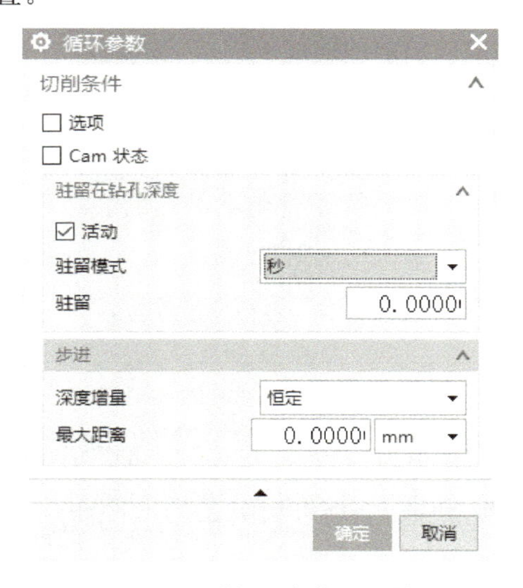

图 3.213　“循环参数”对话框

4)切削参数

钻孔加工的切削参数控制涉及“策略”“余量”“更多”等选项,其中,“策略”选项卡如图 3.214 所示。

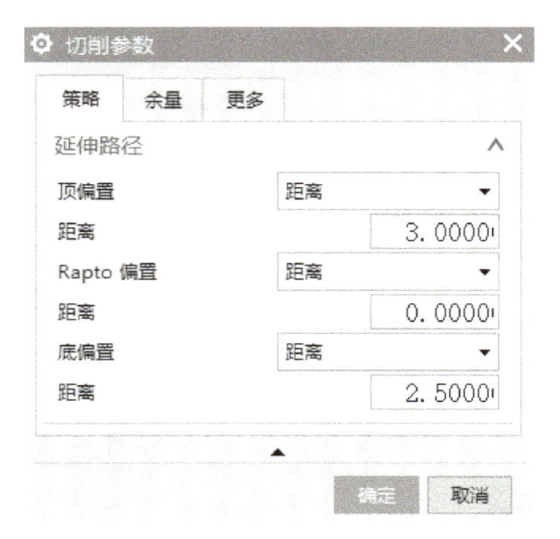

图 3.214　“策略”选项卡

“切削参数”对话框“策略”选项卡中各选项的定义如下。

顶偏置:刀路延伸出顶面的偏置量,如图 3.215(a)所示。

Rapto 偏置:刀具第一次从“顶偏置”位置快速下降的距离值,此距离值确定的位置作为钻深孔(啄钻循环)时每次返回的点,如图 3.215(b)所示。

底偏置:允许刀路延伸出孔底面的偏置量,如图 3.215(c)所示。

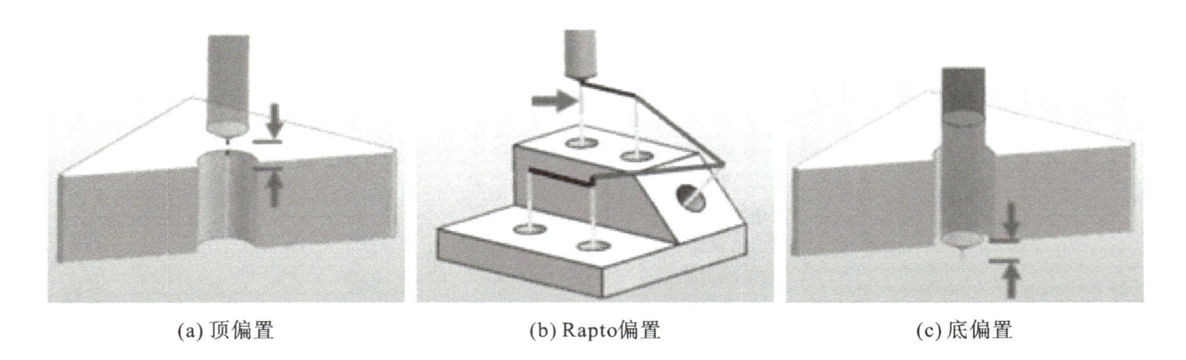

(a) 顶偏置　(b) Rapto偏置　(c) 底偏置

图 3.215　各种偏置的定义

5)非切削移动参数

钻孔加工的“非切削移动”有“退刀”“转换/快速”“光顺”“避让”和“更多”等选项。“退刀”选项卡如图 3.216(a)所示,“转换/快速“选项卡如图 3.216(b)所示。

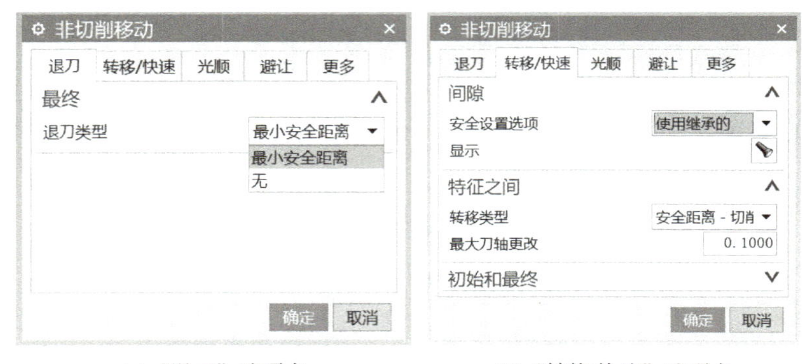

(a) “退刀” 选项卡　(b) “转换/快速” 选项卡

图 3.216　非切削移动控制

“退刀”选项卡和“转换/快速”选项卡中各选项的定义如下。

退刀类型:退刀类型有“最小安全距离”和“无”两个选项。“最小安全距离”选项允许指定刀具最终退刀时的最小安全距离。

安全设置选项:用于定义安全平面的类型。安全设置选项有“使用继承的”“无”“自动平面”

“平面”“点”“包容圆柱体”“圆柱”“球”和“包容块”等。安全平面既可以在“非切削移动”对话框中设置，也可以在“MCS”对话框中设置。各选项定义如下。

无：刀具起始和最终退刀时无安全距离。

自动平面：系统以“安全距离”文本框中的值自动生成一个安全平面，此平面作为刀具起始和最终退刀的限制面。

平面、点、包容圆柱体、圆柱、球和包容块：系统以设置的各种几何体特征为基准作为刀具起始和最终退刀的约束几何体。

安全距离：“安全距离”文本框中的值，配合不同的“安全设置选项”生成特定的约束几何体。如“安全设置选项”选择“包容块”时，其“安全距离”文本框中的值指定如图 3.217 所示箭头表示的长度。

转移类型：指定孔与孔之间的快速转移方式。转移类型有“安全距离-刀轴”“安全距离-最短距离”“安全距离-切削平面”“直接”“Z 向最低安全距离”等多个选项。各选项定义如下。

安全距离-刀轴：每次快速转移时，刀具均沿刀轴方向退至刀具的安全平面(起始点)，对应发那科系统钻孔指令 G98。

安全距离-最短距离：刀具以最短距离退至同一安全平面。

安全距离-切削平面：刀具沿刀轴方向退至切削平面向上偏置一个距离的位置，偏置距离由“最大刀轴更改”文本框中的值决定，此值对应发那科系统钻孔 G99 指令中的 R 值，此选项对应发那科系统钻孔指令 G99。

直接：刀具在同一切削层时直接转移，不同切削层之间转移时需退至同一安全平面。

Z 向最底安全距离：刀具以“安全距离”文本框中的值为最低安全距离，在同一切削层之间快速转移。

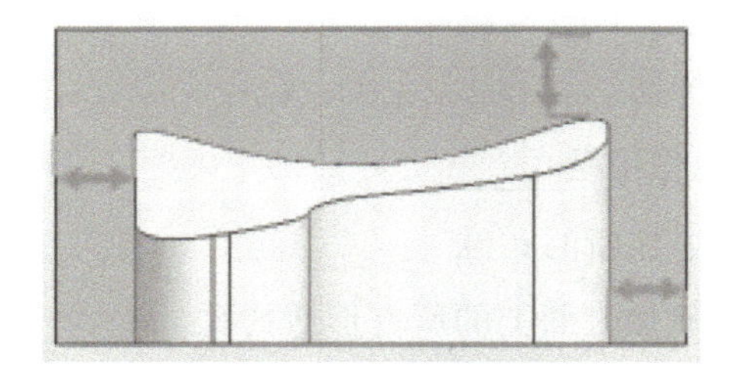

图 3.217　安全距离

拓展练习

创建 model_5_2. prt 文件，完成如图 3.218 所示模型的数控编程，并生成铣削加工刀路。刀具大小自定义，要求刀路整洁均匀，无跳刀。

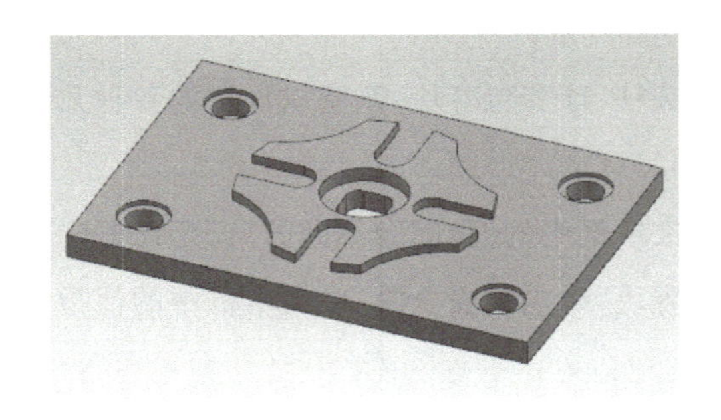

图 3.218 model_5_2. prt 模型

知识巩固

【单选】(1)在钻加工中，“最小安全距离”是指______。(　　)

A. 刀具沿刀轴方向靠近零件加工表面的最小距离

B. 刀具沿刀轴方向离开零件加工表面的最小距离

C. 刀具沿刀轴方向靠近零件加工表面的最大距离

D. 刀具沿刀轴方向离开零件加工表面的最大距离

【单选】(2)在钻加工中，“盲孔余量”是指______。(　　)

A. 孔底部保留的材料量　　B. 孔表面保留的材料量

【单选】(3)当定义钻孔点位时，不可以选择______来定义加工对象。(　　)

A. 圆弧　　B. 点　　C. 椭圆　　D. 线

【单选】(4)当定义钻孔点位时，“附加”按钮的作用是______。(　　)

A. 添加孔位　　B. 添加新的孔位

C. 忽略已有孔位并添加新的孔位　　D. 不加工面上的所有形状的孔

【单选】(5)当定义钻孔点位时，“省略”按钮的作用是______。(　　)

A. 去除已有的部分孔位　　B. 添加新的孔位

C. 忽略已有孔位，并添加新的孔位　　D. 不加工面上的所有形状的孔

【单选】(6)当定义钻孔点位时，“优化”按钮的作用是______。(　　)

A. 重新选择孔位　　B. 沿水平方向优化孔位的顺序

C. 沿竖直方向优化孔位的顺序　　D. 按照某种规则优化孔位的顺序

【单选】(7)在定义循环参数时，最多可以定义______组不同的参数。(　　)

A. 2　　B. 3　　C. 4　　D. 5

【单选】(8)在钻加工中，如果循环参数的深度值设为______，则要保证加工模型参数的准确性。(　　)

A. 模型深度　　B. 刀肩深度　　C. 刀尖深度　　D. 穿过底

【单选】(9)钻加工的“循环类型”中的“啄钻”主要用于的加工______。(　　)

A. 攻螺纹　　B. 镗孔　　C. 深孔　　D. 浅孔

【单选】(10)孔加工可以创建钻孔及______等加工。(　　)

A. 攻螺纹　　B. 镗孔　　C. 平底扩孔　　D. 扩孔